DELIUS KLASING

Richard Copping
Brian Screaton

VW Transporter Bulli & Co.

Die ersten 60 Jahre

Delius Klasing Verlag

Die englische Originalausgabe mit dem Titel »VW Transporter – The first 60 years« erschien bei Haynes Publishing, Somerset.

Bibliografische Information der Deutschen Nationalbibliothek
Die Deutsche Nationalbibliothek verzeichnet diese Publikation in der Deutschen Nationalbibliografie; detaillierte bibliografische Daten sind im Internet über http://dnb.d-nb.de abrufbar.

1. Auflage
ISBN 978-3-7688-3363-9
Die Rechte für die deutsche Ausgabe liegen beim Verlag Delius, Klasing & Co. KG, Bielefeld

Aus dem Englischen von Dr. Marcus Würmli
Lektorat: Felix Wagner, Martina Block
Layout: James Robertson
Satz: Bernd Pettke · Digitale Dienste, Bielefeld
Schutzumschlaggestaltung: Gabriele Engel
Druck: Westermann Druck, Zwickau
Printed in Germany 2011

Fotonachweis:
Seiten 1–329 © Volkswagen Aktiengesellschaft, mit Ausnahme von:
Porsche Werksfoto Seiten 16/17
Richard Copping Seiten 42 unten (beide), 43, 168/169, 289, 324, 327
Brian Screaton Titelfoto und Seiten 207, 249
Devon Motor Caravans Seite 268
Pon's Automobielhandel BV Seite 195 oben
D'Ieteren archive Seiten 231 oben, 232/233

Seiten 330–400 Das Copyright für alle Bilder liegt bei den jeweiligen Wohnmobil Aus- und Umrüsterfirmen, mit Ausnahme von:
Volkswagen Aktiengesellschaft Seiten 330–340, 342–356, 365 oben, 392, 393 unten, 394/395
Richard Copping Seite 393 oben (beide)
Brian Screaton Seite 341 oben (beide)

Die Bildvorlagen stammen aus den Archiven der Volkswagen AG sowie der Brian Screaton und Richard Copping Collection.

Eine Anmerkung zu den Zitaten:
Dieses Buch enthält zahlreiche Zitate aus Broschüren und Prospekten, überwiegend von Volkswagen. Sofern nicht anders angegeben, handelt es sich um Übersetzungen aus Werbeschriften, die im angelsächsischen Raum verbreitet waren.

Bei der Übersetzung wurden die in der englischen Originalausgabe ausschließlich in PS aufgeführten Leistungsangaben übernommen. Zur Umrechnung in die offizielle SI-Einheit kW gilt folgende Formel: 1 PS = 0,73549875 kW.

Delius Klasing Verlag, Siekerwall 21, D - 33602 Bielefeld
Tel.: 0521/559-0, Fax: 0521/559-115
E-Mail: info@delius-klasing.de
www.delius-klasing.de

Der außergewöhnliche Werbegrafiker Bernd Reuters war ebenso gut im Anfertigen kleiner Skizzen wie in der Gestaltung lebensgroßer Meisterwerke.

Inhalt

Einführung

Das Interesse am legendären Transporter von Volkswagen ist in den letzten 15 Jahren enorm gewachsen. Zunächst war das Auto kaum mehr als ein Arbeitspferd, ein Personentransporter oder ein nützlicher Campingbus. Man benutzte das Fahrzeug und verkaufte es, wenn ein neues Modell auf den Markt kam. Und nach einer Reihe von Besitzern landete der ausgediente, rostige Transporter schließlich auf dem Schrottplatz.

Der Besitzer eines modernen Modells mit dem Kürzel T5 oder seines Vorgängers, des T4, wird sich wohl nicht viel anders verhalten als jene, die einen Ford oder einen Renault oder einen Wagen der unzähligen anderen Marken ihr Eigen nennen. Er wird gelegentlich bei seinem Volkswagenhändler vorbeischauen, um zu sehen, welche neuesten Modelle gerade aus Hannover eingetroffen sind. Für ihn ist der Volkswagen Transporter (oder Bus) einfach ein Qualitätsprodukt. Um es zu schätzen, muss er nicht am Kult um die früheren Generationen teilhaben. Bei älteren Modellen sieht die Geschichte aber bereits ganz anders aus. Schon bei einigen T4 fängt die Sammelleidenschaft an. Ein hoher Prozentsatz der T3 ist heute sehr begehrt – ganz zu schweigen von den Modellen der ersten und der zweiten Generation.

▼ **1949–1967.**

Dieses Buch beschäftigt sich hauptsächlich mit diesen älteren Transportern, also jenen Generationen, deren Wert heute viel höher liegt als der ursprüngliche Preis und sogar höher als der Preis für viele neue Modelle. Unser Buch ist ohne Zweifel eine Art Festschrift. Doch warum erscheint sie gerade jetzt? Die Antwort ist einfach: Der Transporter ist 60 Jahre alt – ein diamantenes Jubiläum!

Einige Kenner sind der Meinung, die erste Generation des Transporters sei 1947 entstanden, als ein extrovertierter Niederländer namens Ben Pon seine heute legendäre Skizze eines leichten Nutzfahrzeugs anfertigte. Die Zeichnung zeigt eine auffallende Ähnlichkeit zu dem Modell, das die Deutschen liebevoll Bulli, die Engländer Splitty nennen. Wenn dem so wäre – und einige bei Volkswagen vertreten diese Meinung –, dann käme dieses Buch doch erheblich zu spät. Andere halten das Gekritzel von Pon für weitgehend irrelevant und meinen, Februar oder März 1950 sei der echte Geburtstag des Transporters. Damals rollten in Wolfsburg die ersten Autos von den Bändern. Im Jahr zuvor, 1949, waren die ersten Prototypen entstanden, und in diesem Jahr verkündete der Generaldirektor von Volkswagen, Heinrich Nordhoff, der Presse, ein zweites Auto mit dem VW-Logo würde von nun an parallel zum Käfer produziert. Egal welches Jahr man nun als Geburtsjahr des Transporters festlegen will – die 60 Jahre sind bereits überschritten!

Ohne Zweifel ist das vorliegende Werk ein Erinnerungsbuch, und sein Hauptziel ist es, so viele Informationen über den Transporter wie nur möglich aufzunehmen. Dabei wurde kein Schlüsselelement der 60-jährigen Geschichte ausgelassen und ungewöhnliche sowie weitgehend unbekannte Fakten wurden ergänzt.

Den Modellen der ersten Generation widmen wir hier viel Platz und behandeln ausführlich die ursprünglich geplanten Bauformen der Liefer- und Pritschenwagen sowie die wachsende Anzahl an Sonderausführungen oder Spezialmodellen. Dadurch gewann der Transporter eine Vielseitigkeit, die sich selbst Heinrich Nordhoff anfänglich nicht hatte vorstellen können. Eine Sonderentwicklung ergab sich durch die erst von Wolfsburg, dann Hannover ausgelieferten Transporter, die auf ihrem Blechkleid nur einen Grundierlack trugen. Sie wurden zu hervorragenden mobilen Werbeflächen. Von noch größerem Interesse ist ein Abschnitt über die bahnbrechenden dynamischen Werbekampagnen der amerikanischen Kreativagentur Doyle Dane Bernbach; sie waren ohne Zweifel der Katalysator für die zunehmenden Verkäufe in den USA.

Die erste Generation des Transporters erfuhr 1955 eine Überholung und wurde 1967 (für das Modelljahr 1968) von der zweiten Generation T2 ersetzt. Im Sommer 1972 wurde auch diese modernisiert. Dass vom ersten Tag an alle Varianten erhältlich waren, machte damals Schlagzeilen. Genauso bemerkenswert war auch die rasche Aufeinanderfolge immer stärkerer Motoren. Der erste hatte einen Hubraum von 1600 cm³, zunächst als Single Port, dann als Twin Port Engine. Dann kam zusätzlich ein 1,7-Liter-Motor, der von einem 1,8- und schließlich von einem 2,0-Liter-Motor ersetzt wurde. Das Design dieser Generation überlebte durch Weiterproduktion in Mexiko und Brasilien 29 Jahre, und in Brasilien wird dieses Auto heute noch hergestellt. Das elegante Aussehen des T2 kann teilweise durch einen Kühleraufsatz vorn beeinträchtigt werden, aber es hat – ähnlich wie beim Käfer – immerhin überlebt, auch wenn diese Autos heute von wassergekühlten Motoren angetrieben werden.

Die dritte Generation des Transporters kam im Sommer 1979 auf den Markt und erhielt bei uns offiziell die Bezeichnung T3, in Großbritannien das Kürzel T25. Die Amerikaner kennen sie einfach als Vanagon. Diese Namensvielfalt zeigt, welche Eigenheiten in einer 60-jährigen Geschichte auftauchen können. Der T3 wurde in der Mitte der 1970er-Jahre konzipiert, als der Übergang von luft- zu wassergekühlten Motoren schon so weit fortgeschritten war, dass der Käfer in dieser Hinsicht nur noch die hintersten Plätze belegen konnte. Da ist es umso erstaunlicher, dass das keilförmige Fahrzeug die Luftkühlung und den Hinterradantrieb beibehielt. Viele werden es nicht für möglich halten, dass die Konzeption dieses Wagens auf den Mann zurückgeht, der bei Volkswagen dem wassergekühlten Motor zum Durchbruch verhalf: Rudolf Leiding. Dieses Fahrzeug, im angelsächsischen Raum meist Wedge (»Keil«) genannt, änderte während seiner Produktionszeit nicht nur die Motorisierung: Zunächst gab es luftgekühlte Boxermotoren, dann folgten nach der Einführung eines Diesels (Vierzylinder-Reihenmotor), der aus schierer Notwendigkeit eine Wasserkühlung brauchte, wassergekühlte Boxermotoren. Gleichzeitig verschwand auch die traditionell einfache Terminologie und musste Bezeichnungen wie Caravelle und Carat weichen.

Die vierte Generation war ein Produkt der 1990er-Jahre. Sie hatte einen Frontantrieb und den Motor an der Stelle, die die meisten Autobauer für die richtige halten. Mit einem Schlag entfiel das uralte Problem, dass die Besitzer ihr Transportgut über einen raumgreifenden Heckmotor hieven mussten, und der vielseitige Leiterrahmen wurde Realität. Trotz eines leicht verringerten Laderaumes aufgrund der großen Frontscheibe und des Motorblocks, der nun dem Innenraum viel näher lag, schaffte Volkswagen auf wunderbare Weise den nahtlosen Übergang von einem Design zum anderen. Dabei behielten der T4 und sein Vorgänger ihre optische Ähnlichkeit bei. Vergleichbar damit ist das Verhältnis zwischen Golf 6 und Golf 5. Der Golf 6 ist ein ganz neues Auto, sieht aber im Wesentlichen aus wie der Golf 5.

▲ **1967–1979.**

Die fünfte Generation, abgekürzt T5, ist der vorerst letzte Nachkomme einer direkten Linie, die bis ins Jahr 1949 zurückreicht. Selbst beim einfachsten Arbeitsmodell wird ein gewisser Luxus offensichtlich, und noch mehr gilt das für die Modelle, die als Familientransporter dienen. Sehr bedeutend für den Transporter dieser Generation ist die nunmehr volkswageneigene Produktion des California Camper. Sie wurde notwendig, weil der langjährige Partner von Volkswagen

▼ **1979–1992.**

▲ **1990–2003.**

auf diesem Gebiet, Westfalia, von der Firmengruppe Daimler, Chrysler und Mercedes-Benz ungefähr zu dem Zeitpunkt übernommen wurde, als der T5 auf den Markt kam.

Die Begriffe Camper und Volkswagen gehören seit Anbeginn zusammen, und Kombis, Kleinbusse und sogar Pritschenwagen zu Camperzwecken erhöhten in den ersten Jahren erheblich die Verkaufszahlen. Wir können hier aus verständlichen Gründen nicht auf alle Einzelheiten jedes einzelnen Umbaus zum Camper eingehen. Trotzdem wollen wir doch recht ausführlich über all die Firmen berichten, die die Transporter umrüsten. Westfalia darf da nicht fehlen, auch nicht andere Marken und Designs, die von Volkswagen unterstützt wurden und werden – mögen sie nun auf dem Bulli oder dem T4 beruhen.

Ein letztes Textelement muss in dieser einführenden Übersicht genannt werden. Es gibt ziemlich viele Bilder von Generaldirektor Heinrich Nordhoff, wie er sich beim Erreichen neuer Produktionsrekorde an die Presse und an seine Belegschaft wendet. Was er dabei aber sagte, war bisher eher unbekannt. Dank der Mitarbeit der Abteilung Historische Kommunikation in Wolfsburg hat sich das nun geändert. Alle Schlüsselfiguren bei der Entwicklung des Transporters erhielten durch die Recherchen ein schärferes Profil, und wir können nun wörtlich aus Reden und Pressemitteilungen zitieren.

Abgesehen von diesem neuen Textmaterial enthält das Buch auch eine große Auswahl bisher unveröffentlichter oder nur selten gezeigter Bilder. Viele darunter gehen auf Verkaufsbroschüren oder Fotos zurück, die Volkswagen für den internen Gebrauch oder für die Weltpresse anfertigen ließ. Um diesen Aspekt noch zu betonen, stammen die Bilder des T5 aus der Fotosammlung, mit der Volkswagen den Verkauf der Fahrzeuge in Motorzeitschriften und Zeitungen promotet. Die ersten Bilder vom Produktionsstandort Hannover sind vorhanden, ebenso Fotos von feierlichen Gelegenheiten in der Fabrikationsstätte, um nur zwei faszinierende Beispiele zu nennen.

Diese einzigartige Kombination von seltenem und wohlbekanntem Material bildet das Rückgrat dieser Festschrift. 60 Jahre – ein diamantenes Jubiläum! Eine bemerkenswerte Leistung, auf die Volkswagen zu Recht stolz sein kann, insbesondere weil die entsprechenden Modelle anderer Automarken nur halb so alt wurden und schon längst in Vergessenheit geraten sind.

▼ **Ab 2003.**

Danksagung

Ich nehme einmal an, der geneigte Leser ist mit mir der Meinung, dass dies ein ganz besonderes Buch ist. Drei Gründe sprechen dafür.

So gern ich die Idee, ein Buch zum diamantenen Jubiläum des VW Transportes zu schreiben, für mich reklamieren möchte, ich kann es nicht. Der Vorschlag geht auf die kreativen Köpfe von Mark Hughes und Derek Smith vom Verlag Haynes Publishing zurück. Das Buch kam schließlich nur durch ihre unermüdliche Hilfe zustande.

Ohne die Erlaubnis der Volkswagen AG, ihre Archive in Wolfsburg zu durchstöbern, wären einige Schlüsselelemente der Transportergeschichte nicht ans Tageslicht gekommen, oder wir hätten sie in einem falschen Licht dargestellt. Mein besonderer Dank geht an Frau Dr. Ulrike Gutzmann von der Abteilung Historische Kommunikation. Sie scheute keine Mühe, um gewünschte Dokumente zu beschaffen, seien es Texte oder Bilder.

Nicht zuletzt wurde meine Aufgabe durch die tatkräftige Hilfe von Brian Screaton um vieles leichter. Es ist deswegen nur fair, wenn er als Mitautor genannt wird. Viele Bilder in diesem Buch stammen aus seinem riesigen Archiv, darunter Fotografien und Zeichnungen, die ich zuvor noch nie gesehen hatte. Brian begleitete mich nach Deutschland, wo er die Recherchen leitete und für mich zusätzliches Material auffand. Seit unserer Rückkehr trieb er weiteres gesuchtes Material auf, recherchierte und verfasste auch interessante Abschnitte dieses Buches.

Zusätzlich zu den vier bereits genannten Helfern verdient Ken Cservenka einen besonderen Dank. Seit über zehn Jahren habe ich mit ihm an mehreren Projekten zusammengearbeitet. Dieses Buch hingegen ist nicht rein technisch ausgerichtet und beruht auch nicht auf moderner Fotografie von Oldtimern. Kens besondere Talente waren also gar nicht richtig gefragt. Trotzdem las er das Manuskript vor der offiziellen Einreichung Kapitel um Kapitel, Zeile um Zeile, Wort um Wort und fand, wie gewöhnlich, eine ganze Reihe von Fehlern, von denen einige ohne seine Hilfe wohl ihren Weg ins Buch gefunden hätten.

Richard A. Copping

▶ Professor Dr. Heinrich Nordhoff, Generaldirektor der Volkswagenwerk GmbH von 1948–1960 und dann Vorstandsvorsitzender der Volkswagen AG von 1960–1968 (ab August 1960 war Volkswagen eine AG). Ohne Nordhoff hätte das Volkswagenwerk wohl nicht diesen phänomenalen Erfolg erlebt, und der Transporter wäre wahrscheinlich eine Skizze in einem schon längst vergessenen Notizbuch geblieben. Die Fans des Volkswagen Transporters – egal um welche Generation es sich handelt – sind Heinrich Nordhoff zu großem Dank verpflichtet.

Auftakt für die ersten 20 Jahre

An einem kalten, trostlosen Wintertag Anfang Februar 1968 wandte sich ein offenkundig gebrechlich wirkender älterer Mann, geschwächt durch eine kürzlich durchgestandene Krankheit und für seine Mitstreiter der letzten 20 Jahre deswegen kaum mehr wiederzuerkennen, an versammelte Journalisten, Würdenträger und Werksangestellte. Er stand auf einem eigens aufgestellten Podium hinter einem blumengeschmückten Sockel und neben einem üppig mit Girlanden verzierten siegellackroten Kleinbus Clipper L der zweiten Generation mit einem weißen Dach. Seine Ansprache war ungewöhnlich kurz. Als er noch bei Kräften war, pflegte er seine Zuhörer mit einem dreißigseitigen Vortrag zu erfreuen, abgelesen von einem eng getippten Manuskript mit vielen Anmerkungen, Zusätzen und Änderungen.

Trotz der düsteren Vorahnungen der engsten Mitarbeiter von Heinrich Nordhoff, dem allmächtigen Generaldirektor von Volkswagen, war dieser Anlass eine echte Feier, denn in der Volkswagenfabrik in Hannover war eben der zweimillionste Transporter vom Band gelaufen. Das war für jene Zeit ein einzigartiger historischer Meilenstein für ein Fahrzeug dieses Typs und ein Beweis, wenn es dessen noch bedurft hätte, für die außergewöhnliche Fähigkeit des »Königs von Wolfsburg«, ausgehend von kleinsten Anfängen eine Erfolgsgeschichte zu schreiben.

Der 69 Jahre alte Generaldirektor des Volkswagenkonzerns hatte, vom ersten Designkonzept an, zwei Jahrzehnte lang über die Entwicklung des Transporters gewacht. In den ersten Monaten betrug die Tagesproduktion wenig mehr als zehn Fahrzeuge; sie wurden auf einer gemütlich wirkenden Montagestraße in einer Ecke der riesigen Fabrik in Wolfsburg gefertigt. Nordhoff war auch dabei gewesen, als die zahlreichen Variationen des ursprünglichen Pritschenwagens entstanden. Er hatte den Bau einer eigenen Fertigung in Hannover beschlossen, rund 40 km von Wolfsburg ent-

▼ **Als der zweimillionste Volkswagen Transporter vom Band lief, hielt der Mentor dieses Wagens, Heinrich Nordhoff, eine für seine Verhältnisse unüblich kurze Ansprache vor den versammelten Würdenträgern, Journalisten und Arbeitern in Hannover. Das Auto an seiner Seite war ein siegellackroter Kleinbus Clipper L mit einem weißen Dach.**

fernt. Nordhoff hatte auf unzähligen Veränderungen bestanden, angefangen von einem grundlegend neuen Design von Teilen für eine bessere Innenraumbelüftung bis zu einer stärkeren Motorisierung. Schließlich hatte er knapp sechs Monate zuvor die Einführung eines ganz neuen Transporters angeordnet.

Nordhoffs Rede an diesem Tag sollte eine seiner letzten bleiben und war sicher die letzte Rede, die den Transporter betraf. Etwas mehr als einen Monat später wurde er wieder krank und starb nach einem kurzen Aufenthalt im Wolfsburger Krankenhaus am Karfreitag, den 12. April 1968. Wir dürfen seine Rede als Zusammenfassung der Geschichte des Transporters sehen. Sie behandelt alle wichtigen Aspekte der beiden ersten Jahrzehnte, und wir zitieren hier rund 90 bis 95 Prozent seiner Worte. Sie zeigen, warum sich dieses Buch von den bisher veröffentlichten Texten abhebt.

»Es liegt wohl in der Natur der Sache, daß Rekorde für den, der sie aufstellt, relativ die geringste Bedeutung haben, aber sie haben natürlich sehr wohl ihren Sinn als Ausdruck einer besonderen Leistung und eines ungewöhnlichen Erfolges.« (»Rede zu zwei Millionen Transportern« von Heinrich Nordhoff, Unternehmensarchiv der Volkswagen Aktiengesellschaft [UVW] 806 Nr. 90/1)

Als Vater des Transporters galt bisher entweder der britische Offizier, der in der unmittelbaren Nachkriegszeit für Volkswagen zuständig war, oder ein Niederländer, vielleicht der erste echte Volkswagenfan, der sich von der rudimentären Käferplattform inspirieren ließ und eine Skizze anfertigte, die angeblich einige Jahre später zum Bau der ersten Generation des Lieferwagens führte. Aber sowohl der eifrige, doch naturgemäß unerfahrene Major Ivan Hirst als auch besonders der überschwängliche Unternehmer Ben Pon waren vermutlich erstaunt, als sie gegen Ende 1949 erfuhren, dass ein anderer den Transporter für sich beanspruchte, und das sind heute, 60 Jahre danach, weiterhin viele. Als Nordhoff im Februar 1968 von den Menschen sprach, die diese Rekorde aufstellen, bezog er sich ohne Zweifel auf den Vorstand, den innersten Führungszirkel, der genau wusste, dass Nordhoffs Worte Gesetz waren. Schon vor dem Produktionsbeginn hatte Nordhoff verkündet, er sei der Vater dieses neuen revolutionären Kleintransporters beziehungsweise Kleinbusses.

»Als wir 1950 mit dem Bau des VW-Transporters in Wolfsburg begannen, waren noch alle Zahlen klein, aber schon 1956 entschlossen wir uns, hier in Hannover eine neue Kapazität aufzubauen, und zwar speziell für den Transporter, um damit Wolfsburg zu entlasten. Daß wir damals eine Million Quadratmeter kauften, wurde mit mancherlei Kopfschütteln bedacht – heute wäre es uns wohler, wenn wir 2 Millionen Quadratmeter genommen hätten, denn der VW-Transporter trat einen einzigartigen Siegeszug an. 1962 wurde die erste Million überschritten – nach 12½ Jahren –, heute ist es die zweite Million, 5½ Jahre nach der ersten, und bei einem arbeitstäglichen Zuwachs der Inlandsproduktion um 900 Transporter kann man ziemlich gut ausrechnen, wann die dritte Million fällig sein wird, besonders, wenn man die Produktion in unseren ausländischen Schwester-Unternehmen dazuzählt.« (ebd.) Ohne Zweifel waren die 1950er-Jahre eine Zeit unglaublichen Wachstums für Volkswagen. Man kennt die Geschichten: Die Produktion des Käfers wurde zwar dauernd erhöht, konnte aber trotzdem mit der stetig wachsenden Nachfrage nicht Schritt halten. Diese Situation blieb bis zum Ende des Jahrzehnts bestehen. Trotz dieses großen Problems trieb Nordhoff ein geradezu kometenhaftes Expansionsprogramm voran, um Volkswagen zu einer weltweiten Verkaufsorganisation zu machen. Ein Teil der Erfolgsgeschichte des Käfers muss Nordhoffs Strategie der steten Verbesserung zugeschrieben werden. Er zog sie entschieden einem Modellwechsel einfach um des Wechsels willen vor. Diese Haltung prägte auch die Geschichte des VW Transporters.

Wenn man sich die Erfolgsmeldungen in Nordhoffs Ansprache des Jahres 1968 vor Augen hält, mag es überraschen, dass der anfängliche Verkauf des Transporters keineswegs gesichert war. Während einige Länder das Nutzfahrzeug bereitwillig als die revolutionäre Entwicklung akzeptierten, die sie in Wirklichkeit auch war, und sich auch gleich in ihn verliebten, erschienen andere, darunter der überaus wichtige amerikanische Markt, auf eine merkwürdige Weise unbeeindruckt. Die Schwierigkeiten von Volkswagen in Amerika könnten schließlich durch die originellste und dynamischste Werbekampagne gelöst worden sein, die es bis dahin in der Automobilwelt gegeben hatte. Doch das erklärt nicht, warum Nordhoff in der Mitte der 1950er-Jahre den Bau einer Fabrik allein für den Transporter forderte. Es wird behauptet, das Werk in Hannover sei eigentlich wegen des Käfers gebaut worden, um in Wolfsburg die maximale Produktionsauslastung für den Käfer zu sichern, in einer Zeit, in der das Werk allein durch eine einzige Montagestraße, die etwas anderes als den Käfer gebaut hätte, in Schwierigkeiten geraten wäre. Im Gebiet um Wolfsburg gab es zu jener Zeit keine freien Arbeitskräfte mehr, ob Männer oder Frauen, auf die das Werk leicht hätte zugreifen können. Dafür waren die Arbeitskräfte in Hannover unterbeschäftigt. Die Existenz des Werks in Hannover stellte sicher, dass in den künftigen Boomzeiten, die durch jährliche Verbesserungen, den Kundendienst, den fast sprichwörtlichen Ruf der Zuverlässigkeit der luftgekühlten Motoren vor allem in Europa und die sagenhafte Werbekampagne in den Vereinigten Staaten ausgelöst wurden, genügend Produktionskapazität vorhanden war.

Mag Nordhoffs entscheidende Rolle bei der Geburt des Transporters umstritten sein, seine Bedeutung bei der Weiterentwicklung und beim Wachstum ist es nicht. Das waren die letzten Punkte in Nordhoffs Rede anlässlich des Transporterjubiläums:

»Den Bedarf seit Einführung des derzeitigen VW-Transporters können wir nur mit Zusatzschichten befriedigen. Dieser Wagen hat eine neue Klasse geschaffen, die nun 2/3 aller Transporter bis 1,25 t Nutzlast in der Bundesrepublik auf sich vereinigt, und das seit Jahren unbeeinflusst von allen Konjunkturschwankungen.« (ebd.)

Fast unmittelbar nach Heinrich Nordhoffs Tod geriet die neue Hierarchie bei Volkswagen unter den Einfluss jener kleinen aber zunehmend lautstarken Gruppe, die einen Ersatz für den Käfer forderte. Bald herrschte die allgemeine Meinung, Nordhoff sei unfähig gewesen, ein Mitglied seiner kleinen Autofamilie aufzugeben. Er sei vernarrt gewesen in seine Politik der dauernden Verbesserung zum Nachteil aller anderen Optionen. Die Tatsache, dass Nordhoff sagen konnte, zusätzliche Schichten seien notwendig, weil ein neues Transportermodell auf dem Markt sei, hätte solches Gemunkel eigentlich nicht aufkommen lassen sollen. Doch das war nicht der Fall, und merkwürdigerweise diente ein großer Teil des anfänglichen Marketings der neuen von Nordhoff gutgeheißenen zweiten Transportergeneration gerade dazu, den Mythen um seine angebliche Unfähigkeit zur Veränderung weitere Nahrung zu geben. Es mag deswegen nicht so sehr überraschen, dass sich selbst in unserem Jahrhundert die Legende von Nordhoffs Kompromisslosigkeit in gewissen Kreisen hartnäckig hält, während es, ehrlich gesagt, der informierte Forscher mittlerweile besser weiß.

Nordhoff war an jenem bewegenden Tag im Jahre 1968 allen Gästen dankbar, die an den Festlichkeiten zur Produktion des zweimillionsten VW Busses teilnahmen. »Den Jubiläums-Wagen schenkt die Volkswagen AG der Aktion ›Sorgenkind‹, in der Hoffnung, dass dieses Freudenkind den Sorgenkindern einen besonders sinnvollen Ausgleich bringen mag.« (ebd.) Vielleicht wäre Nordhoff glücklich gewesen, wenn er gewusst hätte, dass mehr als 40 Jahre später seine Geschichte von der Entstehung und Weiterentwicklung der ersten und zweiten Generation des VW Transporters erneut erzählt wird – nicht etwa auf eine vage nostalgische Weise, um das Interesse an einem lange vergessenen Fahrzeug wiederzubeleben, sondern als entscheidender Teil eines zusammenfassenden Werks über die ersten 60 Jahre der Transporterproduktion. Und dieses Auto mit seinen nunmehr fünf Generationen ist und bleibt der populärste Volkswagen von allen.

▶ **Der girlandengeschmückte Kleinbus mit seinen Geschwistern. Links: Pritschenwagen mit einfacher Kabine, Pritschenwagen mit Doppelkabine, Kleinbus und Kleinbus L. Rechts: Krankenwagen, Pritschenwagen mit einfacher Kabine und verbreiterter Ladefläche, Kombi und Kastenwagen.**

1948–1950

I

Der schnelle Weg zur Produktion

▶ Um den Transporter möglichst schnell auf den Markt zu bringen, setzte Nordhoff das Designteam unter erheblichen Druck. Dieser Prototyp erfuhr bis zur Perfektionierung noch einige Veränderungen.

Keine Beteiligung von Porsche und den Nationalsozialisten

Ferdinand Porsche, der berühmte Vater des Käfers, spielte bei der Konzeption des Transporters keine Rolle. Als dieser erste Lieferwagen Gestalt annahm, war Porsche kein junger Mann mehr und saß in einem französischen Gefängnis. Als sich das Ende des Dritten Reichs näherte, war er von seinem Posten in der Kraft-durch-Freude-Fabrik, die wir heute als Wolfsburg kennen, in sein Heimatland Österreich geflohen.

Schon vor und während des Kriegs wurden Versuche unternommen, Nutzversionen des Käfers zu produzieren, doch diese Fahrzeuge waren kaum mehr als vereinfachte Adaptionen der Limousine. Man nehme als Beispiel den Typ 68, der als Lieferwagen Modell A geführt wurde. Er hatte eine normale Karosserie, die man einfach hinter den Türen abgeschnitten hatte, um Platz zu machen für eine Ladefläche mit einem Schutzdach aus Segeltuch. Diese zweisitzige Bauform hatte man aus der Vorserie des VW 38 entwickelt. Später entstand ein weiteres Nutzfahrzeug, nunmehr Typ 88 oder Modell B genannt. Wiederum handelte es sich um kaum mehr als einen gewöhnlichen Käfer ohne Hinterteil. Dieses wurde umgestaltet und fiel kürzer aus als beim ersten Modell. Beide Variationen desselben Themas kann man am ehesten als Pritschen- und weniger als Lieferwagen bezeichnen, denn dieser Begriff sollte für eine zukünftige Entwicklung reserviert bleiben.

Der Typ 81 von 1940, von dem nur ein Exemplar gebaut wurde, schaute von vorn gesehen ähnlich wie eine Limousine aus. Doch dieses Mal folgte hinter der B-Säule ein normaler Transporter mit Schiebetür. Ein Querträger unter der Hecktür erschwerte den Zugang zum Motor. Der Vierzylinder-Boxermotor war allseits umschlossen und hatte die Lufteinlässe hoch oben an den Seiten, was die Effizienz der Kühlung beeinträchtigte.

Der damals wohl am häufigsten vorkommende Transporter auf Käferbasis war mit einer späteren Version des Pritschenwagenmodells verwandt. Das Fahrzeug wurde nach Porsches Flucht nach Österreich ins Angebot aufgenommen und produziert. Rudolf Brörmann, der in den ersten Nachkriegstagen unter britischer Kontrolle das Wolfsburger Werk leitete, erstellte eine Liste aller möglichen Käferversionen vom September 1945 an. Jede von ihnen beruhte auf einem Modell, das Porsche zuvor konzipiert hatte. Bei Brörmanns Typ 83 »Reichspost« mit Kastenaufbau handelte es sich eigentlich um einen Pkw-Käfer, dessen hinteren Teil man abgeschnitten und durch kaum mehr als einen blechernen »Gartenschuppen« ersetzt hatte, der auf den Resten des ursprünglichen Wagens befestigt war.

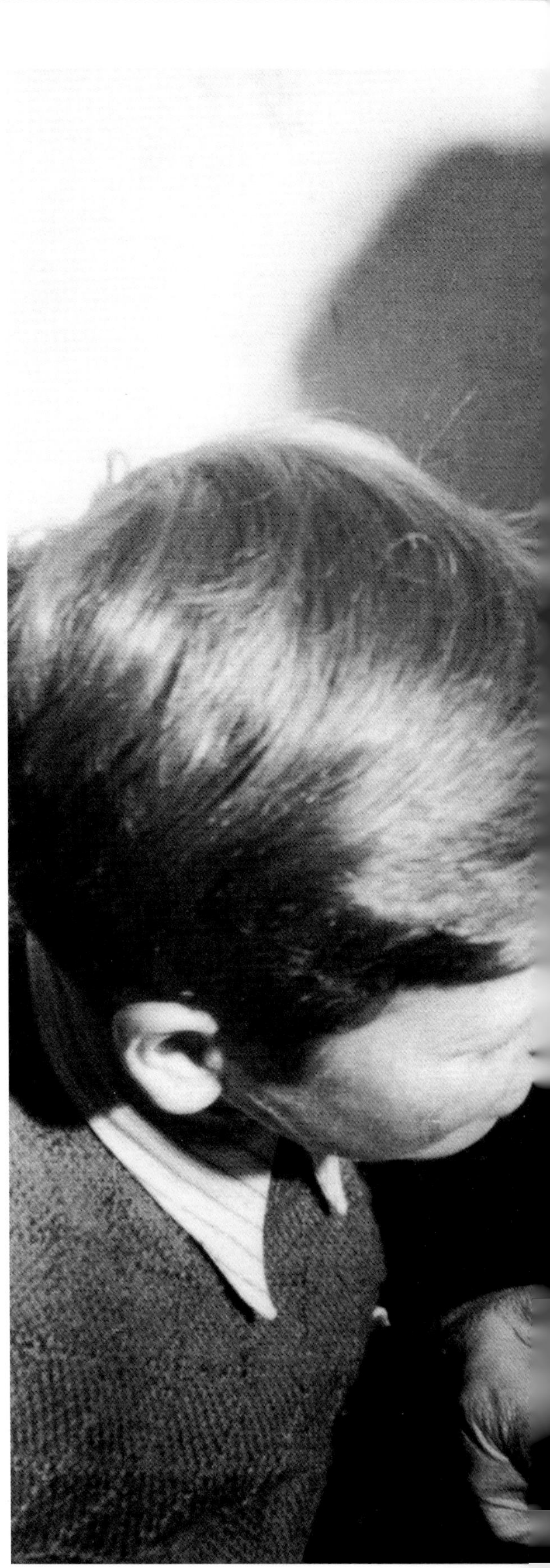

▶ **Obwohl Ferdinand Porsche bei der Entwicklung und Produktion des Transporters keine Rolle spielte, wurde das Fahrzeug von seinem Vierzylinder-Boxermotor angetrieben. Das Bild wurde kurz vor Porsches Tod aufgenommen. Es zeigt Ferdinand Piëch (rechts), der während eines großen Teils der vierten Transportergeneration den Konzern leitete und heute noch eine einflussreiche Stellung innehat.**

Ein Werk und ein Produkt ohne Zweck?

Es steht fest, dass weder Ferdinand Porsche noch die Nationalsozialisten bei der Entwicklung des Transporters eine Rolle spielten. Trotzdem müssen wir festhalten, dass es wahrscheinlich ohne den einen noch die anderen keinen Transporter gegeben hätte, wie wir ihn heute kennen. Hitler wollte die deutsche Bevölkerung motorisieren. Der geniale Ferdinand Porsche schuf dazu ein revolutionäres Konzept und konnte sogar Hitlers Forderung erfüllen, der Wagen müsse erschwinglich bleiben. Porsche hatte lange Zeit hart dafür gearbeitet, einen Volkswagen, einen Wagen für das Volk, zu realisieren. Seine früheren Versuche waren alle in einem der vielen Stadien auf dem langen verschlungenen Weg zur Produktion gescheitert.

Die deutsche Autoindustrie wollte eigentlich nicht an der Realisierung eines Fahrzeugs beteiligt sein, das den eigenen Produkten Konkurrenz machen würde. Tatsächlich glaubte der Reichsverband der deutschen Automobilindustrie fest daran, Verzögerungen würden schließlich langfristig zum Scheitern eines solchen Programms führen. Das bewog Hitler dazu, die Deutsche Arbeitsfront mit dem Bau einer grandiosen Fabrik zur Produktion des KdF-Wagens zu beauftragen. Nach Beschlagnahme von Ländereien derer von Schulenburg und anderer Familien wurde das kilometerlange Werk auf offenem Feld bei Fallersleben angelegt. Ursprünglich sollte es nur dem Zweck dienen, den KdF-Wagen, aus dem nach dem Krieg dann der Käfer wurde, zu fertigen. (Stattdessen wurden während des Naziregimes hauptsächlich Militärfahrzeuge und anderes Kriegsgerät produziert.) Nach dem Zusammenbruch des Dritten Reichs stand die Fabrik ohne Besitzer da. Eine Option war der Abriss, aber um die Werksmauern herum lebte eine Gemeinschaft, deren unsichere Zukunft von der Fabrik abhing. Eine weitere Option bestand in Reparationszahlungen. Zwar gab es Interesse am Werk, aber niemand kümmerte sich damals ernsthaft um den Unterhalt der Gebäude noch um das eigentliche Produkt.

In vielerlei Hinsicht war es der verzweifelte Bedarf an Transportmitteln für die Besatzungsmächte im Nachkriegsdeutschland, der den Standort Wolfsburg rettete. Der für Wolfsburg zuständige britische Offizier, Major Ivan Hirst, wusste um das Problem. Er scheute keine Mühe, die Zukunft der Arbeiter und Bewohner von Wolfsburg zu sichern. Mit ansehnlichen und clever abgesicherten Bestellungen begann die Produktion wieder, zunächst auf eher chaotische Weise, weil der Nachschub fehlte und die Anlage von Bombentreffern schwer beschädigt war.

Wenn man die Dinge stark vereinfacht, waren damit die Grundlagen für die Entwicklung des Transporters schon gegeben. Es existierte eine große Fabrik für den Bau dieses Fahrzeugs, und dank Ferdinand Porsche stand auch ein ökonomisch arbeitender luftgekühlter Motor zur Verfügung. Wie es der Norm der Zeit entsprach, wurde er auf ein separates Chassis montiert. Es musste nur noch jemand kommen, der die Idee hatte, ein ganz neues kleines Nutzfahrzeug zu bauen.

Die Idee

Traditionsgemäß gelten, zumindest in den höheren Bereichen der Volkswagenhierarchie, zwei Männer als verantwortlich für das Transporterkonzept. Der Erfindungsreichtum des einen inspirierte den anderen dazu, die rudimentären Elemente eines Fahrzeugs zu skizzieren, in dem wir ohne Zweifel die erste Generation des Transporters wiedererkennen. Die Namen beider Männer sind wohlbekannt. Major Ivan Hirst suchte die Lösung für ein Problem, und das rief den kreativen Autohändler und Geschäftsmann Ben Pon auf den Plan. Die Idee, die hinter dem Transporter stand, nahm am 23. April 1947 Gestalt an. An diesem Tag nämlich fertigte Pon seine berühmte Skizze an. Im Wesentlichen zeigte seine Zeichnung ein kastenförmiges Fahrzeug mit 750 kg Gewicht und einer profilierten Front, wobei der Fahrer und weitere Passagiere über den Vorderrädern sitzen. Der Motor war über der Hinterachse eingezeichnet und für Wartungs- und Reparaturarbeiten über eine Klappe zu erreichen, die sich nach oben öffnete.

Über 50 Jahre danach machte es Ivan Hirst Spaß, an jenen entscheidenden Tag zurückzudenken. Er saß zusammen mit dem Autor in einem gemütlichen kleinen Café in einem Nachbarort seines Heimatdorfs Marsden in Yorkshire. Er zog einen Bleistiftstummel aus einer Tasche, nahm eine weiße Papierserviette aus einem Glas und reproduzierte, was Pon 52 Jahre zuvor gezeichnet hatte. Das war ein hervorragend getimtes Vorspiel zu der lebhaften Erzählung, wie er den sogenannten Plattenwagen entworfen hatte. Dieser war die clevere Lösung für ein weiteres Problem, mit dem die Briten kämpften, als sie versuchten, das Volkswagenwerk wieder zum Leben zu erwecken.

Ivan Hirst

In seinen späteren Jahren war Ivan Hirst ein vollendeter Schauspieler und großer Showman. Er war es wohl sein ganzes Leben lang, wie die heute legendäre Geschichte über Heinrich Nordhoffs Berufung zum Generaldirektor des Volkswagenwerks beweist. Das war im Jahre 1947. Der deutsche Verwalter, der Rechtsanwalt Hermann Münch, brauchte damals dringend jemanden, der etwas von der Autoindustrie verstand. Er sollte ihm helfen, Wolfsburg langfristig am Leben zu erhalten. Die Briten glaubten stets, sie müssten sich selbst um die Fabrik kümmern. Nordhoff war damals einer von vielen aus ihren ehemaligen Positionen vertriebenen Managern. Hirst befragte ihn ausgiebig. Nach zwei intensiven Tagen verkündete der Major in feierlichem Ton, er könne Nordhoff nicht als idealen Kandidaten für den Job empfehlen. Der niedergeschlagene Nordhoff begann seine Aktentasche zu packen und war bereit zu gehen. Hirst sagte nichts und behielt seinen steinernen Gesichtsausdruck bei. Im Kopf zählte er die Sekunden eines zwei Minuten währenden Schweigens. Im entscheidenden Augenblick und natürlich mit größtmöglicher Wirkung fügte er hinzu, er würde aber seinen Vorgesetzten empfehlen, Nordhoff die Spitzenposition zu geben!

Ivan Hirst trug immer eine Pfeife und eine Streichholzschachtel bei sich. Ob er das gefürchtete Kraut auch rauchte, ist nicht bekannt. Wenn er jedenfalls über Jahre zurückliegende Ereignisse sprach, spielten die Pfeife und ganz besonders die Streichhölzer stets eine wichtige Rolle bei der wirkungsvollen Pause, die er einfügte, bevor er zum Höhepunkt seiner Geschichte kam. Er war ein brillanter Erzähler, ein witziger, authentisch britischer Gentleman. Er nahm auch nach seiner Zeit bei Volkswagen viele Manager in Wolfsburg für sich ein. Doch während seiner Zeit in der Fabrik waren es nicht etwa seine Kenntnisse in der Autofertigung, die ihn von anderen abhoben, sondern seine Fähigkeit, unter widrigen Umständen zu improvisieren.

Ivan Hirst kam 1916 auf die Welt, und er hatte eine privilegierte frühe Kindheit. Der Erste Weltkrieg meinte es gut mit seinem Vater und seinem Großvater. Ihr Uhrengroßhandel begann zu florieren, als sie gesuchte Präzisionsinstrumente zu fertigen begannen. Nach der Niederlage der Deutschen und der Abdankung des Kaisers kehrten die Hirsts wieder zur Uhrmacherei zurück. Ihr Unternehmen florierte nun so sehr, dass sie eine neue, beeindruckend große Fabrik bauen mussten. So lange deutsche Luxusgüter mit einem Zoll von 33,3 Prozent belegt waren, herrschten gute Zeiten für das Hirst-Unternehmen. In dieser Zeit des Wohlstands war der junge Ivan ein gern gesehener Gast in der Fabrik, und er verbrachte dort viel Zeit. Deswegen sagte er später, noch bevor er eine Ahnung von Latein oder Griechisch gehabt habe, sei ihm die automatische Drehbank vertraut gewesen.

Für das Unternehmen der Hirsts begann eine harte Zeit, als die Zölle im Lauf der 1920er-Jahre entfielen. Sie mussten nun mit der Konkurrenz durch billige ausländische Importe kämpfen. Sie verloren dabei so viel Geld, dass es im Jahre 1927 keine andere Lösung mehr gab, als das Werk zu verkaufen. Die Auswirkungen waren für Ivan nicht so schlimm, denn nach wenigen Jahren winkte die Universität. Er studierte Optik, und über seine Universität nahm er auch an militärischen Trainingscamps teil, die ihm viel Spaß machten. Bei Kriegsausbruch hatte Hirst den Rang eines Captains

▼ Dieses bekannte Bild von Ivan Hirst stammt aus der Zeit, als er in Wolfsburg Senior Resident Officer war.

▲ **Auf diesem Bild vor dem Hintergrund der beschädigten Büros des Autowerks ist Ivan Hirst außen rechts zu erkennen. Nach dem Ende des Dritten Reichs blieb Wolfsburg, das seinen Namen von den Amerikanern erhielt, noch einige Jahre unter britischer Besatzung.**

inne. Im bürgerlichen Leben leitete er seit ein paar Jahren eine Werkstatt zur Reparatur optischer Instrumente. Er wurde fast sofort einberufen. Das war schlecht für seine geschäftlichen Interessen, und infolge seiner Abwesenheit musste er seinen Betrieb endgültig schließen.

Nach aktivem Militärdienst in Frankreich und einer Zeit als Ingenieur in einer Werkstatt für Panzer erkannte man endlich seine Fähigkeiten als Optiker und seine Kenntnisse der Feinmechanik. Im Herbst 1942 erschien er als idealer Kandidat für die Aufnahme ins neu gegründete Corps of Royal Electrical and Mechanical Engineers, abgekürzt REME. Diese Organisation sollte die technische Modernisierung der bewaffneten Streitkräfte vorantreiben helfen. Nach der Niederlage Deutschlands veränderte sich die Aufgabe des REME, doch es spielte immer noch eine wichtige Rolle. Die Reparatur- und Servicearbeiten an den Fahrzeugen und der sonstigen Ausrüstung der britischen Armee mussten weitergehen. Zusätzlich bekam das REME die Aufgabe zugeteilt, die Produktion an den wichtigsten Industriestandorten zu überwachen. Es sollte dafür sorgen, dass die Bedürfnisse der Alliierten befriedigt würden. Hirst arbeitete in den No 4 General Troops Workshops in Brüssel, als die Aufforderung erging, sich für Stellen in Deutschland zu bewerben. Die Militärregierung, die Control Commission for Germany (CCG), hatte Schwierigkeiten, geeignete Kandidaten zu finden, denn viele der bestqualifizierten Leute waren nach Asien geschickt worden, um dort weiterzukämpfen. Als der mittlerweile etwas entmutigte Hirst sich bewarb, galt er als ideale Besetzung, nicht zuletzt wegen der früheren geschäftlichen Beziehungen seiner Familie zu deutschen Unternehmen aus der Vorkriegszeit.

Hirsts eigene Erzählung von seiner Ankunft in Wolfsburg im August 1945 als Senior Resident Officer ist gut dokumentiert. Er hatte »keine weiteren spezifischen Befehle, als die Kontrolle zu übernehmen«. Das deutet darauf hin, dass seine Aufgabe weitgehend seiner eigenen Erfindungsgabe, seinem schnellen Denken und seiner Fähigkeit zur Improvisation überlassen war. Er fand eine umfangreiche REME-Werkstatt vor, für die er aber nicht direkt zuständig war, sowie eine größere Zahl verlassener Gebäude mit nur wenigen entmutigten Männern, die darin arbeiteten. Daraus sollte er in kurzer Zeit eine Produktionseinheit entwickeln, die die von den Alliierten so sehr benötigten Transportmittel bereitstellte.

Die Geschichte, wie Hirst eine ganze Reihe von Problemen löste, die mit der Produktion des Volkswagens in jenen frühen Tagen in Zusammenhang standen, gehört nicht in dieses Buch – mit Ausnahme seiner cleveren Lösung für ein Transportproblem, die schließlich Pon bei seiner legendären Skizze eines Lieferwagens als Inspirationsquelle diente.

Der Plattenwagen

Hirst erzählte oft die Geschichte des Plattenwagens, und seine Worte wurden zumindest bei einer Gelegenheit für die Nachwelt aufgezeichnet. Als der Major gebeten wurde, sich um das Problem des Transports von einem Ende der Fabrik zum anderen zu kümmern, erwähnte er, dass hier batteriebetriebene Elektrofahrzeuge fehlten. Zunächst kam er auf die naheliegende Lösung, um einige Gabelstapler der Armee zu bitten. Diese wurden jedoch ohne Ausnahme anderswo für dringende Arbeiten gebraucht. Der deutsche Werksleiter zu jener Zeit, Rudolf Brörmann, war darüber entsetzt und argwöhnte, dieser geradezu verräterische Akt würde den Anfang vom Ende der Volkswagenproduktion bedeuten. Hirst erinnerte sich, dass er sinngemäß sagte, Brörmann solle sich nicht so dumm anstellen. »Wir sind eine Autofabrik, natürlich können wir selbst etwas unternehmen. [...] Wir nehmen das Chassis eines Kübelwagens oder eines Volkswagens, befestigen eine flache Platte an einem Ende und befestigen den Fahrersitz über dem Motor am anderen Ende.« So entstand der einfache Plattenwagen – kaum mehr als ein Gitterrahmen aus Stahlrohren, der diese Plattform trug. Doch er war so erfolgreich in seinem einfachen Aufbau, dass noch in den 1970er-Jahren Exemplare davon in Gebrauch waren. Hirsts Geniestreich bestand darin, den Fahrersitz über dem Motor anzubringen und damit die gesamte Vorderfront frei zu lassen. Die Steuerung war so ausgelegt, dass sie das Gefährt extrem manövrierfähig machte und einen engen Wendekreis ermöglichte, was bei der Arbeit im Werk dringend erforderlich war. Obwohl der Plattenwagen sich gleich als ein voller Erfolg herausstellte, bestätigte Hirst seinem Interviewer, dass keinerlei Schritte unternommen wurden, um noch andere Verwendungszwecke für ihn zu finden. Es wurden auch nur so viele Plattenwagen gebaut, um die Bedürfnisse der Fabrik zu befriedigen.

▼ **Drei Bilder des Plattenwagens, alle aus der Frühzeit der halboffiziellen Produktion, die sich ziemlich lange hinzog.**

Ben Pon

Überschwänglich und extrovertiert sind die am häufigsten verwendeten Bezeichnungen, um Ben Pon aus Amersfoort in den Niederlanden zu charakterisieren. Er war eine Schlüsselfigur, nicht nur für die Geschichte des Transporters, sondern auch für die des VW Käfers. Während Bens Bruder Wijn glücklich zu akzeptieren schien, was das Leben für ihn bereithielt, zeigte Ben stets die Bereitschaft, sich einen Namen zu machen und für die Familie ein Vermögen zu verdienen.

Ben Pons Interesse am Volkswagen ging auf die ersten Tage von Porsches Projekt zurück. Der Familie Pon hatte es, als alteingesessener Opel-Händler, einen schweren Schlag versetzt, als sie infolge der Übernahme durch den amerikanischen Giganten General Motors ihre Konzession aufgeben musste. Die Firma General Motors war damals der Ansicht, Opels angeblich willkürliche Vergabe von Konzessionen habe dazu geführt, dass pro Land zu viele Händler vertreten waren. Opel habe es auch versäumt, ein System untereinander austauschbarer Ersatzteile zu entwickeln. Auch habe Opel durch seine fehlende Präsens in diesem Bereich letztendlich akzeptiert, dass einige Händler selbst Komponenten produzierten. General Motors bestimmte sofort nach dem Kauf, dass von nun an nur die eigene Vorgehensweise Gültigkeit habe. Ihr System bot keinen Freiraum für eigenständiges Denken und Handeln. Die Pons waren mit diesen Einschränkungen nicht einverstanden, gaben ihre Konzession zurück und übernahmen die Vertretung von American Federal Trucks. Natürlich war das Umsatzpotenzial gemessen an Opel sehr viel geringer, und der Unternehmer Ben Pon war entschlossen, den fehlenden Betrag auf andere Weise hereinzubringen.

Pon fasste die nächstbeste Gelegenheit beim Schopfe, an der neuen Größe in deutschen Automobilkreisen, dem von den Nationalsozialisten unterstützten KdF-Wagen, zu partizipieren. Als sich dieses Unterfangen immer weiter verzögerte, muss die Frustration der Pon-Brüder ihren Höhepunkt erreicht haben. Sie gaben aber die Hoffnung nicht auf. Mit einigen auffälligen Gesten wollten sie ihren Namen bei den Nazigrößen in Erinnerung bringen. So schenkten sie beispielsweise Ferdinand Porsche 10 000 Tulpenzwiebeln, als das Kraftwerk der KdF-Fabrik offiziell seinen Betrieb aufnahm.

Wann Ben Pon seinen ersten persönlichen Kontakt mit dem KdF-Wagen hatte, bleibt der Spekulation überlassen: vielleicht bei der Autoausstellung in Berlin 1939, als eine Testfahrt für ihn organisiert wurde. Vielleicht machte er aber auch mit ähnlichen Aktionen wie den oben erwähnten Tulpenzwiebeln schon früher auf sich aufmerksam. Walter Henry Nelson behauptete in seinem Buch »Small Wonder«, das einst als Bibel der Volkswagen-

◄ Einige Fotos von Ben Pon sind ziemlich bekannt. Dieses sieht offiziell aus und stammt aus dem Archiv von Volkswagen. Es verrät wenig über Pons überschäumende Persönlichkeit.

geschichte bis zu Heinrich Nordhoffs Tod im Jahre 1968 galt, Porsche habe Ben Pon mit Robert Ley, dem besonders verhassten Chef der Deutschen Arbeitsfront bekannt gemacht. Er bestimmte über die finanziellen Mittel, die zum Bau des Autowerks bei Fallersleben und zur Produktion des KdF-Wagens notwendig waren. Porsche fuhr jedenfalls mit Pon in einem solchen Auto auf der Berliner Autobahn. Pon wird dahingehend zitiert, dass der Volkswagen »schrecklich laut«, sonst aber von sympathischem Grund-Design sei. Nelson behauptete tatsächlich, dass »die Nazis Pon die Konzession für die Niederlande überlassen« hätten. Doch nach dem Krieg waren alle getroffenen Vereinbarungen hinfällig.

Obwohl Pon nach dem Krieg behauptete, er wolle weder mit Deutschland noch mit deutschen Produkten handeln, wandelte er schnell wieder auf Volkswagenpfaden. Nun wollte er statt der Nazis die Briten beeindrucken. Die verschiedenen Geschichten, wie Pon diese Aufgabe in Angriff nahm, unterscheiden sich erheblich voneinander. Die unterhaltsamste stammt aus der Feder von Walter Henry Nelson. Dass zu dieser Story auch Pons eigene Erinnerungen gehören, scheint für ihre Glaubwürdigkeit zu bürgen. Ivan Hirst allerdings hatte ganz andere Erinnerungen an die Ankunft von Pon: Er kam »in einer schlecht sitzenden Uniform des niederländischen Sanitätsdienstes«. Das wirft im besten Fall zumindest einen Schatten auf den absoluten Wahrheitsgehalt der Story, oder es beweist, dass Pons Geschichten immer fantasievoller wurden, wenn er gerade in der richtigen Stimmung war! Pon war tatsächlich für eine gewisse Zeit Oberst der niederländischen Armee gewesen und hatte einen älteren Mercedes zu seiner Verfügung. Er nahm sich einen Korporal mit einer Stirnlocke als zu seinem Image passenden Chauffeur. Wie er später erzählte, fuhr er »echt stilvoll« nach Deutschland, während er »eine Zigarre rauchte und Vorbeigehenden zuwinkte«. Während seiner Visite traf er nicht nur Hirst, sondern auch Hermann Münch, den Berliner Rechtsanwalt, der als Treuhänder für die Firma wirkte. Dabei gab sich Pon als niederländischer Offizier auf einer freundlich gemeinten Inspektionsreise aus, und nicht so sehr als Kaufmann, der unbedingt eine Konzession zum Verkauf eines Produkts erwerben wollte. Die List funktionierte, und Pon bekam seine Autos, doch dazu später. Viel wichtiger für die Geschichte des Transporters ist, dass Hirst und sein Vorgesetzter, Colonel Radclyffe, den Mann mochten, Vertrauen in ihn fassten und selbst für seine wildesten Ideen ein offenes Ohr hatten.

Ohne Zweifel ist es auch eine andere Version der Ereignisse wert, erzählt zu werden. Sie stammt von Arthur Railton, der früher Vizepräsident der Abteilung für Corporate Relations von Volkswagen America war. Auch er unterhielt sich einige Male mit dem stets theatralischen Pon. »Bei mehreren Gelegenheiten«, verriet Railton, »stellte Pon klar, er sei nie Oberst gewesen, sondern habe nur die entsprechende Uniform von einem Freund geliehen.« »Bei Pon, der immer für eine gute Geschichte zu haben war«, so Railton, »verwischten sich die Grenzen zwischen Wahrheit und Fiktion.« Typisch für den Niederländer waren zum Beispiel Geschichten, die er 1963 Railton erzählte. Er habe »Kunststoffblätter in Streifen geschnitten, dann farbige Klebestreifen darum gewickelt, sodass die Dinger wie Verdienstorden aussahen«. Pon flachste mit Railton herum, er habe »mehr solche Ordensbänder auf seiner Brust als Montgomery«.

▲ **Ben Pon in Uniform – ohne Zweifel auf dem Weg nach Wolfsburg und direkt ins Büro von Ivan Hirst.**

Um ein vollständiges Bild zu gewinnen, sprach Railton auch mit einer anderen Schlüsselfigur aus der Zeit der britischen Besatzung in Wolfsburg. Wing Commander Richard Berryman beaufsichtigte als Ivan Hirsts Assistent die Volkswagen-Produktion. Für ihn war Pon weniger ein liebenswerter Spitzbube als eher ein Dorn im Auge der Briten. Berrymans Geschichte wirft einen tiefen Schatten auf den Ruf des Niederländers. »Dieser Bursche, Ben Pon, war eine Gefahr. Er war stets betrunken, wenn er hier war. Er erzählte, wie die Niederländer siegreich den Ärmelkanal hochsegelten. Viele Male hätte ich ihm gern seine Zunge in den Rachen gestopft. Als ich ihn fragte, was er denn für sein geliebtes Holland tue, wurde er beleidigend. Er soll Brigadier oder so etwas gewesen sein – aber Pulver hatte der nie gerochen. Er bekam als Erster einige Wagen für den Export, und obwohl ich keinen Beweis dafür habe, bin ich mir sicher, dass er da irgendwo geschmiert hat.«

Im Gegensatz dazu vertritt der Autor Malcolm Bobbitt eine ganz andere Meinung über Pon. Er schildert ihn als

▶ **Ohne Zweifel eine der berühmtesten Skizzen in der Welt der Nutzfahrzeuge. Aber war sie wirklich der Ausgangspunkt für die Entwicklung des VW Transporters, wie oft behauptet wird?**

▼ **Die Gebrüder Pon, Ben links und Wijnand rechts. Ihr offenkundiger Wohlstand verrät nichts darüber, dass sie Jahre brauchten, um den Volkswagen und den Transporter auf dem Markt zu etablieren. Ben zeigt seine Qualitäten als Showman mit einer Riesenzigarre.**

talentierten Menschen, der eben zufälligerweise »eine überschäumende Natur« besaß. Bobbitt berichtet, was George Pearson, ein weiteres Mitglied des REME-Inspektionsteams, dachte. Er meinte, hinter Pons übertriebener Art habe sich eine große Bewunderung für Volkswagen versteckt gehalten. Er habe die Ingenieursleistungen voll verstanden und Hirsts Wunsch nach Perfektion bewundert. Die daraus hervorgehende »angenehme Geschäftsbeziehung« mit dem Major war Bobbitt zufolge »grundlegend« gewesen für die Entwicklung des Transporters.

Wie viel Wahrheit in all diesen Erzählungen auch stecken mag, die harten, nüchternen Fakten sind die folgenden: Die Pon-Brüder importierten Anfang Oktober 1947 fünf VW Käfer und schlossen damit das erste Exportgeschäft ab. Seit dem 8. August desselben Jahres war die Firma Pon's Automobielhandel konzessionierter Importeur von Volkswagen für die Niederlande.

Trotz Pons unleugbarem Pionierstatus musste sich seine einzigartige Beziehung zur Fabrik doch grundlegend ändern, als sich die Exporte des Werks von insgesamt 56 Wagen im Jahre 1947 auf 4500 Autos im Jahre 1948 vervielfachten. Dafür mussten Dauerverträge mit Vertretern in der Schweiz, in Belgien, Luxemburg, Schweden, Dänemark und Norwegen abgeschlossen werden.

Nach der Berufung von Heinrich Nordhoff als Generaldirektor hatte Pon kaum eine andere Möglichkeit, als dem neuen Mann seine Treue zu zeigen. Nordhoff akzeptierte Pon als den Showman, der er war, und beide hatten eine gute Beziehung. Nordhoff betraute den Niederländer sogar mit der bedeutenden Aufgabe, den Amerikanern den Käfer zu verkaufen. Bei diesem Projekt hatte er aber wie andere, die das nach ihm versuchten, überhaupt keinen Erfolg. Vor diesem Hintergrund muss man die herkömmliche Interpretation des Übergangs vom Plattenwagen zum Transporter sehen.

Misserfolg von Pons ursprünglichem Plan

Unter seinen zahlreichen Erinnerungen an jene frühen Tage in Wolfsburg bestätigte Ivan Hirst, dass Ben Pon »diesen Plattenwagen für niederländische Firmen wollte«. Pon hatte den Plattenwagen auf einer seiner Reisen nach Wolfsburg kennengelernt und war von dessen Einfachheit beeindruckt. Er erinnerte ihn an die dreirädrigen Lieferfahrzeuge in seiner Heimat, von denen die meisten nichts anderes waren als pedalgetriebene Kleinstwagen. Pon erkannte die Marktchancen des Plattenwagens als eine Art Upgrade für diese Dreiräder und beantragte beim niederländischen Verkehrsministerium sofort eine Zulassung für den Straßenverkehr. Leider wurde sie umgehend mit der Begründung verweigert, der Fahrer müsse vorn vor der Ladung sitzen, um ein Fahrzeug unter Kontrolle zu haben. Und dieses Prinzip war unvereinbar mit dem Design des Plattenwagens.

Pon war niedergeschlagen, aber nicht entmutigt. Kurz darauf kam er mit einer neuen Idee zurück, nämlich seiner legendären Skizze, von der schon die Rede war. Während eines eher zufälligen Treffens mit Hirst in Minden hatte er die einfache Zeichnung schnell angefertigt. Der Major war aber so beeindruckt, dass er Pon empfahl, mit Colonel Radclyffe über ein derartiges Fahrzeug zu reden. Leider hatte Radclyffe aber genug damit zu tun, die einfache Käferproduktion am Laufen zu halten. Dazu kam der Mangel an Arbeitskräften für den Wiederaufbau des von Bomben beschädigten Werks in Wolfsburg. So war der vielbeschäftigte Colonel klar der Meinung, ein zweiter Volkswagentyp sei zu diesem Zeitpunkt zu viel.

Theoretisch betrachtet hatten Pon wie Major Hirst damit ihre Rolle bei der Entwicklung des Transporters zu Ende gespielt. Die entscheidenden Schritte auf dem Weg zur Produktion unternahm nun Nordhoff, der einst bei Opel die Lkw-Produktion geleitet hatte. Er war ein Vollprofi, hatte eine Ausbildung in den Vereinigten Staaten genossen und wusste alles über Autoproduktion.

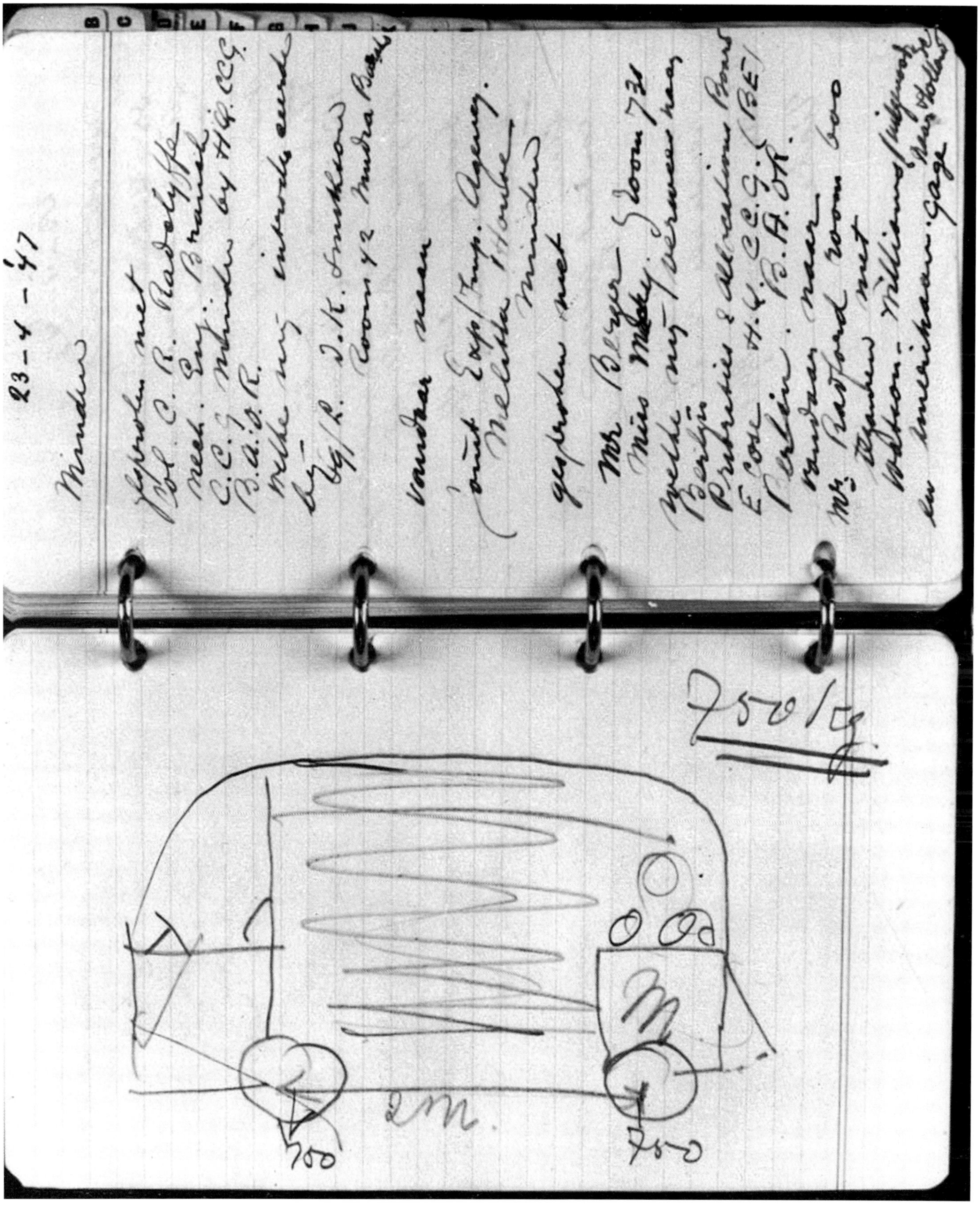

Schwierige Deutung

In den ersten Jahren entwickelte sich um Heinrich Nordhoff schnell eine Art Heldenkult. Als Schlüsselfigur in einem Produktionsprozess, der das deutsche Wirtschaftswunder symbolisierte, wurde er fast vergöttert. Dies geschah auf Kosten der Reputation der Briten und insbesondere von Ivan Hirst. Das muss den früheren Major über alle Maßen geschmerzt haben. Obwohl man seine Karriere im Wolfsburg der Nachkriegszeit kaum als Misserfolg bezeichnen kann, bekam er nie die gleiche Anerkennung wie der Mann, den er für diesen Topjob empfohlen hatte und dem er dann überdies noch seine Autorität abtreten musste.

Es gibt Historiker, die einigermaßen überzeugend darlegen, dass Hirst den Posten des Generaldirektors selbst haben wollte und dass seine späteren Bemerkungen wohl die vergifteten Worte eines verbitterten und neidischen Mannes waren. Genauso lautstark wird eine kontroverse Position von einer Gruppe vertreten, die meint, Nordhoff sei ein Despot gewesen, und er habe sich mit Lakaien umgeben, die ihn bei den Arbeitern, den Vertriebsleuten, den Händlern und bei jedermann durch plumpe Propaganda beliebt machen sollten. Der Mann habe sich auf seinem Weg zur Selbstglorifizierung von nichts bremsen lassen.

Für all jene, die wissen wollen, wie die Transporterstory wirklich ablief, ist es kein Leichtes, die Nebel, die über den umstrittenen Jahren liegen, zu lichten und das Wahre vom Falschen zu trennen. Als Hirst und Nordhoff noch am Leben waren, machten sie die Sache nicht einfacher. Sie bezichtigten sich gegenseitig, ihre eigene Rolle beim Erfolg des Volkswagens in den ersten zehn Jahren nach dem Krieg zu übertreiben.

Im Jahre 1954 beklagte sich Nordhoff über den Zustand des Werks in Wolfsburg, nachdem er es zum ersten Mal betreten hatte: »Als ich am 1. Januar 1948, ein halbes Jahr vor der Währungsreform, die Leitung des Volkswagenwerkes übernahm, fand ich dort einen trostlosen Trümmerhaufen, eine Schar verzweifelter Menschen, den Torso einer liegengelassenen Stadt vor, eine amorphe Masse, die nie ein ordnendes Prinzip gehabt hatte, nie eine Fabrikorganisation im eigentlichen Sinn des Wortes, nie ein Programm und nie die Notwendigkeit oder auch nur die Möglichkeit zu rationaler Arbeit. Es mußte also etwas ganz Neues geschaffen werden, denn etwas, woran man hätte anknüpfen können, gab es nicht und hatte es nicht gegeben.« (Rede »Der Mensch im Betrieb« von Heinrich Nordhoff, UVW 69 Nr. 233)

Obwohl seit den Ereignissen von damals fast 50 Jahre und nach Nordhoffs Tod rund 30 Jahre verstrichen waren, klangen Ivan Hirsts Bemerkungen über die Rolle des einstigen Generaldirektors besonders ätzend: »Ich glaube, man hätte irgendwen dort hinstellen können«, glaubte er, »und es wäre ein Erfolg daraus geworden. Es gab eine große Fabrik, Arbeitskräfte, ein Verwaltungsgebäude, ein gutes funktionierendes Management, ein Auto, das sich verkaufte und eine riesige Nachfrage auf der ganzen Welt nach einem solchen Kleinwagen. Da hätte man nichts falsch machen können, selbst wenn man den größten Dummkopf genommen hätte. Es hätte auf jeden Fall funktioniert.«

In ruhigeren Augenblicken sagte Hirst, seine Beziehung zu Nordhoff sei »sehr eng, aber unpersönlich« gewesen, und er glaubte, Nordhoff habe »zu niemandem einen engeren Kontakt gehabt«. Bei einem Gespräch mit dem Autor beschrieb Ivan Hirst Nordhoff als »einzelgängerische Katze«. Andere schlossen sich dieser Meinung an. Der renommierte Autor Laurence Meredith beschreibt ihn als »durch und durch unangenehmen Autokraten«, und Ralf Richter zeichnet in seiner Biografie von Ivan Hirst Nordhoff als jemanden, der anderen jeden Anteil an der Geschichte vom kometenhaften Aufstieg Volkswagens streitig machen wollte.

Unsere eigenen Forschungen in Wolfsburg führten zu einer deutlichen Änderung der bisher gültigen Version von der Entwicklung des Transporters. Die Rede, die Nordhoff am 12. November 1949 bei der Vorstellung des Autos vor der versammelten Weltpresse hielt, war in Auszügen zwar einigermaßen bekannt, aber das trifft für ihren größeren Zusammenhang nicht zu. Nordhoffs unmittelbarer Nachfolger Kurt Lotz setzte angesichts des schnellen Abgleitens von Volkswagen in die Krise nach Nordhoffs Tod eine Kampagne in Gang, die dessen Reputation herabsetzen sollte. Das führte unter anderem dazu, dass Nordhoffs Interpretation, wie der Transporter entstanden ist, seit jener Zeit unbeachtet blieb.

Vielleicht ist es nicht überraschend, dass die Familie Pon an ihrem tief empfundenen Glauben festhielt, Ben Pon Senior habe die Inspiration für den Transporter geliefert. Ed Servaas, Chef für die Öffentlichkeitsarbeit bei der Firma Pon's Automobielhandel BV schrieb in einem Brief nach Wolfsburg 1987 Folgendes:

»Während seiner Besuche im Nachkriegsdeutschland (siehe die Anmerkungen in seinem Tagebuch vom 23.4.47) skizzierte er für seine Freunde im Volkswagenwerk einen sinnvollen Kastenwagen, in einer ähnlichen Art wie der Käfer. [...] Sie können den Prototyp dieses Kastenwagens sehen, der dann von 1950 an in Serie gefertigt wurde. Die Ausgangspunkte für Pons Überlegungen waren ein Radstand von 2,0 m (später wurden daraus 2,4 m), eine Nutztlast von 750 kg und ein Heckmotor. Seine Skizze wird von Volkswagen als eigenständige Idee des niederländischen Autohausbesitzers akzeptiert, der mit Lastwagen groß geworden war, denn vor dem Krieg hatte er amerikanische ›Federal‹ und deutsche ›Büssing‹ importiert. Er war überzeugt davon, dass das Volkswagenwerk neben dem Käfer so schnell wie möglich auch einen Kastenwagen bauen sollte, um die Transportprobleme, die sich nach dem Zweiten Weltkrieg ergeben hatten, lösen zu helfen.«

Heinrich Nordhoff – der Weg zum Transporter

Heinrich Nordhoff kam am 6. Januar 1899 in Hildesheim, Niedersachsen, auf die Welt. Dort verbrachte er seine Kindheit. Nachdem die Bank, für die sein Vater tätig war, bankrott gegangen war, hatte die in finanziellen Nöten steckende Familie keine andere Wahl, als nach Berlin überzusiedeln, wo Heinrich ein technisches Gymnasium besuchte. Trotz seiner Jugend hatte er sich schon früh für eine Karriere im Maschinenbau entschieden. Von 1917 an leistete er seinen Militärdienst und wurde im Feld verwundet. Als der Erste Weltkrieg vorüber war, schrieb sich Nordhoff an der Technischen Hochschule Berlin ein; er verließ sie als diplomierter Maschinenbauingenieur. 1925 ging er als Flugzeugingenieur zu den Bayerischen Motoren-Werken nach München. 1929 verließ er BMW wieder, um bei der Adam Opel AG zu arbeiten, die damals bereits ein Tochterunternehmen von General Motors war. Nordhoffs Herz schlug für das Management und er wandte sich ganz der Produktion und dem Verkauf von Autos zu.

16 Jahre lang arbeitete Nordhoff für Opel, und er wäre wahrscheinlich noch länger geblieben, wenn es keinen Zweiten Weltkrieg gegeben hätte. Seine bisherigen Arbeitsstellen lagen nun nämlich teils in der sowjetischen teils in der amerikanischen Besatzungszone. Nordhoff dachte nicht daran, seine Karriere in der sowjetischen Zone wieder aufzunehmen und begab sich somit zum Hauptquartier von Opel nach Rüsselsheim. Obwohl seine Verbindungen zu den Nazis und der Hitlerregierung eher dünn waren, kosteten sie ihn die Chance, als Manager bei Opel weiterzuarbeiten. Er war zwar nie eingetragenes Parteimitglied gewesen, erhielt aber doch die Auszeichnung als Wehrwirtschaftsführer für seine Verdienste beim Bau von Lastwagen für den Krieg. Damit war Nordhoff in den Augen der Amerikaner nicht tragbar und konnte keine Anstellung mehr finden. Seine Karriere bei Opel war für alle Zeiten aus und vorbei. Auf sein Interview mit Major Hirst und seine Anstellung bei Volkswagen sind wir schon eingegangen.

Nordhoffs erster Job bei Opel 1929 bestand darin, Servicehandbücher zu verfassen. Dazu brauchte man technischen Verstand und die Fähigkeit, konsequent und logisch zu arbeiten. Von hier aus wurde Nordhoff Abteilungsleiter in der Kundendienstorganisation von Opel. Schon damals zeigte er ein Verhalten, das bei Volkswagen schließlich zu seinem Markenzeichen wurde: Er arbeitete sieben Tage die Woche und verbrachte seinen Urlaub an den Montagebändern seines Werks. So konnte es fast nicht ausbleiben, dass man sein Potenzial erkannte. Nordhoff war nun über 30 und konnte sich einen persönlichen Wunsch erfüllen: Er wurde nach Amerika geschickt, um in Detroit den Verkauf und die Produktionsverfahren zu studieren. Er war dort technischer Berater des Verkaufsmanagers von Opel. 1936 wurde Nordhoff in den Vorstand berufen, was ihm sehr schmeichelte. Zu Beginn des Jahres 1939 zog er nach Berlin, um das dortige Büro der Adam Opel AG zu leiten. 1942 wurde er Generaldirektor der Opel-Werke in Brandenburg; das war damals die größte Lkw-Fabrik in Europa. Trotz der Einschränkungen durch den Krieg war er dort verantwortlich für die Produktion von 4000 Fahrzeugen pro Monat. Es hätte keine bessere Ausbildung und keinen geeigneteren Werdegang geben können, um später bei Volkswagen den Bedarf nach einem zweiten Produkt, einem Nutzfahrzeug, zu erkennen.

Nordhoffs Eintreffen bei Volkswagen 1947 erwies sich als eine Art Katalysator für ein konzertiertes Handeln. Gunter Hellman, der 1945 zur Wolfsburger Mannschaft gestoßen war und später Ersatzteilmanager für Kanada wurde, äußerte sich Walter Henry Nelson gegenüber wie folgt: Jedermann war »in einem Schlendrian befangen, bevor Nordhoff kam. Wir hatten keine Lebensmittel und kein Material, und niemand hatte wirklich eine Vorstellung davon, wohin die Reise gehen sollte. Als Nordhoff eintraf und sich sogleich der Sache annahm, brachte er einfach alles auf eine ruhige Weise in Bewegung.

▼ Eine effiziente Werbekampagne entwickelte den Kult um den König von Wolfsburg, Heinrich Nordhoff. Im Bild überwacht er Baufortschritte bei der weiteren Expansion des Werks.

▲ **Eine offizielle Fotografie, aufgenommen zum 65. Geburtstag von Heinrich Nordhoff im Januar 1964.**

Er unternahm nichts Spezifisches, um die Atmosphäre zu verbessern. Man fühlte einfach seine Präsenz, man spürte, dass er da war und das Steuer fest in der Hand hielt.«

Die Wirklichkeit sah so aus, dass Nordhoffs immense Erfahrung, seine Zielgerichtetheit und Hingabe an den Job ausreichten, um Wolfsburg zu produktivem Arbeiten anzuregen. Trotz vieler anfänglicher Vorbehalte gegenüber dem Käfer erzählte Nordhoff allen, die es hören wollten, dass er sich mit jeder Faser engagiere. Innerhalb von weniger als zwei Monaten nach seiner Ankunft bei Volkswagen wusste er aber, dass die Dinge nicht auf diese Weise weitergehen konnten. Er zeigte dieselbe Hingabe an seiner Arbeit wie zuvor bei Opel. Er wohnte nun in der Fabrik, schlief sechs Monate lang auf einem Behelfsbett in einem Raum gleich neben seinem Büro. Obwohl Nordhoff von anderen nicht dasselbe erwartete, erbat er doch von den Arbeitern das scheinbar Unmögliche. Sie bräuchten immer noch 400 Stunden, um ein Auto zu bauen, sagte er ihnen. Aber so könne es nicht mehr lange weitergehen.

Sein persönliches Engagement wurde durch rasch steigende Produktionszahlen des VW Käfer belohnt. Dazu wuchs die Zahl der Märkte, die jede Art von Volkswagen kaufen wollten. So konnte Nordhoff 1950 offen über sein Lebensziel sprechen: Er wollte dieses Werk zum größten Autobauer Europas machen.

Nach Nordhoffs Tod am 12. April 1968 im Alter von 69 Jahren, kurz nachdem der zweimillionste Transporter die Montagestraße verlassen hatte, beschrieb Alan Dix, der damals Managing Director von Volkswagen Motors Ltd in Großbritannien war, »die gewaltige Vision, den außergewöhnlichen Mut und die unglaublichen Fähigkeiten« des verstorbenen Generaldirektors. Dix sprach von einem »unersetzlichen Verlust« und bezeichnete Nordhoffs »Politik und Produkte« als Schlüssel für den Wiederaufbau Deutschlands. Alle, die mit Nordhoff in Kontakt gekommen seien, hätten »ein Ziel vor Augen gehabt und ein Gefühl der Inspiration verspürt«.

Dix fasste Nordhoffs Bedeutung besser als jeder andere zusammen: Ohne ihn hätte es keine Volkswagenorganisation gegeben, genauso wie es ohne Porsche nie zum Volkswagen gekommen wäre. Nordhoff hätte in einem selbst verfassten Nachruf aber sicher auch geschrieben, dass es ohne ihn auch den Transporter nie gegeben hätte. Durch seine Erfahrung und seine Voraussicht verstand er besser als alle anderen, welches die Bedürfnisse des potenziellen neuen Marktes sein würden. Während seiner Zeit in Brandenburg hatte er auf dem Nutzfahrzeugmarkt Erfahrungen gesammelt wie sonst niemand.

Die Worte von Alan Dix stammen übrigens aus einer Spezialausgabe der Hauszeitschrift »Prospect«, die kurz nach Nordhoffs Tod gedruckt wurde. Ein Abschnitt darin zeigt ganz besonders, dass Nordhoff damals, als die Geschichte noch nicht uminterpretiert war, als Vater des Transporters galt, egal welche Bedeutung man den Beiträgen von Ivan Hirst und Ben Pon zumessen will:

»Im Jahre 1949 erkannte Nordhoff, dass ein Bedarf an ganz neu konzipierten sparsamen Nutzfahrzeugen bestand. Nach seinem Konzept, das seither von vielen Autobauern kopiert wurde, bauten die Ingenieure von Volkswagen ein kastenförmiges Nutzfahrzeug, das fast eine Tonne in einem Laderaum von 4,8 m³ transportieren konnte. Die ersten acht Volkswagen ›Transporter‹ verließen 1949 das Band.«

Dass einige der acht Prototypen keine Kleinlaster waren, sondern Busse, ist ebenfalls sehr bedeutsam; das wird sich auch noch bei der Analyse der jährlichen Produktionsstatistiken zeigen. Die Vielfalt der Transporterfamilie war ausschließlich Nordhoffs Werk.

Heinrich Nordhoffs Rede vor der Presse »anlässlich der Vorführung des neuen VW-Lieferwagens«, 12. November 1949

»Nun, meine Herren, nachdem wir Ihnen von unseren Freuden und Sorgen einiges vorgeführt haben, kommen wir zum Thema des Tages, zu unserem neuen VW-Lieferwagen.

Der Plan zu diesem Wagen wurde vor etwas über einem Jahr bei einer gemeinsamen Autofahrt von Herrn Dr. Haesner und mir gefasst – ihm und seinen Helfern gebührt das Lob, in rund einem Jahr einen Wagen von der ersten Idee bis zur Produktionsreife entwickelt zu haben. Wir wollten gern noch früher fertig sein, aber die tausend und abertausend Versuchskilometer auf den trostlosen Strassen nördlich von hier an der Zonengrenze entlang und in den Steigungen des Harzes wollten gefahren sein und – wir wollten sehr gründlich sein.

Bevor wir die Grundwerte dieses Fahrzeuges festlegten, haben wir sorgfältigste Marktanalysen angestellt und haben mangels zuverlässigen amtlichen statistischen Materials Hunderte von Einzelbefragungen vorgenommen, um ein ganz klares Bild davon zu bekommen, was der Wirtschaft für das Einholen des Motorisierungsvorsprunges anderer europäischer Länder noch fehlt.

So kamen wir zu dem Ergebnis, dass es nicht der typische Halbtonner auf einem Personenwagenfahrgestell ist, der gesucht wird, sondern der um 50 % leistungsfähigere Dreivierteltonner mit möglichst grossem Laderaum, ein geschlossener Kastenwagen von vielseitigster Verwendbarkeit. Eine halbe Tonne Nutzlast ist wohl das Äusserste, was man mit verstärkten Federn und vergrösserten Reifen auf einem mittleren Personenwagen-Fahrgestell unterbringen kann – daher die uniforme Nutzlast von 500 kg bei allen Fahrzeugen dieser Kategorie. Die Situation wird Ihnen sofort klar, wenn Sie diese schematische Anordnungszeichnung eines typischen Vertreters dieser Lieferwagen auf Pkw-Fahrgestell ansehen. Der Laderaum liegt ganz und gar über der Hinterachse, die praktisch die ganze Nutzlast zu tragen hat und damit bald an ihre natürliche Grenze gelangt. Ausserdem ergibt sich eine sehr unerwünschte Verteilung der Achsbelastung mit stärkerer Abhängigkeit vom Belastungszustand und damit unbefriedigende Federungseigenschaften.

Es erschien uns wenig sinnvoll, die Reihe dieser Fahrzeuge noch um ein weiteres zu vermehren. So wie der Volkswagen ein Automobil ohne Kompromisse ist, so sollte auch unser Lieferwagen ohne Kompromisse sein. Deshalb gingen wir nicht von einem vorhandenen Fahrgestell aus, das uns notwendigerweise an einer konsequenten Lösung behindert hätte, sondern – eigentlich viel zu naheliegend, um originell zu sein – vom Laderaum. Dieser Laderaum trägt vorn den Fahrersitz und hinten das Antriebsaggregat – das ist die klare, kompromisslose Idee unseres Lieferwagens, und so ist er gebaut:

Ein Laderaum von 3 plus 1 m² Bodenfläche und 4,5 m³ Volumen trägt vorn einen dreisitzigen Fahrerraum mit ganz bequemem Einstieg und unübertrefflichem Überblick über die Fahrbahn und hinten in einem abgeschlossenen, weiträumigen und hervorragend gut zugänglichen Maschinenraum den Motor, Tank, Batterie, Reserverad, kurz die ganze Maschinerie, die damit weder Laderaum noch Fahrerraum beeinträchtigen oder stören kann.

Das alles ist als vollendeter selbsttragender Ganzstahlaufbau durchgeführt, mit niedriger ungebrochener Ladefläche, weitgehend aus den Aggregaten des Volkswagens, von dem in diesen Tagen der 75 000ste vom Band lief, wegen des höheren Gesamtgewichtes mit dem Zusatzgetriebe, das sich in tausenden von Wehrmachtswagen unter allerschwersten Bedingungen so gut bewährt hat.

Dieser Wagen wiegt betriebsfertig 875 kg und trägt 850 kg – stellt also mit einem Gewicht-Last-Verhältnis von 1:1 für einen Kastenwagen dieser Grösse eine Bestleistung dar. Er hat – mit voller Last – eine Spitzengeschwindigkeit von mehr als 75 km/h, eine Steigfähigkeit von 22 % und durchschnittlichen Benzinverbrauch von 9 l/100 km. Seine Federungsgüte und Strassenlage übertreffen die schon erstaunlichen Werte des Volkswagens fühlbar! In diesem Wagen kann auch das empfindlichste Ladegut auf schlechtester Strasse transportiert werden, ohne den geringsten Schaden zu nehmen.

Wie kommt das? Dieses Bild zeigt es Ihnen: Bei diesem Wagen, und nur bei diesem Wagen, liegt der Laderaum genau zwischen den Achsen. Vorn der Fahrer, hin-

▼ **Nordhoff erklärt, wie der Laderaum zwischen den beiden Achsen seines Transporters liegt.**

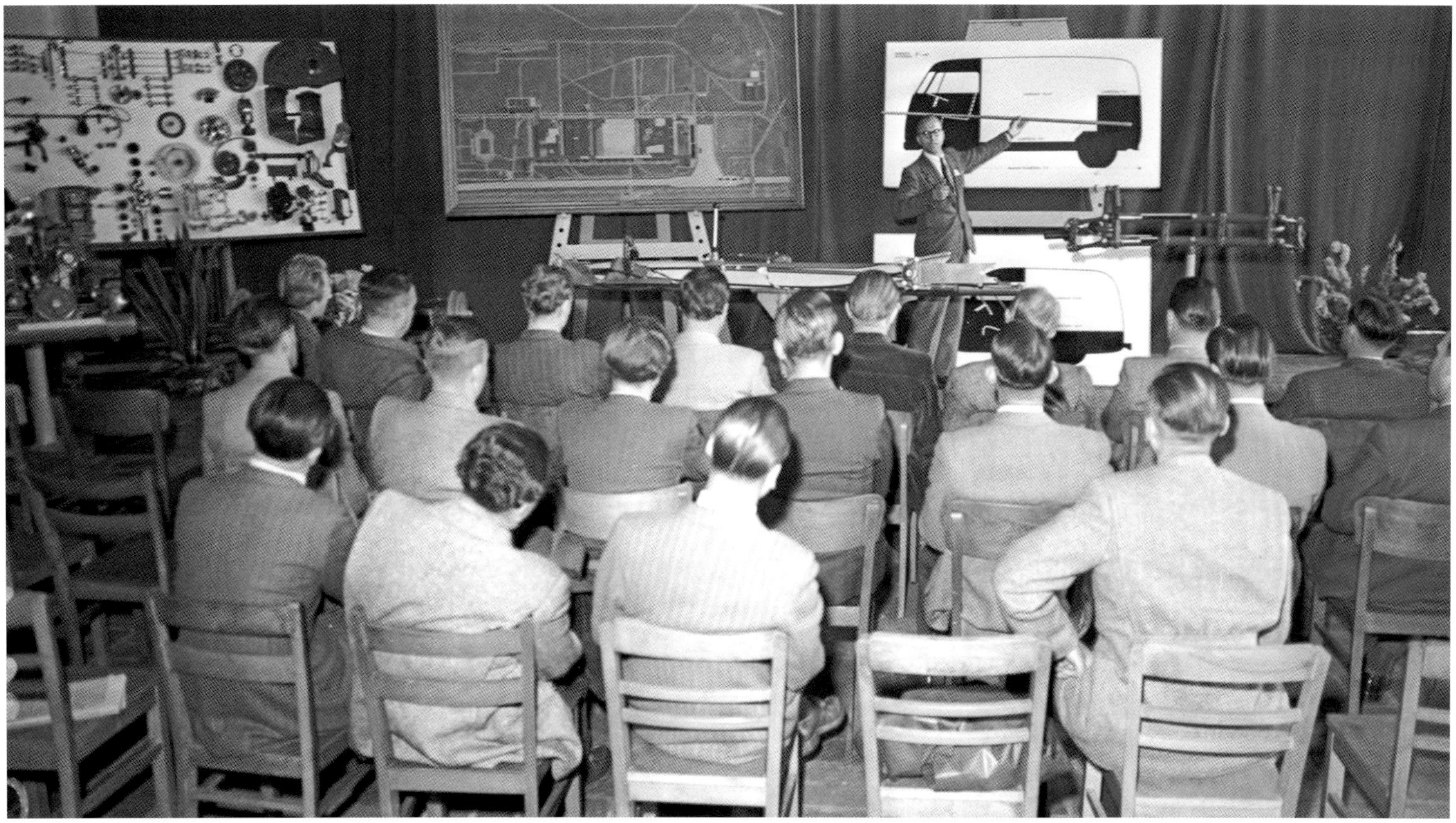

▲ **Dieses Bild stammt eindeutig von einem anderen Anlass als das vorhergehende. Es zeigt aber, wie viel Zeit und Mühe man darauf verwandte, die Vertriebsleute, Händler, Journalisten und viele andere über den neuen Transporter zu informieren.**

ten das gleiche Gewicht von Motor und Tank gleichen sich aufs Beste aus. Die Achsbelastung ist immer 1:1, ganz gleich, ob der Wagen leer oder voll beladen ist. Das lässt Federabstimmungen zu, die bei variablen Achsbelastungen eben einfach nicht erreichbar sind. Das ergibt überdies völlig gleichmässige Ausnutzung der Reifentragfähigkeit und der Bremsen. Sie wissen, dass wir nie scheuen, vom Schema abzuweichen und selbstständig zu denken.

Wir haben die Heckmotor-Anordnung bei diesem Lieferwagen nicht deshalb gewählt, weil wir uns dazu »moralisch« verpflichtet hielten. Wir hätten unbedenklich den Motor nach vorn geholt, wenn das die bessere Lösung ergeben hätte. Wir sind da nicht technisch-weltanschaulich gebunden. Aber die berühmte cab-over-engine Anordnung gibt bei leerem Wagen so schauerliche Lastverteilungsverhältnisse, dass das gar nicht in Frage kam. Sie können es an den Chausseebäumen der gesamten britischen Zone ablesen, wie sich die nach diesem Prinzip gebauten Lastwagen der englischen Armee bei nasser Strasse verhalten, wenn sie unbeladen sind.

Befindet sich, um zum zweiten Punkt zu kommen, der Standard-Lieferwagen in der Zwangslage, die Tür zum Laderaum hinten anbringen zu müssen, so sind wir in der Zwangslage, das nicht zu können. Wenn ich aber diese beiden Gegebenheiten gegeneinander abwäge, so bin ich froh, in unserer Haut zu stecken. Denn die Beladung und Zufahrt von der Seite her ist das Natürliche und Normale, oder käme jemand auf die Idee, eine Limousine von hinten zu besteigen? Unser Lieferwagen braucht keinen freien Raum hinter sich beim Anfahren an seinen Beladungsplatz, er nutzt den in Geschäftsstrassen immer knappen Parkraum voll aus, und der nächste Wagen kann dicht hinter ihm stehen. Für die nutzbare Ladeflächenhöhe kommt ihm die volle Rinnsteinhöhe zugute, er ist unvergleichlich bequem zu beladen und entladen.

Ich möchte hier noch auf einen Gesichtspunkt hinweisen, der mit zunehmender Fahrzeugzahl immer bedeutungsvoller werden wird: auf den Ausnutzungsgrad der für den Verkehr verfügbaren Strassenfläche. Normale Lieferwagen der herkömmlichen Bauweise haben ein Verhältnis von Ladefläche und Wagenfläche von etwa 0,3, wir erreichen mit unserem neuen Lieferwagen gut 0,5, also über 50 % mehr. An diesem Wagen ist nichts dem Zufall überlassen geblieben oder so gemacht, wie es der Weg des geringsten Aufwands nahelegte.

In seiner ersten Form brauchte dieser Wagen elf Liter Benzin auf 100 km Fahrstrecke. Das war uns zuviel, denn wir sind unverändert der Überzeugung, dass nicht die Anschaffungskosten sondern die Betriebskosten über den Erfolg eines Automobiles entscheiden und über seinen Nutzwert für die Wirtschaft. Das wird sich nach der bevorstehenden Benzinpreiserhöhung noch viel klarer abzeichnen. Wir taten also etwas, was bestimmt bei Lieferwagen zum ersten Male geschah. Wir gingen mit dem Wagen in den Windkanal – mit dem Erfolg, dass wir geringen Formänderungen den Luftwiderstandsbeiwert auf ein c_w = 0,4 herunterbrachten und damit den durchschnittlichen Brennstoffverbrauch auf 9 l/100 km.

Natürlich ist der VW-Lieferwagen mit allem ausgestattet, was zu einem guten Automobil gehört, mit splitterfreiem Glas für alle Scheiben, mit Fahrerraum-Heizung, Windschutzscheiben-Entfroster, doppelten Scheibenwischern und allem Zubehör. Von den zahllosen Möglichkeiten, ihn nutzbar zu machen, zeigen wir Ihnen heute nur wenige. So haben wir mit unserem neuen Lieferwagen ein Fahrzeug geschaffen, wie es bisher in Deutschland noch nie angeboten wurde, einen Wagen, bei dem nur ein einziges Ziel gesteckt wurde: höchste Wirtschaftlichkeit und höchster Gebrauchswert; einen Wagen, der nicht in den Köpfen der Ingenieure seinen Ursprung hatte, sondern in den Rentabilitätsrechnungen der Gewerbetreibenden; einen Wagen, den wir nicht bauen, um unsere Kapazität zu füllen – das können wir auf lange, lange Zeit mit dem Volkswagen – sondern um der arbeitenden Wirtschaft ein neues einzigartiges Instrument zu geben, Leistung und Ertrag zu steigern.

Sie, meine sehr verehrten Herren von der Presse, bitte ich, unserem VW-Lieferwagen, bei dessen Taufe Sie Gevatter gestanden haben, ein paar nette Worte, die ihm Mut machen, mit auf den Weg zu geben.

Ich danke Ihnen vielmals für Ihre Aufmerksamkeit und für Ihr Interesse!

Erinnern Sie mich, bitte, immer, wenn Sie es für nötig halten, an etwas ganz Wichtiges: PUBLIC RELATIONS – Sie sollen bei uns immer, gerade weil wir als GmbH nicht zur Publizität verpflichtet sind, ganz an der Spitze der Prioritäten stehen! Eine kleine Formalität noch zum Schluss: der VW-Lieferwagen kostet DM 5.850,– ab Werk. Ich denke, er wird seinen Weg machen!«

(»Ansprache des Generaldirektors Heinrich Nordhoff beim Presse-Empfang anlässlich der Vorführung des neuen VW-Lieferwagens am 12. November 1949«, UVW 69 Nr. 233)

Mit der Präsentation des Fahrzeugs und der Hintergründe von dessen Entstehung erreichte Nordhoff genau, was er wollte: Die oft skeptischen, ja zynischen Presseleute waren begeistert vom Potenzial des neuen Fahrzeugs. Joachim Fischer, der Herausgeber der in Frankfurt erscheinenden »Motor Rundschau«, schrieb, er habe sich nicht zu viel von seiner Reise nach Wolfsburg versprochen, wo er einen neuen Lieferwagen inspizieren und Probe fahren sollte. Aber der VW-Lieferwagen habe sich als das modernste kleine Nutzfahrzeug erwiesen, das er kenne – und er kenne viele, auch solche aus dem Ausland.

In ähnlicher Weise zeigte sich der Autor eines Artikels im Magazin »Das Lastauto« überzeugt von Nordhoffs neuem Modell. Die gute Verarbeitung des Volkswagens, die technischen Erfordernisse für den Transport von Lasten und die vollkommen neue Form hätten zu einem Lieferwagen geführt, der bis dahin gefehlt habe.

Alle Forscher und Archivare in Wolfsburg sind sich einig, dass Nordhoff haarklein über alle Aspekte des Volkswagengeschäfts entscheiden wollte. Es war ihm nicht möglich, selbst scheinbar triviale Probleme vollständig anderen Mitgliedern seines Managementteams zur Entscheidung zu überlassen. So bereitete er auch unzählige Reden und Ansprachen peinlich genau vor. Er verbesserte von Hand die Entwürfe, die seine Sekretärinnen mit der Maschine geschrieben hatten. Die Reden, die erhalten blieben, bestehen oft aus 30 Seiten eng beschriebenem Text. Bei keinem dieser Manuskripte handelt es sich um einen Bericht, der nachträglich angefertigt wurde. Wegen der Länge des Texts können wir hier nicht jedes Wort wiedergeben, das Nordhoff bei der Präsentation des Transporters sagte. Aber wir haben keine Passagen ausgelassen, die von der Konzeption und der Entstehung handeln. Nordhoffs Diktion mag den heutigen Leser gelegentlich überraschen: Man darf dabei aber nicht vergessen, dass das Dokument über 60 Jahre alt ist!

▼ Ein sorgfältig komponiertes Bild von Heinrich Nordhoff, aufgenommen ungefähr um die Zeit, als er den Transporter 1949 der Presse vorstellte.

Die Einstellung von Alfred Haesner

In der Zeit vor Nordhoffs Ernennung zum Generaldirektor gab es im Zusammenhang mit der VW-Produktion viele Probleme zu lösen. Eines davon war das Fehlen von Personal im Ingenieurbüro von Wolfsburg. Ivan Hirst suchte dazu geeignete Leute und führte eine Reihe von Bewerbungsgesprächen. Er glaubte, in Rudolf Uhlenhaut einen idealen Kandidaten gefunden zu haben. Zu jener Zeit arbeitete er in der Autoreparaturwerkstätte, die das REME bei der Firma Hanomag in Hannover eingerichtet hatte. Doch es kam nicht so weit. Uhlenhaut wollte seine Vorkriegskarriere bei Mercedes Benz wieder aufnehmen und lehnte Hirsts Angebot ab. Der Major wandte sich dann an Alfred Haesner, der als Chefkonstrukteur bei der neben Motorrädern auf die Herstellung luftgekühlter Nutzfahrzeuge spezialisierten Firma Phänomen gearbeitet hatte. Hirst war allerdings etwas enttäuscht von Haesner, weil er nur an der Entwicklung luftgekühlter Motoren und nicht an umfassenderen Aufgaben, wie sie von jedem Angestellten in Wolfsburg verlangt wurden, interessiert schien. So ließ er die Sache auf sich beruhen. Nordhoff erkannte aber Haesners Potenzial und stellte ihn ein. Seine erste Aufgabe schloss sich nahtlos an seine Tätigkeit bei Phänomen an. Er sollte mit Nordhoff an einem Nutzfahrzeug für Volkswagen arbeiten, einem Transporter, der auf dem Chassis und dem Motor des Käfers beruhte.

Dass Haesner den Markt und Nordhoffs Ziel kannte, wird aus Bemerkungen deutlich, die er machte, als die Prototypen Form anzunehmen begannen: »konzipiert für Stadt und Land, kleine und große Entfernungen, Teerstraßen und Feldwege, Güter und Passagiere, Industrie und Einzelhandel [...] Dieses Nutzfahrzeug eignet sich für alle Geschäftsbereiche, für Expresslieferungen wie für den Frachttransport, als Minibus, als Vielzweckfahrzeug, als Transporter für die Post, als Krankenwagen oder als mobiler Verkaufsstand.«

Design, Windkanal und Tests des ersten Prototyps

Nordhoffs Rede bei der Präsentation des Transporters bestätigt, dass Haesner bei einer Autofahrt im Herbst 1948 seine Anweisungen erhielt. Damit war der Weg zur Produktion eines Nutzfahrzeugs sozusagen offiziell geworden und erhielt das Kürzel EA-7, wobei EA für Entwicklungsauftrag steht.

Eine weitere Aufgabe Haesners bestand darin, eine Luxus- oder Exportversion der Volkswagenlimousine zu schaffen. Dieses Fahrzeug sollte die Käufer in Europa und Übersee ansprechen und der Fabrik als Umsatzbringer dienen. Haesner stand unter einem solchen Druck, dass er Nordhoff am 11. November 1948 ein Memorandum sandte und zusätzliches Personal anforderte. Er betonte darin, dass »der Bestand an Spezialfachkräften nicht ausreicht«, um mit der Arbeitsbelastung fertigzuwerden. Trotz dieses Hilferufs, aber passend zur Geschwindigkeit, mit dem das Transporterprojekt Gestalt annahm, präsentierte Haesner seinem Chef neun Tage danach zwei Designentwürfe für den Transporter.

Die beiden Blaupausen von Haesner unterschieden sich nicht sehr stark, und beide zeigten mehr als nur eine oberflächliche Ähnlichkeit mit Pons Skizze, die etwas mehr als 18 Monate zuvor entstanden war. Wenn man aber Nordhoffs Ansprache bei der Präsentation für bare Münze nimmt, dann könnte die Ähnlichkeit zwischen der Zeichnung des Niederländers und dem neuen Transporter ein zufälliges Zusammentreffen sein. Denn die Entwürfe, die Haesner ihm präsentierte, beruhten dem Generaldirektor zufolge ausschließlich auf intensiven Marktrecherchen. Eine Formgebung, Version A, hatte eine flache Front mit einem überhängenden Dach. Die Version B, die Nordhoff sofort vorzog, zeigte eine leicht kurvige, geneigte Kabine.

Bevor die Arbeiten an einem Prototyp des Fahrzeugs im Maßstab 1:1, der intern als VW29 bezeichnet wurde, abgeschlossen waren, entschloss man sich zu Windkanaltests. Der Bericht des Instituts für Strömungsmechanik der Technischen Universität Braunschweig vom 9. März 1949 stellt eine interessante Lektüre dar. Man hatte Transportermodelle im Maßstab 1:10 aus Holz hergestellt und sie zunächst mit zwei auswechselbaren Bugformen bestückt. Eine dritte kam später hinzu Zwei der Bugformen waren sehr flach, die dritte wurde als stark stromlinienförmig. beschrieben. Fast unnötig zu sagen: Die Tests ergaben einen c_w-Wert von 0,75 bzw. 0,77 für die flachen Bugformen und von 0,43 für die abgerundete Version. (Institut für Strömungsmechanik der Technischen Universität Braunschweig, Bericht 49/1, UVW 373 Nr. 307/2)

Vielleicht war es für einen Mann mit Nordhoffs Hintergrund und Erfahrung naiv anzunehmen, dass das Käferchassis, das verbreitert werden musste, um die Kabine des Transporterprototyps aufzunehmen, auch noch steif genug sein würde, um die 50 Prozent mehr Last zu tragen, nach denen der Markt den Recherchen nach verlangte. Aber auch Haesner, der das Transporterprojekt zu einem erfolgreichen Abschluss bringen musste, und alle anderen hatten ebenfalls geglaubt, die ginge ohne Probleme. Haesner war offensichtlich nicht klar, was ihn erwartete, und drängte weiter.

Der Prototyp in Originalgröße war am 11. März 1949 bereit für Testfahrten, und das Desaster stand nun unmittelbar bevor. Um das Geheimnis zu wahren, wurden die ersten Tests nachts durchgeführt. Ivan Hirst war zu jener Zeit immer noch in Wolfsburg, aber keine entscheidende Figur mehr. Er erzählte dem amerikanischen Autor Karl Ludvigsen, was geschah: »Als sie am Morgen zum Werk zurückkehrten, lag der Transporter 15 cm tiefer. Das Gewicht der Karosserie und der Ladung hatte in der Mitte des Plattformrahmens zu einem Bruch geführt.« Das war am 5. April 1949, und weniger als einen Monat vor der Präsentation des Prototyps war Haesner mehr oder minder da, wo er begonnen hatte. Das Projekt lag in Scherben, und die Uhr tickte unaufhaltsam weiter. In seinem Bericht an Nordhoff bestätigte der Technische Direktor, was auf der Hand lag: Die Ergebnisse zeigten deutlich, dass das Volkswagenchassis die Aufgabe des Lieferwagens nicht übernehmen konnte, einfach weil die Last und insbesondere die Verwindung zu groß waren.

Auf der Überholspur zur Produktion

Trotz des Rückschlags mit dem auf dem Käfer beruhenden Prototyp blieb Nordhoff entschlossen, den Transporter noch vor Jahresende in die Produktion gehen zu lassen. Am 19. Mai 1949 setzte er den Produktionsbeginn für den 1. November fest; als absolut spätestes Datum gab er den 1. Dezember desselben Jahres vor. Sein Ziel lag auf der Hand: Der Transporter musste fertig sein für einen offiziellen Start auf dem Genfer Autosalon im März 1950. Zu diesem Zeitpunkt musste das Auto nicht nur in Wolfsburg auf Herz und Nieren geprüft sein. Es sollte so weit gediehen sein, dass die besten Kunden es testen und … loben konnten.

Auf Haesner und seinem Team lastete ein erbarmungsloser Druck, denn Nordhoff verlangte eine schnelle Lösung des Chassisproblems. Er war auf der dauernden Suche nach neuen Anwendungsbereichen für den Transporter und überwachte persönlich jedes Detail des Projekts. Selbst in unserer technisch viel weiter fortgeschrittenen Welt ist ein solches Arbeitstempo auf Dauer fast unvorstellbar. Doch Haesner schaffte das schier Unmögliche und konnte einen ganz neuen Prototyp an dem Tag präsentieren, als Nordhoff seine Produktionsziele verkündete.

Der neue Prototyp unterschied sich erheblich von seinem Vorgänger, der selbst sorgfältig wiederhergestellt wurde. Beide Fahrzeuge besaßen nun das, was man später eine selbsttragende Karosserie nennen würde. Dadurch wurde die Verwindungssteifigkeit stark vergrößert. Boden und Karosserie waren nun auf einem Hilfsrahmen befestigt. Zwischen der Vorder- und der Hinterachse waren fünf kräftige Querträger verschweißt, während zwei starke Längsträger sowie einer Reihe von Auslegern der Gesamtstruktur zusätzliche Festigkeit verliehen. Indem man die Stahlblechböden in der Kabine, im Laderaum und oberhalb des Motorraums mit dem Rahmen verschweißte, erreichte man eine überaus große Steifigkeit.

Haesners Arbeit war damit aber noch nicht getan. Aufgrund der Erfahrungen, die man bei den Tests mit dem ersten Prototyp gewann, wurden die Vorderachse und die Stoßdämpfer verstärkt. Finanzielle Einschränkungen verwehrten die Entwicklung eines leistungsstärkeren Motors, der mit dem Gewicht des Transporters besser zurechtgekommen wäre. Doch das war für Nordhoff kein besonders wichtiges Problem. In späteren Jahren erhöhte er die Motorleistung für den Käfer wie für den Transporter nur zögerlich, auch wenn der Markt offenkundig danach verlangte. Er wollte allerdings dringlich etwas gegen die geringe Beschleunigung unternehmen, die der 25-PS-Motor des Käfers dem viel schwereren Transporter verlieh, indem er eine niedrigere Übersetzung ins Spiel brachte. Das Archiv in Wolfsburg kannte eine ideale Vorrichtung vom Kübelwagen der Kriegsproduktion, der eine Portalhinterachse mit Vorgelege und einer Untersetzung im Verhältnis 1:1,4 besaß. Die Verwendung eines derartigen Vorgelegegetriebes und eine Anpassung bei der Höhe der vorderen Radaufhängung führten auch zu mehr Bodenfreiheit. Bei der Hinterachse kamen aus Kostengründen beim Prototyp Doppeldrehstäbe zum Einsatz.

Der zweite Prototyp ging im Mai 1949 in die Tests und zeigte für ein Fahrzeug mit einer derart kurzen Entwicklungszeit außerordentlich gute Leistungen. Die Prototypen fuhren nicht nur auf der volkswageneigenen Teststrecke, sondern auch auf einigen der übelsten Straßen in Niedersachsen. Dabei legten sie 12 000 km mehr oder minder ohne Probleme zurück. Von den Ergebnissen ermutigt, gab Nordhoff grünes Licht für weitere Prototypen. Bei dieser Gelegenheit hielt er aber Ausschau nach weiteren Verwendungsmöglichkeiten des kastenförmigen Vehikels. Er wollte, dass am 15. Oktober eine Auswahl an Fahrzeugvarianten bereitstand. Dazu sollten ein Pritschenwagen, ein Kleinbus mit acht Sitzen, ein Krankenwagen und ein Fahrzeug für die Bundespost zählen. Als die eigentliche Produktion begann, waren insgesamt acht Prototypen gebaut, wobei die späteren im Vergleich zu ihren Vorgängern zahlreiche Verbesserungen aufwiesen. Ganz besonders wichtig war auch die Funktion des Fahrzeugs, werktags als Lieferwagen und am Wochenende als Familientransporter dienen zu können.

Nordhoff beaufsichtigte weiterhin selbst die winzigsten Details und machte Haesner mit unaufhörlichen Veränderungs- und Verbesserungswünschen das Leben schwer, besonders da noch weitere Arbeit aus der Auswertung der Testergebnisse anstand. Nordhoff verlangte beispielsweise stärkere Türscharniere, leichtere Türen und ein tiefer gelegtes Paneel als oberen Abschluss des Motorraums. Damit sollte Platz geschaffen werden für eine extra Isolierschicht, die die Wärmeübertragung vom Motorraum in den Innenraum verhindern sollte.

Dass es sich bei diesem Fahrzeug um einen Prototyp handelt, wird an den senkrechten Kühlluftschlitzen, am außen gelegenen Benzineinfüllstutzen und am noch fehlenden Karosseriefinish deutlich.

▲ **Bei diesem Prototyp mit der auffallend zweifarbigen Lackierung handelt es sich wahrscheinlich um den sechsten oder siebten in der Reihe der acht.**

Der Scheibenwischer sollte auf der Fahrerseite am unteren Ende der Windschutzscheibe montiert werden. Das Heiz- und Belüftungssystem sollte verbessert werden. Der Benzineinfüllstutzen war für das Heck vorgesehen, wurde dann aber in den abschließbaren Motorraum verlegt. Heute würde man das als gefährliche Kombination betrachten: ausgelaufener Treibstoff in der Hitze des Motors. Aber damals zog man diese Lösung vor. Man wollte damit verhindern, dass das Benzin einfach mit einem Schlauch gestohlen werden konnte – eine im Nachkriegsdeutschland gängige Praxis.

Am 9. September 1949 traf von der Technischen Universität Braunschweig ein zweiter Windkanalbericht ein. Erneut hatte man dazu ein Holzmodell im Maßstab 1:10 angefertigt. Es war 40 cm lang, 15,8 cm breit, und der Radstand betrug 24 cm. Der größte Querschnitt hatte eine Fläche von 0,252 m^2. Das Modell war nicht ganz so stromlinienförmig wie die frühere Bugform 111, erreichte aber dennoch einen lobenswerten c_w-Wert von 0,44. Es wurde übrigens bei höheren Windgeschwindigkeiten getestet als zuvor. Das Maximum lag bei 56 m/s – im Vergleich zu den 41,5 m/s beim ersten Test.

Obwohl es so aussah, als würden Dr. Haesners Schwierigkeiten schließlich zu einem Ende kommen, erwies es sich in der letzten Phase doch als unumgänglich, rund um die Uhr zu arbeiten. In einem Memorandum vom 26. September schrieb er Nordhoff, dass es schwierig werden würde, den Termin für die Pressepräsentation zu halten. Sein letztes Problem hatte mit dem Dach zu tun. Wenn man den Termin halten wollte, musste es spätestens am 10. Oktober fertig sein. Vier Dächer wurden für die Prototypen gebraucht, ein fünftes vorab für Versuche. Die bisher für Experimente produzierten Dächer wurden von Hand und nicht von einem Presswerk gefertigt. Deswegen wiesen sie nur eine flache und nicht eine räumlich gekrümmte Form auf, wie man sie für die Pressepräsentation brauchte. Auch fehlte es ihnen an der nötigen Spannung, sodass sie während des Fahrens zu flattern begannen. Aus diesem Grund, so schrieb er, gebe es keine andere Lösung als gekrümmte, im Presswerk gefertigte Dächer.

Als die Presswerke meldeten, sie seien zu beschäftigt, blieb als einzige Wahl nur noch, die Dächer von Hand zu fertigen, aber dazu hätte man vier lange Wochen gebraucht, und diese Zeit stand nicht zur Verfügung.

▲ ◀ **Dieser Prototyp des Kleinbusses diente später als Modell für die erste Broschüre über Passagiertransporter.**

▼ **Diese Bilder stammen aus der ersten Werbebroschüre für den Transporter.**

◀ **Das Innere eines Prototyps beziehungsweise eines der allerersten Kombis.**

Man entschied sich dann für Überstunden bei den Presswerken. Doch selbst dann waren die Dächer am 20. Oktober immer noch nicht fertig, weil man für das Lackieren viel mehr Zeit benötigt hatte als veranschlagt.

Der 6. November war als nächster Termin für die Präsentation vorgesehen. Aber als Nordhoff wiederum Veränderungen anbrachte, verzögerte sich alles um eine weitere Woche. Schließlich wurde die Presse für den 12. November eingeladen. Nordhoff hielt seine Ansprache und schuf dabei unwissentlich das wichtigste Datum in der Geschichte des Fahrzeugs, das am Ende offiziell Transporter genannt wurde.

▼ **Dieser Prototyp wurde vor der zentralen Kantine des Werks aufgenommen und fuhr später wahrscheinlich in Wolfsburg. Es gibt weitere Bilder dieses Fahrzeugs. Das Nummernschild ist dabei durch eine Plakette mit der einfachen Aufschrift Typ 29 ersetzt. Das war die offizielle Bezeichnung für den Transporter.**

Was steckt hinter dem Namen?

Niemandem würde es heute in den Sinn kommen, ein Fahrzeug ohne einen Namen oder mindestens eine bedeutsame Zahlenfolge auf den Markt zu bringen. Das war schon in den unmittelbaren Nachkriegsjahren bei den meisten Autoproduzenten so üblich. Aber VW war natürlich anders! Ursprünglich sollte die eigens dafür errichtete Fabrik ein einziges Fahrzeug herstellen, den Volkswagen. Die eigentliche Bezeichnung der Nationalsozialisten lautete KdF-Wagen, wobei KdF für »Kraft durch Freude« stand, eine Organisation der nationalsozialistischen Deutschen Arbeitsfront. Doch die Bezeichnung KdF-Wagen war nie populär. Durch die Produktion eines zweiten Modells nach dem Krieg, das eindeutig kein Volkswagen war, aber vielleicht ein Volkstransporter, ergab sich die schwierige Frage: Konnte man ihn ebenfalls Volkswagen nennen?

Die Bezeichnung »Käfer« – Bug oder Beetle – für den ersten VW verwendete während des Zweiten Weltkriegs erstmals eine amerikanische Zeitung. Diese Bezeichnung blieb lange Zeit inoffiziell. Da es sich um das erste Modell handelte, sprach die Fabrik 1949 einfach vom Typ 1; 11 war das Kürzel für das Standardmodell, 11A das für das luxuriösere Exportmodell. Obwohl einige noch viele Jahre danach den ursprünglichen Wagen starrköpfig als Typ 1 bezeichneten, entsprach dies nicht mehr der Terminologie, die Volkswagen in seinen Werbebroschüren verwendete. Die Firma vermarktete ihre Fahrzeuge einfach unter dem gemeinsamen Namen Volkswagen und unterschied sprachlich nur die Ausführungen: Eine Broschüre von 1950, die alle Modelle enthielt, begann mit der Export-Limousine, gefolgt von der Standard-Limousine, der Sonnendach-Limousine und dem viersitzigen Cabriolet. Die nächste Seite zeigte den Lieferwagen, die letzte den Kleinbus. Der Begriff VW Transporter tauchte nur im Kleingedruckten auf, aber für alle deutlich zu sehen. Damit war für Nordhoff und sein Team die Namenskrise ausgestanden. Eine etwas spätere Broschüre brachte auf einer ganzen Seite eine wundervolle Grafik eines Lieferwagens mit der einfachen Beschriftung »Der Transporter«.

Die Bezeichnung »Van« spielte lange Jahre überhaupt keine Rolle und tauchte erst für den amerikanischen Markt auf, aber zusammen mit einer Nachsilbe: Vanagon. Im 21. Jahrhundert kam dann der Window Van beim T5 hinzu. Inoffiziell verbreitete sich der Begriff Van aber immer mehr. Wer kennt nicht das größte jährlich im September stattfindende Transportertreffen in Europa, das »Vanfest«?

Es mag so aussehen, als ob man wenig Zeit und Mühe darauf verwendet hätte, einen Namen für den »Kastenwagen« zu finden, aber das stimmt nicht. Vielleicht spielte bei der Entscheidung eine Rolle, dass die Firma DKW der Auto Union nur ein paar Monate zuvor einen namenlosen Lieferwagen auf den Markt gebracht hatte. Später deutete Nordhoff an, dass das Hauptproblem darin bestand, dass die guten Namen entweder schon geschützt oder zu unbestimmt waren, um spezifisch einen Volkswagen zu bezeichnen. Ein Spitzenkandidat kam nicht infrage, wegen seiner Ähnlichkeit mit dem »Bulldog« von Lanz: Einen »Bullybus« hätte man leicht für ein landwirtschaftliches Fahrzeug, etwa einen Traktor, halten können!

Glücklicherweise wurde der allgemeine Begriff Transporter im Lauf der Jahre für Synonym zum Volkswagen. Einige sprechen allerdings immer noch vom Typ 2. Diese Baureihenbezeichnung sollte man aber nicht verwenden, wegen ihrer Ähnlichkeit mit den Modellreihen T1 bis T5. Die erste Generation heißt T1, und so nummeriert man durch bis zur letzten, fünften, dem T5, für die es – nebenbei gesagt – noch keinen Spitznamen gibt. Auf dem britischen Markt heißt die dritte Generation übrigens häufiger T25.

Die inoffiziellen Namen sind oft bekannter und lustiger. Die Wagen der ersten und der zweiten Generation heißen in Deutschland und auch anderswo Bulli. Und der bekannteste Fanclub nennt sich Bullikartei e.V. Einige vermuten, es handle sich um ein Akronym von Bus und Lieferwagen. Das scheint aber nicht zuzutreffen. Der Name geht eher auf das bullige Erscheinungsbild der Vorderfront zurück und entstand allem Anschein nach schon im Werk. Offiziell durfte Volkswagen den Namen nie einsetzen, weil die Rechte daran bis 2007 der Firma Kässbohrer gehörten.

In Großbritannien ist für die erste Generation der Spitzname Splitty oder Splittie üblich; er verweist auf die geteilte Frontscheibe. Als diese mit der zweiten Generation verschwand, kam der Name Bay auf, denn Bay Window ist die technische Bezeichnung für eine gewölbte Frontscheibe. Die Proportionen der dritten Generation führten zur eher unfreundlichen Bezeichnung Brick (»Ziegelstein«). Einigen fiel eher die Neigung der Frontscheibe auf, und sie nannten ihn Wedge (»Keil«). Anscheinend gibt es bislang keinen Spitznamen für die vierte und die heutige, fünfte Generation, obwohl diese Transporter noch beliebter sind als ihre Vorgänger.

1950–1967

II

Die Entstehung einer Legende

▶ Die erste Transportergeneration von Volkswagen war schon auf den ersten Blick so unverkennbar, dass man es für unnötig hielt, das gesamte Fahrzeug auf dem Titel mehrerer Broschüren abzubilden – oder eine Legende dazuzuschreiben.

◀ **Eine der offiziellen Fotografien des Fahrzeugs, das in den 1950er-Jahren im Werk als Arbeitspferd diente. Es trug wahrscheinlich die Fahrgestellnummer 000010 und stammte aus der Zeit vor dem eigentlichen Produktionsbeginn. Dieser Transporter wurde viele Jahre in Wolfsburg verwendet.**

Im März 1950 deutete alles darauf hin, dass die Volkswagen-Limousine einen außergewöhnlichen Erfolg haben würde, denn am vierten dieses Monats rollte das 100 000. Stück vom Band. Vom immer noch namenlosen Nutzfahrzeug, dem Transporter, konnte man das aber nicht behaupten. Im Monat zuvor hatte man versuchsweise einige Testfahrzeuge gebaut und sie an die wichtigsten Kunden ausgeliefert. Als das Fahrzeug zum Genfer Autosalon im März offiziell auf den Markt kam, hatte man als Tagesproduktion gerade mal zehn Fahrzeuge festgesetzt. Abgesehen vom Lieferwagen, der ausgestellt war, wurde auch der VW Kombi angeboten, war aber noch nicht zu bekommen. Er sollte sich zur wichtigsten aller Bauformen entwickeln. Ebenfalls im Angebot befand sich der VW Achtsitzer; in den Vereinigten Staaten und vielen anderen Ländern war er

◣ ▼ **Das voll restaurierte Exemplar steht nun in der Stiftung AutoMuseum in Wolfsburg. Das frühere Arbeitspferd zeigt noch einige Modifikationen, die während seiner aktiven Zeit angebracht wurden, zum Beispiel das Rückfenster.** *(RC)*

▲ ▶ **Das hier abgebildete Fahrzeug wurde im Juni 1950 gebaut und ist heute in der Wolfsburger Autostadt zu sehen. Es ist das älteste bekannte Exemplar eines Transporters, der von der Fabrik nur einen Grundierlack erhielt, damit man darauf Firmenfarben und Firmenlogos anbringen konnte.** *(RC)*

später unter der Bezeichnung Micro Bus oder Station Wagon bekannt. Vom Lieferwagen wurden stets mehr Exemplare verkauft als von jeder anderen Bauform. Es war allein Nordhoffs Entscheidung, eine ganze Reihe von Bauformen zu entwickeln; sie erwies sich als entscheidend dafür, dass der Transporter zu einem der populärsten Fahrzeuge seiner Art wurde.

Am 2. Oktober 1962, genau zwölfeinhalb Jahre nach dem Verkaufsbeginn, versammelte Nordhoff einmal mehr die Presse und feierte den einmillionsten Transporter. Ausschnitte aus seiner langen Ansprache zeigen, dass er das Produkt als innovativen und hoch erfolgreichen Umsatzbringer für seine Firma schätzte.

Der einmillionste Transporter lief im Oktober 1962 vom Band. Dieses Ereignis musste gebührend gefeiert werden, und Bilder davon sollten für die Nachwelt erhalten bleiben.

▶ Die Produktion des einmillionsten Transporters war so bedeutsam, dass die Händler und Vertriebsfirmen aufgefordert wurden, dieses attraktive dreidimensionale Modell in den Fenstern ihrer Showrooms aufzustellen.

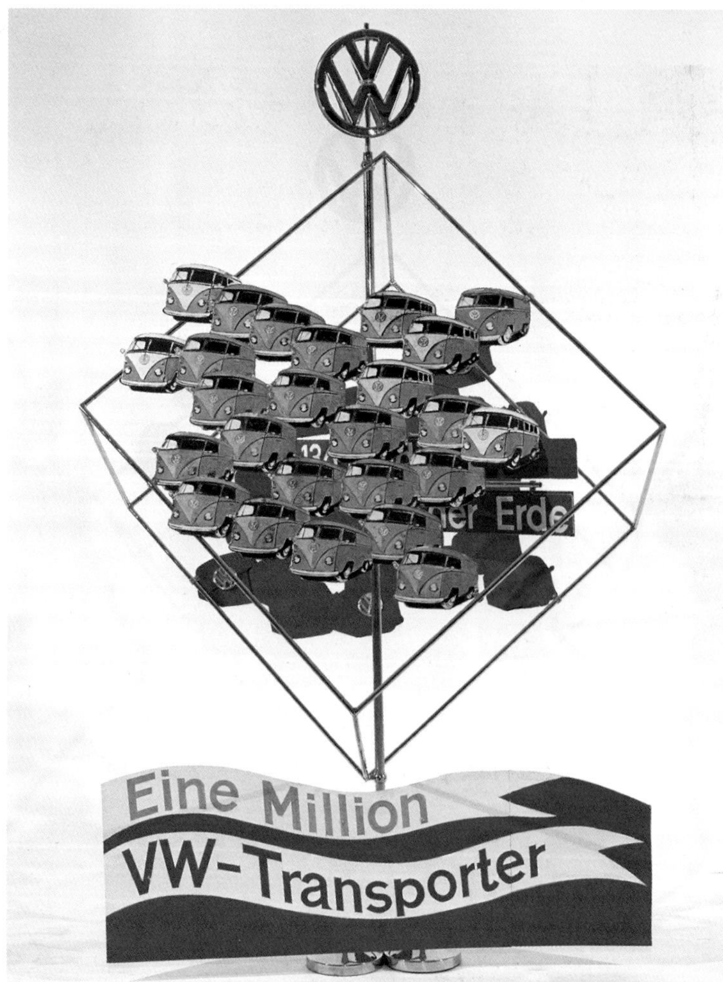

Ausschnitte aus Heinrich Nordhoffs Rede anlässlich der Produktion des 1000000. Transporters

»Im November 1949 hatte ich die Vertreter der Presse zur Vorführung des ersten Volkswagen-Transporters nach Wolfsburg gebeten. Damals war unsere Tagesproduktion 200 Wagen, und wir waren sehr stolz darauf. Der Volkswagen-Transporter war damals etwas vollkommen Neues, ohne jedes Vorbild oder Beispiel. Daß er Prototyp einer vollkommen neuen Fahrzeugart war, die das oft nahezu sklavisch kopierte Vorbild für eine Nutzfahrzeug-Gruppe darstellte ... ahnte damals wohl niemand. Wenn von Automobilen die Rede ist, werden fast nur PKW gesehen, aber die Produktion dieser kleinen Transporter bis zu 1000 kg Tragfähigkeit stellt allein eine beachtliche Industrie da, wohl die neueste im gesamten Automobilbereich, in U.S.A. ebenso wie in Europa. Diesem Transporter zuliebe begannen wir unser Werk in Hannover zu bauen, das heute, allerdings auch für den Motorenbau, 20000 Mann beschäftigt. Von diesen VW-Transportern werden 63% exportiert, und ihr Anteil an der von ihnen geschaffenen Gruppe ist in vielen Ländern sehr hoch; er macht in der Bundesrepublik 40,5% aus, aber auch in Belgien, Holland, Österreich, Schweden und der Schweiz ergibt er um oder über 50% Marktanteil und sogar in den U.S.A. 5%, was bei den Stückzahlen als hoch zu bewerten ist.

Der VW-Transporter ist also nicht nur der Schöpfer, sondern unverändert der Führer dieser Klasse.

Hier ist also vom Volkswagenwerk in der durchaus übersehbaren Zeit von weniger als 15 Jahren etwas vollkommen Neues geschaffen worden, von dem man wohl sagen kann ›oft kopiert, nie erreicht‹.

Seit jenem November 1949 sind nun eine Million solcher VW-Transporter gebaut und verkauft worden, und selbst wenn wir nun an die Millionen gewöhnt sind, scheint uns das doch ein Vorgang von so grundsätzlicher Bedeutung, daß wir Sie gebeten haben, einmal wieder zu uns zu kommen und diesen für uns festlichen und bedeutenden Tag mit uns zu begehen, unsere Fabriken in ihrem schnellen Entwicklungsweg zu betrachten und mit uns ein wenig über das unerschöpfliche Thema Automobil zu plaudern.« (»Rede anlässlich der Produktion des einmillionsten Transporters« von Heinrich Nordhoff, 2. Oktober 1962, UVW 806 Nr. 88/1)

▼ **Volkswagen nutzte die Gelegenheit, um den Journalisten und Gästen jede Bauform und jedes Modell des Transporters, die man zum Jubiläum des einmillionsten Transporters nach Hannover eingeladen hatte, zu präsentieren. Das Modell direkt vor dem Eingang ist ein spezieller Pritschenwagen, ausgerüstet mit einer hydraulischen Hebebühne.**

Die ursprüngliche Spezifikation

Obwohl dieses Buch nicht als Sammlung der unterschiedlichsten Kenndaten gedacht ist, kann es nicht schaden, eine halbwegs umfassende technische Darstellung des ersten Transporters zu geben. Sonst läuft man Gefahr, nicht zu verstehen, warum das Fahrzeug zu einem solch außergewöhnlichen Erfolg wurde. Für all jene, die sich für alle Zeiten mit dem Transporter der ersten Generation verbunden fühlen, bringen wir hier ein paar Auszüge aus dem ersten (englischen) Benutzerhandbuch. Sie zeigen, dass ihre Liebe für das Produkt nicht blind ist.

»Der VW-Transporter ist ein Fahrzeug mit unschlagbarer Straßenlage, hoher Kurvenstabilität und außergewöhnlicher Beschleunigung.« Dennoch »sollte man sich nicht zum Leichtsinn verführen lassen, durch das befriedigende Gefühl absoluter Sicherheit, das man schon nach einigen wenigen Meilen im Transporter empfindet.«

▼ Schweißnähte und sonstige Unregelmäßigkeiten wurden abgeschliffen, wie die vielen Schleifscheiben am Boden unter der Karosserie verraten.

Die empfohlene Höchstgeschwindigkeit über längere Strecken war 75 km/h – doch mit einer zusätzlichen Warnung: »Vergessen Sie nicht, dass es völlig verantwortungslos wäre, stundenlang mit ihrem Transporter bei Höchstgeschwindigkeit zu fahren. Kein Fahrzeug dieser Größe kann eine solche Behandlung ohne Schaden überstehen.«

Obwohl der Lieferwagen bei seinem Start nicht einfach eine neue Karosserie auf demselben Chassis wie die VW-Limousine besaß, waren die beiden Fahrzeuge sich doch überraschend ähnlich, zumindest in der Gesamtlänge. Frühe Werbeschriften über beide Modelle geben für den Käfer eine Länge von 4050 mm und für den Transporter 4100 mm an. Allerdings war der Transporter erwartungsgemäß breiter als die Limousine. Der Unterschied machte 120 mm aus (Käfer 1540 mm, Transporter 1660 mm). Der Höhenunterschied betrug sogar 400 mm (Käfer 1500 mm, Transporter 1900 mm) und war wohl hauptsächlich für die Illusion verantwortlich, der Transporter ruhe auf einem viel breiteren Fundament als die Limousine.

Wir wiederholen kurz die Angaben zur Bauweise des Transporters aus dem vorigen Kapitel: Im Gegensatz zum Käfer besaß er kein separates Chassis. Die Firma Volkswagen schrieb in ihren Werbeprospekten, das Fahrzeug besitze eine selbsttragende, steife Ganzstahlkarosserie. Die meisten, die über den Transporter schrieben, etwa Malcolm Bobbitt, sprachen ebenfalls von einem »selbsttragenden Aufbau«. Eine Ausnahme von dieser Regel bildet der etwas pedantische Laurence Meredith, der sich so ausdrückt: »Die Karosserie bildet mit dem Chassis eine Einheit.« Und er fügt hinzu: »Diese Einheit besteht nicht im Sinne einer modernen selbsttragenden Karosserie.« Technisch gesehen hat er damit recht, obwohl das Anschweißen der Karosserie an das Chassis dieselben Auswirkungen hat, wie er selbst zugibt. Der wichtigste Punkt beim Transporter war aber nicht nur dieser selbsttragende Aufbau, sondern die fünf Querträger und die entsprechenden Ausleger sowie die zwei Längsträger, die man am treffendsten als kräftig oder robust bezeichnet. Merkwürdigerweise gehen die ersten Werbebroschüren auf diesen Punkt überhaupt nicht ein. In einer Marketingbroschüre des Jahres 1953 für die Vereinigten Staaten steht einfach: »Die Volkswagen Transporter haben eine selbsttragende Karosserie ganz aus Stahl. Chassis und Karosserie sind so klug konstruiert wie eine Brücke.«

Vom Start des Transporters an und während der gesamten 1950er-Jahre beruhte die Volkswagen-Werbung auf einer Kombination von etwas gestelzt wirkenden Fotografien und den wundervollen Grafiken von Bernd Reuters. Damals verwendete man noch viele gezeichnete Illustrationen, und es gehörte zum Stil dazu, die Fahrzeuge verlängert darzustellen, damit sie stromlinienförmiger aussahen. Die Passagiere wurden im Verhältnis zur Größe des Wagens kleiner gezeichnet. Geschwindigkeit deutete man mit geraden Linien an, wie im Bild oben. Reuters überarbeitete seine Bilder, wenn am betreffenden Modell Veränderungen angebracht wurden. Hier sind drei seiner Lieferwagenporträts zu sehen.

Karosserie

Man kann jede Schnittzeichnung des Transporters der ersten Generation studieren, und man wird sofort bemerken, dass hinter dem Blechkleid der Karosserie noch weiteres Metall zur Verstärkung lag. Ein einfaches Bild vom Laderaum eines Lieferwagens oder Kombis zeigt alles: eine anscheinend komplizierte Masse von Profilen. Der Boden des Laderaums und die Abdeckung des von außen her zugänglichen Motorraums bestanden zur Verstärkung aus einer Art Wellblech. Damit verhinderte man auch Beulen, wenn schwere Gegenstände herunterfielen. Ein kurzer Abschnitt, bisweilen nur ein Satz, fasst dies alles in den meisten Werbeprospekten zusammen. Wir zitieren aus einem englischen Exemplar vom August 1958: Die Fracht wird vollständig von einer robusten Stahlkarosserie geschützt. Ein Boden aus Wellblech und seitliche Verstrebungen verleihen dem Inneren Steifigkeit.«

Das Dach war ohne Zweifel das größte einheitliche Blechstück, und es war schon die Rede davon, warum es nicht ganz flach sein konnte. Die Notwendigkeit einer dreidimensionalen Form und eines Falzes, der die Grenze zwischen den beiden Windschutzscheiben markierte, trug zur ästhetischen Gefälligkeit des Fahrzeugs bei.

▼ Viele Werbebroschüren enthielten eine Schnittzeichnung des Transporters. Damit wollte man vor allem zeigen, wo die Stärken des Fahrzeugs lagen.

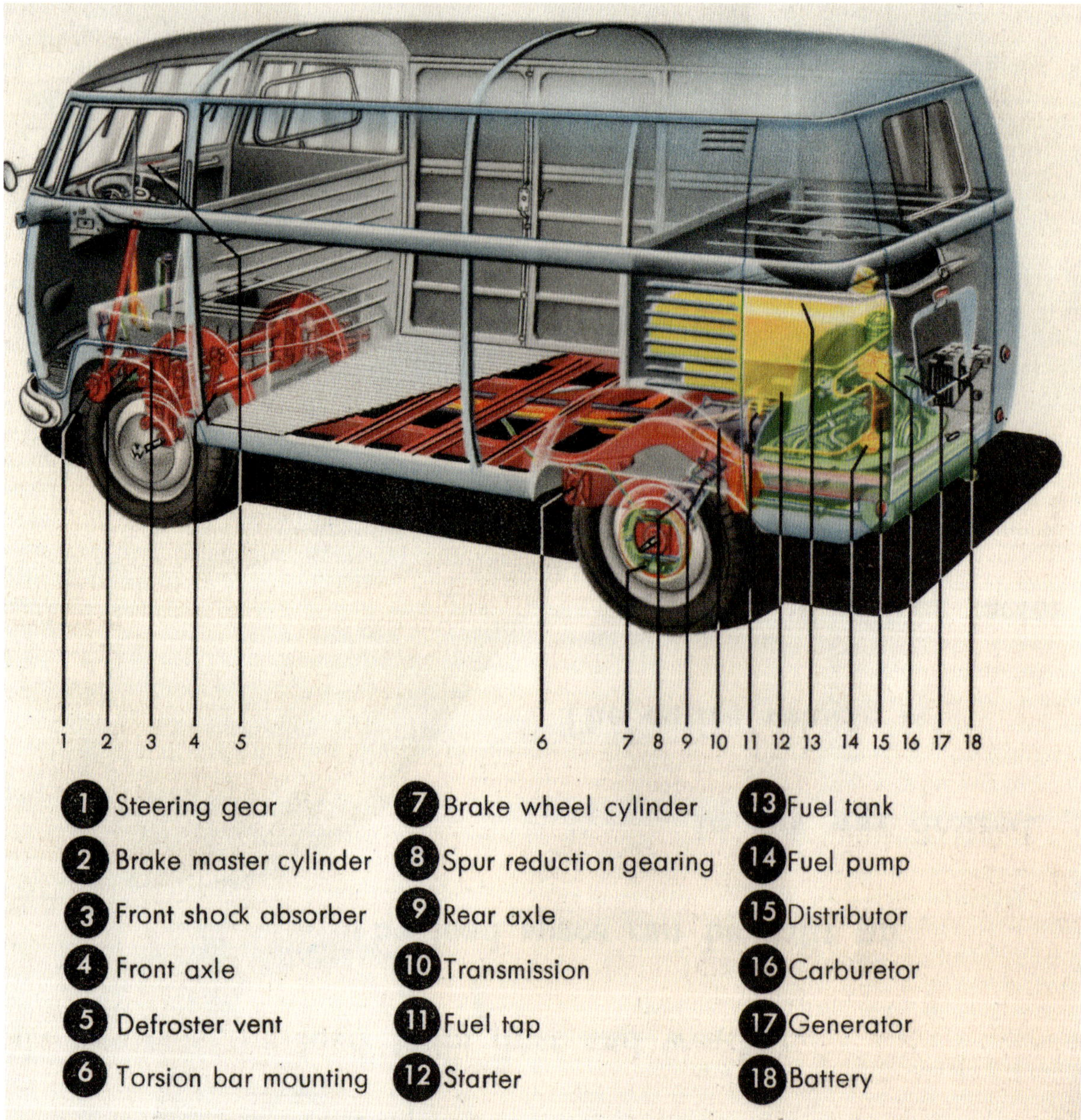

▲ **Das leicht erkennbare flache Gesicht der frühen ersten Transportergeneration. Das Auto parkt außerhalb des Werkskomplexes in Wolfsburg.**

Eine Frage der Zweckdienlichkeit

Die markante, geteilte Frontscheibe des Transporters war eher eine Frage der Wirtschaftlichkeit als der bewusste Versuch, das Fahrzeug mit einer Persönlichkeit auszustatten. Die Käfer hatten zu jener Zeit eine ganz flache Windschutzscheibe und eine senkrecht geteilte Heckscheibe (»Brezelkäfer«). Im Jahre 1953 erlaubten es Fortschritte in der Glastechnologie, den Volkswagen mit einer preiswerten gewölbten Heckscheibe auszustatten. Eine ungeteilte und passend zum Gesamtdesign gewölbte Frontscheibe für den Transporter wäre jedoch schwer herzustellen gewesen und hätte sehr viel gekostet. Gegen Mitte der 1960er-Jahre begann die erste Transportergeneration allerdings deutlich altmodisch auszusehen, und man musste über ein neues Modell nachdenken. Viele Bullifans des 21. Jahrhunderts aber bleiben jener Zeit nostalgisch verhaftet, in der laut ihrer Meinung die Autos noch einwandfrei hergestellt wurden. Für sie ließ sich die erste Transportergeneration überhaupt nicht verbessern!

Nehmen wir an, die Designer des Transporters – übrigens eine Bezeichnung und ein Beruf, den Nordhoff offensichtlich mit Inbrunst verachtete – hätten das Fahrzeug mit einer flachen oder einer gewölbten Front aus Metall ausgestattet. Würde ein solches Auto, selbst mit einer geteilten Frontscheibe, gleichermaßen attraktiv wirken? Die Antwort ist ein klares Nein, weil die teilweise doppelwandige Bugnase den Ausschlag gab. Einige behaupten, das fast V-förmige Profil sei bewusst eingefügt worden, um an das Aussehen des vorn liegenden Kofferraumdeckels des Käfers zu erinnern. Man könnte sich auch vorstellen, dass die Scheinwerfer des Transporters und der Limousine ähnlich positioniert wurden, um eine Art markentypische Frontansicht zu erzeugen. Jedenfalls ergibt diese Formgebung ein »glückliches« Aussehen: Man erhält sozusagen ein Fahrzeug mit einem Lächeln.

Zu der Frontgestaltung der ersten Transportergeneration sei noch gesagt, dass in späteren Jahren zwei verschieden gestaltete Blinkertypen das klare Frontdesign störten. Die ursprünglichen Winker lagen auf der Fahrer- und der Passagierseite hinter den Seitenfenstern. Natürlich waren die gedrungenen, wulstigen Stoßstangen lackiert, um genau zu sein: in Silberweiß. Als man die Modellpalette ausbaute, behielten selbst die Luxusausführungen dasselbe Finish bei, bekamen zusätzlich aber noch einen Zierstreifen.

Ein Postskriptum zum Frontdesign: das Problem der Belüftung

Sozusagen als Nachsatz sind noch ein oder zwei Bemerkungen über die Innenbelüftung wichtig. Das Aussehen des Transporters wandelte sich 1955, auch weil man etwas gegen die schlechte Kabinenbelüftung unternehmen musste, die den Fahrer wie die Passagiere gleichermaßen störte. (Dann bekam der Transporter nämlich ein leicht überstehendes Dach mit kompletter Belüftungsanlage.) Vorher wurde die klare Frontgestaltung des Transporters durch kaum etwas beeinträchtigt. Es gab nur eine einfache Dachrinne zwischen der Oberkante der geteilten Frontscheibe und dem Dachelement und sonst nichts. Vom März 1953 an konnten die Kunden als Extra einen Behr-Ventilator einbauen lassen. Er verlieh der Dachmitte ein höckerartiges Aussehen, lenkte aber einen wirksamen Luftstrom in die Kabine.

Um die Luftzirkulation zu verbessern, wurde noch ein weiteres Merkmal der frühen Transporter verändert: die Lagerung der Ausstellfenster. Diese waren zu Beginn durch Scharnier- oder Klavierbänder an der Vorderseite des Türrahmens befestigt. Man konnte damit das Fenster ziemlich weit öffnen, aber das Glas verhinderte das effektive Eindringen von Frischluft. Im Januar 1953 ersetzte man diese altmodischen Ausstellfenster durch ein moderneres Schwingflügelfenster. Man konnte es so schwenken, dass größere Mengen Frischluft in die stickige, oft beschlagene Kabine eindringen konnten.

Veränderungen am Heck

Am Heck fehlte dem Lieferwagen – und später auch seinen luxuriöseren Brüdern – zunächst eine Stoßstange. Das blieb bis gegen Ende 1953 so. Die einzige Ausnahme bildete das Sondermodell des Kleinbusses vom Juni 1951, das von Anfang an eine hintere Stoßstange besaß. Das Fehlen der Stoßfänger war bemerkenswert, aber da gab es noch anderes, was sogar mehr überraschte. Erstaunlich groß fiel die enorme Motorraumklappe aus. Sie reichte von ganz unten bis zur Sickenlinie, die sich in ungefähr zwei Drittel Höhe zwischen Boden und Dach um das Fahrzeug erstreckte. Manche halten sie für die Gürtellinie des Fahrzeugs, aber realistisch gesehen lag sie viel höher. Die große Klappe öffnete sich unten, und man verwendete dazu ein Scharnierband – eine Öffnung oben hätte dazu geführt, dass man bei Reparaturarbeiten zu weit weg vom Motor gewesen wäre. Die Klappe war einwandig, aber über einen verstärkenden Rahmen gezogen: Aussparungen verringerten dessen Gewicht. So groß war die Motorraumklappe, dass die angelsächsischen Fans bald vom »barn-door« (»Scheunentor«) sprachen und damit auch frühe Transporter im Allgemeinen meinten. Die massive Motorraumklappe fiel einer Runderneuerung des Fahrzeugs in den ersten Monaten des Jahres 1955 zum Opfer.

Das Paneel über der Motorraumklappe wäre wohl unbeachtet geblieben, wenn es so ausgesehen hätte wie bei den Nutzfahrzeugen anderer Hersteller. Aber es war – zumindest anfänglich – ganz ungewöhnlich für seine Zeit. Vor April 1951 gab es kein Heckfenster, das dem Fahrer beim Manövrieren eine Hilfe hätte sein können.

Vom Produktionsstart des Lieferwagens bis zum 11. November 1950 trug das fragliche Heckteil als Schmuck ein großes rundes VW-Emblem – ungefähr so groß wie das an der Frontseite. Vom November bis zum folgenden April unterblieb dieser Schmuck. Dass diese Fläche bis zum April 1951 auch bei allen anderen exportierten Modellen blind blieb, war doch sehr ungewöhnlich, denn es herrschte damals kein Mangel an Glas, wie die Seitenfenster des Kombi und des Kleinbusses beweisen. Und als man dann tatsächlich ein Heckfenster einfügte, war es, dem Stil jener Zeit gemäß, keinesfalls großzügig konzipiert.

Nach heutigen Vorstellungen besaß das Arrangement der Rücklichter suizidale Qualitäten. Das Heck des VW-Lieferwagens wirkte sehr spartanisch, sozusagen klinisch sauber. Die Motorraumklappe enthielt eine große Vertiefung, in der das Nummernschild Platz fand. An der Oberkante dieser Vertiefung befand sich ein Ausschnitt. Darin saß ein Gehäuse mit einer Lampe, die nachts das Nummernschild beleuchtete. Darüber lag das einzige Bremslicht. Die Rückleuchten und die Reflektoren befanden sich auf dem hinteren Kotflügel: Die gesamte Anordnung war im Stil des Käfers gehalten.

Zum Motor hatte man über die Heckklappe leichten Zugang. Zusätzlich konnte man die Querwand, die die beiden Heckseitenteile verband, einfach dadurch entfernen, dass man zwei Bolzen und eine einzige Schraube auf jeder Seite löste. Damit war es unglaublich einfach, mithilfe eines fahrbaren Hebezeugs den Motor herauszunehmen.

▶ Das große runde VW-Emblem verrät, dass die Bilder aus der Zeit vor dem November 1950 stammen. Die fehlende Stoßstange hinten und das fehlende Heckfenster sind, zusammen mit der ungewöhnlich großen Motorraumklappe, Merkmale der ersten Transporter.

Eingang durch die Seitentür

Der Nutzraum des Lieferwagens war von hinten her nicht zugänglich. Das änderte sich erst mit der Überarbeitung des Transporters im Jahre 1955. Diesen offenkundigen Mangel stellten jene, deren Job es war, den Verkauf anzukurbeln, als Vorteil dar. Der folgende Text stammt aus einer der ersten Broschüren, die für den angelsächsischen Markt produziert wurden:

»Die meisten Firmen sagten uns, dass sie die Ladetüren an der Seite des Bürgersteigs haben wollten. Damit sollte das Be- und Entladen leichter und schneller vonstatten gehen. Das war ein sinnvoller Ratschlag, und wir befolgten ihn. Die Türen des Volkswagen Transporters sind so konzipiert und gebaut, dass der Fahrer jeden Teil des Innenraums erreicht, ohne ihn betreten zu müssen. Deswegen kann jeder Zentimeter des Laderaums voll genutzt werden. Die Volkswagen Transporter ersparen dem Fahrer eine Menge Arbeit. Die Doppeltüren sind so breit, dass er selbst mit den sperrigsten Stücken zurechtkommt. Der Boden liegt so tief, dass er schwere Gegenstände nur wenig anheben muss. Der Fahrer muss beim Be- und Entladen niemals den Bürgersteig verlassen und steht nie im Wasser der Dachrinne.«

Die Doppeltüren der ersten Transportergeneration widersprachen nicht den damals akzeptierten Normen, aber in gewissen Kreisen ist es üblich geworden, sie zu kritisieren. Wenn die Türen offen waren, hatte man natürlich leichten Zugang. Heute wird argumentiert, durch ihre Öffnung nach außen habe man sie unter beschränkten Platzverhältnissen gar nicht benutzen können – oder sie hätten dem Fahrer zumindest Unannehmlichkeiten bereitet. Diese Behauptung wird aber von jeder Lieferwagenbroschüre wiederlegt. Nur ein Dummkopf würde vergessen, die Türen weit zu öffnen, bevor er in eine enge Ladezone fährt. Vom 27. Juni 1951 an gab es den Lieferwagen auch mit Ladetüren auf beiden Seiten. Wie bequem diese Lösung für den Besitzer auch sein mochte, theoretisch waren diese Fahrzeuge damit weniger verwindungssteif. Doch Volkswagen verhinderte das mit einem Trick und zog Bleche unter dem Boden ein. Damit waren Fahrzeuge mit zusätzlichen Türen und mit Schiebedach genauso widerstandsfähig. Die vielleicht ideale Lösung für das Türproblem wäre wohl eine Schiebetür gewesen. Die Transporterfahrer mussten aber 17 Jahre darauf warten. Dieses Merkmal wurde serienmäßig erst bei der zweiten Transportergeneration eingeführt. Wer allerdings unbedingt aufrüsten wollte, konnte vom 16. April 1963 an eine Schiebetür auf Extrakosten in seinen Transporter der ersten Generation einbauen lassen.

Nur ganz am Rande und doch sehr wichtig: Obwohl der Transporter nur eine Seitenöffnung hatte – mindestens bis 1955, in Wirklichkeit aber viel länger, bis man in Betracht zog, über den Motorraum zu klettern –, wurde er zu einem idealen Fahrzeug für den Urlaub. Indem die Firma Volkswagen unbeabsichtigt die Möglichkeit für eine Ferienwohnung auf Rädern zur Verfügung stellte, schuf sie die Grundlagen für eine Camperindustrie.

Von der vortretenden Sickenlinie, die über die Seiten und das Heck des Transporters lief, war schon die Rede. Vorn verlängerte sie sich in die ebenfalls schon beschriebene V-förmige Profillinie. Diese Sicke lockerte die sonst ganz glatten Bleche der Transporterseiten auf und verstärkte sie. Auch die Seitentüren zeigten die Sicke, wobei sich diese vorn verbreiterte und etwas nach unten abfiel, um mit dem V-Profil eine Linie zu bilden. Die einzigen sonstigen Unebenheiten, zumindest was den Lieferwagen anbelangt, waren die Vertiefungen für die Türgriffe sowie die zwei Reihen von jeweils acht waagerechten Schlitzen, je eine auf jeder Seite. Durch sie konnte kühle Luft in den Motorraum gelangen. Vom 11. September 1950 an wurden drei Luftschlitze auch weiter oben, in Dachnähe, angebracht, damit auch der Laderaum besser belüftet wurde. Die ersten Transporter besaßen sie noch nicht, aber in den Monaten und Jahren vor dem März 1955 wurde dieses Problem immer drängender.

▼ **Volkswagen machte viel Werbung für seine Doppeltür, die sich an der Seite öffnete. Das Innere des Lieferwagens besaß keinen Komfort – überall nur kaltes Metall.**

Räder und Reifen

Der Transporter hatte 16-Zoll-Stahlräder, die bis 1955 massiv ausgeführt waren. Die Reifen hatten die Maße 5,50x16. Die Felgen der Lieferwagen waren in Silberweiß gehalten. Für einige andere Modelle konnte man auch die Karosseriefarbe für die Räder wählen. Wie der Käfer besaß auch der Transporter gewölbte Radkappen, beim Lieferwagen waren sie normalerweise hellgrau lackiert, während das VW-Emblem in der Mitte weiß ausgeführt sein konnte.

Unter der Haube

Nachdem wir die äußere Erscheinung und die Vorteile des ersten Lieferwagens behandelt haben, wenden wir uns nun den eher technischen Dingen zu, der eigentlichen Hardware – Bremsen, Elektrik, Lenkung, Radaufhängung und Kraftübertragung. Aber wir beginnen mit dem wichtigsten Element, dem Motor.

Als der Transporter auf den Markt kam, verfügte Volkswagen keinesfalls über unbegrenzte Mittel, um dem Kunden das ideale Produkt anzubieten. Mit dem Start des Exportmodells des Käfers im Sommer 1949 wollte Nordhoff den Umsatz steigern und befriedigende Gewinne einfahren, um Geld für Investitionen in die Hand zu bekommen. Natürlich hätte man den Transporter mit einem eigenen luftgekühlten Motor ausstatten müssen. Und unter idealen Voraussetzungen hätte dieser mehr Leistung gebracht als der 25-PS-Motor des Käfers, den man in ihn einbaute.

Umgekehrt hätte ein viel leistungsstärkerer Motor gar nicht in diese Zeit gepasst, denn der Schnelllieferwagen von DKW mit seiner Nutzlast von 750 kg enthielt anfänglich nur einen Motor mit 20 PS. Das Tempo-Werk verwendete in seinem Matador gebrauchte 25-PS-Motoren aus alten Wehrmachtsbeständen. Es bot auch noch ein kleineres Fahrzeug an, den Wiking, den es als »sparsam«, aber »leistungsstark« beschrieb; er besaß einen 450-cm³-Motor mit 17 PS. Später gab es noch den Wiking Rapid mit einem 32-PS-Motor von Austin – allerdings war das dann schon im Jahre 1957. Der Atlas von Gutbrod wurde von einem Zweitaktmotor angetrieben, und der Käufer hatte nur die Wahl zwischen 800 cm³ mit 16 PS sowie 1000 cm³ mit 18 PS. Der Goliath GV 800, der 1951 auf den Markt kam und als weiterer Konkurrent für den Volkswagen Transporter galt, wurde mit einem 450- und einem 600-cm³-Motor angeboten, die 16 beziehungsweise 21 PS leisteten. Der nächste Goliath, der Express, gebaut von 1953 bis 1961, hatte entweder einen 29- beziehungsweise 40-PS-Motor, aber mittlerweile war die Zeit auch schon fortgeschritten. Innerhalb von Deutschland galt der Ford Transit des Kölner Werks von 1953 als größter Konkurrent. Von Anfang an baute Ford Motoren, die bei der Leistung denen des Transporters bei Weitem überlegen waren. Der Käufer hatte die Wahl zwischen einem 38- und einem 60-PS-Motor. Der Transit verkaufte sich gut. Aber es ist ein Kompliment an Volkswagen, dass das Fordmodell trotz der besseren Motorisierung zwölf Jahre brauchte, bis der 250 000. Wagen das Band verließ.

Einen der ersten englischen Fahrberichte über den Transporter verfasste Laurence J. Cotton am 2. April 1954 in der Zeitschrift »Commercial Motor«. Er zeigte sich ziemlich begeistert. Dazu muss man allerdings sagen, dass man den 25-PS-Motor, wie auch beim Käfer, vom 21. Dezember 1953 an durch einen stärkeren 30-PS-Motor ersetzt hatte:

»Es gibt bei den leichten Nutzfahrzeugen nur wenige Motoren, die es mit der Effizienz des Volkswagenmotors aufnehmen können. [...] Nachdem ich schon einen Volkswagen in Deutschland gefahren hatte, konnte mich seine Lebhaftigkeit bei geringer Last nicht mehr überraschen. Als ich den Lieferwagen mit einer Nutzlast von 750 kg auf heimischem Boden ausprobierte, erwies er sich als flink und sparsam und als so gut motorisiert, dass er im kleinsten Gang spielend leicht und noch mit einer Leistungsreserve eine Steigung von 23,5 Prozent in Succombs Hill bewältigen konnte.«

▼ Den 25-PS-Motor des Käfers hatte man einfach für den Transporter übernommen. Der höhlenartige Charakter des Motorraums der ersten Transporter wurde noch dadurch verstärkt, dass das Reserverad auf der rechten Seite des Motors lag. Das änderte die Fabrik im Oktober 1950, als das Rad waagerecht auf einer Plattform über dem Motor angebracht wurde.

Der 25-PS-Motor von Volkswagen hatte im März 1943 das Licht dieser Welt erblickt. Die früheren Volkswagen und ihre militärischen Ableger waren mit einem 985-cm³-Motor ausgerüstet gewesen, der bei 3000 U/min maximal 23,5 PS entwickelte. Bohrung und Hub betrugen 70 bzw. 64 mm, während die Verdichtung bei 5,8:1 stand. Für den weiterhin luftgekühlten Vierzylinder-Viertakt-Boxermotor wurde die Bohrung auf 75 mm erhöht.

Die meisten frühen Prospekte enthielten eine Seite mit dem Titel »Technisches«. Das las sich dann ungefähr so:

Motor

Bauart	4-Zylinder-4-Takt-Vergasermotor im Heck des Fahrzeuges
Zylinderanordnung	Je 2 Zylinder gegenüberliegend

Maße

Zylinderbohrung	75 mm
Hub	64 mm
Hubraum	1131 cm³
Verdichtungsverhältnis	5,8:1
Ventile	hängend
Höchstleistung	25 PS bei 3300 U/min
Kolbengeschwindigkeit	6,42 m/s bei 3000 U/min

Die Höchstgeschwindigkeit des Transporters mit seinen 25 PS betrug rund 86 km/h (55 mph). Die Firma gab sich aus Sicherheitsgründen bescheidener und gab an, sie betrachte 80 km/h (50 mph) als die Obergrenze. Wie auch beim Käfer konnte man sich der Tatsache rühmen, dass Höchstgeschwindigkeit und Reisegeschwindigkeit stets als ein und dasselbe galten. Die Beschleunigung von 40 auf 80 km/h dauerte gemütliche 80 Sekunden bei voller Nutzlast. Einige zweifelten an der Behauptung von Volkswagen, der Transporter schaffe voll beladen eine Steigung von 23,5 Prozent. Aber diese Angabe erwies sich als realistisch. Der Benzinverbrauch lag bei einer Reisegeschwindigkeit von 80 km/h um die 9,5 Liter/100 km, und das war nicht besser als der Durchschnitt. Dessen Anstieg auf 14 Liter/100 km im Stadt- und Nahverkehr konnte man als Durst interpretieren. Im Vergleich zu seinen Konkurrenten galt der Transporter als besonders sparsam im Verbrauch. Der großzügige Benzintank mit 41 Litern und einem Schalter für die Reserve war somit nicht unumgänglich, besonders da ein interner Füllkörper das Absaugen von Benzin mithilfe eines Schlauchs unmöglich machte. Bevor das deutsche Wirtschaftswunder begann, war diese Art von Benzinklau gang und gäbe gewesen.

Das aus zwei vertikalen Teilen bestehende Kurbelgehäuse, ausgeführt in einer Magnesiumlegierung, und die Eisengusszylinder mit den Kühlrippen auf der Außenseite, die die Kühlung beschleunigten und Gewicht sparten, bildeten die Grundlage für diesen Motor, der auf Langlebigkeit ausgelegt war. Die oben abgeflachten Aluminiumkolben stammten von der Firma Mahle und waren an konventionell geschmiedeten Pleuelstangen befestigt. Die vierfach gelagerte Kurbelwelle aus geschmiedetem Stahl trieb eine einzelne Nockenwelle an, die im Inneren des Kurbelgehäuses lag. Oben am Kurbelgehäuse war das schwarze aus Stahlblech bestehende Gehäuse des Gebläses senkrecht mit Bolzen befestigt. Darin drehte sich ein Ventilator, der von der Lichtmaschine angetrieben wurde; links davon befand sich ein Ölkühler. Der Ventilator drehte sich doppelt so schnell wie der Motor und war über einen Keilriemen mit dem anderen Ende der Kurbelwelle verbunden. Die Luft wurde über die entsprechenden Schlitze in der Karosserie angesaugt und über den Motor geblasen, um ihn zu kühlen. Dann konnte man mit der warmen Abluft das Wageninnere heizen. Luftleitbleche sorgten für eine gezielte Kühlung und Wärmeableitung. Schwarz lackierte Zylinderabdeckbleche verhinderten, dass Motorwärme zum Ventilator gelangte und so letztendlich zur Überhitzung führte. Eine schwarze luftdichte Gummidichtung im Motorraum verhinderte, dass sich die Motorwärme ins Auto hinein ausbreiten konnte.

Der Motor besaß im herkömmlichen Wortsinn keine Ölwanne, da das Öl zum Boden des Kurbelgehäuses floss, wenn der Motor abgeschaltet wurde. Es wurde ein 26VFJS-Fallstromvergaser von Solex montiert. Er besaß oben einen einfachen gewölbten Ölbadluftfilter. 2,56 Liter Öl verhinderten ein Festfressen des Motors.

Halt!

Von Beginn an besaß der Transporter – im Gegensatz zum Käfer – hydraulische Bremsen. Aber schon einen Monat nach dem Start des Transporters bekamen auch alle Käfermodelle – mit Ausnahme des Standardmodells – ebenfalls hydraulische Bremsen. Angesichts des Gewichts des Transporters hielt es das Entwicklungsteam wohl nicht für angebracht, Kabelbremsen einzubauen. Der Transporter besaß eine Einkreis-Trommelbremsanlage mit 230 mm Trommeldurchmesser. An den Vorderrädern gab es zwei auflaufende Bremsbacken (Duplexbremse), hinten eine auflaufende und eine ablaufende Bremsbacke (Simplexbremse). Die mechanische Handbremse wirkte über Kabelzüge auf die Hinterräder.

Lenkung

Der Transporter bekam eine Schneckenlenkung des Ross-Typs von ZF. In die Lenkspindel griff der Lenkfinger ein, der über den Lenkstockhebel und die Spurstangen die Achsschenkel bewegte. Dank dem großen Durchmesser des dreispeichigen Lenkrads war die Lenkung leichtgängig, und im Vergleich zu vielen anderen zeitgenössischen Fahrzeugen wirkte sie sehr präzise.

Radaufhängung

Die Firma Volkswagen war zu Recht stolz auf ihre unabhängige Radaufhängung mit Drehstabfederung. Porsche hatte sie erfunden und in seinen Käfer eingebaut. Das Transporterteam übernahm diese Lösung. Vorn bestand sie aus einem oberen und einem unteren Kurbellenker und zwei quer eingebauten Torsionsstäben. Diese lagen in Stahlröhren und bestanden aus mehreren Federn, fünf in der unteren und vier in der oberen Röhre. Hinten lagen die Stäbe direkt vor den Hinterrädern, wobei eine Feder jeweils in einer Röhre lag. Die Hinterachse war eine Eingelenk-Pendelachse mit Längslenker.

Getriebe

Das Schaltgetriebe des Transporters wurde dem Volkswagen entlehnt, und man kann deswegen behaupten, es gehe auf Ferdinand Porsche zurück. Es bestand aus einem zweiteiligen Gehäuse aus Leichtmetall. Der Startermotor saß oben auf der rechten Seite. Für den Kraftschluss zum Vierganggetriebe sorgte eine über einen Seilzug bediente Einscheiben-Trockenkupplung von Fichtel und Sachs mit einem Durchmesser von 180 mm. Ölgefüllte Gehäuse mit den Untersetzungsgetrieben befanden sich an den äußeren Enden der Hinterachsen. Das System mit dem Vorgelege ging auf den Kübelwagen der Kriegszeit zurück: Beide Fahrzeuge brauchten eine Hilfe zur Beschleunigung, besonders mit voller Nutzlast. Das Schaltgetriebe lag nahe am hinteren Fahrzeugende, und so überraschte es doch, dass sich die Gänge trotz der Entfernung zwischen Schalthebel und Getriebe leicht und glatt einlegen ließen.

6 Volt

Wie der Käfer besaß auch der Transporter eine 6-Volt-Batterie von Bosch, die sich im Motorraum nahe der Trennwand rechter Hand befand. Volkswagen war einer der letzten Produzenten, die von der 6-Volt- zur 12-Volt-Technologie übergingen. Diese Änderung kam, soweit sie den Transporter betraf, im August 1966 für das Modelljahr 1967, dem letzten, in dem die erste Generation noch produziert wurde. Beim Start des Transporters und auch noch viele Jahre danach wurden übrigens keine Pressestimmen laut, die die 6-Volt-Lösung kritisierten.

Das Wesen des Transporters

Das Wesen des Transporters bestand zu einem erheblichen Teil in seinem revolutionären Design. Es erlaubte viel Laderaum bei exzellenter Handhabung. Nordhoff hatte erkannt, wie wichtig eine leichte Handhabung war, und sorgte als treibende Kraft dafür, dass dieses Konzept auch Realität wurde. Man erinnere sich an einige entscheidende Stellen in seiner Ansprache an die Presse im vorigen Kapitel: »Dieser Laderaum trägt vorne den Fahrersitz und hinten das Antriebsaggregat, das ist die klare kompromisslose Idee unseres Lieferwagens«, verkündete Nordhoff triumphierend. In der Folge legte Volkswagen in den vielen Werbebroschüren, die die Firma ausarbeitete, großen Wert auf diesen Punkt: »›Mittschiffs reisen ist komfortabel‹ das gilt zu Wasser ebenso wie zu Lande. Dieser Grundsatz wurde

▼ **In den ersten Jahren wurde der Transporter in Wolfsburg gefertigt. Das Bild zeigt das Kraftwerk mit einem Angler im Vordergrund, der im Mittellandkanal Fische fängt.**

◀ Eine Montagestraße in Wolfsburg. Man beachte das zweite Fahrzeug von rechts. Ihm fehlt das Heckfenster, und die Motorraumklappe erscheint klein. Deswegen muss es sich um einen Krankenwagen handeln. Das fünfte Fahrzeug von rechts ist wohl ein Lieferwagen.

▼ Das Luftbild stammt aus einer Zeit, als der Transporter noch in Wolfsburg gefertigt wurde. 50 Jahre danach hatten sich das Werk und die umgebende Stadt stark ausgedehnt.

▶ Die Karosserie wird mehr oder minder von Hand für die Lackierung vorbereitet.

▼ Diese fertig lackierten und bearbeiteten Karosserien bekommen nun ihre Vorderachsen eingebaut.

▲▼ **Diese zusätzlichen Bilder vom Volkswagenwerk in Wolfsburg zeigen das ungeheuer große, aber auch unglaublich saubere und aufgeräumte Ersatzteillager. Der Plattenwagen erhielt bald Konkurrenz in Form einer Flotte batteriebetriebener Transportfahrzeuge.**

auch zu einem Prinzip des modernen Autobaus. Die Volkswagen Transporter beherzigen es und gehen sogar noch einen Schritt weiter: Sie sind durch Gegengewichte ausgeglichen. Das bedeutet, dass das Gewicht des Fahrzeugs ideal verteilt ist. Das Gewicht des Motors im Heck gleicht das Gewicht des Fahrers vorn aus. Und die Güter in der Mitte werden selbst auf unebenen Straßen nicht hin und her geschüttelt, wenn sie in einem Volkswagen Transporter reisen.«

»Ein Dreivierteltonner mit möglichst großem Laderaum.« Das hatte die Marktforschung vom neuen Fahrzeug gefordert. Und die Marketingleute bekamen genau das, zuzüglich einer leichten Handhabung. Um die bahnbrechende Natur dieses neuen Designs zu verstehen, müssen wir uns nun dem Innenraum des Fahrzeugs zuwenden.

Ein Blick ins Innere

Nordhoff verkündete bei seiner Presseansprache am 12. November 1949 den Fortschritt auf eine sachliche Art und Weise: »Ein Laderaum von 3 plus 1 m^2 Bodenfläche und 4,5 m^3 Volumen trägt vorn einen dreisitzigen Fahrerraum mit ganz bequemem Einstieg und unübertrefflichem Überblick über die Fahrbahn und hinten in einem abgeschlossenen, weiträumigen und hervorragend gut zugänglichen Maschinenraum den Motor, Tank, Batterie, Reserverad, kurz die ganze Maschinerie, die damit weder Laderaum noch Fahrerraum beeinträchtigen oder stören kann.« (UVW 69 Nr. 233)

Kurze Zeit danach erzählten die Werbetexter dieselbe Geschichte in ihrem eigenen, etwas blumigeren Stil. Der folgende untypische Ausschnitt stammt von einer etwas späteren Broschüre des Jahres 1955 für den amerikanischen Markt, als der ursprüngliche Transporter eine erste Veränderung erfahren hatte, die zwischen einer Überarbeitung und einer Weiterentwicklung lag:

»Der Boden dieses geräumigen Van erstreckt sich ohne Unterbrechung von der Trennwand der Kabine bis zum Motorraum. Das Fahrzeug ist mit vier breiten Türen ausgestattet, zwei Türen in der Kabine für den Fahrer und seinen Mitfahrer sowie eine Doppeltür zum Beladen von der Seite. Dazu kommt eine Klappe am Heck zum Beladen von hinten. Diese beiden Eigenschaften – der durchgehende Boden und der leichte Zugang – gestatten beim Volkswagen Transporter ein schnelles Be- und Entladen. [...] Es leuchtet doch ein, dass eine umgebaute Limousine zwangsläufig über einen beschränkten Laderaum verfügt und nicht mit einem Fahrzeug verglichen werden kann, das von Anfang an als Van konzipiert war.«

Nur wenige heutige Autoren widmen sich so ausführlich dem Innenraum, wie es die Schlüsselfiguren in der Transportergeschichte zu dessen Start taten. Das ist ziemlich erstaunlich, denn ohne diese großzügige Ladekapazität hätte durchaus die Möglichkeit bestanden, dass der

Transporter keinen derart großen Erfolg als Lieferwagen gehabt hätte.

In einer Broschüre zeigte Volkswagen vor einem bebilderten Hintergrund den Unterschied zwischen dem Laderaum eines durchschnittlichen Van und dem eines VW Transporters mit seinen 4,5 m^3. Ein Diagramm bestätigte den Unterschied in der Stabilität zwischen zwei verschiedenen beladenen Fahrzeugen: Beim einen hatte die Nutzlast als Gegengewichte den Motor hinten und die Fahrerkabine vorn, beim anderen drückte die Last ausschließlich auf die Hinterachse. Dazu schrieb man:
»Die Transporter von Volkswagen sind Nutzfahrzeuge und nicht etwa umgebaute Personenwagen mit nur wenig Laderaum für Fracht anstelle von Passagieren. Die Nützlichkeit war ausschlaggebend für jedes Merkmal der Transporter. Zwei Drittel des Gesamtvolumens dieser schnellen und ansehnlichen Fahrzeuge dienen als Laderaum. [...] Die Volkswagen Transporter können größere Lasten befördern und längere Strecken fahren. Damit verringern sie die Auslieferungskosten und erhöhen den Gewinn.«

Im Jahre 1955 wurde der Volkswagen Transporter überarbeitet – wir sind schon kurz darauf eingegangen. Ein Ergebnis war ein weiterhin vergrößerter Laderaum, von beachtlichen 4,5 cm^3 auf noch bessere 4,8 cm^3. Die Firma hielt an ihrer Botschaft fest und konzentrierte sich weiterhin auf die Gewichtsverteilung: »Der Fahrer vorn, der Motor hinten, die Nutzlast in der Mitte, in der bestmöglichen Position. Und nun 4,8 m^3 Laderaum.«

Es war wie beim Volkswagen Käfer: Dessen Exportmodell vom Sommer 1949 erschien extrem spartanisch im Vergleich zu heutigen Basismodellen. Dasselbe konstatiert man beim Vergleich zwischen dem Volkswagen Transporter der ersten Generation mit jeder anderen Generation; sogar schon der zweiten. Bevor wir ihn aber als geradezu geiziges Sparmodell brandmarken, sollten wir uns erst einmal die Produkte anderer Autofirmen ansehen. Ihre Kabinen waren im Allgemeinen unbequem mit einfachsten Sitzgelegenheiten, und in vielen Fällen befand sich der Motor, auch ein Diesel, direkt neben dem Fahrer. Es herrschte ein furchtbarer Lärm, und man musste mit unangenehmen Vibrationen zurechtkommen. Im Vergleich dazu lag der zweifelsohne nüchterne Volkswagen weit vor all seinen Konkurrenten – nicht nur in dieser, sondern in jeglicher Hinsicht.

Bei der Markteinführung reichte die Trennwand zwischen der Kabine und dem Laderaum nur ungefähr bis zur Oberkante der Rückenlehnen. Doch am 16. Juni 1950 änderte sich das, indem man eine Holzfaserplatte einzog, die bis zum Dach reichte.

Obwohl Nordhoff einen eigenen Sitz für den Fahrer vorgeschlagen hatte, stieß diese Forderung auf taube Ohren, wahrscheinlich wegen der Kosten und der praktischen Handhabung. In der Folge besaß der Transporter viele Jahre lang nur eine feste Sitzbank, auf der drei Personen Platz nehmen konnten. Die meisten Käfer aus der Zeit um 1950 waren mit Stoff gepolstert. Als sich die Mode änderte, wurde das Kunstleder des Transporters fast überall akzeptiert, vor allem bei Familienlimousinen und kleineren Personenwagen. Entscheidend dafür war die Vielfalt des »Webmusters« des Kunstleders und die Möglichkeit, zwischen verschiedenen Farbtönen wählen zu können. Der Transporter allerdings, zumindest in seiner Form als Lieferwagen und Arbeitspferd, zeigte keine solchen »Frivolitäten«. Er war simpel und praktisch. Das leicht zu reinigende Kunstleder war der Werkstoff jenes Jahrzehnts.

Die Sitzbank ließ sich nicht verstellen. Um ehrlich zu sein, nur wenige hätten einen solchen Luxus in einem Nutzfahrzeug erwartet. Die Innenseite der Türen war mit Holzfaserplatten ausgekleidet. Sie hatte einen Ausschnitt zur Ablage. Auch der Kabinenhimmel bestand aus nichts Weicherem als Holzfaserplatten. Der Metallboden war mit einer längs gerippten Gummimatte aus einem einzigen Stück bedeckt. Der Laderaum, das Dach und alle anderen Innenbereiche bestanden einfach aus lackiertem Metall.

Abgesehen von einem Handgriff für die Passagiere und einer Fußstütze quer über dem Boden gab es eine Instrumententafel und das attraktive dreispeichige Lenkrad, das schon die Käferfans liebten, beim Transporter allerdings mit etwas größerem Durchmesser.

Auf der Instrumententafel, die gleich lackiert war wie die Karosserie, fand der Fahrer alle Informationen, die er brauchte oder auf die er reagieren musste. Das Tachometer, geeicht auf realistische 80 km/h, war schwarz mit weißen Ziffern. Eine Reihe roter Markierungen gab dem Fahrer Hinweise darauf, wann er den Gang wechseln sollte. Ungewöhnlich war, dass die Tachometernadel von der Zweiuhrstellung rückwärts, anstatt von der Achtuhrstellung vorwärts lief, wie es sonst üblich war und ist. Die Anzeigen für die Winker (rot), das Fernlicht (blau), die Zündung (rot) und den Öldruck (grün) waren um den Tacho herum angeordnet. Die Scheibenwischer und die Scheinwerfer bediente man über kleine Schalter, und die Zündung befand sich dazwischen. Der Starterknopf lag getrennt auf der linken Seite der Anzeigentafel, während man die Winker über einen einfachen, oben angebrachten Kippschalter bediente.

Die Anordnung der Pedale stimmte mit der des Käfers überein, und das bedeutete, dass man sie wegen ihres Neigungswinkels zum Fußboden weder mit der Zehenspitze noch mit dem Absatz bedienen konnte.

Fahrzeuge mit luftgekühlten Motoren geraten unweigerlich in die Kritik, wenn es um die Heizung geht, und der Transporter bildete da keine Ausnahme. Man stellte sie über einen Hebel ein, der sich unter dem Sitz befand. Damit gelangte die verfügbare Warmluft über Düsen in der Instrumententafel und über ein Rohr hinter der Fahrerraum-Stirnwand in den Innenraum.

Ohne Zweifel aus Kostengründen besaß die Kabine Schiebefenster und nicht solche, die man herunterkurbeln konnte.

Mehr Modelle bedeuten mehr Absatz

▼ **Der Kleinbus wirkte mit seiner zweifarbigen Lackierung elegant und war führend beim Passagiertransport. Auf Seite 64 sieht man eine Heckansicht desselben Fahrzeugs.**

Bei einer Pressekonferenz am 2. Oktober 1962 gab Nordhoff einen jener Kommentare ab, die auch Jahre danach noch fest im Gedächtnis haften: »Personenwagen werden vom verdienten Geld gekauft, Transporter werden gekauft, um damit Geld zu verdienen.« (UVW 806 Nr. 88/1)

Die beiden Modelle, die dem Lieferwagen in der Produktion nachfolgten, passten genau zu Nordhoffs Worten. Am 15. April 1950 wurde der Prototyp des Kleinbusses zu Testzwecken an einen geschätzten Kunden ausgeliefert. Die tatsächliche Produktion des Kombis begann nur einen Monat danach, am 16. Mai. Nach nur sechs Tagen, am 22. Mai, ging auch der Kleinbus in die Produktion. Testfahrten hatten gezeigt, dass auch er die Modellpalette bereichern würde.

Der Kombi

Mit dem Kombi entwickelte Volkswagen einen echten Vorläufer des MPV, des Multi Purpose Vehicles oder Vans, der Jahrzehnte später einen großen Teil des gesamten Umsatzes machen sollte. Wie der Name vermuten ließ, konnte man den Kombi einerseits als Lieferwagen, andererseits als Transporter für bis zu acht Personen nutzen. Es war diese enorme Flexibilität, die den Gedanken aufkommen ließ, man könne dieses Fahrzeug auch für die Freizeit an den Wochenenden nutzen. Dazu gab es zusätzlich eine Camping-Box, die man herausnehmen konnte. Diese Idee wird im allgemeinen, aber nicht ausschließlich, der Firma Westfalia zugeschrieben. Doch für den Augenblick ist das eine ganz andere Geschichte.

Wer den heutigen Luxus gewöhnt ist, muss einen Blick in den Kombi der ersten Transportergeneration wie eine Art Schock empfinden, so einfach war das Fahrzeug konzipiert. Die Unterschiede zwischen dem Kombi und dem Lieferwagen waren nicht groß. In die Seitenwand hinter der Fahrerkabine schnitt man drei rechtwinklige Fenster. Das bedeutete natürlich, dass auch die Ladetüren mit Glasfenstern ausgestattet waren. Im Inneren reichte die Unterteilung nur bis zur Höhe der Rückenlehne. Der Fußboden des Laderaums war mit einer Gummimatte derselben Art bedeckt wie in der Passagierkabine, und die Sitze ließen sich natürlich ein- und ausbauen. Der Kombi besaß im Laderaum keinerlei Dachverkleidung, und man machte auch keine Anstalten, die lackierten Seitenteile aus Metall irgendwie zu verbergen.

Die zusätzlichen Sitzgelegenheiten des Kombis waren weit vom Luxus entfernt, sowohl was ihr Design als auch die Art und Weise anbelangte, wie man sie befestigte und wieder löste. Zur Befestigung der Sitze dienten Flügelschrauben. Die Sitze sahen ganz ähnlich aus wie

▼ **Bernd Reuters fing mit seiner Grafik das Wesen des Kombis ein, indem er zwei Fahrzeuge abbildete – das eine mit Passagieren, das andere mit Nutzlast.**

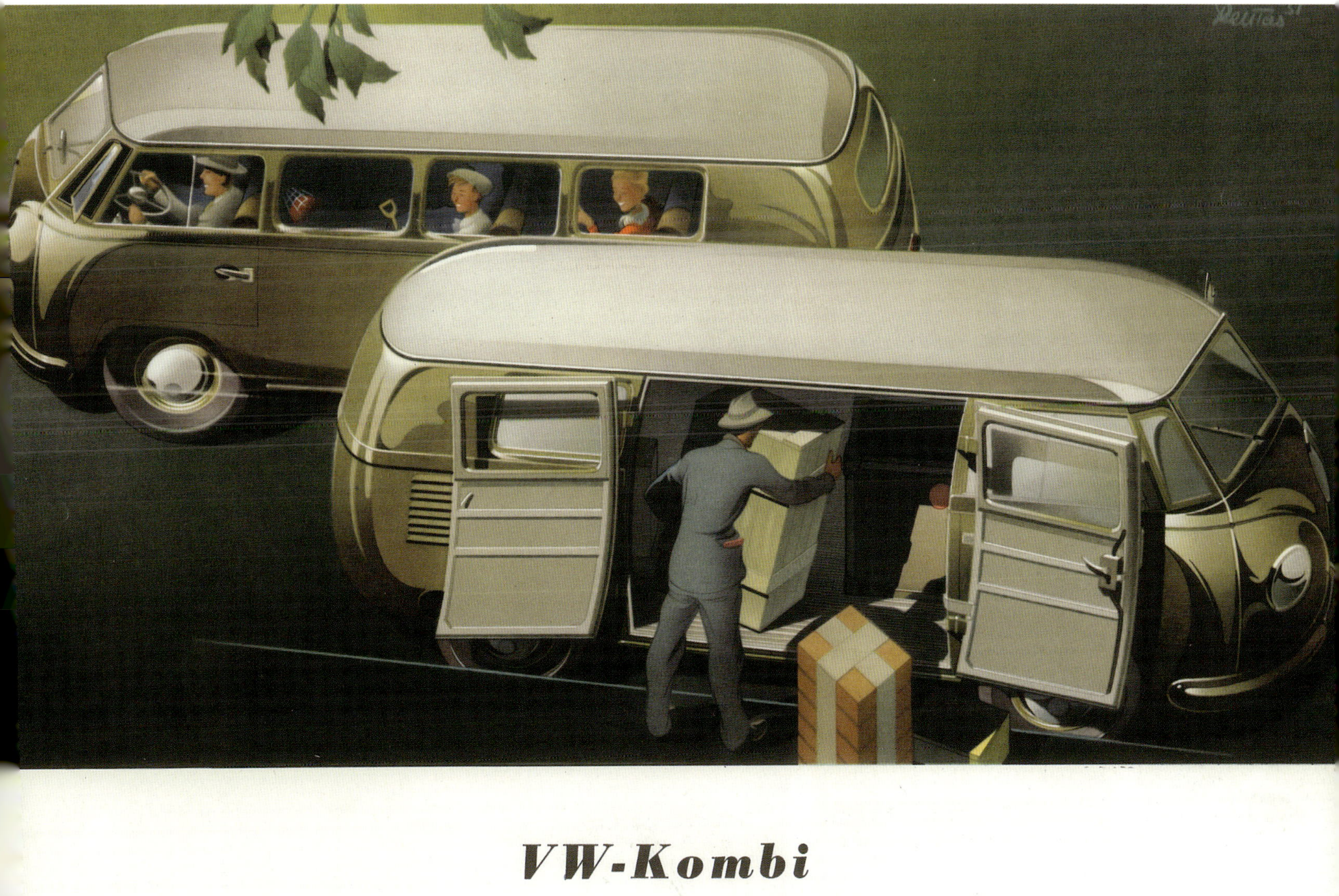

die Sitzbank in der Passagierkabine des Lieferwagens, und man montierte sie auf langen, dünnen, deutlich exponierten Rahmenteilen.

Das war eine kluge Anordnung, und die Werbeliteratur betonte das auch in ihren Broschüren. Deren Sprache klingt allerdings nach unseren heutigen Begriffen etwas schwülstig. Der folgende Ausschnitt ist typisch für den Tonfall der Werbung während der ersten Transporterjahre:
»Der Kombi vereint die besten Eigenschaften eines geräumigen Fahrzeugs für acht Personen mit denen eines extrem praktischen und sparsamen Lieferwagens. Er ist sogar besser als ein gewöhnlicher Kastenwagen. Seine sechs Seitenfenster kann man mit Leichtigkeit in attraktive und sehr wirksame Schaufenster zum Ausstellen von Waren umwandeln. Jeder Volkswagen Transporter stellt in sich schon eine wunderbare Werbung dar, da er alle Augen auf sich zieht. Und durch Auslagen in den Fenstern kann man seine große Werbewirkung voll nutzen. [...] Der Kombi eignet sich besonders für den Transport von Nutztieren oder als fahrende Werkstatt, in der man in Ruhe und Frieden arbeiten kann. Es gibt kein vergleichbares Fahrzeug, das man für so viele Zwecke einsetzen kann. Wenn man die gesamten 4,5 Kubikmeter Laderaum für Fracht nutzt, können in der Kabine immer noch drei Personen Platz finden. Man kann aber auch nur die Hälfte des Laderaums für Fracht verwenden und sechs Personen einschließlich des Fahrers transportieren. Wenn alle Sitze eingebaut sind, nimmt der Kombi acht oder neun Personen auf und fährt sie zur Arbeit oder anderswohin.«

Nach den Veränderungen, die ab Frühjahr 1955 an allen Transportern vorgenommen wurden, fand man es bei Volkswagen passend, die Vorteile des Kombis in Zahlenform darzustellen. Der folgende Ausschnitt stammt wiederum aus einer Werbebroschüre für den englischen Markt:

»Für viele VW-Kombis gibt es die folgenden guten Verwendungsmöglichkeiten: 1. als Lieferwagen mit einem großen hellen Laderaum und allen Vorteilen des VW-Lieferwagens. 2. als Achtsitzer, denn nur mit wenigen Handbewegungen installiert man die beiden gepolsterten Sitzreihen. Der umfangreiche Raum hinten ist von außen zugänglich und bleibt für größere Gepäckstücke reserviert. 3. als kombiniertes Fahrzeug für den gleichzeitigen Transport von Personen **und** Fracht im Inneren. Dieses ist bewusst schlicht gehalten und bestens an die verschiedenen Nutzungsmöglichkeiten angepasst, denn der Laderaum muss schnell und leicht zu reinigen sein.«

Im Sommer des Jahres 1966, dem letzten, in dem Kombis der ersten Generation produziert wurden, präsentierte die Werbeabteilung ihre Botschaft deutlich pfiffiger. Aber die Geschichte klang immer noch ähnlich, nur etwas raffinierter:
»Der VW-Kombi ist drei verschiedene Autos in einem. Das bedeutet, Sie sparen sich den Kauf von zehn Rädern, zwei Motoren, zwei Getrieben sowie die Steuern und Versicherungen von zwei Autos. Und eine Menge andere Dinge. Zunächst einmal können Sie den VW-Kombi als Lieferwagen nutzen, denn er hat 4,6 Kubikmeter Laderaum und transportiert rund 990 kg. Mit ebenen Seiten, ebenem Boden und ebenem Dach. Mit großen Doppeltüren und einer Heckklappe, die das Beladen und Entladen erleichtert. Mit Fenstern, die eine Menge Licht hereinlassen. Man kann diesen Transporter in eine mobile Verkaufsstation umbauen. Oder in eine Werkstatt mit großem Einzugsgebiet. Oder ein Labor, ein Büro. Mit dem VW-Kombi verfügen Sie auch über einen Kleinbus, der acht Personen transportiert. Die zwei gepolsterten Sitzbänke in der Mitte sind leicht installiert – und im Nu haben Sie einen praktischen Lieferwagen in einen komfortablen Personenwagen umgewandelt. Mit viel Platz für jeden. Und auch noch viel Stauraum für das Gepäck.«

Der Kenner kann am Stil des Textes leicht den Urheber erkennen: die amerikanische Werbeagentur DDB, Doyle Dane Bernbach. Über ihre Rolle beim Ankurbeln des Verkaufs von Volkswagen ganz allgemein und des Transporters im Besonderen werden wir später berichten. Aber ein weiterer Textausschnitt zeigt, dass die Werbeagentur keinen Trick ausließ:
»Sie können Ihren VW-Kombi in einen Camper umwandeln. Sie brauchen keine Anhängerkupplung dazu. Er ist motorisiert! [...] Die Ausrüstung dazu können sie leicht installieren. Und ebenso leicht wieder herausnehmen. Wenn Sie genau darüber nachdenken, dann brauchen Sie nicht viel zu zahlen für eine Menge Vergnügen. Mit dem VW-Kombi als Camper brauchen Sie sich nicht um die Schlafgelegenheit und das Gepäck zu kümmern. Keine Zimmerreservierung, kein Trinkgeld. Sie können gehen, wohin Sie wollen, und anhalten, wenn Sie den schönsten Platz gefunden haben. Würde Ihnen das nicht gefallen?«

▼ **Um den Kombi beladen zu können, musste man erst die Sitze entfernen. Sie waren nur durch einfache Flügelschrauben am Boden fixiert. Der Blick in den Kombi zeigt, dass er als Passagiertransporter nur sehr elementare Bedürfnisse befriedigte.**

VW-Kleinbus

▲ Diese Reproduktion von Reuters' Kleinbusgrafik mag dunkel erscheinen. Das geht aber nicht auf irgendeinen Fehler beim Druck zurück. Der Künstler liebte diese etwas düstere Atmosphäre. Man beachte die verschobenen Proportionen bei den Passagieren.

Der Kleinbus

Die nächste Variation des allgemeinen Transporterthemas war für Käufer in Deutschland der Kleinbus, auch VW Achtsitzer genannt. In Großbritannien hieß das Fahrzeug Micro Bus, in den Vereinigten Staaten hingegen Station Wagon. Doch welcher Name auch verwendet wurde, das Fahrzeug durchbrach das bisherige Muster. Um mit dem Titel einer Werbebroschüre zu sprechen: Der Kombi ermöglichte »wirtschaftlichen Transport«, der Kleinbus hingegen bot seinen Käufern »bequemes Reisen«.

Im Inneren, dem ehemaligen Laderaum, zeigte diese modernste Variante eine weiche Dachverkleidung. Das Material erstreckte sich bis auf die Seiten. Das nackte Metall des Kombis unterhalb der Gürtellinie im Inneren war mit Holzfaserpaneelen ausgekleidet, die darüber eine Kunstlederschicht trugen. Die Sitze erschienen luxuriöser; die Polster waren wie plissiert und nicht völlig glatt. An den Kanten waren Paspeln angebracht. Mindestens zu Beginn zeigte die Fußbodenmatte aus Gummi ein erhabenes quadratisches Muster anstelle der Rippen. Im Heck des Fahrzeugs und oberhalb der Abdeckung, die den Motorraum vom Innenraum trennte, lag eine Schiebewand, hinter der man Gepäck

▼ Die konservative Natur dieser Grafik von Reuters setzte sich bei den restlichen Modellen in dieser Broschüre fort.

Im Vergleich zum Kombi verfügt das Bildarchiv von Volkswagen über eine Menge Kleinbusbilder. Diese attraktive Reihe von Fotografien des »Pkws in Übergröße« wurde wahrscheinlich für den Produktionsbeginn im Frühjahr 1950 aufgenommen. Das VW-Emblem am Heck entfiel im November 1950. Deswegen stammen die Bilder aus der Zeit davor.

unterbringen konnte – zumindest so lange, wie noch kein Heckfenster eingebaut war. Die Ausstattung war ganz allgemein großzügiger. Ein Beispiel dafür waren die Aschenbecher, die für jene Generation von Rauchern unerlässlich waren. Dazu kamen etwa noch Verkleidungen, die das Rahmenwerk der mittleren Sitzreihe verbargen.

Von außen konnte man den Kleinbus an der Farbe des Lacks erkennen. Verfügbar waren Braunbeige und Hellbeige – wobei die zweifarbige Lackierung ein Novum für den Transporter war – oder Steingrau. Diesen Farbton gab es nicht für Lieferwagen und Kombis. Sie waren erst durchweg taubenblau, dann kamen die Farbtöne Perlgrau und Mittelgrau, Kastanienbraun und Braunbeige hinzu. Die einzige Abweichung von dieser einfach erscheinenden Palette ergab sich durch Fahrzeuge, die nur mit einer Grundlackierung ausgeliefert wurden. Das allererste Fahrzeug dieser Art ging an den Kölnisch-Wasser-Produzenten 4711. Der Käufer sah es als Vorteil an, sein Fahrzeug individuell zu gestalten und versah es mit seinem Logo. Im ersten Jahr der Transporterproduktion wurden größere Mengen von Fahrzeugen in Grundlackierung, die nur den Rost fernhalten sollte, an einheimische Käufer ausgeliefert. Das waren in diesem Jahr 1989 Lieferwagen und 264 Kombis – im Vergleich zu den 2356 Lieferwagen und 919 Kombis im üblichen Taubenblau. An diesem Zahlenverhältnis änderte sich auch in den folgenden Jahren kaum etwas. Deutlich wurde es auch beim Kleinbus, obwohl für ihn eine exklusive Farbe und die bislang einzige zweifarbige Lackierung als Standardoption zur Verfügung stand: An das Handels- und Vertriebsnetz in Deutschland wurden 789 lackierte und 145 nur grundierte Kleinbusse ausgeliefert. Selbst als die Fahrzeuge in den Export gingen, änderte sich daran nichts: 142 Kleinbusse verließen voll lackiert Deutschland, 62 waren nur grundiert.

Um den Kleinbus vom entschieden einfacheren Kombi abzuheben, sprachen die ersten Werbebroschüren von einem Personenwagen und verwendeten keine andere Bezeichnung:

»Der Volkswagen Kleinbus ist in Wirklichkeit kein Bus, sondern ein großer Personenwagen, der acht Passagiere transportieren kann. Jeder Passagier hat mehr Freiheit für Kopf, Beine und Ellbogen, als er braucht. Es gibt kein anderes Fahrzeug dieser Art, in das die Mitfahrer so leicht ein- und aussteigen können. Und nirgendwo sitzen die Passagiere so bequem zwischen den beiden Achsen wie im Volkswagen Kleinbus. [...] Das Auto ist erstaunlich schnell. Es hat eine gute Beschleunigung, es lässt sich leicht bedienen, und der Fahrer hat ein derart großes Gesichtsfeld, dass das Fahren richtig Freude macht. Die tief gepolsterten Sitze sind so gut gefedert, dass selbst Reisen über Hunderte von Kilometern ein reines Vergnügen sind. Der Volkswagen Kleinbus ist ein neuer Typ eines achtsitzigen Personenwagens für preiswertes Reisen. Innerhalb kurzer Zeit macht er sich durch Einsparungen selbst bezahlt.«

VW-KLEINBUS „SONDERAUSFÜHRUNG“

▲ ▼ Reuters' Interpretation des Kleinbusses in der Sonderausführung gehört zu den auf liebenswerte Weise abenteuerlichsten Grafiken – besonders im Hinblick auf die anderen Modelle, die er porträtierte. Alle Verkaufsargumente sind gut illustriert. Reuters verstand es, Dynamik zeichnerisch umzusetzen, stellte die Passagiere im Vergleich zur Realität viel kleiner dar und zeigte manche Verkaufsargumente in überdimensionierter Form, etwa das Faltschiebedach.

Der Kleinbus »Sonderausführung« – das Sahnehäubchen

In jener Zeit, als Nordhoff von Haesner und seinem Team forderte, es dürfe keinerlei Zeit bis zur Produktion des Transporters verloren gehen, waren neben dem Lieferwagen und dem Kleinbus noch zwei weitere Optionen im Gespräch. Die eine entsprach einem Fahrzeug für die öffentliche Hand, etwa für die Bundespost oder für Krankenhäuser, die andere war ein Pritschenwagen oder Pick-up. In Wirklichkeit kam nach dem Kleinbus weder die eine noch die andere Version. Wahrscheinlich hielt man den Markt für Krankenwagen für zu klein, und der Umbau des Lieferwagens zu einem Pritschenwagen galt als zu aufwendig. Stattdessen entschied sich Volkswagen für eine Luxusversion des Kleinbusses. Das war eine direkte Reaktion auf den rasch steigenden Wohlstand in Deutschland und das beginnende Wirtschaftswunder. Nur durch den Verkauf dieses Fahrzeugs, zusammen mit allen anderen Transportermodellen, konnte Nordhoff die erheblichen Summen hereinbekommen, die notwendig waren, um alle ursprünglich geplanten Modelle zu verwirklichen.

Das neue Modell erhielt in Deutschland die Bezeichnung Kleinbus »Sonderausführung«, wurde später auch Samba genannt und war in englisch sprechenden Ländern als Micro Bus De Luxe bekannt. Sein Debüt am Montageband hatte es am 1. Juni 1951, etwas mehr als ein Jahr nach seinem weniger gut ausgestatteten Zwilling. Die Sonderausführung besaß eine Menge Schnickschnack und eine exklusive Ausstattung. Da wundert es nicht, dass er die Preisliste anführte. Amerikanische Händler verlangten nach 1955 für den Lieferwagen $ 1930, für den Kombi $ 2130, für den Kleinbus $ 2230 und für den Samba $ 2685. Der Einbau von Sitzen und deren Befestigung kostete rund $ 200. Die volle Dachverkleidung und die besseren Sitze mit zusätzlichen Paspeln kamen den Kunden weitere $ 100 zu stehen. Wenn also der Käufer $ 455 mehr für den Samba zahlen musste, konnte er dafür auch etwas erwarten.

Äußerlich erkannte man den Samba an mehreren Merkmalen. Zunächst einmal hatte er auf beinahe der gesamten Länge ein Faltschiebedach, das wie bei den entsprechenden Käferversionen von der deutschen Firma Golde stammte. Allerdings gab es vom Start des Samba an als Extra auch ein Schiebedach für den

Diese bemerkenswerte Sammlung von Bildern des Kleinbusses in Sonderausführung in der Version vom Sommer 1951 illustriert alle wichtigen Verkaufsargumente. Man beachte, wie der Fotograf die große Zahl der Fenster darstellte, darunter das (für die damalige Zeit) einzigartige Heckfenster. Die Dachfenster aus Plexiglas werden in der Innenaufnahme besonders deutlich, ebenso das Armaturenbrett in voller Breite und die luxuriös ausgelegte Ausstattung.

Kleinbus. Einige Besitzer rühmen sich eines Samba ganz ohne Schiebedach. Und diesen Exemplaren fehlt auch ein sonst für den Samba exklusives und vielen Sammlern teures Merkmal, die acht Dachfenster. Sie waren aus Plexiglas, aus dem man damals vor allem Kabinendächer von Flugzeugen fertigte. Auf jeder Seite lagen vier solche Dachfenster. Das erste befand sich über dem Seitenfenster des Kabinendachs, das vierte und letzte über dem dritten von vier Seitenfenstern. Aus Plexiglas waren auch die beiden hinteren stark gewölbten Eckfenster, die den Übergang zwischen den Seitenfenstern und dem Heckfenster bildeten. Selbst wer mit dem Samba nicht vertraut ist, hat nun sicher bemerkt, dass dieses Sondermodell im Vergleich zum Kleinbus auf jeder Seite ein zusätzliches Fenster hatte, sodass aus drei Seitenfenstern derer vier wurden. Dadurch wirkte der Samba nicht nur heller und luftiger. Die Fenster selbst waren nun im Wesentlichen quadratisch und nicht mehr rechteckig. Auf den ersten Blick und ganz ohne Nachmessen mit einem Zollstock erkennt man auch, dass das Heckfenster des Samba viel größer ist als bei anderen Versionen. So war es den Designern gelungen, ein besonders helles und freundliches Fahrzeug zu schaffen. Volkswagen wollte damit eher Führungskräfte ansprechen. Niemand, aber wirklich niemand konnte ein vergleichbares Auto mit 23 Fenstern anbieten!

Wie zu erwarten war, bekam der Samba zusätzlich zur Farbe Steingrau, die er sich mit dem Kleinbus teilte, eine exklusive zweifarbige Lackierung. Das war die reizvolle Mischung von Kastanienbraun und Siegellackrot. Als einziges Modell erhielt es auch einigen Zierrat, angefangen von verchromten gewölbten Radkappen – diese konnte man auch als Extra für andere Modelle bekommen – über das polierte VW-Emblem an der Front bis zu den glänzenden Zierleisten, die um die Gürtellinie verliefen. Sie trennten die beiden Farben voneinander und trafen sich vorn an der V-förmigen Sicke. Diese Leisten waren in sich ein Meisterwerk der Designer. Sie bestanden nicht etwa aus einem einzigen durchgehenden Metallstück, sondern aus zwei Bändern, in deren Mitte sich die Farbe des Rumpfs wiederholt.

Von Produktionsbeginn an schien die vordere Stoßstange der Sonderausführung ein abgetrenntes Mittelstück aufzuweisen. In Wirklichkeit war das eine Illusion. Sie kam durch die besondere Pressform zustande. Allerdings befand sich an den beiden Seiten eine Gummiverkleidung, die eingesetzt und von umgebenden Zierstreifen gehalten wurde. Im Jahre 1951 hatte unter allen Bauformen nur das Sondermodell eine Stoßstange hinten. Eigentlich war es noch keine ganz echte Stoßstange, aber immerhin federte eine Profilleiste im Fall eines leichten Aufpralls beim Einparken die Folgen ab. Wenn man eine beliebige Tür des Samba öffnete, fiel

einem sofort eine Besonderheit im Innenraum auf. Im Gegensatz zu allen anderen Bauformen besaß der Samba ein durchgehendes Armaturenbrett anstelle einer kleinen Instrumententafel. Die Zahl der Armaturen war im Vergleich zu späteren Standards immer noch begrenzt. Immerhin kam eine mechanische Uhr hinzu, und es gab reichlich Platz für den Einbau eines Radios. Im Gegensatz zu den anderen Modellen, aber übereinstimmend mit dem Exportkäfer, waren Einbauten in Elfenbeinfarbe anstatt in nüchternem Schwarz gehalten. Dieser Luxus betraf größere Elemente wie das Lenkrad und die Einfassung der Instrumente, aber auch Details wie die Fensterhebergriffe, den Schaltknauf und die Haltegriffe an den Sitzlehnen. Die Polsterarbeiten entsprachen der feinsten Qualität, die Volkswagen liefern konnte. Paspeln und plissierte Bereiche gehörten dazu. Hinten war der Gepäckraum nicht nur mit einem Teppich ausgelegt, sondern prunkte noch zusätzlich mit verchromten Scheuerleisten und mit rutschhemmenden Schienen.

Beim Start des Sondermodells schien es, als würden Flugreisen bald auch eine Bedeutung für normale Bürger bekommen. Bis dahin waren sie eine Domäne der Reichen und Berühmten gewesen. Volkswagen stellte sich vor, ein Kleinbus der Sonderausführung würde Flugpassagiere von ihrer Penthousesuite im Luxushotel zum Flughafen fahren. Damit in Einklang stand die Luxusausführung des Modells:

»Diese Fluglinie setzt Volkswagen Kleinbusse in der Sonderausführung ein, denn sie will ihren Passagieren den größtmöglichen Komfort bei wirtschaftlichem Betrieb bieten. Weder Worte noch Bilder können Ihnen die Schönheit, den Komfort und die zahlreichen weiteren Vorteile dieses bemerkenswerten Achtsitzers wirklich zeigen. Sie müssen ihn selbst sehen und fahren, um alle seine Qualitäten schätzen zu lernen. Mit diesem Sondermodell des VW Kleinbusses können Sie jeder Konkurrenz die Stirn bieten. Seine Stromlinienform und seine schönen Farben ziehen die Augen aller auf sich. Der Innenraum sieht ebenso einladend aus mit den acht bequemen Sitzen, die jedem Passagier einen Panoramablick ermöglichen. Durch die Dachfenster hat man auch eine Sicht nach oben.«

Zwei weitere Ausschnitte aus den zahlreichen Broschüren, mit denen Volkswagen sein Topmodell bekannt machen wollte, zeigen uns, wie dieselbe Botschaft immer wieder variiert wurde, ohne dem Modell dadurch zu schaden:

»Eine Lackierung mit zwei harmonischen Farben und eine doppelt verchromte Zierleiste erhöhen die Schönheit des Sondermodells des VW Kleinbusses. Bequeme, tief gepolsterte Sitze und schöner Zierrat macht aus dem Fahrzeug einen kleinen Luxusbus für komfortable Reisen.«

»Attraktiv und luxuriös – das ist der erste und auch dauerhafte Eindruck, den man bekommt, wenn man das Sondermodell des Volkswagen Kleinbusses zum ersten Mal sieht. Eine wunderschöne zweifarbige Lackierung, reich verchromte Zierleisten und eine geschmackvolle Inneneinrichtung schaffen einen Gesamteindruck, wie er typisch ist für europäisches Styling.«

Obwohl die Sonderausführung des Kleinbusses ein wichtiges Mitglied der Transporterfamilie war, blieben dessen Verkaufszahlen insgesamt unbedeutend im Vergleich zu den Big Players der Reihe. Dabei spielte der Preis ohne Zweifel eine gewisse Rolle. Wer das Ganze etwas zynischer betrachtete, konnte durchaus auch die Meinung vertreten, trotz der Luxusverzierungen handle es sich um nichts anderes als einen besseren Lieferwagen oder Kleinbus. Im ersten vollen Jahr der Produktion verließen 1142 Samba das Wolfsburger Werk, etwas mehr als ein Viertel der gewöhnlichen Kleinbusse. Wenn man aber heute Transporterfans danach fragt, welches Modell der ersten Generation sie denn am liebsten hätten, so fällt ihre Wahl ohne Zweifel auf das Sondermodell des Kleinbusses.

◀ Die frühe Interpretation eines später immer wiederkehrenden Themas: Luxustransport für jene Glücklichen, die für ihren Beruf oder gar zu ihrem Vergnügen um die Welt fliegen können.

▲ **Ohne Zweifel war der Zugang über die Heckklappe eine wichtige Errungenschaft für den Krankenwagen. Man konnte damit den Patienten auf der Trage leichter ins Wageninnere heben. Reuters hielt die Szene perfekt fest.**

▼ **Dieses Bild aus dem Archiv von Volkswagen zeigt den Krankenwagen zur Zeit seiner Markteinführung im Dezember 1951.**

VW Krankenwagen

Noch im Jahre 1951 wurde die Modellpalette des Transporters erneut erweitert. Obwohl dieses Fahrzeug eine wichtige Rolle spielen sollte, machte sein Debüt auf der Montagestraße am 13. Dezember kaum journalistische Furore. Tatsächlich wird man heute keinen Testbericht aus jener Zeit finden. In den für die erste Transportergeneration noch verbleibenden 16 Jahren übertraf die Produktion dieses Krankenwagens niemals das Maximum von 833 Fahrzeugen in zwölf Monaten, und dies war im Jahre 1961 der Fall. Wenn man nun in Betracht zieht, dass im selben Jahr 45 121 Einheiten des Lieferwagens gebaut wurden, dann erscheint dieser letzte Zugang zur Modellpalette in einem eher unbedeutenden Licht. Und doch hatte man diese Variation desselben Themas von den ersten Prototypen an geplant. In vielen Werbebroschüren für den Transporter tauchte der Krankenwagen auf. Er erhielt sogar seine eigene Broschüre und wurde von Bernd Reuters superb porträtiert.

Die Bedeutung dieses Krankenwagens lag nicht so sehr in der Liege, dem Milchglas und der Möglichkeit, den Patienten vom Heck aus ins Fahrzeug zu schieben. Immerhin wurde diese neue, erst später generell angewandte Beladungsart hier um einige Jahre vorweggenommen. Vielmehr bewies der Neuzugang, dass das Konzept des Transporters so vielseitig war, dass man es den unterschiedlichsten Verwendungsarten anpassen konnte. Der Krankenwagen ist der Vorfahr und gleichzeitig der Botschafter aller späteren Sonderausführungen, die auf Englisch als »Special Models« bezeichnet wurden.

Was genau sich Volkswagen vom doch etwas platten Begleittext für den Krankenwagen in den ersten allgemeinen Transporterbroschüren erhoffte, ist heute schwer zu sagen:

»Der Volkswagen Krankenwagen ist das ideale Fahrzeug für den Transport kranker oder verletzter Menschen. Jedes Detail wurde sorgfältig geplant, damit die Patienten den größtmöglichen Komfort bekommen. Die Standardausrüstung für den Volkswagen Krankenwagen umfasst zwei Liegen, die auf gleicher Höhe zu beiden Seiten des Wagens befestigt werden, einen gepolsterten Tragesitz, mit dem man Patienten aufrecht Treppen hinauf- und hinuntertragen kann, sowie einen Klappsitz für den medizinischen Helfer neben den Patienten. In der Kabine finden der Fahrer und die beiden Krankenträger Platz.«

Der VW Pritschenwagen

Nach dem Debüt des Samba vergingen 16 Monate bis zur Einführung des nächsten Transportermodells – wenn man den spezialisierten Krankenwagen beiseite lassen will, was in diesem Zusammenhang sicher sinnvoll ist. Diese längere Pause ergab sich nicht, weil die Kreativität bei Volkswagen zum Erliegen gekommen wäre, denn das Fahrzeug, das am 25. August 1952 auf den Markt kam, gehörte wie der Krankenwagen zu jenen, die seit den frühesten Tagen der Entwicklung geplant waren. Es war der Pritschenwagen, der auf Englisch Pick-up heißen sollte. Der Grund für die Verzögerung war ganz einfach: Man musste erst einmal genügend finanzielle Mittel zur Verfügung haben, um die teure Neukonzeption und die Umrüstung der Maschinen finanzieren zu können.

Natürlich mussten neue Pressformen für die Pritsche und das Dach geschaffen werden. Erhebliche Kreativität war notwendig, um den Benzintank und das Ersatzrad zu verlegen. Beide befanden sich bei den übrigen Transportermodellen oberhalb des Motors. Die leichtere der beiden Aufgaben war der Einbau einer Wanne zur Aufnahme des Ersatzrades hinter dem Fahrersitz. Die Positionierung des Benzintanks rechts vom Getriebe war komplexer. Volkswagen hatte sozusagen über Nacht den Einfüllstutzen für das Benzin aus dem Motorraum entfernt und an die rechte Seite der Karosserie verlegt. Die Lüftungsschlitze für die Motorbelüftung brachte man direkt hinter dem Ausschnitt für die Hinterräder an.

Die Verantwortlichen bei Volkswagen wussten ohne Zweifel die Bedeutung des Pritschenwagens als Tausendsassa und Alleskönner zu schätzen. Man konnte ihn nicht nur für schwere Lasten, zum Beispiel im Baugewerbe, einsetzen. Er selbst bildete eine ideale Plattform, auf der man ein spezielles Karosserieteil oder ein Gerät montieren konnte. Die Beispiele reichten vom mobilen Ladengeschäft bis zur Drehleiter. Doch der Erfindergeist erschöpfte sich keineswegs bei all den möglichen Verwendungsarten des Pritschenwagens. Das grundlegende Design enthielt in der Tat ein paar Innovationen in bester Volkswagentradition. An erster Stelle stand die niedrige Ladeplattform. Zum Be- und Entladen konnte man die mit Scharnieren versehenen Seitenteile ganz herunterklappen. Der eigentliche Geniestreich jedoch war der Einbau eines verschließbaren »Tresorraums« unter der Ladeplattform. Er lag

▼ Mögliche Käufer sollten wissen, dass der Pritschenwagen leicht zu beladen war und dass er zusätzlich über einen trockenen abschließbaren Stauraum verfügte. Reuters illustrierte beide Punkte auf bewundernswerte Weise.

zwischen der Kabine und dem Motorraum. Zugang erhielt man durch eine Klappe mit Scharnieren am oberen Ende. Dieser Tresorraum hatte eine Oberfläche von 1,9 m². Auch nicht unbedeutend war die Möglichkeit, mit Spriegel und Segeltuchplane ein Verdeck aufzubauen, um Güter trocken an Ort und Stelle zu bringen. Allerdings musste man dafür extra bezahlen.

Obwohl diese neue Bauform Volkswagen viel Entwicklungsarbeit kostete, zahlte sich die Anstrengung bald aus. Im ersten vollen Produktionsjahr verließen 5741 Pritschenwagen das Werk, nur etwas weniger als Kombis und deutlich mehr als Kleinbusse des Standard- und des Luxusmodells. Werbetexter sangen bald das Loblied des Pritschenwagens:

»Ja, der VW Pritschenwagen hat tatsächlich zwei Ladeflächen. Die obere ist 4,2 m², die untere 1,9 m² groß. Die obere Ladefläche liegt auf der international festgelegten Höhe für die Beladung mit einem Handhubwagen von einer Ladeplattform. Der Pritschenwagen kann überall jede beliebige Last aufnehmen, wie man das von einem solchen Fahrzeug erwartet. Empfindliche Objekte bringt man in der unteren Ladefläche unter. Sie bildet einen umschlossenen Raum, in dem alles sicher vor Wind und Wetter, vor Staub und sogar vor Dieben aufbewahrt werden kann, denn er ist abschließbar. Beide Ladeflächen sind ganz eben, frei von Wellen und Radkästen. Beide Seitenteile und das Heckteil der oberen Ladefläche lassen sich herunterklappen.«

▲▼ Diese beiden Bilder stammen nicht aus der Zeit der Markteinführung des Pritschenwagens, wie die hintere Stoßstange beweist. Sie wurde nämlich erst Ende Dezember 1953 eingeführt. Trotzdem gehören die abgebildeten Fahrzeuge, unten mit Nachläufer, in die Zeit vor 1955. Danach erhielten sie ein moderneres Aussehen.

Spätere Neuzugänge zur Transporterfamilie der ersten Generation

Jede Broschüre über die gesamte Transporterfamilie nach 1961 enthält zwei weitere Bauformen. Zunächst einmal gab es den Doppelkabinen-Pritschenwagen. Die Produktion dieses Extramodells begann am 3. November 1958. Vom September 1961 an, und damit für das Modelljahr 1962, stand der Großraum-Kastenwagen zur Verfügung.

Offiziell war mit diesen beiden neuen Modellen die Palette der Bauformen komplett. Das Problem bestand aber darin, dass dies für die Leute vom Marketing und Verkauf noch lange nicht ausreichte! Die Geschichte war noch nicht zu Ende; weitere Bedürfnisse konnten befriedigt werden, und es gab noch genügend Käufer, die Geld hatten und nicht übersehen werden durften. Wenn man ein typisches Beispiel der Werbeliteratur von Volkswagen herausgreift, eine englische Broschüre vom Juli 1963, so springt einem der »Quick Loading Delivery Van« ins Auge, ein Lieferwagen mit Schiebetüren an beiden Seiten. Dann gibt es den »Großraum-Pritschenwagen«, weil – wie der Texter schnell hinzufügte – »einige Geschäftsleute eine noch größere Ladefläche brauchen«. Niemand bei Volkswagen betrachtete solche Fahrzeuge als eigenständige Modelle. Aber die Abgrenzung zu dem, was Volkswagen »Mehrausstattung« (Abkürzungscode »M«) nannte, wurde mit der Zeit immer schwieriger. Dazu kamen die Sonderausführungen mit dem Code »S«. So konnte Volkswagen langsam aber sicher eine umfassende Palette anbieten. Der Doppelkabinen-Pick-up war für viele Amerikaner ein Dauerfavorit. Er hatte als »S«-Modell begonnen, hergestellt um 1953 von der Lorcher Karosseriefirma Binz, und wurde dann in die Reihe der Standardmodelle aufgenommen.

Wie für den ersten Pritschenwagen mussten auch für den zweiten mit der Doppelkabine einige Pressformen verändert werden. Doch was man für den ersten Wagen dieser Art entwickelt hatte, musste nicht noch einmal grundlegend umgestaltet werden. Diesmal ging es nur darum, neue Pressformen für die entsprechenden Karosserieteile zu entwickeln. Es ging zum Beispiel um ein längeres Dach für die nun größere Kabine und eine zweite Seitentür für die Passagiere in der zweiten Sitzreihe. Dabei wurde nur eine Extratür angeboten, die sich auf der rechten Passagierseite des Fahrzeugs befand. Dazu kamen die Metallteile für die verkürzte Ladeplattform. Der untere verschließbare Tresorraum fiel dem neuen Design allerdings zum Opfer. Dafür wurde unter der hinteren Sitzbank neuer Stauraum geschaffen. Die Ladeplattform war natürlich kleiner, maß aber immer noch 1755 mm x 1570 mm. Als Extras gab es Spriegel und eine Plane. Damit konnte ein trockener Laderaum für rund 1,2 m hohe Gegenstände geschaffen werden.

Als der VW Pritschenwagen mit Doppelkabine eingeführt wurde, hatten die Verkäufe in Amerika und in Europa stark angezogen, und in einem Land, in dem Pick-ups Big Business waren, musste der Vielsitzer zwangsläufig großen Erfolg haben. Die amerikanische Werbung für das neue Produkt sprach anfänglich nicht von einem »Double Cab«, sondern von einem »VW 6-Passenger Pick-up«. Doch bald danach fand auf dem

▲ Der Pritschenwagen mit Doppelkabine war ein wichtiger Neuzugang zur Transporterfamilie. Ohne Zweifel entstand er auf der Grundlage des erfolgreichen »S«-Modells der Karosseriefabrik Binz.

◀ Der ursprüngliche von Binz hergestellte Pritschenwagen mit Doppelkabine. Man beachte die hintere »Selbstmörder«-Tür und das unbewegliche Seitenfenster und vergleiche dies mit dem Modell von Volkswagen.

▲ **Im Jahre 2008 war das Konzept des Doppelkabinen-Pick-up 50 Jahre alt. Das Bild zeigt ein Modell der ersten Generation aus der Mitte der 1960er-Jahre und das letzte Pick-up-Modell des T5 (mit abgewandter Front).**

Werbesektor eine Revolution statt – erst in Amerika, kurze Zeit später im gesamten Reich von Volkswagen. Die Welt der Werbung hatte sich verändert. Nehmen wir als Beispiel diesen lebhaften Werbetext von 1963 für den Pritschenwagen mit Doppelkabine. Er ersetzte einen höflich informativen und etwas geschwollenen früheren Text:

»Viele große Ideen erscheinen einfach, wenn man einmal darauf gekommen ist. Sie können einen halben Kombi und einen halben Pritschenwagen nehmen und sie zusammenbauen. Und gleich bekommen Sie ein ganz anderes Nutzfahrzeug mit vielen besonderen, ja einzigartigen Vorteilen. So ein Fahrzeug kann man für viele Zwecke einsetzen. Es kann zum Beispiel sechs Passagiere und 445 kg Fracht transportieren ... oder drei Personen und 640 kg ... oder einen Fahrer und 770 kg. Das ist nur eine Frage der Anordnung. Der Doppelkabinen-Pick-up bietet Platz für sechs Personen, drei vorn und drei in der abgetrennten Kabine hinten. Da hat ein ganzes Serviceteam mit allen Werkzeugen und der gesamten Ausrüstung Platz. Die 2,8 m^2 große Ladefläche kann eine Nutzlast von 445 kg aufnehmen. Wenn Sie mehr Laderaum benötigen, können Sie die hintere Sitzbank und den darunter befindlichen Werkzeugkoffer herausnehmen. So bekommen Sie 1,8 m^3 mehr wettergeschützten abschließbaren Laderaum für Wertsachen. Spriegel und Plane gibt es auf Anforderung. Damit können Sie die Ladefläche in einen allwettertauglichen Raum verwandeln. Sie begreifen nun, warum wir den Doppelkabinen-Pick-up für so praktisch halten – oder müssen wir noch mehr dazu sagen?«

Der Großraum-Lieferwagen, der ab Herbst 1961 produziert wurde und dann im zweiten Monat des Modelljahres 1962 auf den Markt kam, fand in derselben Broschüre Erwähnung mit dem Untertitel »Geräumig – weil er innen 1,67 m hoch ist«. Der nächste Auszug stammt aus einer Broschüre, die VW-Händler im August 1965 verteilten:

»Müssen Sie noch längere, breitere oder höhere Dinge transportieren? Nun gut, dann ist dieser Transporter

▲ **Dieses attraktive Bild aus der Mitte der 1960er-Jahre zeigt einen Großraum-Lieferwagen der Deutschen Bundespost. Auf den ersten Blick scheint das zweite Auto ein gewöhnlicher Lieferwagen zu sein, aber wenn man genauer hinsieht, erkennt man, dass es sich ebenfalls um ein Großraumfahrzeug handelt.**

genau richtig für Sie. Er ist um 36 cm höher als der normale Lieferwagen. Die mittlere Höhe im Innenraum beträgt 167,9 cm. Und der Laderaum umfasst 5,9 m³. Sie haben also mehr Bewegungsfreiheit in diesem Van und kommen leichter an ihre Sachen heran. Außerdem sind auch die Türen größer, und Sie haben an den Seiten mehr Platz für Ihre Werbung.«

Dieser Großraum-Lieferwagen war besonders im Bekleidungs- und Möbelhandel beliebt, weil solche Geschäfte größere Stücke ausliefern mussten. Aber billig war das Auto beleibe nicht. Ein normaler Lieferwagen kostete in Großbritannien im Jahre 1967 £ 680 und mit Türen an beiden Seiten weitere £ 30, also insgesamt £ 710. Für den Großraum-Lieferwagen musste man aber £ 910 ausgeben, was für ein erhöhtes Dach aus Blech teuer erscheint. Der Bau des Großraumtransporters war für Volkswagen eine ziemlich einfache Angelegenheit. Vielleicht stand der Mehrpreis mit der größeren benötigten Werkstoffmenge in Beziehung. Im Wesentlichen besaß das Fahrzeug eine oberhalb der Gürtellinie erhöhte Karosserie mit entsprechend vergrößerten Seitentüren. Das vielleicht komplexeste Karosserieteil befand sich über der Frontscheibe und den Seitenfenstern. Hinten gab es kaum etwas zu verändern, da das traditionelle Heck beibehalten wurde.

◄ **Der Großraum-Lieferwagen war nie die populärste Version des Transporters, aber für jene von unschätzbarem Wert, die zusätzliche Höhe für den Transport ihrer Güter brauchten.**

Vom Werk eingebaute Extras

Man braucht sich nur in ein Spezifikationshandbuch für den Käfer zu vertiefen, und schon stößt man auf eine Reihe von Extras, für die man eigens bezahlen musste. Sonderausstattungen gab es fast von Anfang an. Sie blieben jahrelang ein Merkmal der Volkswagenproduktion. Noch heute bietet das Werk Hunderte von Extras an, die man eigens bestellen muss. Für den Transporter galt ab 1950 genau dasselbe.

Es ist nicht unsere Aufgabe, hier jede Mehrausstattung nach ihrem M-Code zu entschlüsseln. Wir wollen nur auf einige der interessantesten Extras hinweisen. Es geht hier nämlich um ein für den Transporter einzigartiges Thema – zumindest so lange, bis auch andere Autoproduzenten begriffen, dass man Geld damit verdienen konnte, indem man einfach nachahmte, was Volkswagen vorgemacht hatte. Zu beachten ist, dass es nicht alle Extras schon 1950 gab. Und längst nicht alle genannten Extras waren bis zum Produktionsende im Juli 1967 zu bekommen:

- M035 Verstärkte Seitenteile für den Pritschenwagen.
- M053 Rückwandklappe mit Fenster (erhältlich bis März 1955).
- M054 Armaturenbrett in voller Breite, einige Jahre lang nach der Einführung des Kleinbus »Sonderausführung« all jenen angeboten, denen der einfache Instrumententräger peinlich war.
- M055 Rotierende Dachentlüftung. War dieses Extra ein Eingeständnis der Tatsache, dass die Belüftung in den Transportern, die vor März 1955 gebaut wurden, nicht ausreichte?
- M066 Gummimatte im Laderaum – fast ein Upgrade zum Kombistatus für Lieferwagenbesitzer.
- M070 Spriegel und Plane. Wesentlich für alle Pritschenwagenbesitzer, die ihre Ladung im Trockenen transportieren wollten.
- M093 Behr-Lüftung. Dieses eigenartige Metallgehäuse saß irgendwie unpassend über der Frontscheibe und erleichterte die Innenbelüftung in Trans-

▲ **Ein Lieferwagen mit Schiebetüren auf beiden Seiten.**

portern, die vor dem März 1955 produziert wurden. Beschlagene Scheiben waren ein großes Problem beim Bulli.

M113 Ausstellbare Frontscheibe. Ohne Zweifel war dieses Zubehör, auch Safarifenster genannt, eine drastische Maßnahme, um dem Beschlagen der Fenster zuvorzukommen! Das Safarifenster war besonders nützlich in Gebieten mit einem besonders heißen oder schwülen Klima. Viele heutige Besitzer eines Transporters der ersten Generation haben es auf ihrer Wunschliste!

M130 Kleinbus »Sonderausführung« ohne Schiebedach und ohne Dachfenster aus Plexiglas.

M161 Schiebetür auf einer Seite für den Lieferwagen.

M162 Schiebetüren auf beiden Seiten.

M181 Verchromte Radkappen.

M200 Pritschenwagen mit vergrößerter Bodenplatte aus Stahl – vom Oktober 1958 an.

M201 Pritschenwagen mit vergrößerter Bodenplatte aus Holz – vom Oktober 1958 an.

M620 12-Volt-Anlage – Standard für das letzte Produktionsjahr der ersten Transportergeneration.

Während der 1960er-Jahre machte Volkswagen of America viel Werbung für diese Extras. Der folgende Auszug stammt aus einer Broschüre des Jahres 1964. Sie trug den einfachen Titel »Spacious« und konzentrierte sich hauptsächlich auf den Kleinbus »Sonderausführung«:

»Weißwandreifen; drehbare Ausstellfenster; elektrisch betriebener Dachventilator; geteilte vordere Sitzbank; einziehbare Trittstufe; Flügeltüren auf beiden Seiten; Schiebedach beim Standardmodell; Schiebefenster in der bis zum Dach reichenden Trennwand zur Fahrerkabine; zweiter Außenspiegel; beide Modelle erhältlich auch ohne Sitze im Passagierraum; 12-Volt-Anlage.«

▼ **Ein Pritschenwagen mit verbreiterter Bodenplatte aus Holz.**

Von den Extras zu den Sonderausführungen

Für einen Augenblick vergessen wir den Kleinbus und sein Sondermodell und den Beitrag, den diese beiden Modelle zur Gesamtproduktion des Transporters geleistet haben. Stattdessen konzentrieren wir uns auf die Sonderausführungen und deren kommerzielle Bedeutung.

Nordhoff war fest entschlossen, eine alles umfassende Palette, angefangen vom Lieferwagen bis zum Personentransporter zu schaffen, und dachte dabei durchaus auch an ganz spezielle Käufer. Schon im Jahre 1951 erschienen besondere Extras im Angebot, die man in vielen Fällen auch in Sondermodelle einbauen konnte. Ein Jahrzehnt später war die Vielfalt fast nicht mehr zu überblicken. Volkswagen bot damals dem einheimischen Kunden 130 Optionen an, und auf dem angelsächsisch geprägten Markt der Rechtslenker, besonders Großbritannien, waren es immerhin noch derer 80. Diese Vielfalt spielte in der Erfolgsgeschichte des Transporters ohne Zweifel eine wichtige Rolle. Trotzdem war es natürlich unmöglich, neben den Mainstreammodellen noch jede weitere denkbare Variante selbst zu bauen. Einige Sonderausführungen wurden im Haus entwickelt und auch gefertigt. Den Krankenwagen etwa bezeichnete man nicht als Sondermodell; er war vielmehr ein typisches Nischenprodukt, zuerst gebaut von der Firma Miesen in Bonn. Doch 1951 war der Punkt erreicht, wo Volkswagen diese Bauform selbst im Werk herstellen wollte. Viele andere Optionen waren aber einfach zu spezifisch und konnten nur von einer Karosseriefirma ausgeführt werden.

Eine besondere Bauform verdient in diesem Zusammenhang mehr als alle anderen eine Erwähnung. Volkswagen baute für die ersten vier Transportergenerationen keine Camper. Diese Aufgabe übernahm die deutsche Firma Westfalia in Zusammenarbeit mit Volkswagen Wolfsburg. Als Broschüren für den Camper gedruckt wurden, wussten nur Kenner, dass es letztlich um ein neues Sondermodell ging. Diese Geschichte erzählen wir aber im letzten Teil dieses Buches. Kehren wir hier vielmehr zum Erfindungsreichtum der Texter in den 1950er-Jahren zurück. Sie priesen Geschäftsleuten an, was im Angebot war:

»Der VW Pritschenwagen lässt sich besonders gut für die unterschiedlichsten Aufgaben einsetzen. Hier einige Ideen:

Pritschenwagen für den Glasermeister – mit speziellen Gestellen für große Scheiben.

Mobiler Ausstellungs- und Verkaufswagen – bringt Ihr Geschäft zu Ihren Kunden.

Pritschenwagen mit Hebebühne – für die Wartung von Straßenlaternen, um Bäume zu schneiden, um Leitungen zu überprüfen, um Plakate und Leuchtreklamen anzubringen und für viele weitere Arbeiten in größerer Höhe.

Pritschenwagen mit Nachläufer – für den Transport langer Lasten, zum Beispiel von Röhren, Masten, Bohrgestänge, Leitern.

… nur einige wenige unter den 1001 Möglichkeiten, die es gibt, um den Pritschenwagen den speziellen eigenen Bedürfnissen anzupassen. Ihr Händler steht Ihnen gern mit Rat und Tat zur Seite.«

Etwas prägnanter und, um ehrlich zu sein, der Wahrheit deutlich näher, was die Zahl der Umrüstungen anbelangt, war die folgende Bemerkung:

»Den VW Pritschenwagen kann man besonders gut den unterschiedlichsten Aufgaben anpassen. Jeder Händler verfügt über einen Katalog solch praktischer Umrüstungen.«

Und so war es dann auch. Die britische Version des Hausmagazins »VW Transport« listete in einer Ausgabe des Jahres 1963 alles auf, was erhältlich war. Der Titel lautete: »Besondere Modelle – Besondere Karosserien – Besondere Ausrüstung«. Eine Reihe von Fotos illustrierte diese Modelle. Und die Geschichte dahinter wurde wie folgt erzählt:

»VW-Nutzfahrzeuge für jeden Zweck – gerade in der richtigen Größe, und dazu 80 Versionen, gut konzipiert und ausgeführt. Diese Spezialfahrzeuge transportieren schnell alle auch nur irgendwie denkbaren Artikel. Sie wurden hunderttausendmal in der Praxis getestet – und werden auch entsprechend gelobt.

VW-Nutzfahrzeuge à la carte – Welchen Typ würden Sie vorziehen? Wir bieten Ihnen ein ›Menü‹ mit 80 Möglichkeiten an – angefangen von den im Werk produzierten Standardmodellen bis zu Sonderfahrzeugen, die von uns ausgewählte Firmen in Deutschland produzieren.«

Es mag eher die Aufgabe eines Spezifikations-Handbuchs sein, all diese 80 Modelle aufzulisten. Doch die Bedeutung dieser Sonderausführungen war so groß für die Geschichte des Volkswagen Transporters, dass man einige davon auch hier erwähnen muss. Den Lieferwagen beispielsweise konnte man von jedem britischen Händler in den folgenden Sonderausführungen bestellen: als Verkaufs- und Lieferwagen mit Regalen, Theke und großer Verkaufsklappe, die auch als Vordach diente; als Ausstellungswagen; als Kino- und Lautsprecherwagen; als Tiefkühl-Isolierwagen; als Kühlwagen mit einer Kompressoren-Kühleinheit; als mobile Werkstatt; als Feuerlöschfahrzeug mit deutscher Ausrüstung; als Feuerlöschfahrzeug mit Pulverlöschanlage; als Fleischtransporter; als Spezialfahrzeug für den Transport von Blutplasma und so weiter.

Fortsetzung auf Seite 99 ▼

Es gelang uns, diese Fundgrube von Bildern aus verschiedenen Quellen zusammenzustellen. Die Palette der abgebildeten Fahrzeuge reicht von gewöhnlichen Sonderausführungen bis zu den obskursten Versionen! Als wichtigste Quelle diente eine frühe Broschüre. Sie sollte aufzeigen, zu welch unterschiedlichen Zwecken man den Transporter einsetzen konnte. Im Vorwort dieses extrem seltenen Dokuments heißt es, dass Volkswagen die abgebildeten Spezialkarosserien und Ausrüstungen nicht selbst liefere, da die Massenproduktion auf die Bedürfnisse vieler und nicht die Wünsche weniger abgestimmt sei. Im weiteren Verlauf wurde dann auf die örtlichen Volkswagenhändler und ihr besonders ausgebildetes Personal verwiesen, das gezielt weiterhelfen könne und die Adressen vertrauenswürdiger Umrüstungsfirmen bereithielte.

▶ Die Seitenaufschrift »Volkswagen Porschewagen Ersatzteile-Dienst« verrät uns, dass es sich hier um ein mobiles Ersatzteillager handelt. Der Innenraum ist mit Regalen ausgekleidet, und über der Seitentür ist ein wundervolles Vordach aufgespannt, damit die Kunden und Mechaniker im Trockenen auf ihr Bauteil warten können.

◀ Auf dem Pritschenwagen basierender Tiertransporter.

◀ **Eine mobile Küche, die mit Flüssiggas betrieben wurde, wie die Anzeige auf der Klapptür zeigt: »sparsam, billig, sauber, schnell« und »ungiftig«.**

▶ **Fahrzeug des Roten Kreuzes mit einer eisernen Lunge.**

▲ Tiertransport in einem Lieferwagen.

◀ Das Umzugsunternehmen benutzte einen umgebauten Pritschenwagen besonders für den Klaviertransport.

◀ Lieferwagen mit Funkeinrichtung und Pritschenwagen mit einer Drehleiter.

▶ Das Auto oben links ist eine »fahrbare Kleinwerkstatt«. Wie die Tafel verrät, ist sie »für jede Genossenschaft ein bewährter Weg, um Landmaschinenreparaturen auf dem Bauernhof oder auf dem Feld billig und schnell durchzuführen«. Auf den beiden anderen Bildern dient der Transporter als Verkaufsfahrzeug für elektrische Melkmaschinen.

▶ Ein Lieferwagen für den Verkauf von Küchengeräten.

◀ Ein clever umgebauter Pritschenwagen für den Transport von Leitern, ohne dafür die Ladeplattform zu benutzen. Das Fahrzeug diente einer Baufirma.

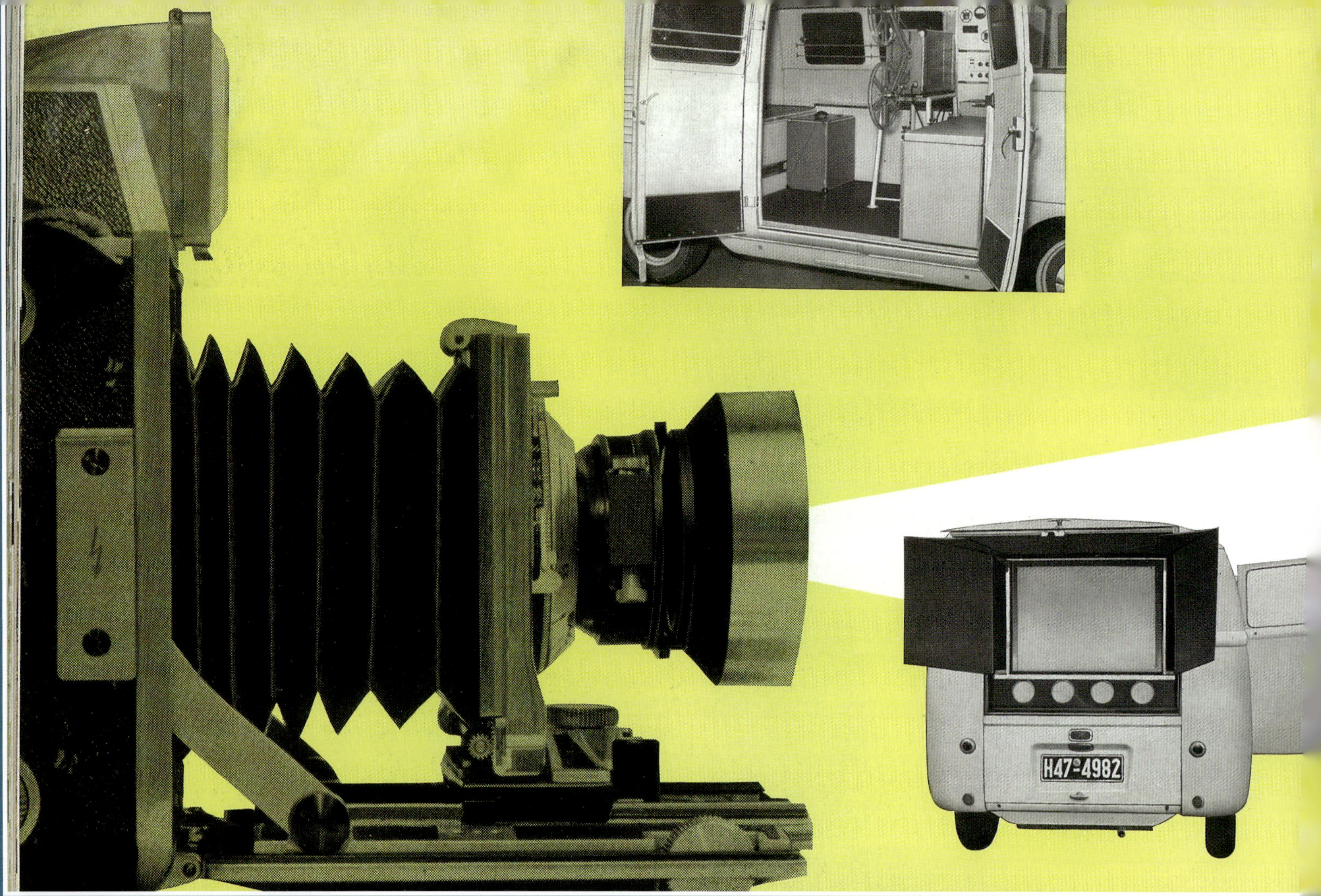

▲ Ganz rechts Lieferwagen mit Firmenaufschriften. Oben ein mobiler Projektionsraum mit einem Kino.

◀ Lieferwagen und Pritschenwagen für die Auslieferung von Getränken. Man beachte, dass der Coca-Cola-Verkäufer seine Kunden im Sitzen bedienen muss. Es sieht so aus, als seien die Aufbauten einfach auf die Ladeplattform aufgenietet worden. Von der Kabine aus kann der Fahrer seine Bestände überblicken.

▲ Dieser Lieferwagen wurde für die Landvermessung umgebaut. Der Dachträger beherbergte die Fluchtstäbe und weiteres Material. Er verfügte über einen festen Boden, der der Form des eigentlichen Daches folgt.

▶ Für den Transport von Glasscheiben umgebauter Pritschenwagen.

▶ Für Bäcker ausgebaute Liefer- und Pritschenwagen.

◀ Eine mobile Milchverkaufsstelle und ein Inspektionsfahrzeug des Deutschen Instituts für Gütesicherung, Abteilung »Deutsche landwirtschaftliche Markenware«, wie auf der Hecktür im dunklen Band um den Bundesadler teilweise zu lesen ist. Der Milchlieferwagen hatte einen Tank hinten, und der Fahrer füllte die Flaschen mit der Anlage, die im Inneren zu erkennen ist.

◀ **Mobile Sendestation. Der Mast ließ sich über die Kurbel im Innenraum aus- und wieder einziehen.**

▶ **Ein weiterer Verkaufswagen mit einem netten Vordach …**

▶ Ein fahrbares Lager, eingebaut in einen Pritschenwagen mit Aufbau.

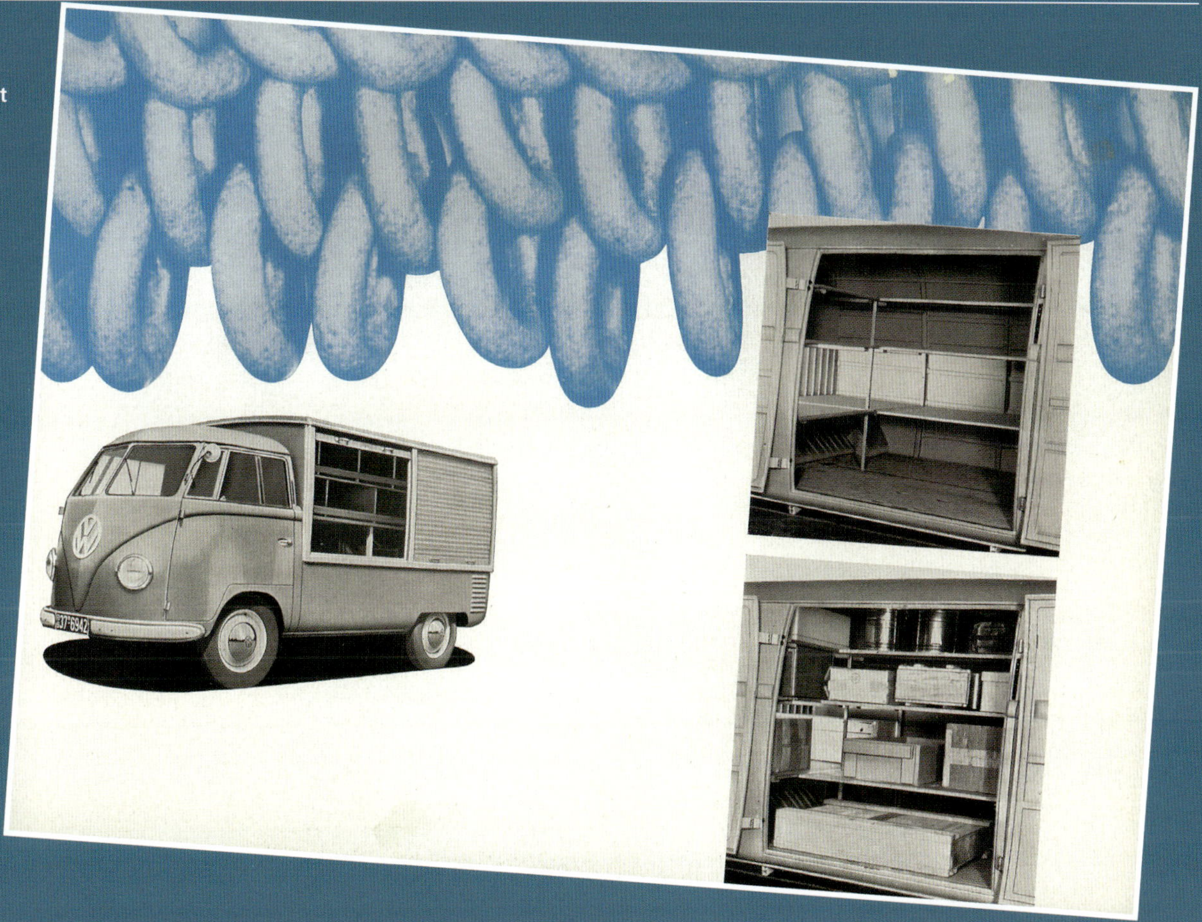

◀ Ein weiteres mobiles Lager, wahrscheinlich das eines Metzgers. Das Fahrzeug würde heutigen EU-Normen wohl nicht mehr genügen!

◀ Wagen für den Verkehrsunfall-Bereitschaftsdienst. Das Fahrzeug verfügt über eine Leiter und eine begehbare Plattform auf dem Dach. Es wurde mit dem Armaturenbrett über die gesamte Fahrerraumbreite (M054) und mit einer Rückwandklappe mit Fenster (M053) ausgestattet.

▶ Dieser umgebaute Kombi diente als mobile Kommandozentrale für die Polizei, die Feuerwehr und andere Behörden.

▶ Ein Einweisungsfahrzeug für Flughäfen. Man beachte die Rücklichter mit den großen Pfeilen, die für den Piloten sichtbar sein mussten. Das umfangreiche Glasdach brauchte der Fahrer wohl, um unter Flügeln manövrieren zu können und um über ihm fliegende Flugzeuge zu erkennen.

◀ Servicefahrzeug für die Flugzeugwartung. Die Logos von Esso lassen vermuten, dass der Hauptzweck die Versorgung mit Motoröl war. Man beachte die besonders ordentliche Ablage für die Leiter.

◀ Diese Zusammenstellung von Spezialmodellen geht auf die frühen 1960er-Jahre zurück und umfasst viele Fahrzeuge, die wir in diesem Abschnitt mit Fotos illustriert haben. Man beachte besonders, dass der Kleinbus Samba, der Neunsitzer und der Campingwagen in die Kategorie der Sondermodelle aufgenommen wurden.

▶ Mobile Poststelle.

▼ Ein spezieller Lieferwagen für Bäcker.

▲ Das Bildarchiv von Volkswagen enthält auch Fotos von Sonderausführungen, zum Beispiel mit Nachläufer zum Transport von Masten und Röhren.

▶ Ein Doppelkabinen-Pannenfahrzeug mit der Aufschrift: »Schnell zur Stelle: VW-Kundendienst«. In den frühen 1960er-Jahren lieferte Volkswagen solche voll ausgerüsteten Fahrzeuge an seine wichtigsten Händler aus.

▶ **Neun Ausstellungsbusse der Bausparkasse Schwäbisch Hall mit Abbildungen verschiedener Häuser. Damit sollten neue Kunden geworben werden.**

◀ Ein Kombi der Deutschen Bundespost, Fernmeldedienst, mit einem umfangreichen Dachträger.

▼ Ein Lieferwagen, ausgerüstet mit Lautsprechern und zusätzlichen Lampen.

▲ Zwei unterschiedlich alte Servicefahrzeuge einer englischen Firma. Der ältere Transporter steht hinten. Man beachte dessen spitze Warzenblinker.

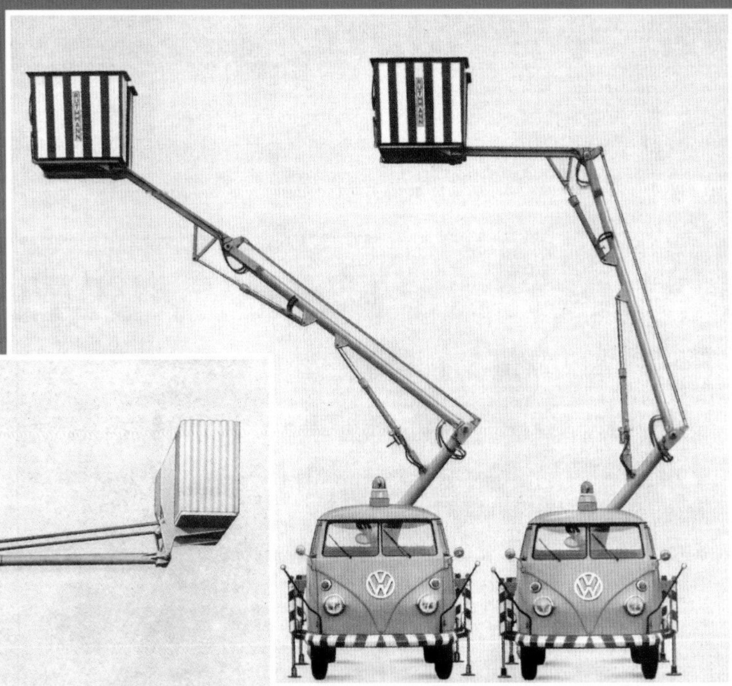

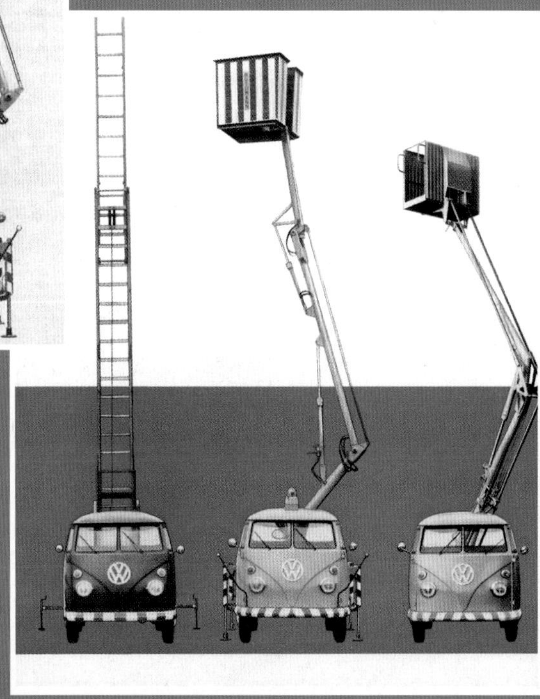

Volkswagen brachte einige Broschüren speziell für Sondermodelle heraus. Diese drei Bilder gelten folgenden Versionen: SO9 – Pritschenwagen mit hydraulischer Plattform; SO10 – Pritschenwagen mit kleinerer hydraulischer Plattform als bei SO9; SO11 – Pritschenwagen mit Drehleiter.

Krankenwagen der ersten Transportergeneration. Die Bilder mit nachgestellten Szenen sind aktuelleren Datums und waren für Journalisten bestimmt.

▶ **Für Feuerwehr und Rettungsdienste gab es zahlreiche verschiedene Versionen. Dieser Krankenwagen führte ein Schlauchboot für die Rettung aus dem Wasser mit.**

▲ **Fortsetzung von Seite 77**

Die Highlights unter den Sonderausführungen der Pritschenwagen waren Versionen ohne Seitenwände, eine Version mit einer Drehleiter, ein hydraulisch betriebener Kipper, eine Version mit einem kastenförmigen Aufsatz oder eine andere mit einem Nachläufer für den Transport von Langgut.

Unter den Kombi-Optionen befanden sich einige richtige Juwelen, darunter eine Werkstatt, eine ausbaubare Campingausrüstung mit der Bezeichnung »Mosaik«, ein Mannschaftswagen für die Feuerwehr, Polizeifahrzeuge, zum Beispiel für den Einsatz bei Verkehrsunfällen und bei der Verkehrskontrolle, als Radarwagen, als Gefangenentransporter, oder als Sonderfahrzeug für den Kripoeinsatz. Es gab mobile Büros, Fahrzeuge mit einer Spezialausrüstung für die Erste Hilfe, Expeditionsfahrzeuge usw.

▼ **Ein offizielles Werbefoto von Volkswagen für den Krankenwagen aus der Zeit nach März 1955 und vor Juni 1960.**

◀ **Zwei Bilder von Polizeifahrzeugen. Die Komponenten der Sonderausrüstung M160 waren eine Sirene von Bosch und das Blaulicht – auf dem Farbfoto leicht zu erkennen.**

Merkwürdigerweise konnte man auch den Kleinbus mit allerlei Arbeitsgerät ausstatten. Die Tatsache, dass eine Version als mobile Bank fungierte, macht es verständlich, warum eine volle Verkleidung des Dachhimmels zum Ausrüstungspaket gehörte! Eine Version besaß eine gläserne Trennwand zwischen Kabine und Passagierraum. Eine weitere hatte gar keine Sitze, sondern diente als Kabelreparatur- oder Funkdetektorwagen. Dazu kamen ein Schulbus und ein mobiles Kontrollzentrum für die Feuerwehr und für zivile Behörden.

Das Luxusmodell des Kleinbusses konnte mit der gleichen gläsernen Trennwand ausgerüstet werden, um zwischen dem Fahrer und den Reichen, aber nicht notwendigerweise auch Berühmten, einen gewissen Abstand zu schaffen. Sonst war die Liste der Extras eher bescheiden und beschränkte sich zum Beispiel auf technischen Schnickschnack wie »zwei elektrische Ventilatoren in einem besonderen Belüftungssystem«.

In Deutschland bekamen die Sonderausführungen im Verlauf des Modelljahrs 1956/1957 einen SO-Code. Die Kataloge der Autohäuser listeten nicht nur alle erhältlichen SO-Optionen auf, sondern lieferten auch alle möglichen Details darüber, was sie umfassten. Es wurden auch genau die Karosseriewerkstätten benannt, welche die entsprechenden Arbeiten im Auftrag von Volkswagen durchführen durften. Um möglichst jede Nachfrage zu befriedigen, versah Nordhoffs Team die Händler mit einer Liste der »Möglichkeiten«. Es handelte sich dabei um noch nicht gebaute Wagen, die man bei Gelegenheit aber leicht hätte produzieren können. Die vollständige SO-Liste würde den Rahmen selbst dieses Buches sprengen, aber einige interessante Beispiele sollten doch genannt werden:

SO1	Verkaufswagen
SO2	Großraum-Verkaufswagen
SO7	Tiefkühltransporter mit Kältemaschine
SO9	Pritschenwagen mit hydraulischer Plattform
SO11	Pritschenwagen mit Drehleiter
SO14	Pritschenwagen mit Nachläufer für Langgut
SO15	Pritschenwagen mit hydraulischer Kippeinrichtung
SO19	Ausstellungswagen
SO22	Westfalia Camper, erst mit dem herausnehmbaren Einbausatz »Camping-Box«, später als »Camping Mosaik«
SO25	Pritschenwagen als Tieflader
SO29	Rettungswagen

▶ **Ein besonders faszinierendes Bild voller Action: die Sonderausführung SO3, der Verkehrsunfall-Aufnahmewagen von Westfalia, im Einsatz.**

Die Feuerwehren in Deutschland setzten viele verschiedene Transporterversionen ein. Der Kombi im Bild oben rechts transportierte vor allem die Motorpumpe. Links unten ein Pritschenwagen mit Doppelkabine.

Ziegler
Ziegler

BN-2148

Erfolg in der Werbung

Die Gemeinde der Volkswagenfans überall auf der Welt ist nach wie vor begeistert von Bernd Reuters' Werbegrafiken. Er prägte in den 1950er-Jahren die Volkswagenwerbung. Allerdings beschäftigten andere Autohersteller gleichermaßen talentierte Grafiker, die ebenfalls stark stilisierte Darstellungen schufen. Aber an Berühmtheit kann es keiner von ihnen mit Reuters aufnehmen. Reuters' Werke sind heute hoch begehrt; sein Stil war typisch für seine Zeit. Dass er heute noch so bekannt ist, hat vielleicht auch damit zu tun, dass er als Volkswagengrafiker gilt und die Fahrzeuge, die er präsentierte, heute sehr begehrt sind. Damit wollen wir aber nicht Reuters' Talent in irgendeiner Weise schmälern. Er verstand es besser als jede Kamera, den Käfer und auch den Transporter in seinen Grafiken zu eleganten Fahrzeugen zu machen.

Im Fall des Transporters verlängerte er die Karosserie, sodass sie schlanker erschien. Er entwarf alle scharfen Kanten neu, was besonders beim Sondermodell des Kleinbusses ganz wesentlich war. Er verkleinerte die Passagiere im Vergleich zum Fahrzeug und schuf damit die Illusion, es sei viel größer als in Wirklichkeit. Er fügte gerade Linien hinzu, die Geschwindigkeit suggerierten, sodass die Vermutung, der Transporter sei langsam, gar nicht erst aufkommen konnte. Und wenn sich die Gelegenheit ergab, setzte er das Fahrzeug vor einen Hintergrund, an dem teilzuhaben sich alle wünschten. Damit suggerierte er, der Kauf eines Transporters würde zu einem Lebensstil führen, den man mit anderen Marken nicht in Verbindung brachte. Bei jeder Modernisierung der Autos bearbeitete Reuters seine Grafiken sorgfältig und nahm die Neuerungen auf. Er ist so bedeutend, dass kein Buch über den Volkswagen oder den Transporter ohne die Wiedergabe seiner besten Zeichnungen auskommt. Es gibt allerdings keinen Beleg dafür, dass Reuters' Arbeit zu Mehrverkäufen führte.

Auch vom Text, der Reuters' Zeichnungen in den 1950er-Jahren begleitete, wissen wir nicht, ob er den

▼ Vielleicht nicht der exotischste Broschürentitel von Reuters, aber ein typisches Beispiel für seine Arbeitsweise, beim Käfer wie beim Transporter.

Verkauf ankurbelte. Sicher ist, dass er heutige Käufer abschrecken würde. Die Bezeichnungen »gestelzt«, »gekünstelt« oder einfach »langweilig« kommen einem in den Sinn, wenn man diesen Aufmacher in einer Broschüre aus dem Jahre 1954 liest:

»Firmen auf der ganzen Welt brauchen seit langer Zeit wirtschaftliche, leichte Nutzfahrzeuge, die perfekt an ihre Aufgabe angepasst sind, um die Auslieferungskosten drastisch zu reduzieren. Die Ingenieure von Volkswagen folgten den Empfehlungen von Anwendern leichter Nutzfahrzeuge und entwarfen eine Modellreihe, die deren Anforderungen perfekt erfüllt. Die Volkswagen Transporter – ein Modell für jede Art von Aufgabe – bieten Ihnen mehr, als Sie sich jemals erträumen konnten. Weit über 100 000 Wagen dieser Art leisten schon ihre Dienste.«

Gegen Ende jenes Jahrzehnts hatte Volkswagen of America einen neuen Leiter, den früheren persönlichen Assistenten von Nordhoff und späteren Generaldirektor Carl Hahn. Er entschied sich für eine Maßnahme, die Volkswagen zuvor noch nicht ausprobiert hatte. Es bestand dazu noch nicht einmal eine Notwendigkeit. Volkswagen hatte zwar einige Jahre gebraucht, um

Übergangszeit: Grafiken waren in den 1950er-Jahren beliebter als Fotos. Im Unterschied zu Reuters blieben die meisten Werbegrafiker bei ihren Darstellungen aber näher an der Realität.

seinen Käfer in den USA zu etablieren. Aber nachdem das gelungen war, stiegen die Verkäufe auf noch nie da gewesene Höhen. Der Käfer ging voran, und der Transporter folgte. 1958 hatte man nahezu 150 000 Volkswagen verkauft, und für 1959 sagte man eine Steigerung um mindestens 10 000 Stück voraus. Die großen Autoproduzenten in Detroit – Ford, General Motors und Chrysler – wollten aber nun zurückschlagen, mit Kompaktmodellen, die im Herbst auf den Markt kommen sollten. Hahn dachte, Werbung könnte nützlich sein, um dem Gegenangriff vom heimischen Markt zuvorzukommen. Er glaubte auch, ob zu Recht oder nicht, sei dahingestellt, die Verkäufe des Käfers und des Transporters würden bald aufgrund von persönlichen Empfehlungen von Besitzern und örtlichen Händlern ihren Höhepunkt erreichen.

Hahn traf während einer intensiven dreimonatigen Interviewphase viele Werbeleute, blieb aber eigenartig unbeeindruckt. Alle schienen von derselben Art zu sein, alle waren vernarrt in Marktforschung vor, während und nach der Kampagne. Dann stieß er auf die noch nicht einmal zehn Jahre alte Agentur Doyle Dane Bernbach, die für den VW-Händler Arthur Stanton erfolgreiche Arbeit geleistet hatte. Hahn war beeindruckt von dem, was er sah und hörte. Die Agentur präsentierte nicht eine Reihe von Vorschlägen, sondern Arbeitsproben aus ihrem bereits bestehenden Portfolio. Das waren ungewöhnliche, hoch kreative Werbekampagnen für Firmen wie Polaroid oder die Fluglinie El Al. Fast von einem Tag auf den anderen bekam DDB die Werbung für den Beetle zugesprochen, während der Transporterauftrag an die Agentur Fuller, Smith and Ross ging, die sich auf Industriewerbung spezialisiert hatte. Innerhalb von zwölf Monaten löste die Werbung von DDB eine solche Dynamik aus, dass die Agentur den gesamten Werbeetat von Volkswagen of America bekam. Zwei Jahre danach gab es eine eindeutige Erfolgsbilanz für DDB. Die Detroiter Autofirmen hatten tatsächlich einen starken Einfluss auf die Importe ausländischer Autos ausgeübt. Im Jahre 1960 hatte der Verkauf bei 614 131 Autos gelegen. 1962 fiel diese Zahl auf 339 160 zurück. Volkswagen konnte sich aber diesem Trend entziehen; die Verkäufe lagen nun bei rund 200 000 Fahrzeugen pro Jahr.

Was DDB für den Beetle und den Transporter, für Volkswagen allgemein und zwangsläufig für alle anderen Autohersteller tat, war Folgendes: Die Agentur revolutionierte die Art und Weise, wie für das Produkt geworben wurde. Vorbei war die Praxis, ein Fahrzeug auf der

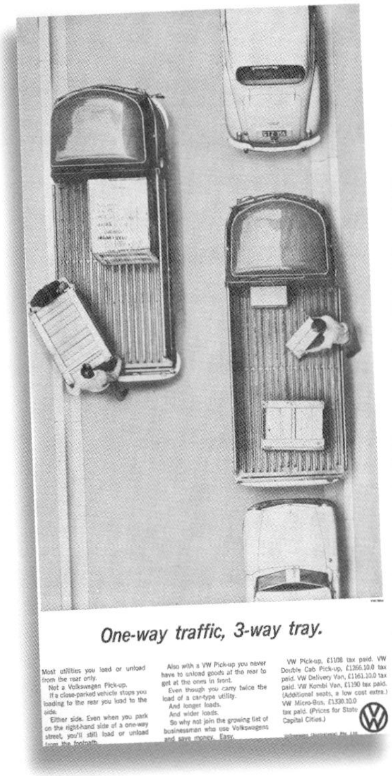
One-way traffic, 3-way tray.
Most utilities you load or unload from the rear only.
Not a Volkswagen Pick-up.
If a close-parked vehicle stops you loading to the rear you load to the side.
Either side. Even when you park on the right-hand side of a one-way street, you'll still load or unload
Also with a VW Pick-up you never have to unload goods at the rear to get at the ones in front.
Even though you carry twice the load of a car-type utility.
And longer loads.
And wider loads.
So why not join the growing list of businessmen who use Volkswagens and save money. Easy.
VW Pick-up, £1108 tax paid. VW Double Cab Pick-up, £1266.10.0 tax paid. VW Delivery Van, £1161.10.0 tax paid. VW Kombi Van, £1190 tax paid. (Additional seats, a low cost extra.) VW Micro-Bus, £1330.10.0 tax paid. (Prices for State Capital Cities.)

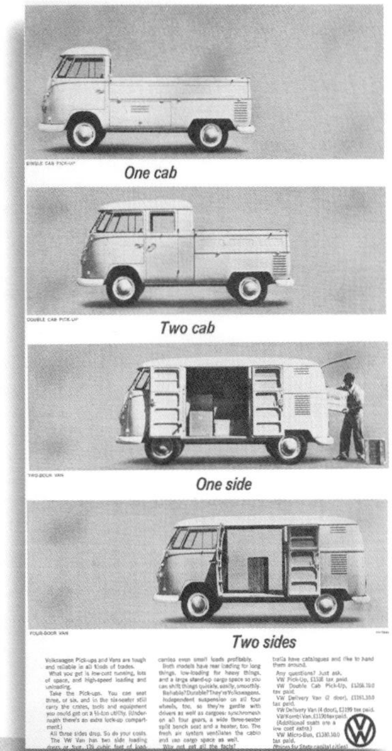
One cab
Two cab
One side
FOUR-DOOR VAN
Two sides

It may not be much, but to many it's home.
Our little house on wheels is called a Volkswagen Campmobile.
It's for knocking around in the brush, or for playing house away from your house.
The VW Campmobile comes with all the simple comforts of home.
You get an icebox, bed, mattress, water tank, hand pump, clothes closet, dining table, seats, windows, and curtains.
Or you can sink a little money into it and make some home improvements.
You can add a stove. (And be perfectly at home on the range.)
On the inside, you can bed down two 6-footers and a couple of kids.
And if you're having weekend guests, we have a 4x8 tent for the top that sleeps two more 6-footers.
You can own a Volkswagen Campmobile for thousands and thousands of dollars less than the house you're living in now.
And the house you're living in now doesn't even have wheels.

Come in and go for a test walk.
That's a Volkswagen Station Wagon, with an aisle like a real bus.
You can walk between the front two seats, past the middle seats, to the back seats.
Without stopping or opening doors.
And if you take trips with children, it makes a big difference. In fact, the longer the trip, the bigger the difference.
You'll be able to get to things you couldn't get to before.
Not only the kids, but anything else you happen to have along.
Even to the 16 pieces of luggage behind the back seat.
Our high roof makes it all possible. (Ordinary, low-roof wagons couldn't even consider an aisle, never mind a flock of people and 16 suitcases.)
Of course, to get an aisle you have to give up something.
Instead of the usual 9 seats, you get 7.
Only Volkswagen offers this optional minus at extra cost.
AUTHORIZED DEALER

Introducing the 2 family car.
The population explosion hasn't caught us sleeping.
We made the Volkswagen Station Wagon big enough to hold about twice as much as a regular station wagon.
So why not two families?
There'd be seats enough (9). And luggage space enough (13 pieces). And enough windows to go around (21).
Also, you'd be able to split fuel bills. (It averages 23 mpg to begin with).
And you could park our 2 Family Wagon in 4' less space than a 1 family wagon.
The problem, naturally, is to find another family with the same tastes in drive-in restaurants and movies, and such.
However, maybe you already have enough people and belongings around your house to fill two wagons.
Then all your problems are solved.

Can it really carry as much as we say?
Ask the man who borrows one.
The man on the right owns a conventional station wagon.
It's got twice the style of a Volkswagen Station Wagon, but only about half the carrying space.
So when he has more to carry than his wagon can handle in one trip, a trip next door can save him a trip.
Or, if he has something extra big to bring home, like an upright piano, he can bring it home in his neighbor's Volkswagen. Upright.
(Our wagon has an unusually high roof, and an unusually wide 4' door in its side.)
But then maybe you don't live next door to a Volkswagen Station Wagon. In that case, you might want to buy one.
The Deluxe Model has 21 windows and a sliding sunroof. It seats 9 comfortably. It gets around 23 miles to the gallon. Its tires will last for about 35,000 miles. And it parks in 4' less space than most conventional wagons.
Of course, if for some reason you can't buy one, there's always the next best thing . . . talk your neighbor into buying one.

If you can sell her on this, you can sell her on anything.
"Me? In that?"
When you take your wife to see the Volkswagen Station Wagon don't be surprised if you have to drag her.
"But it looks silly."
That's your first problem: you have to explain the flat face and square shape.
The front is flat because the engine is in the back. This eliminates a long hood and makes our wagon almost as easy to park as our Sedan.
(There's only 9 inches difference.)
And the square shape holds almost twice as much as an everyday wagon: 170 cubic feet.
Once you coax her behind the wheel be ready for something like this:
"But it's like sitting in a fishbowl."
She's right, it is. There are 21 windows.
And if she handles the family checkbook, you might show her a few numbers:
23 mpg on regular. 35,000 miles on tires. 4 pints of oil, not 4 quarts.
If you can sell your wife on the VW Station Wagon, consider yourself a star salesman.
We certainly will.

There are some gaping holes in our theory.
The theory behind the Volkswagen Station Wagon is simple: the box.
Inside the box there is almost twice as much room as there is in a regular wagon.
Now. What kind of dumb theory would give you all that extra room and no extra way of getting to it?
So we punched our theory full of holes.
One on the side is 4 feet wide.
(That way, you won't lose your mind trying to angle a rocker around a doorpost.)
And our back door is too big to fit through the back door of a regular wagon.
If you'd like to just sit back and enjoy all the extra room, there are 21 windows of assorted sizes, and one very large sunroof.
And that can turn a very routine trip to a supermarket into a picnic.
If you measured it, you'd find that there are more holes than theory.
That's the theory.

Grundlage von Eigenschaften zu verkaufen, die es gar nicht hatte. Vorbei war die Zeit der Übertreibung. Einfache Bilder waren nun angesagt, oft ohne Hintergrund, und eine klare Botschaft. Ehrlichkeit, Klarheit und Einfachheit waren die Eigenschaften des DDB-Stils. Eigenlob und Selbstgefälligkeit waren out. Aber würde ein selbstironischer Stil auch funktionieren? Er tat es.

Die Bilder und die Slogans und die Texte erzählen alle eine große Geschichte. Zwei Texte aus verschiedenen Werbebroschüren zeigen, wie clever die Werber vorgingen:

»Ein wunderschöner Tag, um einen Volkswagen zu haben.

Am Montag, den 24. Januar 1966 fielen auf die Vereinigten Staaten von Amerika schätzungsweise 262 825 033,74 Tonnen Schnee. In Fraser, Colorado startete ein VW Station Wagon, obwohl er tagelang bei Temperaturen von –25 Grad draußen gestanden hatte. In Scarsdale bahnte sich ein einsamer Volkswagen einen Weg zum Bahnhof. In Albany brachte ein VW acht verärgerte Nachbarn zur örtlichen Autowerkstatt, um dort acht Schneekettensets zu kaufen. In Moline saß als erste eine VW-Besitzerin am A&P Steak Sale. Hoch oben in Boston fand eine Gruppe von Schülern heraus, wie viele Schlitten man in den 4,93 Kubikmetern Stauraum eines VW unterbringen kann. In Milwaukee gewann ein Junior-Hockeyteam sein Spiel, weil der Gegner nicht erschien. Am Montag den 24. Januar 1966 wurden in den USA nicht so viele Volkswagen verkauft. Am Dienstag waren es schon mehr.«

»Sollten Sie doppelt so viel für die Wagenwäsche bezahlen?

Ein Volkswagen ist nicht größer als jeder andere Station Wagon … er transportiert nur mehr. Ein Station Wagon, der wie eine Schachtel aussieht, kann nämlich ungefähr doppelt so viel aufnehmen wie ein Station Wagon, der wie ein Station Wagon aussieht. Der Volkswagen wird bei der Wagenwäsche zwar gleich viel kosten, doch das ist dann auch der einzige Punkt, wo er genau gleich viel kosten wird. Unser VW Wagon fährt 23 Kilometer weit pro Gallone Benzin. Sie werden Volkswagen-Preise für Ersatzteile zahlen. Es wird circa 35 000 Meilen dauern, bis Sie neue Reifen brauchen. Und wenn man genau darüber nachdenkt, sollte man vielleicht auch für die Wäsche weniger bezahlen. Der Volkswagen ist nämlich kürzer als die anderen Station Wagons (er braucht rund 4 Fuß weniger Platz). Warum sollten Sie also das nächste Mal den Mann am Carwash

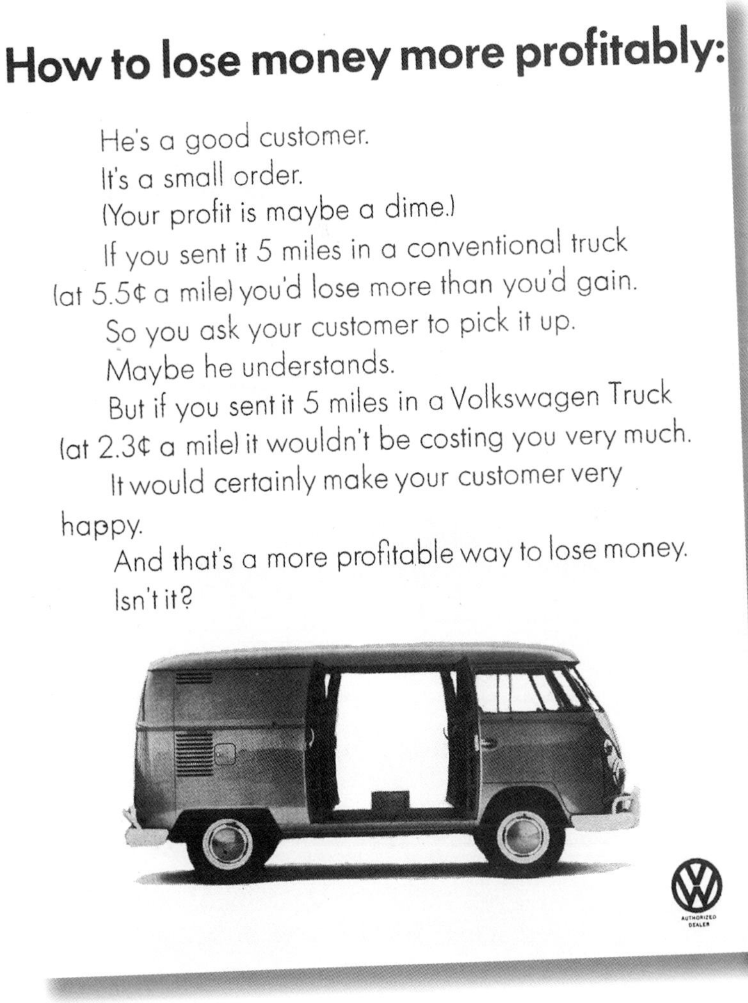

nicht um einen Rabatt bitten? Sagen Sie ihm aber nicht, dass wir ihnen das gesagt haben.«

Die Arbeit von DDB erstreckte sich nicht nur auf Werbung in den unterschiedlichsten Zeitschriften, wo sie ein breites Spektrum von Lesern erreichte. Ein starker Einfluss war auch in der gesamten Werbeliteratur von Volkswagen zu finden. Zwei Beispiele, natürlich aus der Zeit der ersten Transportergeneration, machen das deutlich. Hier ein Auszug aus der Broschüre »Meet the Volkswagen Truck«, herausgegeben 1961 von Volkswagen of America:

»Die Anatomie eines Volkswagens.

Wie baut man einen Lkw, der viel transportiert und dabei doch leicht und wendig bleibt? Der genügend Kraft hat und doch wirtschaftlich zu fahren und zu

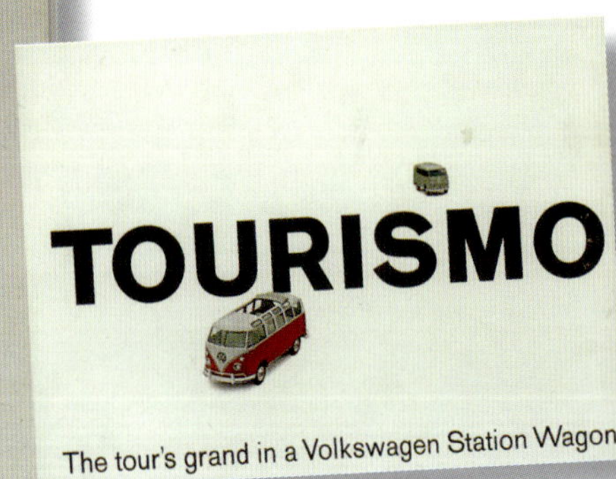

Tourismo: Die Volkswagenversion des allseits bekannten Leiterspiels – oder fast!

warten ist? Der dem Fahrer Komfort bietet und einfach zu be- und entladen ist?

Man eliminiere Ballast; so löst man die Probleme mit einem neuen Lkw-Design. Man kühle den Motor mit Luft: kein Wasser, kein Kühler. Man nehme Magnesium-Aluminium-Legierungen, die leichtesten, die es heutzutage gibt. Man baue eine selbsttragende Karosserie: keine Nieten, dafür 13 000 Schweißpunkte. Man verlege den Motor nach hinten: keine schwere Kardanwelle. Das Ergebnis: 720 Kilogramm weniger Leergewicht.

Der Motor hinten wirkt stabilisierend und sorgt für eine bessere Bodenhaftung (wenn andere im Schlamm, Sand oder Schnee steckenbleiben, fahren Sie einfach weiter.) Wer einen wirtschaftlichen Lkw entwerfen will, muss mit einer neuen Idee beginnen.«

Ein Auszug aus der Broschüre »Can you afford to drive another commercial?« (»Können Sie sich einen anderen Transporter überhaupt leisten?«), 1967 in Deutschland für den britischen Markt gedruckt:
»Es gibt nur wenige Nutzfahrzeuge, die es an Wirtschaftlichkeit mit ihm aufnehmen können. Können Sie es sich erlauben, ein Auto zu fahren, das weniger sparsam ist?

Sie sollten sich dieser Tage mal die Mühe machen herauszufinden, was ein Nutzfahrzeug von Volkswagen wirklich kostet. Einschließlich Abschreibung und Zinsverlust. Und dann machen Sie dasselbe mit dem Nutzfahrzeug, das Sie gerade verwenden. (Es sei denn, Sie fahren schon ein Nutzfahrzeug von VW!) Das ist wirklich die Mühe wert. Sie werden feststellen, dass mit einem Volkswagen Transporter alles billiger wird. Oder was mit ihm in Zukunft billiger sein wird. Der Unterschied liegt nämlich nicht allein im Anschaffungspreis – obwohl der natürlich auch zählt. Wichtig ist, was der Betrieb kostet. Geraten Sie aber nicht nur aus dem Häuschen, wenn sie herausfinden, dass sie für ihren Laster bisher zu viel bezahlt haben. Unternehmen Sie was dagegen.«

Für den Sammler von Transporter-Memorabilia sind die von DDB gestalteten Broschüren ein echter Schatz. Für die Arbeiten von Reuters muss man größere Summen hinblättern, und man stellt sie am besten in einem Salon aus oder hängt sie an die Wand. Mit dem Material von DDB hingegen kann man viele vergnügliche Stunden verbringen.

Der Einfluss der Agentur DDB wurde schnell im gesamten Werbematerial von Volkswagen spürbar, angefangen bei den einfachen Werbebroschüren bis hin zu faszinierenden Kalenderbildern. Zwölf etwas schrullige Transporterbilder pro Jahr – ohne Zweifel warteten die Fans ungeduldig auf den jährlich erscheinenden VW-Kalender.

Chronologie der ersten Transportergeneration

Obwohl wir die Palette der Sonderausführungen und Spezialmodelle zumindest umrissen haben, ist die Geschichte der ersten Transportergeneration damit noch längst nicht vollständig. In den 17 ½ Jahren der Produktion entwickelte sich das Fahrzeug zwangsläufig weiter – nichts anderes hätte man bei Heinrich Nordhoffs Detailversessenheit auch erwartet. Zwar verabscheute er die Art und Weise, wie viele Autoproduzenten ihre Modelle nach Lust und Laune veränderten, und Designer bezeichnete er – allerdings im Zusammenhang mit dem Käfer – als »hysterisch«. Aber selbstverständlich wollte Nordhoff keinen Stillstand in der Entwicklung seiner Produkte. Wir wollen noch einmal darauf hinweisen, dass dieses Buch kein Spezifikationsleitfaden ist, und unbedeutende Veränderungen werden wir ebenfalls außer Acht lassen. Es geht vielmehr um die Frage, warum es dem Transporter so viele Jahre gelang, sich an der Spitze zu halten.

In diesem Kapitel haben wir auch die Gelegenheit, Bilder von zahlreichen weiteren Transportern zu reproduzieren. Sie interessieren uns, weil sie die Farben von Firmen und deren Logos zeigen. Oder sie illustrieren, wie Volkswagen auf Änderungen in der Spezifikation aufmerksam machte. Oder sie vermitteln einfach ein Gefühl für jene Zeit, und das ist für Transporterfans oft das Wichtigste. Wir wollen hier auch der Frage nachgehen, was sich an den Produktionsstandorten Wolfsburg und Hannover selbst änderte.

▼ Der Kombi im neuen Gewand, auf einem Bild des Volkswagenarchivs in Wolfsburg.

▶ Pritschenwagen mit Doppelkabine der Firma Kamei, die viel Zubehör vor allem für den Käfer produzierte, von Karl Meier.

▼ Dieses wohlbekannte Fahrzeug ist in den Farben der Lufthansa gehalten und befindet sich heute in der Stiftung Museum in Wolfsburg.

▲ Coca-Cola – it's the real thing!

◀ Ein besonders frühes Beispiel eines Fahrzeugs mit Firmenaufschrift, hier vor dem Wolfsburger Werk, das teilweise von Gerüsten verdeckt ist.

◀ Der Wagen der Firma Helmut Richter war speziell für Tiefkühltransporte eingerichtet. Der größte Teil der Firmenaufschrift wird durch die geöffneten Türen verdeckt.

▲ Lieferwagen der englischen Midland Electroplating Company.

▶ Einige Fahrzeuge kamen mit nur wenig Beschriftung aus, waren aber in den firmeneigenen Farben gehalten. Hier verwendet die Werkspost das Gelb der Post.

▼ Mitten im Winter in den späten 1950er-Jahren in Düsseldorf. Der Käfer am linken Bildrand stammt aus der Zeit vor dem März 1953.

▲ Auf die Flotte der Firma Dallmayr war Volkswagen wohl besonders stolz.

◀ Jacobs verfügte über eine ebenso imponierende Firmenflotte.

▶ Firmenaufschriften – besonders auf Volkswagen Transportern – breiteten sich über die ganze Welt aus, wie dieses mobile Studio einer kanadischen Rundfunkgesellschaft zeigt.

We'll Weather the Weather – So Have a Happy Day

Abracadabra – and a VW Micro Bus is transformed into a Mobile Studio in a flash. This is what C.F.P.L. Radio did in London, Ontario. To be more specific it was the idea of Mr. Dave Wilson and his colleagues who looked for the best and quickest method of covering events.

The VW was eminently suitable for this and the Mobile Studio is fitted out with all the usual equipment and a plastic window giving allround vision has been fitted on the roof. Broadcasts can take place in all weathers, and whether it rains or shines it is always a happy day where they are concerned.

◀ Diesen Kühlwagen für Fleischprodukte hätten wir vielleicht ins Kapitel über die Sondermodelle aufnehmen sollen. Doch die attraktiven waagerechten Streifen stellen wohl ein Firmenlogo dar. Das Heck hat aus leicht erkennbaren Gründen kein Fenster.

▶ Dieses Fahrzeug wird unübersehbar im Fruchthandel eingesetzt!

▼ Ein hochzufriedener Großkunde: Edeka.

▲ »Fire Extinguishers – Sales & Service.« Den Trick mit der Spiegelschrift kannte man schon in den 1960er-Jahren.

◀ Auf den ersten Blick könnte die grafische Gestaltung auf diesem Lieferwagen aus der Zeit vor dem März 1955 auch aus dem 21. Jahrhundert stammen.

▼ Ein weiteres Fahrzeug mit einer ultramodernen Firmenaufschrift!

1950

Juni
Beim Lieferwagen wird eine Trennwand zwischen der Fahrerkabine und dem Laderaum eingefügt.

Oktober
Man montiert das Ersatzrad nun waagerecht über dem Motor anstatt rechts von ihm. Die Kleinbusse werden ganz beheizt – zuvor galt das nur für die Kabine vorn.

November
Das große runde VW-Emblem am Heck entfällt bei allen Modellen.

1951

April
Kleines Heckfenster als Standard nunmehr bei allen Modellen.

Juni
Der Lieferwagen ist mit Türen an beiden Seiten erhältlich. Diese Version und die Version mit dem Faltschiebedach bekommen ein Unterflurblech zur Verstärkung.

1952

Juli
Der Arm des Außenspiegels ist nicht mehr nach oben, sondern nach unten gerichtet.

1953

Januar
Das Ausstellfenster bewegt sich nicht mehr über ein Klavierband, sondern ist als Schwingflügelfenster an zwei Zapfen drehbar gelagert. Dadurch kann die Luft viel besser einströmen.

März
Der zweite, dritte und vierte Gang sind nun standardmäßig bei allen Modellen synchronisiert. Der Kleinbus »Sonderausführung« bekommt hinten eine Stoßstange.

Dezember
Nur noch ein Schlüssel für Tür und Zündung. Kleinbus, Lieferwagen und Kombi jetzt mit Stoßstange hinten.

Die Motorleistung wird vom 21. des Monats an auf 30 PS erhöht. Das Konzept des Motors bleibt, wie zu erwarten war, dasselbe wie beim 25-PS-Motor. Die Unterschiede beschränken sich auf einige scheinbar kleinere Details. Die Leistungssteigerung machte aber insgesamt viel aus.

Hubraum: 1192 cm^3
Bohrung: 77 mm
Hub: 64 mm
Verdichtungsverhältnis: 6,1:1 (vom Dezember 1953 bis zum April 1954, danach 6,6:1)
Größte Leistung: 30 PS bei 3400 U/min
Größtes Drehmoment: 76 Nm bei 2000 U/min

◀ **Vom Oktober 1950 an wurde das Ersatzrad über dem Motor angebracht.**

Eine Besprechung des Transporters in der amerikanischen Zeitschrift »Road and Track« vom Dezember 1956 kommt zu dem Schluss, es sei »leicht zu erkennen, dass der VW – in welcher Version auch immer – kein Kraftprotz auf Rädern ist. Auf der anderen Seite liefert er eine vernünftige Leistung bei bemerkenswerter Sparsamkeit und hohem Nutzwert ab.« Das Magazin notiert auch die Beschleunigungswerte des Autos mit dem neuen 30-PS-Motor. Volkswagen nannte ebenfalls gelegentlich solche Zahlen, aber nie die hier wiedergegebenen!

Beschleunigung	Sekunden
0–30 mph (0–56 km/h)	9,6
0–40 mph (0–64 km/h)	16,8
0–50 mph (0–80 km/h)	30,6
0–60 mph (0–96 km/h)	75,0

Natürlich müssen wir hier darauf hinweisen, dass Volkswagen an einer Stelle, die der Fahrer nicht übersehen konnte, folgende Warnung anbrachte: »Die zulässige

▶ ▼ **Ab April 1951 bekamen die Transporter ein Heckfenster, und das war wohl ein Werbefoto wert!**

◀ Da dieser Lieferwagen über ein Heckfenster und – was noch signifikanter ist – über einen hintere Stoßstange und gleichzeitig noch die große Motorraumklappe verfügt, kann man ihn in die Zeit zwischen Dezember 1953 und März 1955 datieren.

▼ Der 9. Oktober 1954 war ein bemerkenswerter Tag in der Geschichte des Transporters. Damals verließ das 100 000. Fahrzeug die Montagestraße in Wolfsburg. Heinrich Nordhoff hielt wie üblich eine Ansprache und stellte sich dabei auf einen Gabelstapler. Viele waren sicher überrascht, dass diese Ehre einem ganz einfachen Lieferwagen zuteil wurde.

Höchstgeschwindigkeit dieses Fahrzeugs liegt bei 50 Meilen pro Stunde.«

1954

April

Tankanzeige wird Standard im Krankenwagen. Der Pritschenwagen bekommt eine hintere Stoßstange.

1955

Die fast beispiellose Eile, mit der man den Transporter 1949 in die Produktion drückte, hatte zur Folge, dass einige Schwachstellen, die man in einer zusätzlichen zwölfmonatigen Testphase noch hätte verbessern können, einfach bestehen blieben. Man hielt sie nicht für bedeutend genug und wartete einfach ab, was die praktische Erprobung bringen würde.

Die Werbetexter beispielsweise machten viel Aufhebens von der Marktforschung, die angeblich ergeben hatte, dass die Leute ihre Fahrzeuge lieber von der Seite als von hinten beladen. Die Wirklichkeit sah aber ziemlich anders aus. Dass der Krankenwagen, ein Nischenmarktprodukt, hinten eine Öffnung brauchte, damit auf diesem Weg Liegen mit einiger Leichtigkeit in das Fahrzeug gehievt und dort befestigt werden konnten, war in diesem Zusammenhang bedeutsam.

Ähnlich bedeutsam war die Tatsache, dass man Geld ausgab, um den Motorraum zu verkleinern und den Benzintank zu verlegen. Nur auf diese Weise konnte man die Idealhöhe der Plattform beim Pritschenwagen erreichen.

Dann war da die Frage der Belüftung. Im März 1953 bot man den Behr-Ventilator als Option an und nahm Veränderungen am Ausstellfenster vor. Das zeigt, dass mit der Belüftung im Innenraum nicht alles in Ordnung war.

Natürlich musste man sich mit all diesen Aspekten beschäftigen und eine Strategie zur Weiterentwicklung festlegen. Der Käfer hatte im Oktober 1952 eine vollständige Überarbeitung erfahren, wobei die Veränderungen von einem neuen Armaturenbrett und zusätzlichen Verzierungen bis zu gedrungeneren Stoßstangen reichten. So war es logisch, grundlegende Verbesserungen am Transporter anzubringen, wenn damit auch zusätzlicher Umsatz verbunden war. Im Hintergrund bereiteten Nordhoffs Experten alle notwendigen Veränderungen vor, und am 1. März 1955 wurde ein überarbeiteter Transporter einem weitgehend ahnungslosen Publikum vorgestellt.

An der Front fiel zunächst der Dachüberstand auf. Die einen meinten, das Fahrzeug sei dadurch nun ästhetisch gelungener, andere vertraten die Ansicht, durch den Verlust der raffinierten Falte in der Mitte habe das Fahrzeug nichts hinzugewonnen. Solche Betrachtungen waren aber rein akademisch, denn der Dachüberstand verfolgte einen Zweck. Auf seiner

▶ Der Lieferwagen im neuen Look.

▲ **Dieses aus ungewöhnlicher Perspektive aufgenommene Foto zeigt den Dachüberstand der neu überarbeiteten Pritschenwagen in der Zeit nach dem März 1955.**

Unterseite befanden sich Luftschlitze, die für eine bei Weitem bessere Innenbelüftung sorgten. Obwohl sich die Gesamtform des Fahrzeugs nicht änderte, beherbergte das Dach in der Fahrerkabine nun eine wirksame Belüftungsanlage.

Beinahe unvermeidlich bekam Bernd Reuters den Auftrag, die Transporter umzuzeichnen und dabei diese Veränderung zu berücksichtigen. Er tat dies mit der ihm eigenen Leichtigkeit und richtete seine Fahrzeuge schräg in den Himmel, als ob sie gerade eine Steigung bewältigten. Der Dachüberstand kam dabei besonders gut zur Geltung. Überraschenderweise war in der Werbebroschüre für diesen Transporter kaum davon die Rede, dass die Scheiben nun nicht mehr beschlugen. Der Text zu dieser Innovation wurde von einer kleinen Illustration begleitet und beschränkte sich auf die folgende Aussage: »Abgesehen vom Volkswagen Transporter gibt es kein weiteres Fahrzeug seiner Klasse mit einer Dachbelüftung als Standardausrüstung.«

Wer sich noch etwas weiter in die Einzelheiten des neuen Lieferwagens vertieft, stößt dann auf einen Abschnitt mit einem informativen Text: »Frischluft gelangt über Schlitze oberhalb der Windschutzscheibe – und somit weit von der staubigen Straße entfernt – in die Fahrerkabine, den Laderaum oder beides. Dieses Belüftungssystem macht es möglich, dass die Luft bei rollendem Fahrzeug einmal in der Minute ausgetauscht wird.«

Etwas später gab man dieser Botschaft mehr Gewicht und setzte sie an den Anfang. Dabei wurde auch eingeräumt, dass Heizung und Belüftung untrennbar miteinander verbunden waren. Das war jedoch angemessen, denn viele Nutzfahrzeuge der 1950er-Jahre hatten noch keine adäquate Heizung: »Das steuerbare eingebaute Heizsystem sorgt für reichlich Wärme. Zusätzlich gelangt Frischluft über ein besonderes Belüftungssystem ins Innere. Der Zustrom kann in fünf Stufen geregelt werden.«

Dieselbe Botschaft, verpackt in ein paar mehr Worten: »Das steuerbare eingebaute Heizsystem sorgt für Warmluft jeder Temperatur. Zusätzlich gelangt Frischluft über ein besonderes Belüftungssystem in die Fahrerkabine, den Laderaum oder beides. Der Zustrom kann in fünf Stufen geregelt werden.«

▲ Einen Blick auf den Kombi in neuem Gewand zeigt dieses Werksfoto aus dem Volkswagenarchiv Wolfsburg.

▶ Der Kleinbus in der überarbeiteten Form vom März 1955.

Obwohl der Kleinbus Samba im neuen Gewand weniger von den Veränderungen des März 1955 betroffen war als seine nicht so hochklassigen Geschwister, enthält das Volkswagen-archiv zahlreiche Bilder von diesem Typ. Von besonderem Interesse ist das Bild, dass das neue, nunmehr für alle Modelle gültige Armaturenbrett zeigt. Darauf erkennt man auch das neue Belüftungssystem oberhalb der Windschutzscheibe.

Für die potenziellen Käufer des Kleinbusses Samba entfällt im März 1955 auf einen Schlag eine Exklusivität. Man führt das Armaturenbrett in voller Breite bei allen Modellen ein. Um es noch weniger elitär zu machen: Die neue Version ersetzt auch das alte breite Armaturenbrett im Sondermodell des Kleinbusses. In der ganzen Werbeliteratur findet man keinen einzigen Hinweis auf das neue Armaturenbrett – ausgenommen eine kurze Bemerkung über ein »attraktiv gestaltetes Armaturenbrett« als Vorspiel für die Ankündigung »einer Ablage in voller Breite für allerlei kleinere Dinge«. Allgemeine Hinweise auf den Komfort in der Fahrerkabine waren aber sonst zahlreich. Selbst wer jeder Form der Veränderung kritisch gegenüberstand, musste zugeben, dass das Instrumentenlayout nun bequemer für den Fahrer war und auch moderner aussah. Das Armaturenbrett, das im März 1955 eingeführt wurde, hielt unverändert viele Jahre lang, nämlich bis zum Ende der ersten Transportergeneration im Juli 1967. Ähnliches galt letztlich auch für das neue Armaturenbrett des Käfers vom Sommer 1957.

In Bezug auf das Heck des Transporters gab es für die Texter viel zu schreiben und für die Händler ebensoviel zu verkaufen. Aufgrund des Designs, das man für den Krankenwagen und besonders den Pritschenwagen entwickelt hatte, gehörte das »Scheunentor« der Vergangenheit an. Vorbei war auch die Zeit des Benzineinfüllstutzens im Motorraum. Der Hauptvorteil bestand darin, dass man das Fahrzeug nun von der traditionellen Position an der Seite wie auch von der ganz neuen Heckklappe her beladen konnte. Sie war nun 900 mm breit und 730 mm hoch. Volkswagen schreibt über die Vorteile dieser Neuerung:

»Zwei Drittel des Transporters stehen als Laderaum zur Verfügung. Welche Güter Sie auch transportieren – Sie können sie leicht und schnell durch die breite Doppeltür, die große Heckklappe oder beide zur selben Zeit einladen. [...] Die breite Doppeltür ist sehr nützlich beim Verstauen sperriger Güter. Wenn man zum Beispiel Röhren, Teppiche oder andere ungewöhnlich lange Dinge laden will, dann geschieht das am besten durch die oben angeschlagene Heckklappe. In derselben Zeit kann ein Helfer, ohne zu stören, an der Seitentür mit dem Beladen beginnen. [...] Der Transporter kann von einer Laderampe aus durch die Heckklappe viel leichter und schneller beladen werden. [...] Der Benzineinfüllstutzen ist nun leicht von außen zugänglich und durch einen Deckel geschützt.«

Obwohl im Text der Werbebroschüren vom Ersatzrad nicht die Rede war, wurde es verlegt. Es fand denselben Platz wie beim Krankenwagen – in einer Wanne hinter der Sitzbank in der Fahrerkabine. Die Räder wurden von 16 auf 15 Zoll verkleinert, die dünnen Reifen dafür von 5,50x16 auf 6,40x15 verbreitert.

Durch die Verkleinerung des Motorraums vergrößerte sich natürlich der Laderaum. So ergab sich ein Ladevolumen von 4,8 m^3. Damit konnte Volkswagen umso mehr behaupten, ihr Produkt sei dem der Konkurrenten weit überlegen.

April
Für die USA und Kanada bestimmte Transporter erhalten nun warzenförmige Blinker, während die Fahrzeuge für den europäischen Markt für die nächsten fünf Jahre oder sogar länger immer noch mit Winkern ausgestattet werden.

1956

Februar
Eine Siebensitzerversion des Kleinbusses kommt auf den Markt.

August
Das VW-Logo auf jeder Radkappe ist nun nicht mehr in der Karosseriefarbe, sondern einheitlich in Schwarz gehalten.

1958

Mai
Das einzige zentrale Bremslicht wird durch zwei Leuchten an den Seiten ersetzt. Dazu muss auch die Klappe zum Motorraum verändert werden.

August
Stärkere Stoßstangen ohne Sicken. Die Transporter für den amerikanischen Markt bekommen zweiteilige Stoßstangen mit Stoßstangenhörnern und einem Rammschutz. Gleichzeitig will man, wie schon beim Käfer, die Stoßstangen auf derselben Höhe anbringen wie einheimische Produkte, um kleinere Kratzer beim Einparken zu vermeiden. Diese Art Stoßstangen wird zunehmend beliebt, und viele europäische Besitzer wollen sie beim Kauf ihres Transporters als Extra eingebaut haben.

1959

Mai
Überarbeitung des 30-PS-Motors, von außen sofort am aufgeschraubten Lichtmaschinensockel erkennbar. Bohrung und Hub wie zuvor, Verdichtungsverhältnis leicht erhöht auf 7,0:1. Verstärktes Kurbelgehäuse, robustere Kurbelwelle. Zylinderkopf modifiziert mit keilförmigen Brennkammern und etwas weiter voneinander entfernten Zylindern, was die Kühlung verbessert. Übersetzungsverhältnis von Kurbelwellenriemenscheibe zu Ventilator von 1:2 auf 1:1,75 geändert. Die Reduktion der Geschwindigkeit

▶ Ein Kleinbus Samba für den europäischen Markt mit den neuen kräftigeren Stoßstangen, die im August 1958 eingeführt wurden.

M-CC 272

◀ **Für den amerikanischen und für den europäischen Markt bestimmte Fahrzeuge einträchtig beieinander. Das Fahrzeug im Vordergrund besitzt Bügelstoßstangen, so dass es in die Zeit nach August 1958 fällt. Die warzenförmigen Blinker wurden in für Amerika bestimmte Fahrzeuge vom 1. April 1955 an eingebaut. Die europäischen Modelle hatten zu jener Zeit immer noch Winker.**

des Gebläses erzeugt den Eindruck, der Motor würde ruhiger laufen.

Voll synchronisiertes Getriebe, ähnlich wie beim Sportwagen Porsche 356. Das Gehäuse ist vom Tunneltyp, aus einem Stück gegossen und keine zweiteilige Box mehr.

1960

Juni

Der für Ende Juli geplanten Aufrüstung des Käfers zuvorkommend, erhält der Transporter bereits am

▼▶ **Die Fahrzeuge auf diesen beiden Fotografien vom Ende der 1950er-Jahre sind zu klein, um sie anhand von Spezifikationsmerkmalen genauer zu datieren, aber der Charme dieser Bilder liegt in der gut eingefangenen Atmosphäre jener Zeit.**

1. Juni einen 34-PS-Motor. Im Wesentlichen handelt es sich um denselben Motor wie vor 13 Monaten. Die Leistungssteigerung ergibt sich aber, weil man den Vergaser Solex 28 PCI durch den 28 PICT ersetzt. Er ist mit einem automatischen, thermostatisch gesteuerten Choke ausgestattet. Den Ölbad-Luftfilter gibt es nun mit Vorheizung. Die Untersetzung des Vorgeleges wird von 1,4:1 auf 1,39:1 korrigiert. Die Skala des Tachometers wird erweitert von den früheren maximalen 100 km/h auf 120 km/h. Zündung/Anlasser mit einer Wiederholsperre.

Schließlich bekommen auch die für den europäischen Markt vorgesehenen Transporter nunmehr dieselben Blinker, wie sie die amerikanischen Fahrzeuge schon seit 1955 aufweisen.

November
Die Anzahl der Blätter des Kühlventilators wird von 16 auf 28 erhöht.

1961

Juli
Zündschloss bei allen Modellen nun an der Lenksäule platziert. Endlich wird die Tankanzeige Standard.

Größere Mehrkammerleuchten am Heck, mit Blinker in Orange (europäischer Markt) oder Rot (amerikanischer Markt). Die für den amerikanischen Markt bestimmten Transporter bekommen vorn größere und flacher gestaltete Blinker. Wegen ihrer Form spricht man bald von einem Fischauge.

▲ **Diese Fotografie vom geschäftigen Treiben auf dem Frankfurter Flughafen stammt aus den späten 1950er-Jahren. Die Transporter hier entsprechen noch der ersten Spezifikation vor der Einführung der warzenförmigen Blinker in den 1960er-Jahren.**

▶ **Die beiden Werbeaufnahmen des Kombi zeigen, dass die Winker vom Sommer 1960 an auf dem europäischen Markt der Vergangenheit angehörten.**

1962

Juli
Die Wanne für das Ersatzrad wird breiter, die beiden Bögen der Halterung werden vergrößert und bekommen eine vorstehende Lippe zur Verstärkung.

Im Inneren setzt sich Nordhoff endlich durch: Die Sitzbank wird durch einen Einzelsitz für den Fahrer ersetzt, den er auch verstellen kann, und eine eng daran anschließende Sitzbank für zwei Passagiere.

Oktober
Über der Motorraumklappe hinten wird ein Volkswagenemblem angebracht.

Dieses Bild eines Kombi wurde einer Broschüre aus den frühen 1960er-Jahren entnommen. Es zeigt, wie einfach die Ausstattung damals noch war – obwohl die dargestellte Familie keinen Gedanken daran zu verschwenden scheint (folgende Doppelseite)!

1963

Januar

Mit Wirkung vom 7. Januar können amerikanische Käufer den Transporter mit einem 1500-cm³-Motor bestellen. Es herrscht die allgemeine Meinung, der Motor, der aus dem VW 1500/Typ 3 stammt, sei in den Transporter eingebaut worden, um gegen Ford und Chevrolet vorzugehen. Diese hatten sich mit ihren Modellen Econoline bzw. Greenbrier auf traditionelles Transporter-Territorium vorgewagt.

Wie stets hatte Generaldirektor Nordhoff ein paar Worte zu diesem Thema zu sagen. Der folgende Ausschnitt stammt aus einer Rede, die er am 19. Oktober 1962 vor New Yorker Geschäftsleuten hielt:

Ob es sich um den Kleinbus Samba handelt, der seine Passagiere zu einem gemütlichen Nachmittag am Ufer eines Sees bringt, oder um einen Ausflug ins Gebirge mit einem normalen Kleinbus, oder erneut um einen Samba ohne Dachfenster, der Stewardessen zu ihrer Arbeit bringt – stets gelingt es diesen Werbefotos, die Volkswagen in den frühen 1960er-Jahren in Auftrag gab, sowohl das Gefühl jener Zeit einzufangen als auch eine bestimmte Zielgruppe anzusprechen.

transport

»Als Beweis dafür, dass wir in Wolfsburg diesen Markt, den amerikanischen Markt, sehr ernst nehmen, kann ich ihnen ankündigen, dass ab November ein Testprogramm für den neuen 1500-cm³-Motor des Transporters beginnen wird. Der Test findet auf amerikanischen Straßen, unter amerikanischen Bedingungen im amerikanischen Verkehr statt. VW-Ingenieure werden das Testprogramm überwachen, aber die Nutzfahrzeuge werden von typischen amerikanischen Truckfahrern gefahren und – da bin ich mir sicher – auch misshandelt werden. Damit wollen wir eines garantieren. Wenn man den VW-Motor bestellen kann, und das wird in Kürze sein, wird er schon an den Laderampen in Amerika getestet sein.«
(aus der Rede vor New Yorker Geschäftsleuten vom 19. Oktober 1962)

Den 1500-cm³-Motor kann man ab März 1963 auch außerhalb der Vereinigten Staaten als Option für Passagiertransporter bekommen. Von August und vom Start des neuen Modelljahres an gilt dies dann für alle Modelle. Der 1200-cm³-Motor ist immer noch im Angebot, doch die Verkäufe gehen unweigerlich zurück, und im Oktober 1965 nimmt ihn die Firma aus dem Programm.

Bei der Limousine des VW 1500 lag einer der beiden Stauräume direkt über dem im Heck befindlichen Motor. Da war es wichtig, dass das Gebläserad auf der Kurbelwelle saß. Dazu musste man die Kühlrippen, die Anordnung des Peilstabes und das Saugrohr verändern, und dadurch entstand ein kompakterer und auf jeden Fall flacherer Motor. Deswegen hieß der Motor unter englischen Volkswagenfans »suitcase unit« (»Flachmotor«). Wegen einer Leichtmetall-Abdeckung des Ventilators konnte man den 1500er-Motor nicht einfach auf den Transporter übertragen. In der Folge brachte man den Ventilator und dessen Gehäuse beim Käfer wie beim Transporter über dem neuen Motorblock an, während die Kühlrippen und der Peilstab zu ihren angestammten Plätzen zurückkehrten.

▼ **Die für den europäischen Markt bestimmten Transporter erhielten vom August 1963 an größere fischaugenähnliche Blinker. Zuvor hatte Volkswagen nur die Fahrzeuge für den nordamerikanischen Markt damit ausgestattet.**

Der 1500er-Motor mit genau 1493 cm³ war nicht viel mehr als die aufgebohrte Version des bewährten 1200er. Bohrung und Hub wurden auf 83 x 69 mm vergrößert, und das Verdichtungsverhältnis stieg auf 7,5:1. Die Höchstleistung von 42 PS wurde bei beruhigend niedrigen 3800 U/min erreicht. Ein bewusst schmal gehaltenes Ansaugrohr garantierte eine lange Lebensdauer, und dasselbe konnte man vom Vergaser 28 PICT behaupten. Stets auf Vorsicht bedacht, gab Volkswagen für den neuen Motor eine Höchstgeschwindigkeit von 65 Meilen pro Stunde oder 104 km/h an.

Andere Automarken betrachten schon damals eine Leistungssteigerung um 8 PS als geringfügig – um wie viel mehr heute! Sie reicht aber aus, um die maximale Nutzlast von 750 kg auf vielversprechende 1000 kg anzuheben.

Obwohl eine Postkarte der Volkswagenhändler die Botschaft »von nun an 25 Prozent mehr Leistung« verkündet, gehen die Texter auf diese Verbesserung gar nicht richtig ein. Im Folgenden ein Auszug aus einem Text von 1964 für den amerikanischen Markt:

»Der neue luftgekühlte Motor von Volkswagen hat einen um 25 Prozent größeren Hubraum und leistet auch 25 Prozent mehr als der frühere Motor. Ein voll beladener VW Transporter kann damit eine Steigung von 28 Prozent bewältigen. Oder man fährt damit auf dem Highway mit 65 Meilen pro Stunde [104 km/h]. Ein einzelner Fallstromvergaser mit einer Beschleunigerpumpe verleiht im Bedarfsfall eine schnelle Beschleunigung, dennoch bleibt der Verbrauch niedrig. Und der neue Motor fährt im Mittel weiterhin rund 24 Meilen pro Gallone Normalbenzin.«

März
Die neun nach außen gewölbten Lufteinlassschlitze werden durch zehn nach innen gerichtete Schlitze ersetzt. Die ursprünglichen acht hatte man im März 1955 auf neun erhöht.

April
Kunstleder ersetzt den Wollstoff des Dachhimmels beim Kleinbus und beim Sondermodell Samba.

August
Ein größeres Heckfenster in einer vergrößerten Heck-

klappe erlaubt dem Fahrer eine bessere Sicht nach hinten. In der Folge verliert allerdings der Kleinbus Samba die beiden Eckfenster hinten, sodass er in englischen Fankreisen von nun an »21-window bus« heißt. Anstelle des T-förmigen Türgriffs kommt nun ein Türgriff mit Druckknopf. Das Volkswagenemblem wird auf die linke Seite des Hecks verschoben. Die europäischen Modelle bekommen nun die fischaugenartigen Blinker. Der Durchmesser der Zahnradwelle des Hinterradantriebs steigt von 30 auf 35 mm.

Dezember

Die Ziehgriffe der Kabinentüren werden durch Druckknopfgriffe ersetzt. Statt der 15-Zoll-Räder, die man im März 1955 eingeführt hatte, baut man nun in alle Modelle 14-Zoll-Räder mit Reifen der Größe 7,00x14 ein. Das VW-Emblem auf den Radkappen wird nun nicht mehr farblich hervorgehoben, weder in Schwarz noch in der Farbe der Karosserie.

1964

April

Die Kabinenheizung wird verbessert, indem man die Warmluftführung verändert und die Warmluft durch zwei Schlitze in den Innenraum leitet. Sie kann sich nun zwischen den Defrosterdüsen und dem Bodenraum verteilen. Ihr Zufluss lässt sich über eine verstellbare Klappe regulieren.

▲ ▼ Man vergleiche diese beiden Bilder des Kleinbusses Samba miteinander. Das aufgeschnittene Fahrzeug, das verlockend über den Besuchern einer Ausstellung hängt, zeigt, wie die Modelle aussahen, bevor die hinteren Fenster und das Heckfenster vergrößert wurden. Insbesondere erkennt man die gekrümmten Eckfenster hinten, durch die die Zahl der Fenster auf 23 stieg. Das aufgeschnittene Fahrzeug unten stammt vom August 1963 und zeigt größere hintere Fenster und ein ebenso vergrößertes Heckfenster. Damit verbesserte sich die Sicht für alle Modelle. Leider mussten im Luxusmodell die gekrümmten Eckfenster entfallen, sodass es insgesamt nur noch auf 21 Fenster kam.

August
Leistungsstärkere Scheibenwischer mit größeren Wischerblättern und Endabschaltung des Wischermotors. Die Vergaserklappe am 1500er-Motor bekommt einen Regler zur Drehzahlbegrenzung, nachdem Nordhoff erfahren hat, dass manche Fahrer die angegebene Höchstgeschwindigkeit von 104 km/h um bis zu 15 km/h überschreiten. Die Möglichkeit, dass ein Transporter aufgrund zu hoher Geschwindigkeit außer Kontrolle gerät, erschreckt ihn so sehr, dass er sich zu dieser Maßnahme gezwungen sieht. Das Überholen und das Befahren großer Steigungen werden dadurch schwieriger. Glücklicherweise sollte schon in 12 Monaten Abhilfe geschaffen werden.

1965

August
Um den Luftdurchsatz des 1500er-Motors zu verbessern, bringt man größere Einlass- und Auslassventile an. Ihr Durchmesser steigt von 31,5 auf 35,5 mm bzw. von 30 auf 32 mm. Zusammen mit einem effizienteren Vergaser, dem Solex 28 PICT 1, steigt die Leistung um 2 PS auf 44 PS. Doch das ist nicht das Entscheidende. Der überarbeitete 1500er-Motor mit dem neuen Vergaser ist in allen Drehzahlbereichen durchzugskräftiger als sein Vorgänger.

Beim Scheibenwischer werden zwei verschiedene Laufgeschwindigkeiten eingeführt. Der Schalter für die Lichthupe wird vom Fußboden an die Lenksäule verlegt. Scheibenwischer und Scheinwerfer werden nun über gummierte Drehknöpfe aktiviert.

Der Pritschenwagen bekommt ein größeres Heckfenster und anstelle der acht nach außen gerichteten Luftschlitze im Heckseitenteil neun nach innen gerichtete Luftschlitze über dem hinteren Radausschnitt.

1966

August
Alle Fahrzeuge bekommen nun eine 12-Volt-Elektrik – zuvor war das ein Extra mit M-Code gewesen. Die Rückwandklappe bekommt einen Druckknopf mit Griff. Das frustrierende System mehrerer unterschiedlicher Schlüssel mit jeweils nur einer Aufgabe wird zugunsten eines einzigen Schlüssels für alle Zwecke aufgegeben.

▶ Dieses Werbefoto stammt aus den letzten Jahren der ersten Transportergeneration. Es will demonstrieren, dass viele verschiedene Modelle erhältlich waren. Darunter befanden sich allerdings auch einige Dubletten, wie man leicht nachzählen kann!

Der Transporter zieht um

Warum der Bau von Transportern in Wolfsburg eingestellt und in ein brandneues Werk in Hannover, 75 km weit weg, transferiert wurde, darüber sind die Meinungen geteilt. Obwohl die Produktion des Käfers über alle Erwartungen hinaus ausgedehnt wurde, war das große Werk in Wolfsburg noch nicht völlig ausgelastet. Vielleicht kam man zur Erkenntnis, dass sich die Limousine immer besser verkaufen würde, was unweigerlich zu langen Wartelisten auf dem Heimatmarkt und auf den Exportmärkten führen würde. Jedenfalls bewog das Nordhoff, weit im Voraus zu planen.

Einige Historiker sind der Ansicht, der doch eher bescheidene Gesamtausstoß von 40 119 Transportern im Jahre 1954, gemessen an den 202 174 Käfern, könne Nordhoff unmöglich zu der Entscheidung bewogen haben, die er im ersten Monat des darauffolgenden Jahres traf. Andere meinen, bei einer Produktion von

▼ **Teile der Montagestraße im Werk Hannover.**

170 Transportern pro Tag und einer Nachfrage für doppelt so viele habe man etwas unternehmen müssen. Nordhoff erkannte, dass die Verkäufe des Transporters weiter in die Höhe gehen würden. Das 100 000. Exemplar war am 9. Oktober 1954 vom Band gerollt. Die Voraussagen der Firmenzentrale in Wolfsburg gingen für die nächsten Jahre von einem erheblichen Wachstum aus.

Der Historiker Walter Henry Nelson schrieb an der ersten Auflage seines Käfer-Buchs »Small Wonder« zu einer Zeit, als Heinrich Nordhoff noch lebte und Interviews geben konnte. Nelson behauptet, der Mangel an Arbeitskräften in Wolfsburg habe den Umzug des Transporters nach Hannover beschleunigt, denn in dieser Stadt herrschte diesbezüglich kein Mangel. Von den 35 000 Einwohnern von Wolfsburg in der Mitte der 1950er-Jahre arbeiteten 24 000 in irgendeiner Form für Volkswagen. Trotz der weiten Entfernung zwischen Wolfsburg und Hannover und trotz des Fehlens einer schnellen Bahnverbindung pendelten inzwischen viele Bewohner von Hannover nach Wolfsburg. Die verhältnismäßig hohe Arbeitslosigkeit in dieser Stadt trug das Ihre dazu bei.

Was auch immer der wirkliche Grund hinter Nordhoffs Entscheidung gewesen sein mag, er machte sie jedenfalls am 24. Januar 1954 öffentlich. Er erwartete, dass der Umzug von Wolfsburg nach Hannover schnell vonstatten ginge. Natürlich wollte er, wie immer, über jede Einzelheit des Projekts informiert werden. Die Verantwortung für den gesamten Umzug legte er jedoch in die Hände von Otto Höhne. Zuvor hatte Höhne die Verantwortung für das kleinere Volkswagenwerk in Braunschweig getragen, das Wolfsburg mit Werkstoffen und Einzelteilen belieferte. Höhne war ein fähiger Mann und kannte sich in effizienten Arbeitsverfahren aus.

Das neue Gelände in Stöcken am Rande von Hannover wurde offiziell am 4. Februar gekauft. Es besaß hervorragende Verbindungen, was Straße, Schiene und Wasserwege betraf. Und zusätzlich gab es dort genügend Arbeitskräfte. Das Gelände umfasste 112 Hektar, von denen 40 mit Montagehallen und anderen Gebäuden überbaut werden sollten, wie sie jedes moderne Autowerk braucht. Der Bau begann am 1. März, nachdem der Generaldirektor den Grundstein gelegt hatte. Nach einer Reihe unvermeidlicher Eingriffe von Nordhoff sah die fertige Anlage schließlich dem Wolfsburger Werk sehr ähnlich. Der Bau und die Einrichtung schritten schnell voran, und am 8. März 1956 verließ das erste Fahrzeug, ein taubenblauer Pritschenwagen, die neue Fabrik, etwas mehr als zwölf Monate nach Baubeginn. Mit der eigentlichen Massenfertigung fing man am 20. April an.

▶ Die Bauarbeiten am Werk Hannover begannen am 1. März 1955, lange bevor man sicher sein konnte, dass der harte deutsche Winter zu Ende war.

▲ **Nach dem Bau der Fundamente arbeitete man in den Sommermonaten 1955 an den oberirdischen Strukturen.**

▶ **Am 9. März 1956 verließ der erste Transporter das Band im neuen Werk Hannover. Otto Höhne als Werksleiter übergab bei dieser Gelegenheit die Schlüssel des Pritschenwagens dem VW-Händler Dost aus Hildesheim.**

Als Walter Henry Nelson Carl Hahn interviewte, war dieser Vorstandsmitglied bei Volkswagen und zuständig für die Verkäufe weltweit. Später sollte er selbst Generaldirektor werden. Er erinnerte sich an die Atmosphäre jener weit zurückliegenden Tage und sprach vom Fehlen eines stringenten Plans in irgendeiner Form. »Wir hatten nicht einmal ein detailliertes Budget«, erzählte er Nelson. Nordhoff sagte Höhne, er solle das Werk bauen und zum Laufen bringen, und Höhne nahm sich, was er dazu brauchte, und bald lief das Werk so präzise wie eine Schweizer Uhr.

Die Werbetexter von Volkswagen hielten es in den darauffolgenden Jahren für angebracht, allen potenziellen Käufern des Transporters von der neuen Fabrik in Hannover zu berichten. Der folgende typische Ausschnitt stammt aus dem Jahre 1958 und damit aus einer Zeit, als Nordhoff entschieden hatte, auch einen Teil der Motorenproduktion nach Hannover zu verlegen.

»Das Volkswagenwerk Hannover, das 1956 die Produktion aufnahm, gilt als die modernste und schönste Autofabrik in Europa. Hier verbindet sich traditionelles deutsches Handwerk mit den besten Maschinen und Automation, um die präzise Fertigung und Zuverlässigkeit der Volkswagen Transporter zu erreichen. Dieses Werk wurde tatsächlich aufgrund der öffentlichen

Nachfrage gebaut. Jahr für Jahr nahm die Nachfrage nach Volkswagen stetig zu. So wurde es unumgänglich, ein neues Werk zu bauen. Heutzutage produziert das berühmte Werk in Wolfsburg nur noch Personenwagen. Jeden Tag rollen über 2000 Einheiten vom Band. In Hannover beträgt die Tagesproduktion an Transportern über 400 Stück.«

Nordhoff hatte vollkommen Recht gehabt, als er die Nutzfahrzeugproduktion von der Fertigung seines geliebten Käfers abkoppelte. Das Werk in Hannover funktionierte erst seit ein paar Monaten, da lief schon der 200 000. Transporter vom Band, am 13. September 1956. Noch nicht einmal ein Jahr nachdem der Werbetexter geschrieben hatte, es würden 400 Transporter pro Tag in Hannover produziert, war der 500 000. fertig. Das war am 25. August 1959, und nur drei Jahre später sollte Nordhoff seine Ansprache aus Anlass des einmillionsten Transporters halten.

Gegen Ende von Nordhoffs Leben war die tägliche Produktion in Hannover auf über 800 Exemplare gestiegen. Das Werk beschäftigte nunmehr 23 000 Menschen. Hannover baute nun auch alle VW-Motoren. Kurz nach der Eröffnung des Werks Hannover hatte Nordhoff ein Werk in Kassel aus der Vorkriegszeit in sein wachsendes Imperium eingegliedert und 25 Arbeiter von Wolfsburg dorthin entsandt. Sie sollten 1958 mit der Produktion beginnen. Innerhalb von zwei Jahren war das Werk neu gebaut, beschäftigte 9000 Menschen und konnte pro Monat 10 000 Motoren und Achsen wieder instandsetzen. In der Mitte der 1960er-Jahre war die Zahl der Angestellten auf 11 000 gestiegen. Das Werk arbeitete nun auch spezifisch für den Transporter und fertigte Getriebe und Frontteile.

▼ Obwohl die Produktion bereits begonnen hatte, war die erste Bauphase im Werk Hannover erst im Sommer 1956 abgeschlossen. Die Westseite des Werks und das Verwaltungsgebäude bilden eine Front von beeindruckenden 378 m Länge.

▶ Das neue Werk in Hannover, das von 1956 an produzierte, war nur der Beginn einer massiven Expansion, die der zunehmend erfolgsgewisse Heinrich Nordhoff in Gang setzte. Auf diesem Bild ist die zweite Werkshalle nahezu fertig. Später verband man sie mit der ersten Halle über eine Brücke. Das Bild wurde am 7. August 1958 aufgenommen, nur zweieinhalb Jahre nach dem Baubeginn an der Werkshalle 1.

▼ Während man den Bereich für die Endmontage erweiterte, dehnte sich die Werkshalle 1 weiter nach Westen aus. Bei der zweiten Vergrößerung, die die Presswerke umfasste, wurden die bereits bestehenden Gebäude um 24 m verlängert. Das Gebiet vor der Fabrik diente den Angehörigen der Versandabteilung als Parkplatz. Das Luftbild wurde am 3. Mai 1960 aufgenommen.

B 2
B 4
B 8 10
SCHULER

Diese Folge von Bildern zeigt Eindrücke aus dem Werk Hannover. Sie faszinieren den Transporterbegeisterten ebenso wie denjenigen, der an der Geschichte und am Lebensgefühl der 1950er-Jahre interessiert ist. Fast alle Bilder wurden im Juli 1957 aufgenommen.

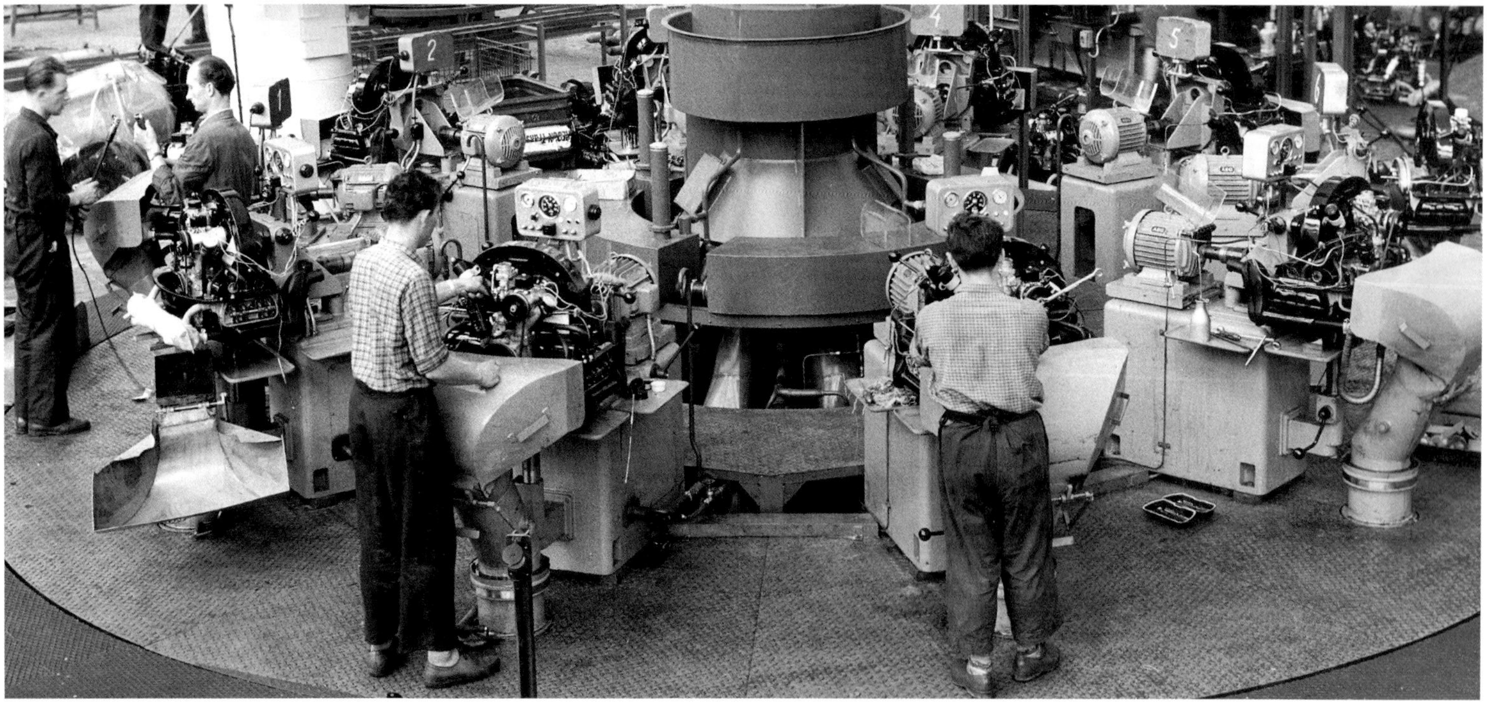

Limonade gekühlt
SÜSSWAREN

Produktionszahlen für die erste Transportergeneration

In allgemeinen Termini haben wir die Produktionsausweitung, angefangen von den ersten Tagen bis zum Entschluss zum Bau eines neuen Werks in Hannover, schon behandelt. Hier soll es nun um die Zahlen im Einzelnen gehen. Wir sind auch schon darauf eingegangen, wie beliebt die einzelnen Modelle waren. Dabei überraschte, dass der Krankenwagen im offiziellen Werbematerial von Volkswagen auftauchte. Hier nun die Produktionszahlen, Jahr für Jahr und Modell für Modell:

Jahr	Gesamt	Lieferwagen	Kombi	Kleinbus	Kleinbus Sondermodell	Pritschenwagen	Krankenwagen
1949	8 Prototypen	6	1	1	–	–	–
1950	8059	5662	1254	1142	–	1	–
1951	12 003	6049	2843	2805	269	1	36
1952	21 665	9353	5031	4052	1142	1606	481
1953	28 417	11 190	5753	4086	1289	5741	358
1954	40 119	14 550	8868	5693	1937	8562	589
1955	49 907	17 577	11 346	7957	2195	10 138	694
1956	62 500	22 657	16 010	9726	2072	11 449	586
1957	91 893	30 683	23 495	17 197	3514	16 450	644
1958	101 873	36 672	21 732	19 499	4342	19 142	486
1959	121 453	41 395	25 699	22 943	6241	24 465	710
1960	139 919	47 498	30 425	22 504	7846	30 988	658
1961	152 285	45 121	35 950	25 410	8095	36 822	883
1962	165 774	47 237	38 506	29 898	11 280	38 118	728
1963	174 866	47 891	40 882	31 196	14 764	39 458	675
1964	187 947	48 481	44 659	40 115	14 031	39 832	829
1965	176 762	43 723	44 331	37 933	12 467	37 444	864
1966	176 275	43 084	46 284	30 767	18 790	36 534	816
1967	68 100	–	–	–	–	–	–

Diese Zahlen umfassen nicht jene Transporter, die außerhalb Deutschlands gebaut wurden, etwa in Brasilien. Ausgeschlossen sind auch die Completely Knocked Down Kits (CKD), also jene Fahrzeuge, die in Hannover als Set von Einzelteilen in Kisten verpackt und in Volkswagenwerke außerhalb des Landes verschickt wurden. Die oben genannte Zahl von 152 285 Fahrzeugen für das Jahr 1961 steigt zum Beispiel auf 168 600, wenn wir den Ausstoß aller Volkswagenwerke und die CKD berücksichtigen. Im Jahre 1964, dem besten für die Transporter der ersten Generation, übertraf die Gesamtproduktion die 200 000er-Marke um 325 Stück.

Nachdem man in Deutschland die Produktion der ersten Transportergeneration Ende Juli 1967 aufgegeben hatte, hatten insgesamt 1 833 000 Autos die Bänder in Wolfsburg und Hannover verlassen. Damit war aber für den ursprünglichen VW-Transporter noch nicht das Ende gekommen, denn das Werk in Brasilien fertigte und exportierte ihn bis 1975. In 17 Jahren baute es insgesamt 400 000 Transporter.

Nordhoff hatte den Ehrgeiz, mit dem Käfer und dem

Transporter die Motorwelt zu erobern. Nur wenige Händler wurden so angetrieben und in Trab gehalten wie die von Volkswagen. Doch die Erfolge konnte man jedes Jahr an den Zahlen ablesen. Typisch für den Stil von Nordhoff waren seine Worte zum Neujahrsempfang. Er hatte an diesem 5. Januar 1960 gerade bekanntgegeben, dass die Produktion des vergangenen Jahres auf 121 453 Fahrzeuge gestiegen war, was einer Zunahme von über 19 Prozent im Vergleich zu den Zahlen des Jahres 1958 entsprach:
»Es gibt einfach keinen Grund dafür, warum die Verkaufszahlen für den Transporter in einem Land gut und im Nachbarland mager sein sollten. Ich weiß, es ist nicht immer leicht, den Verkauf anzukurbeln. Doch ich wiederhole, was ich Ihnen schon vor zwei Jahren gesagt habe, dass nämlich die Zeit für das wirklich starke Wachstum bei den Transporterverkäufen noch gar nicht gekommen ist. Wer clever ist, nimmt jetzt die Gelegenheit wahr und bereitet sich darauf vor. Ich habe unsere Vertriebsabteilung über die Jahre hinweg immer wieder gefragt, ob wir die Kapazität des Werks in Hannover erhöhen sollten. Ich weiß, ich habe damit Irritation ausgelöst, doch ich frage noch einmal und mit erhöhter Dringlichkeit nach, denn es vergehen zwei Jahre, bis eine solche Entscheidung in die Tat umgesetzt ist. [...] Der VW Transporter hat immer noch keine echte Konkurrenz. [...] Heutzutage produzieren wir 530 Transporter pro Tag, und ich bin mir sicher, dass auch diese Zahl noch nicht ausreicht! Wir müssen uns vorwärts bewegen, nicht auf irgendeine wild optimistische Weise, sondern mit dem Mut, das zu tun, was noch nie getan wurde. Wir müssen das eingehen, was die Amerikaner als kalkuliertes Risiko bezeichnen.« (Neujahrsansprache von Heinrich Nordhoff, 5. Januar 1960, UVW 69 Nr. 2351/1)

Eine weitere in den Zahlen versteckte Botschaft erfordert eine Analyse. Oft wurde behauptet, Nordhoff sei in den Käfer so vernarrt gewesen, dass er für die Möglichkeit eines Ersatzes taube Ohren hatte. Während der Rezession, die Westdeutschland und das restliche Europa 1966 und 1967 traf, kritisierte Nordhoff die neugewählte Koalitionsregierung, dass sie keine positiven Aktionen unternehme, um die Autoindustrie zu schützen. Unvermeidlich schossen die Politiker zurück, und keiner tat dies mehr als Finanzminister Franz Josef Strauß. Volkswagen habe sich zu lange nicht von der Stelle gerührt, röhrte er. Nach Nordhoffs Tod im April 1968 schien sein Nachfolger den wachsenden Chor von Stimmen anzuführen, die Nordhoff für den Umsatzrückgang verantwortlich machten, während sich das Werk bemühte, einen Ersatz für den Käfer zu finden. Nordhoffs bissige Bemerkungen über »hysterische Designer« waren wohlbekannt, ebenso sein Widerwille gegen Veränderung nur um der Veränderung willen. Doch sein Glaube an ein Produkt reichte viel tiefer, wie seine Bemerkungen bei einem Treffen des »International Press Institute« im Jahre 1959 zeigen. Sie wurden übrigens in der Hauszeitschrift »VW Information« abgedruckt.

Situationsbedingt bezogen sich Nordhoffs Worte auf den Käfer und nicht den Transporter, doch wäre es nur um die Nutzfahrzeuge gegangen, so wäre die Antwort ohne Zweifel gleich ausgefallen. »In den Vereinigten Staaten, England und Frankreich haben in den letzten Jahren die Modelle vier- und fünfmal grundlegend gewechselt, während der Volkswagen immer noch der gleiche geblieben ist«, stellte ein Gast fest. »Was sollte ein neues Modell heute für Vorteile bringen? Ich sehe noch keine.« entgegnete Prof. Nordhoff. (»VW Information«, anlässlich eines Treffens des »International Press Institute« von 1959) So lautete Nordhoffs Antwort. Es war das Ziel jedes Autobauers, sein Produkt zu verkaufen und damit Geld zu verdienen. »Es ist aber nicht zu verantworten, nur aus der Lust an der ›novelty‹, am Neuen, alljährlich ein neues Modell herauszubringen. Für uns ist es maßgebend, daß wir die Qualität unseres Wagens fortlaufend verbessern.« (ebd.)

Über zwölf Monate nach diesen Bemerkungen wurden erste Schritte unternommen, um die erste Generation zu ersetzen, und im Jahre 1960 baute VW einen Prototyp mit der Entwicklungsnummer EA 114. Als die Produktion und der Umsatz noch in besonderem Maße zulegten und Volkswagen weiterhin mit der ersten Generation viel Geld verdiente, stoppte Nordhoff nach einiger Überlegung die weiteren Arbeiten. Die Politik der Verbesserung anstelle des Modelltauschs bekam Vorrang.

Alles lief gut im Jahre 1963, und Nordhoff erklärte bei einer Betriebsversammlung am 7. März, der Transporter verdiene ein Zeichen des Respekts. Er habe auf erstaunliche Weise seine Stabilität bewiesen und bei den Verkaufszahlen noch zugelegt. Nordhoff dankte dabei allen Beteiligten. Sie hätten bewiesen, dass sie ihr Geschäft und ihr Handwerk verstünden. (UVW 806 Nr. 88/1)

Ein Jahr später sah die Lage etwas anders aus. Zum ersten Mal seit der Einführung des Transporters war die Produktion zurückgegangen, nicht um sehr viel, aber es handelte sich dennoch um einen Rückgang. Zu diesem Zeitpunkt erhielt Gustav Mayer, damals Chef der Entwicklungsabteilung für Nutzfahrzeuge, vom Volkswagenvorstand und vom Generaldirektor den Auftrag, einen neuen Transporter zu produzieren.

Wenn von Nordhoffs Politik im Hinblick auf den VW Käfer die Rede ist, denken nur wenige seiner Kritiker daran zurück, dass er die zweite Transportergeneration nicht nur initiierte, sondern auch noch zu Lebzeiten auf den Markt brachte. Der Erfolg der ersten Generation beruhte zu einem großen Teil auf seinem Willen, Volkswagen zum wichtigsten Faktor des Wirtschaftswunders zu machen. Er wollte, dass die Buchstaben VW weltweit bekannt würden. Das Ende des Wirtschaftswunders kam, als Nordhoff noch im Amt war. Ein neues Modell war notwendig, um noch größere Erfolge zu erzielen.

Obwohl diese Bilder nicht nur einige Tage, sondern in Wirklichkeit zwei Jahre auseinanderliegen, erzählen sie eine vollständige Geschichte. Eine Reihe von Transportern verlässt das Werk auf einem erhöhten Band und gelangt dann auf den Boden. Nach einer kurzen Fahrt werden sie auf die Schiene verladen. Die beiden ersten Bilder stammen aus dem Jahre 1962, als das Werk jeden Tag über 750 Transporter fertigte, nebst 5000 Motoren. Das Werk Hannover beschäftigte damals rund 20 000 Mitarbeiter.

Der Transporter erobert die Welt

Wenn man durch die Seiten der von und für Volkswagen veröffentlichten Werbeliteratur blättert, stößt man früher oder später unweigerlich auf einen Text, der sich so ähnlich liest wie dieser Ausschnitt aus einer Broschüre vom August 1966:

»Was ist am VW Transporter so besonders?

[…] Hinter ihm stehen 16 Jahre Erfahrung. Keine lästigen Kinderkrankheiten, die Ihnen Schwierigkeiten machen könnten. Über 1,6 Millionen Transporter fahren auf allen Straßen. Und jeden Tag verlassen 760 weitere das Band. […] Wie beim Personenwagen von Volkswagen hilft Ihnen eine schnelle zuverlässige Serviceorganisation. In 136 Ländern.«

An anderer Stelle in derselben Broschüre ist die Rede von »über 8000 Werkstätten auf der ganzen Welt«. Ausgehend von bescheidenen Anfängen hatte sich Volkswagen zu einem multinationalen Unternehmen entwickelt. Nordhoff hatte den Käfer als Botschafter für die deutsche Wirtschaft und natürlich als wichtigen Umsatzbringer für das Unternehmen und das Land betrachtet. Und wo dieser Käfer das Feld anführte, da war Nordhoffs Schöpfung, der Transporter, nicht weit weg.

▼ Die Transporter wurden nie in Amerika gefertigt, sondern dorthin in Massen exportiert …

▲ Der Volkswagen Transporter gelangte in den Fernen Osten …

◀ … in den Mittleren Osten …

▼ … und nach Westindien.

WITHOUT VW SERVICE — 60,000 MILES WITHOUT REPAIR

In Bridgetown, capital of the West Indian island of Barbados, this VW transporter has covered 60,000 miles without the engine being overhauled, cleaned or repaired. As an experiment this is, of course, a remarkable performance, but don't forget — we built up the worldwide VW Service Organization so that all our cars can receive the specified maintenance

▲ **... und nach der Ankunft sogleich umgeladen, denn die Käufer warteten ungeduldig auf ihre bestellten Fahrzeuge.**

Anhand von Auszügen aus der Werbeliteratur, die sich an US-amerikanische Kunden wandte, konnten wir schon nachweisen, dass dieses Land von Anfang an ein Hauptziel für die Expansion von Volkswagen und folglich auch eine Hauptstütze für den Verkauf von Käfern und Transportern war. Der amerikanische Markt war so wichtig, dass man eine Reihe von Veränderungen aufzählen kann, die eigens für den US-Markt am Transporter angebracht wurden, zumindest zu Beginn. Zu dieser Liste zählen Bügelstoßstangen (»Exportstoßstangen«), erst warzenförmige und dann runde und flache Blinker und schließlich auch eine so bedeutende Neuerung wie der 1500er-Motor.

Vor und während des Jahres 1952 gelangten nicht mehr als zehn Transporter über den Atlantik nach Amerika. Als 1953 nur 33 Stück verkauft wurden, 1954 gefolgt von schlappen 271, sahen die Erfolgsaussichten von Volkswagen schlecht bis hoffnungslos aus. Doch auch der Beetle hatte bis zu diesem Zeitpunkt seine Probleme gehabt. Aber als die richtigen Mitarbeiter kamen, um die Standorte auszuwählen und die Verkäufe voranzutreiben, wurde alles besser. 1955 wurden 2021 Transporter verkauft, mehr als siebenmal so viel wie im vorangegangenen Jahr, und nach diesem Muster sollte es weitergehen. 1956 waren es 5233 Verkäufe, 1957 14 721, 1958 wiederum mit einem Riesensprung nach vorn 25 268. Bis zum Jahre 1960 hatte man die Marke von 30 000 jährlich verkauften Transportern mit Leichtigkeit erreicht: 31 337 Autos fanden damals einen neuen Käufer. Im letzten vollen Produktionsjahr der ersten Transportergeneration, 1966, verkaufte Volkswagen 40 198 Stück, und dieses Ergebnis lag nur ganz wenig unter dem Maximalumsatz von 41 051 Wagen des Jahres 1964.

Ein paar Worte über den britischen Markt dürfen an dieser Stelle nicht fehlen, obwohl er im Gesamtbild der Exporte eine ziemlich unbedeutende Stellung einnimmt. Volkswagen Motors of Great Britain machte im ersten Betriebsjahr, 1953, einen Verlust. Die Firma hatte weit weniger als 1000 Käfer verkauft. Der Transporter trat erst im Jahre 1954 in Erscheinung. 827 Fahrzeuge wurden importiert; im folgenden Jahr waren es 1054. Erst mit dem neuen Jahrzehnt kamen bedeutende Zuwächse. 1959 wurden 1242 Transporter verkauft. Ein Jahr darauf kamen auf den britischen Straßen 3029 neue dazu. Ein Maximum von 3800 Stück wurde 1964 erreicht. Dann gingen die Verkaufszahlen der ersten Generation zurück auf 2999 im Jahre 1965 und 3251 im Jahr darauf. Das war dann auch das letzte volle Produktionsjahr.

Im Jahre 1950 exportierte Volkswagen in folgende Länder: Österreich, Belgien, Brasilien, Dänemark, die Niederlande, Portugal, das Saarland (das damals als Saar-

▲ **Deutschland »eroberte« Großbritannien erst mit dem Beetle – doch der Transporter lag nicht weit dahinter.**

◀ **Dieses amüsante Bild zeigt uns, wie arbeitsintensiv die Verschiffung und Auslieferung einer Volkswagenflotte war.**

▶ **Das Bild zeigt, wie das Sondermodell des Kleinbusses in Paris gefeiert wurde – oder könnte das auch Blackpool sein?**

protektorat noch von Westdeutschland getrennt war), Schweden, Schweiz und Uruguay – nicht zu vergessen die beiden Transporter, die in die USA geliefert wurden, sowie ein einziger, der nach Finnland ging. Im Jahre 1954 hatte die Firma Volkswagen schon 94 Länder erobert – und ein Jahrzehnt später war diese Zahl auf die magischen, bereits erwähnten 136 gestiegen. Die Zahl der jährlich nach Österreich importierten Transporter sprang von 22 im Jahre 1950 auf 2022 im Jahre 1954. In Belgien erfolgte ein Zuwachs von 523 auf 2956, in Dänemark von 25 auf 1806, in den Niederlanden von 180 auf 2919, in Portugal von 94 auf überraschend niedrige 302, im Saarland von 10 auf 25, in Schweden von 142 auf 2318, in der Schweiz von 237 auf 1380 und in Uruguay von 5 auf 26.

Volkswagen do Brazil SA

Brasilien gehörte zu den ersten Empfängerländern des Transporters und verdient deswegen eine besondere Erwähnung. Hier entstand eine der ersten Fabriken, die Fahrzeuge erst ausgehend von CKD-Kits, dann in voller Fertigungstiefe baute.

Im Jahre 1949 trat José Thompson, der Chef von Brasmotor, dem Chrysler-Importeur von Rio de Janeiro, an Wolfsburg heran. Er wollte den Käfer verkaufen. Heinrich Nordhoff besuchte Brasilien pflichtgemäß in Begleitung von Dr. Friedrich Schultz-Wenck. Dieser begeisterte sich so sehr für das Land, dass er Jahre später sogar die brasilianische Staatsbürgerschaft annahm. Thompson bekam von Nordhoff, der stets nach Gelegenheiten suchte, das Volkswagenreich zu vergrößern, grünes Licht. Vielleicht war der Generaldirektor anfänglich etwas enttäuscht über die geringe Akzeptanz seines Produkts, denn die Importe fielen zunächst nicht gerade weltbewegend aus. Im Jahre 1950 fanden 302 Fahrzeuge ihren Weg nach Brasilien. Im Jahr darauf fiel die Zahl auf nur 97. Doch 1952 kam die Wende mit 495 Importen.

1953 war ein wichtiges Jahr, nicht so sehr wegen der mageren Zahl eingeführter Transporter (insgesamt 42), sondern wegen der Gründung von Volkswagen do Brasil SA. Diese Firma lag zu 20 Prozent in brasilianischer Hand, und die restlichen Anteile hielt Volkswagen. Mit Wirkung vom 23. März 1953 begann das brasilianische Abenteuer in einer angemieteten Werkshalle oder besser einem Schuppen in Ipiranga, einer Vorstadt von São Paulo: Man baute CKD-Transporter und -Käfer zusammen. Die Zahlen waren zunächst gering: Bis zum Frühjahr 1957 waren es gerade mal 552 Transporter, und trotzdem war dies ein wichtiger Schritt auf dem Weg zur vollen Fertigungstiefe.

Im Jahre 1956 begann die Arbeit in einer neuen Fabrik mit einer Fläche von rund 10 000 m², ungefähr 22 km außerhalb von São Paulo an der Via Anchieta gelegen. Dieser Highway verband die Stadt mit dem Meer und besonders mit dem Hafen von Santos. Die Transporterproduktion beruhte zu 50 Prozent auf in Brasilien gefertigten Komponenten und begann offiziell am 2. September 1957, 16 Monate vor der entsprechenden Beetle-Fertigung. Wie die Tabelle rechts zeigt, gab es bald kein Halten mehr für den Transporter. Die stark ansteigende Nachfrage führte am Ende des Jahrzehnts zu einem täglichen Ausstoß von rund 70 Fahrzeugen. Dadurch bedingt stieg die lokale Komponentenproduktion von den vorhin erwähnten 50 Prozent auf erstaunliche 95 Prozent. Wahrscheinlich ließ es sich dabei nicht vermeiden, dass Divergenzen zwischen der Spezifikation des deutschen Originals und der des brasilianischen Lizenzprodukts entstanden. Sie bestanden all die Jahrzehnte hindurch bis zum heutigen Tag und nahmen manchmal dramatische Ausmaße an.

Nordhoff behielt bei der Unterstützung des brasilianischen Abenteuers recht. Überall etablierten sich Händler, und eines Tages war die Firma Volkswagen in der beneidenswerten Lage, dass sie fast 50 Prozent der gesamten brasilianischen Autoproduktion liefern konnte.

Im neuen Jahrzehnt durchbrach die Transporterproduktion die 10 000er-Marke zum ersten Mal, denn 1960 verließen 11 299 Fahrzeuge die Bänder. Die Fertigung ging so weiter, mit einer Produktivität von 30 oder mehr Fahrzeugen pro Tag, mindestens so lange, bis die Produktion des Transporters der ersten Generation in Deutschland eingestellt wurde. Die höchste Zahl wurde 1961 mit 16 315 Fahrzeugen erreicht, dann gingen die Zahlen leicht zurück, hielten sich aber im Bereich von deutlich über 10 000 Einheiten, um dann ab 1967 in noch nie da gewesene Höhen aufzusteigen.

Produktion des Kombi 1957 bis 1966	
1957	371
1958	4819
1959	8383
1960	11 299
1961	16 315
1962	14 563
1963	14 428
1964	12 378
1965	13 114
1966	15 138

Im Jahre 1967 erhielt die brasilianische Version des Transporters endlich den 1500er-Motor. Doch im Sommer jenes Jahres machte man keine Anstalten, dem Vorbild Hannovers zu folgen, und der Kombi der ersten Generation blieb für weitere acht Jahre in der Produktion. Erst im Oktober 1975 wurde er durch ein Modell ersetzt, das man am besten als eine Kreuzung aus der ersten und der zweiten deutschen Transportergeneration beschreiben kann. Von diesem Modell ist in Kapitel 3 die Rede.

Die spätere brasilianische Produktion an Transportern der ersten Generation war erheblich, wie man an der Tabelle auf der folgenden Seite ablesen kann. Von 1971 an lieferte Brasilien auch CKD-Bausätze an andere Länder, vor allem, aber nicht ausschließlich, in Lateinamerika. Brasilien blieb eine Volkswagenhochburg und beglückte in späteren Jahren die Fans, die noch einen Transporter der ersten Generation erwerben wollten. Für die britischen Freunde gab es sogar ein Rechtslenkermodell. Wir kommen gleich darauf zurück!

Produktion des Kombi 1967 bis 1975		
Jahr und Anmerkungen	Produktion	Zusätzliche CKD-Bausätze
1967 – umfasst auch die Monate, in denen in Deutschland noch die 1. Generation gebaut wurde	21 172	–
1968	26 883	–
1969	28 253	–
1970	30 205	–
1971	28 316	444
1972	34 898	720
1973	44 083	1536
1974	48 803	3540
1975 – umfasst auch die Monate nach dem Oktober, als das neue Modell produziert wurde	53 335	6060

▼ Ein CKD-Transporter aus der Zeit vor dem März 1955 im Arbeitseinsatz in Brasilien.

Im Gegensatz zu den im Allgemeinen rigiden Veränderungen zu Beginn neuer Modelljahrgänge in Deutschland sah man in Brasilien diese Dinge lockerer: Man mischte auch schon mal Teile aus verschiedenen Modelljahrgängen untereinander. Dies wurde noch dadurch erleichtert, dass die deutsche Mutter alte Pressen und Formen zu den Töchtern verschiffte. Ein brasilianischer Kombi – dieser Name wurde für jedes Transportermodell in Brasilien verwendet – konnte die Seitentüren des ersten deutschen Modells zusammen mit den Bügelstoßstangen nach amerikanischer Spezifikation aufweisen, mindestens bis 1962. Der begehrte 1500er-Motor gelangte erst 1966 nach Brasilien, während sich das Luxusmodell des Kleinbusses mit den 23 Fenstern bis zum Ende der Produktion der ersten Transportergeneration in Brasilien im Jahre 1975 hielt.

Volkswagen of South Africa

Im Jahre 1955 wurde der erste Transporter in Südafrika zusammengebaut. Doch die Beziehungen zwischen Wolfsburg und der Firma South African Motor Assemblers and Distributors Limited, abgekürzt SAMAD, gehen auf das Jahr 1951 zurück. Damals traf Dr. Nordhoff in Begleitung von Baron Klaus von Oertzen, der später die Geschäfte in Südafrika leiten sollte, mit dem Chef von SAMAD, Mel Brooks, zusammen. Dieser wollte nicht nur Studebakers und Austins fertigen. Brooks bekam, was er wollte, und am 31. August 1951 rollte der erste Käfer in Uitenhage vom Band. Zum Zusammenbau kam auch der Import fertiger Wagen; so wurden 1952 auch 24 Transporter importiert. 1953 waren es nur sechs, 1954 schnellte die Zahl auf 38 hoch.

Im Jahre 1956 übernahm Volkswagen die Kontrolle über die SAMAD und begann mit einem 1-Million-Rand-Expansionsprogramm. Dadurch konnten deutlich mehr Fahrzeuge zusammengebaut werden. Im Jahre 1963 rollte der 100 000. Volkswagen in Uitenhage vom Band. Die meisten Autos waren Käfer, doch der Transporter lieferte einen wichtigen Beitrag zur Gesamtzahl. Die Nachfrage war so groß, dass man mit weiteren acht Millionen Rand Investitionen Press- und Motorenwerke entwickeln konnte. Nach und nach erfolgte der Übergang vom einfachen Zusammenbau zur vollen Fertigungstiefe. Der einfache Zusammenbau wurde allerdings nie ganz aufgegeben. Im Jahre 1966 wurde die Firma in Volkswagen of South Africa umbenannt, und man tätigte neue Investitionen.

Ein typischer südafrikanischer Transporter unterschied sich von einem rein deutschen Modell, da man in wachsender Zahl einheimische Komponenten einbaute. Überdies stammten einige CKD-Bausätze aus Brasilien. Die Unterschiede in der Spezifikation waren allerdings nicht so ausgeprägt wie bei den brasilianischen Transportern. Immerhin kann man südafrikanische Modelle in der Regel an Merkmalen wie Extrareflektoren vorn und hinten unterhalb der Leuchten erkennen.

Was die Transporter der ersten Generation – oder besser: der brasilianischen Interpretation dieses Designs – anbelangt, so begann der faszinierende Teil dieser Geschichte nach dem Juli 1967, als die Produktion in Deutschland ganz eingestellt wurde. Denn Uitenhage fertigte neben den Transportern der zweiten Generation nun auch brasilianische Transporter der ersten Generation und verkaufte sie unter der Bezeichnung Fleetline zu einem extrem niedrigen Preis. Neben einem Liefer- und einem Pritschenwagen wurde ein Kombi mit den 23 Fenstern des Kleinbusses Samba angeboten. Obwohl die Zahlen nicht groß waren – eine Quelle spricht von 789 Einheiten – hinterließen diese Fahrzeuge im Kombistil doch ihre Spuren. Für einige Fans trugen Volkswagenprodukte aus Brasilien allerdings eine Art Stigma, und bis zu einem gewissen Grad hält sich diese Ansicht auch im Hinblick auf heutige Modelle. Das Kleinwagenmodell der jetzigen Angebotspalette, der Fox, mag billig sein, so wird argumentiert, aber man muss dafür auch bei der Qualität Abstriche hinnehmen. Und dieser Qualitätsmangel ist ganz eng mit Brasilien verbunden. Volkswagen of South Africa hingegen sprach ganz offen über die Herkunft des Fleetline, wie die folgenden Auszüge aus einem Prospekt des Jahres 1975 zeigen:

»Mach eine Menge für wenig Geld mit einem VW Fleetline Kombi.

Wenn Sie ein Fahrzeug wollen, dass so ziemlich alles kann unter der Sonne, und das auch für zehn Personen Platz bietet, dann ist der VW Fleetline Kombi gerade das Richtige für Sie. Und da er zur VW Fleetline zählt, kommt er zu einem unglaublich niedrigen Preis daher – einem Preis, den Sie wahrscheinlich für ziemlich altmodisch halten.«

»Wieso können wir Ihnen unseren Volkswagen Fleetline zu einem derart niedrigen Preis anbieten? Zunächst importieren wir die Karosserien aus Brasilien. Dann bauen wir die neuesten 1,6-Liter-Motoren ein, die nie den Dienst quittieren. Und wenn das alles zusammengebaut ist, können wir die Ersparnis an Sie weitergeben.«

▶ Das sind keine gewöhnlichen Transporter der ersten Generation! Die in Südafrika montierten Exemplare sind brasilianischen Ursprungs und waren sehr preiswert zu bekommen. Wie der Werbetexter es ausdrückte, konnte der Besitzer eines VW Fleetline Kombi für wenig Geld viel unternehmen.

FLEETLINE

»Die Inflation konnte den Fleetline-Preisen nichts anhaben. Und das bedeutet eine Menge Extraprofit für Sie, ob Sie nun einen Bus brauchen oder Waren transportieren müssen.«

Mindestens einer Quelle zufolge galten die Fleetline-Modelle als arme Verwandte der vollwertigen Fahrzeuge. Ob sie nun wirklich »billig und minderwertig« waren und frühzeitig rosteten, darüber gehen die Meinungen bis auf den heutigen Tag auseinander.

Die Zeitschrift »Car South Africa« hatte keine Zweifel, als sie im Oktober 1975 über den VW Kombi Fleetline 1600 berichtete. Zunächst informierte sie ihre Leser, dass VW do Brasil keine andere Möglichkeit gehabt habe, als »ein rigides Programm zur örtlichen Fertigung« zu entwickeln. Deswegen habe es die Firma »zu ihrer Politik gemacht, die Fahrzeugmodelle auf dem Stand zu Beginn des letzten Jahrzehnts einzufrieren«. Doch dann betonte der Autor, der Fleetline sei »nicht einfach ein veraltetes Fahrzeug, das eine moderne Fabrik wieder zum Leben erweckt« habe, denn es weise doch »einige sehr moderne Merkmale« auf. So habe sich »VW South Africa wohlweislich dafür entschieden, nicht den alten leistungsarmen brasilianischen Motor einzubauen, sondern den modernen 1600er-Motor aus Deutschland, mit Ölkühler und einer Buchse für die elektronische Diagnose«. Am Ende mahnte »Car South Africa« mit ein zwei Worten zur Vorsicht und schloss dann mit zwei Abschnitten ab, die für den Buchhalter von Volkswagen of South Africa wie reine Musik geklungen haben müssen:

»Wegen der einfachen Pendelachse muss er ruhiger gefahren werden als die Modelle mit Doppelgelenkachse, und ein fester Reifendruck ist notwendig, um die Stabilität der Lenkung aufrechtzuerhalten.

Die Tatsache, dass dies unser dritter VW-Kombi-Test in diesem Jahr ist, beweist, wie sehr die Nachfrage für diese Fahrzeugklasse gestiegen ist. Die Modelle der Fleetline waren ursprünglich als sparsame Nutzfahrzeuge gedacht, doch insbesondere der Kombi gilt heute bei den vielen Hundert Besitzern als preiswertes Familienauto. Da er rund 800 Rand billiger ist als der Zehnsitzer, zeigt er ein besonders gutes Preis-Leistungs-Verhältnis.«

Fleetline-Modelle tauchen auf dem heutigen Oldtimermarkt ziemlich oft auf. Ganz allgemein gesprochen erreichen sie aber nicht dieselben Spitzenpreise wie die originalen deutschen Modelle.

Transporter in Australien

Fast unvermeidlich begann die Eroberung Australiens durch Wolfsburg mit dem Käfer: Am 11. Oktober 1953 fand in Melbourne der erste offizielle Import statt, und bald darauf folgten 30 weitere Einheiten. Der Transporter folgte nicht lange danach.

Baron Klaus von Oertzen, den wir schon im Zusammenhang mit der Transportergeschichte in Südafrika kennengelernt haben, überredete einen seiner australischen Freunde, Lionel Spencer, den Besitzer von Regent Motor Holdings in Melbourne, Volkswagen zu importieren und mit Nordhoffs Billigung ein Händlernetz in Down Under aufzubauen. Dies alles wurde ohne jede finanzielle Beteiligung der Volkswagenwerke vereinbart.

Die ersten vier Transporter, die offiziell auf australischen Straßen fahren sollten, trafen im Dezember 1953 ein. Im Jahre 1954 wurden nur 299 Einheiten zugelassen – teils in Wolfsburg gefertigte, importierte Wagen und zu einem kleineren Teil Exemplare aus CKD-Bausätzen. Diese machten nur winzige 0,5 Prozent des Marktes aus. Trotzdem erschienen die Zukunftsaussichten günstig.

Der Zusammenbau von CKD-Kits erschien Nordhoff und seinen Vorstandskollegen zwar nicht als Hauptziel, aber er stand doch von Anfang an auf der australischen Agenda. Im Mai/Juni 1954 begann die Karosseriebaufirma Martin and King in Clayton, einem Vorort von Melbourne, auf Empfehlung von Regent Motors mit der CKD-Montage, allerdings anfänglich nur des Käfers.

Im Jahre 1955 wurde der erste CKD-Transporter montiert, und es folgten dann noch 545 Einheiten. Im darauffolgenden Jahr waren es schon 2989 Einheiten. Mit der Verlagerung der deutschen Produktion von Wolfsburg nach Hannover im selben Jahr wurden zusätzliche Kapazitäten frei, und es ergab sich eine größere Zahl von Variationen zum Thema. Der Transporter wirkte so attraktiv, dass die australischen Regierungsbehörden ihn kollektiv ins Herz schlossen. Angefangen bei der Post (Bestellung 1200 Stück) über die Armee bis zur Luftwaffe war der Transporter, den man allgemein als Kombi bezeichnete, bald so beliebt, dass mehr bestellt wurde als lieferbar war. Die Wartelisten wurden deswegen von Woche zu Woche länger.

Diese Atmosphäre einer scheinbar unersättlichen Nachfrage nach dem Käfer wie dem Transporter führte zur Gründung eines neuen Unternehmens, an dem sich die Volkswagenwerke direkt beteiligten. Für 12 Millionen Pfund wurde ein neues Werk gebaut. Die neue Firma, Volkswagen (Australasia) Pty Ltd, zu 51 Prozent in der Hand des Mutterwerks, kaufte pflichtgemäß den Standort von Martin and King. Im Jahre 1958 wurden 2895 Transporter zugelassen, 1959 waren es 3255 und

1960 3944. In zunehmender Zahl exportierte das australische Werk Fahrzeuge auch in andere benachbarte Länder, wobei Neuseeland der wichtigste Abnehmer war. Am Horizont zeichnete sich allmählich der Übergang zur Komplettfertigung ab. Die ersten Schritte dazu kamen in Form eines Presswerks, das vor allem Frontteile bauen sollte. Bald darauf folgten ein Motorenwerk, eine Gießerei und ein Lackierbetrieb. In dieser Zeit stieg der Marktanteil des Transporters auf ansehnliche 40 Prozent, und es wurden nun auch zusätzliche Versionen ganz im Stil von Hannover angeboten.

Die australischen Transporter entwickelten bald Sondermerkmale, wobei sie, was die Abweichungen von der deutschen Spezifikation anbelangt, allerdings nicht in derselben Liga spielten wie die brasilianischen. Aber mit den südafrikanischen Transportern waren sie in dieser Hinsicht vergleichbar. Von 1963 an beispielsweise lagen die Einlassschlitze für die Kühlluft im oberen Teil der Karosserie oberhalb der Gürtellinie und nicht darunter. Diese Schlitze waren auch erheblich länger als je zuvor. Diese Veränderung war aufgrund der trockenheißen und staubigen Luft notwendig und galt für alle Versionen mit Ausnahme des Pick-ups, der stattdessen Luftschlitze oben am Kabinendach trug. Diese Stelle war ursprünglich der Innenbelüftung vorbehalten. Um die Kühlluft von der Frontseite des Fahrzeugs nach hinten zu transportieren, musste man das Kabinendach neu gestalten und einen doppelwandigen Hohlraum einbauen, der dem gesamten Äußeren eine stärkere Kuppelform verlieh. Röhren am hinteren Kabinenende sorgten dafür, dass die Luft unter der Ladefläche bis zum Motorraum am Heck gelangte.

Zusätzlich zu solchen funktionellen Veränderungen produzierte Australien seine eigene Version des Transporterthemas. Auf den ersten Blick sah sie dem Hochraum-Lieferwagen aus Hannover ähnlich. Dieser Container Van war ein maßgeschneidertes Angebot, das die Schaffung eines Special Body Departments nötig machte. Dieses kümmerte sich auch um die Sonderanfertigungen für Großabnehmer und um alle Sonderwünsche. Der Container Van wurde 1962 für das Modelljahr 1963 konzipiert. Das Fahrzeug hatte eine 162 cm hohe und 107 cm breite Seitentür und hinten eine Doppeltür mit ähnlichen Maßen. Den Werbeprospekten von Volkswagen zufolge war das Fahrzeug ideal für Möbelhändler und Verkäufer von Büroausstattungen.

Ein zweites noch umfangreicheres Expansionsprogramm mit einer Investition von rund 20 Millionen Pfund begann 1964. Gleichzeitig änderte sich der Name in Volkswagen Australasia Ltd. Diese Aktiengesellschaft befand sich ganz im Besitz von Wolfsburg. Eine lokale Fertigungstiefe von 80 Prozent oder mehr für den Käfer und von 40 Prozent für den Transporter zeigte, dass die Entwicklung von der reinen Montage zur Eigenfertigung immer weiter voranschritt.

Leider ging dann die Nachfrage und die Produktion des Transporters der ersten Generation in der Mitte der 1960er-Jahre stark zurück und erreichte 1966 einen Tiefstand von 1568 Fahrzeugen, obwohl der 1500-cm^3-Motor erst im Februar 1964 eingeführt worden war. Der Rückgang beruhte auf äußeren Einflüssen und betraf den Beetle gleichermaßen. Langfristig hatte er zur Folge, dass man zur reinen Montage ohne große Fertigungstiefe zurückkehrte. Diese Rückschritte fielen mit der Einführung der zweiten Transportergeneration zusammen und können an dieser Stelle nicht weiter verfolgt werden.

Ein abschließender Kommentar

Vielleicht mit Ausnahme Brasiliens sollte man die Bedeutung der Zweigwerke von Volkswagen nicht überbetonen. Obwohl natürlich für die Enthusiasten die Raritäten unter den Transporterversionen, die von außerhalb Deutschlands stammen, von höchstem Interesse sind. Die Gesamtproduktion der Zweigwerke, verglichen mit dem Ausstoß von Hannover (und späterer anderer Werke auf deutschem Boden), war allerdings vergleichsweise gering. Ohne uns nun in den Details zu verlieren: Im Jahre 1964, dem besten für den Transporter der ersten Generation, wurden in Deutschland 187 947 Einheiten produziert. Die Produktion der gesamten Welt belief sich auf 200 325 Einheiten. Die Differenz von 12 378 Einheiten belief sich auf gerade mal 6,5 Prozent. Die entsprechenden Zahlen für die zweite Generation waren nicht grundlegend verschieden. Im Spitzenjahr produzierten Hannover und Emden 259 101 Einheiten, während die weltweite Produktion sich auf 294 932 Einheiten summierte. Das bedeutete, dass gerade mal 35 831 Fahrzeuge außerhalb Deutschlands gebaut wurden, nicht ganz 14 Prozent.

Der Fleetline, der auf der ersten Transportergeneration beruht, weckt heute die Neugier vieler Fans. Für die zweite Generation gilt eigentlich dasselbe. Über das Weiterleben dieser Modelle in Übersee informieren die Seiten 220–229.

1967–1979

III

Produktionsspitzen

▶ **Das Spitzenmodell, der Clipper L, galt im Rahmen der neuen zweiten Generation als Luxusausführung. Doch rein äußerlich hob er sich nicht mehr besonders ab.** *(RC)*

Transporter -
die Nützlichen und die Angenehmen
1967

Hintergründe und Produktionszahlen

Der Mann, der die Entwicklung der zweiten Transportergeneration in Auftrag gab, war niemand anderer als Heinrich Nordhoff. Auf seinen offenkundigen Widerwillen gegenüber einer Modelländerung beim VW Käfer sind wir schon eingegangen, ebenso auf die Logik, die hinter seiner Entscheidung stand, die erste Generation des Transporters aufzugeben. Als der zweimillionste Transporter am 5. Februar 1968 in Hannover vom Band lief, etwas mehr als sechs Monate vor dem Beginn der Produktion der zweiten Generation, hielt er eine Rede. Sie ist so wichtig, dass wir sie im einführenden ersten Teil dieses Buchs überwiegend im Wortlaut zitiert haben.

▶ **Ein besonders zu diesem Zweck gestalteter Wagen der zweiten Transportergeneration überführte Heinrich Nordhoffs Leiche an ihren letzten Ruheplatz. Das Fahrzeug basierte auf einem Pritschenwagen, hatte aber kein Kabinendach. Es war ganz ebenholzschwarz lackiert, auch die vorderen und hinteren Stoßstangen. Man baute auch einzelne Ausstattungsmerkmale des Luxusmodells Clipper L ein, darunter die Gummiprofile an beiden Stoßstangen, Zierleisten um die Luftschlitze an der Front und an den Türen, ein großes rundes verchromtes VW-Emblem vorn, und die als Option offerierten Weißwandreifen. Wie das Bild aus dem Volkswagenarchiv beweist, waren die Straßen von Wolfsburg voll von Menschen, die respektvoll Abschied nehmen wollten von dem Mann, der das Autowerk in den vergangenen 20 Jahren zu seiner Größe geführt hatte.**

▼ **Anders als beim Start der ersten Transportergeneration rund 17 Jahre zuvor, waren vom ersten Tag an alle Modelle der zweiten Generation erhältlich.**

◀ **Das Werk Hannover in den späten 1960er-Jahren. Man beachte, dass einige der abgebildeten Fahrzeuge für den US-Markt bestimmt waren; man erkennt das an den Seitenreflektoren der Autos.**

Für viele ist jedoch die Ära der zweiten Transportergeneration die Zeit nach Nordhoff. Volkswagen steckte damals in Schwierigkeiten. Nach Nordhoffs Tod im April 1968 wurden anfänglich weiter viele Käfer verkauft. Aber der Nachfolger im Amt des Generaldirektors, Kurt Lotz, kannte damals nur ein Ziel: den Käfer loszuwerden. Verfehlte unternehmerische Entscheidungen führten zu fallenden Gewinnen. Ein Beispiel dafür war der von NSU entwickelte K70; dabei kam Volkswagen zum ersten Mal mit der Technologie wassergekühlter Motoren in Kontakt. Glücklicherweise für Volkswagen erhielt Lotz nach den ersten vier Jahren keinen Vertrag mehr. Sein Nachfolger wurde Rudolf Leiding, ein Volkswagenmann durch und durch. Er war der Schöpfer von Golf, Passat und Polo. Diese Entwicklungen kosteten das Unternehmen eine unglaubliche Anstrengung, weil man mit den Nachwirkungen vier vergeudeter Jahre zu kämpfen hatte. Der Käfer war angeschlagen, wenn nicht sogar aus dem Feld geschlagen, und dazu kamen noch die Ölkrise und wirtschaftliche Turbulenzen in ganz Europa. Volkswagen steckte unter Leiding so tief in den roten Zahlen, dass sich einige fragten, ob der Riese überhaupt überleben könne. Doch während dieser Zeit war Nordhoffs neuer Transporter der Fels, auf den die Firma bauen konnte.

Im ersten vollen Produktionsjahr der zweiten Generation, nämlich 1968, liefen 228 290 Einheiten von den deutschen Bändern in Hannover und Emden, rund 40 000 mehr, als es im besten Jahr der ersten Generation gewesen waren. Diese Entwicklung hielt mindestens so lange an, bis Europa und vor allem Amerika unter den Ölkrisen zu leiden hatten. Unter Nordhoffs Leitung hatte Volkswagen zwölf Jahre gebraucht, um eine Million Transporter zu bauen. Für die zweite Million waren nur noch 5 1/3 Jahre verstrichen. Rund 3 1/2 Jahre dauerte es bis zum dreimillionsten Transporter; er lief am 3. September 1971 vom Band. Trotz der Ereignisse, die damals die Welt beutelten, folgte die vierte Million schon am 10. Juli 1975, drei Jahre und zehn Monate nach der dreimillionsten Einheit. Im Jahre 1970 lag die Zahl der Exporte auf dem wichtigsten aller Märkte, den USA, am höchsten. 72 515 Transporter traten die Reise über den Atlantik an. Diese Zahl wurde später nie wieder erreicht. Im Jahre 1972 wurden 259 101 Transporter in Hannover und Emden gefertigt, ein weiterer Rekord, der in 35 Jahren nicht mehr erreicht wurde – ebenso wie die 234 788 Fahrzeuge, die Hannover 1973 baute. Vom sehr erfolgreichen Transporter der ersten Generation baute man 1,822 Millionen Einheiten, während von der zweiten Generation 2,465 Millionen in den Werken Emden und vor allem Hannover gefertigt wurden.

Die zweite Generation wird wohl für alle Zeiten den Produktionsrekord für sich beanspruchen können. Und wahrscheinlich wird es auch für immer das Volkswagenmodell bleiben, das länger als jedes andere Mitglied der Familie produziert wurde: Über 40 Jahre nach der Markteinführung bleibt ein zwar modifizierter, aber sofort erkennbar der zweiten Generation zugehöriger Transporter in Brasilien in Produktion, und es sieht nicht so aus, als würde er in absehbarer Zukunft ersetzt werden.

Die Zahlen in der Tabelle unten stammen von Volkswagen, sind aber nicht die einzigen, denn es gibt auch Abweichungen davon. Andere Zahlen zur Gesamtproduktion findet der Leser im nächsten Kapitel, und auch diese Zahlen stammen aus einer offiziellen Volkswagenquelle!

Jahr	Gesamt	Lieferwagen	Kombi	Kleinbus	Pick-up	Pick-up Doppelkabine	Krankenwagen
1967	73 500	–	–	–	–	–	–
1968	228 290	50 880	68 597	64 411	31 070	12 091	1241
1969	244 945	54 929	77 956	64 326	31 296	15 152	1270
1970	257 873	53 759	87 391	71 719	28 340	15 393	1242
1971	250 802	47 913	87 136	74 850	24 639	14 896	1357
1972	259 101	56 119	90 712	66 400	27 175	16 829	1860
1973	246 177	56 866	87 849	58 442	25 490	15 506	2023
1974	174 121	39 822	64 027	38 700	17 715	12 082	1762
1975	159 752	39 392	63 928	29 062	14 808	11 043	1699
1976	169 494	45 263	65 799	31 390	14 014	11 807	1221
1977	160 986	40 008	55 245	38 068	14 139	12 115	1411
1978	154 436	40 454	52 251	34 331	12 694	13 396	1310
1979	85 632	28 569	31 732	13 566	5667	5475	623

VOLKSWAGEN

◀ **Nach dem erfolgreichen Start des Transporters der zweiten Generation nahm Volkswagen an allen größeren Autoausstellungen teil, um den Verkauf anzukurbeln. Das Bild zeigt den Volkswagenstand bei der Frankfurter Automobilausstellung 1969.**

Der Weg zum Start

Wie auch beim VW Käfer schloss Heinrich Nordhoff die Möglichkeit, die erste Transportergeneration durch ein neues Modell zu ersetzen, schon viele Jahre bevor dies Realität wurde, keineswegs aus. Einige Jahre lang – und da besteht wiederum eine Parallele zum VW Käfer – wurden die Entwürfe der Designabteilung zurückgewiesen mit der Begründung, sie seien entweder nicht besser als das bestehende Modell oder sie würden sogar von den potenziellen Käufern eher als Rückschritt angesehen. Das erste der möglichen neuen Modelle entstand als Prototyp mit der Bezeichnung EA 114 schon im Jahre 1960 und damit einige Jahre vor dem besten Produktionsjahr. Es wurde schnell abgeschmettert, aber das bedeutete nicht, dass das Volkswagenmanagement weitere Vorschläge ebenfalls zurückweisen würde.

Im Jahre 1964 beauftragten Nordhoff und seine Kollegen im Vorstand den Chef der Design- und Entwicklungsabteilung für Nutzfahrzeuge, Gustav Mayer, mit einer rigorosen Überarbeitung des Transporters der ersten Generation. In seiner typischen Art setzte Nordhoff eine Reihe enger Termine. Er ging davon aus, dass der Transporter der zweiten Generation, sozusagen »beschwingt und leichtfüßig«, innerhalb von drei Jahren in den Showrooms der Händler auf der ganzen Welt stehen würde. Wer unter einem solchen Druck arbeitet, muss verständlicherweise den Weg zur Produktion verkürzen. Gleichzeitig musste aber auch gewährleistet sein, dass nichts Wichtiges dabei auf der Strecke blieb. Denn Unzuverlässigkeit konnte sich eine Firma, deren Ruf auf Qualität und Perfektion beruhte, natürlich keinesfalls leisten. Um Nordhoffs Termine einhalten zu können, wurde in späteren Stadien der Entwicklung bei den Tests eine Art »Zeitraffermethode« zu Hilfe genommen. Tests unter härtesten Bedingungen ersetzten dabei zeitintensivere Tests unter Normalbedingungen. Aber damit soll keineswegs gesagt sein, dass Nordhoffs Team nicht gründlich gewesen wäre.

Im Jahre 1966 sandte man Prototypen der zweiten Generation ins nördlichste Schweden, um die Leistung unter den schlimmsten Schnee- und Eisbedingungen zu testen. In Südafrika hingegen wurden die Modelle größter Hitze ausgesetzt.

So merkwürdig es klingen mag: Bei den Tests zeigte es sich, dass das neue Modell nicht ganz den Erwartungen entsprach. Das neue Auto war schlichtweg nicht so robust und verwindungssteif wie sein Vorgänger. In der Folge musste die Karosserie ganz neu konstruiert werden. Dabei entstand eine vollständig selbsttragende Karosserie. Eine zusätzliche, innere Blechhaut führte zu einer doppelwandigen Konstruktion. Damit war nicht nur das Problem der Steifigkeit gelöst. Diese Konstruktion erlaubte es den Designern auch, die für den ursprünglichen Transporter charakteristischen Versteifungen zwischen den Seitenfenstern wegzulassen. Nun konnten sie das Erscheinungsbild des neuen Modells moderner gestalten und größere Fenster verwenden. Zusammen mit der aus einem Stück bestehenden Panorama-Frontscheibe erschien das neue Fahrzeug nicht nur leichter und luftiger, sondern auch bedeutend größer, obwohl der Radstand derselbe geblieben war. Und es

▶ **Volkswagen bezeichnet dieses Fahrzeug als offiziellen Prototyp. Er unterschied sich äußerlich nicht vom produzierten Pritschenwagen mit Doppelkabine.**

kam noch besser: Die neue Karosserie war noch robuster als beim Vorgänger; ausgedehnte Tests bestätigten das.

Das neue Design umfasste auch eine Verlängerung und eine Vergrößerung der Ladekapazität. Für Volkswagen revolutionär war die ungeteilte Frontscheibe, die man im Englischen als Bay Window bezeichnet. Deswegen ist diese Generation im angelsächsischen Raum auch als Bay-Transporter bekannt. Als Standard gab es nun eine Schiebetür, einen besseren Motor und eine Doppelgelenkpendelachse hinten als Ersatz für die ziemlich archaische alte Schwingachse. Insgesamt gesehen war der Transporter der zweiten Generation damit ein viel besseres Fahrzeug. Kleinere Veränderungen umfassten den Ersatz des alten Faltschiebedachs aus Stoff beim Luxusmodell des Kleinbusses durch eine Ganzstahlkonstruktion und den Einbau von Schaltern, die aus Sicherheitsgründen oben flach und mit Gummikanten eingefasst waren. Dies alles schien nach einer Bestätigung von höchster Stelle zu verlangen, dass hier ein brandneuer Transporter vorlag.

Doch als sich die Werbetexter an die Arbeit machten, um den Transporter der zweiten Generation in ihren Broschüren anzupreisen, unternahmen sie nur wenig, um herauszustreichen, dass nun ein vollkommen neues Modell vorlag. Die Gründe dafür kennen wohl nur jene, die diese Strategie vorgaben. Stattdessen war in den Texten viel eher von einer Überarbeitung als von einem neuen Modell die Rede. Dazu muss man bedenken, dass die überarbeitete Form des Käfers, die wie der Transporter der zweiten Generation zu Beginn des Modelljahrs 1968 auf den Markt kam, nichts Wesentlicheres enthielt als neue Kotflügel, Schürzen, senkrecht angeordnete Scheinwerfer, neue Heckleuchten und neue kastenförmige Stoßstangen. Trotzdem erhielt er die Bezeichnung »der neue Käfer«. Die Ungleichbehandlung der beiden erscheint uns im Nachhinein als sehr merkwürdig.

Man nehme zum Beispiel eine Werbebroschüre für den britischen Markt. Sie trug zwar den Titel »Der neue VW Transporter«, doch im ersten Abschnitt ist ebenfalls nur die Rede von einer Überarbeitung. »Der neue VW Transporter bekam ein Facelift. Er sieht nun besser aus.« Eine größere, buntere Broschüre etwas später mit dem einfachen Titel »Der Neue« enthielt dieselbe Botschaft, wenn auch in etwas griffigeren Worten: »Er bekam ein Facelift. Um besser auszusehen.« Für den wichtigen US-Markt, dessen Werbung in den Händen der äußerst kompetenten Agentur DDB lag, erschien der Verzicht auf ein derart entscheidendes Verkaufsargument noch sensationeller. In einem Prospekt aus dem Jahre 1967 steht: »Die Familie der Volkswagen Transporter – Kommen Sie rein, treten Sie ein. Vielleicht brauchen Sie einen für Ihr Geschäft.« Es gab nicht den geringsten Hinweis auf ein neues Modell oder auch nur eine Überarbeitung. Auch die einzelnen Verkaufsargumente – »Sie sind sparsam«, »Sie sind komfortabler«, »Sie fahren in fast unzugänglichem Gelände« – verraten kaum etwas. Nur innerhalb des detaillierten Textes erscheint der »neue« Transporter, allerdings eher als Puppe denn als voll entwickelter Schmetterling, wie man eigentlich hätte erwarten können. Sonst ist der Text clever formuliert, wie man es von DDB gewohnt ist. Man lese dazu folgenden Auszug über die Fahrerkabine:

»Sie sind komfortabler.
Dieses Jahr beispielsweise haben wir die gesamte Kabine neu gestaltet. (Es ist das erste Mal, dass seit der Entstehung des Volkswagen Transporters so etwas Drastisches geschieht.)

Das Armaturenbrett ist ganz neu. Wir haben die Anzeigen versenkt, um sie besser lesbar zu machen. Wir haben die offene Ablage unter dem Armaturenbrett durch ein verschließbares Handschuhfach ersetzt. Dann haben wir das ganze Armaturenbrett gepolstert und mit Kunstleder überzogen. Das Lenkrad ist nun zum Fahrer hin geneigt. Der Schalthebel liegt näher bei ihm, und die Handbremse hat einen Pistolengriff. Den Fahrersitz kann man nun vor- und rückwärts verstellen und hat dafür neun Positionen zur Verfügung. Dazu kommt ein Drehknopf, mit dem man die Rückenlehne in einem Bereich von 14 Grad stufenlos verstellen kann.

Und damit Fahrer und Passagiere kühl bleiben, haben wir das Belüftungssystem vollkommen neu mit Schalthebeln und jalousienartigen Ausströmöffnungen gestaltet. Unter der Windschutzscheibe sind Belüftungsschlitze gegen das Beschlagen angebracht, und nur für den Fall, dass das noch nicht ausreichen sollte, haben wir eine weitere Neuerung eingebaut: Hebefenster in den Türen.

Es ist nun noch einfacher, aus einem VW Transporter herauszusehen. Wir haben die Mittelstrebe entfernt und die gesamte Frontscheibe vergrößert: um 27 %. Dann haben wir die Scheibenwischer verlängert und die pneumatische Scheibenwaschanlage verbessert. Dazu haben wir in der Mitte des zweistufigen Schalters eine Drucktaste eingebaut (wie beim Käfer).

Wir haben die Vordertüren vergrößert und eine mit Gummi überzogene Trittstufe an beiden Enden der um die Front geführten Stoßstangen eingefügt. Wenn Sie also bereit sind, beim Volkswagen Transporter auf etwas Neues zu stoßen, so haben wir sogar den Einstieg dazu leichter gemacht.«

Das Zitat belegt ganz klar, wie neu der Transporter der zweiten Generation war. Warum das aber heruntergespielt wurde, bleibt ein Rätsel. Es ist kaum zu glauben, aber der Mythos »Facelift« hat auch einige Autoren erfasst, die vor Kurzem über den Transporter publizierten. Am deutlichsten fallen die Worte von Joachim Kuch aus, dem Autor des Buchs »Volkswagen Model History« (1999). Sein Kapitel über den Transporter der zweiten Generation beginnt mit der Feststellung, dass das Nutzfahrzeug »nach den Werksferien des Jahres 1967 einen Facelift« bekam. Zum Glück – und zur Beruhigung der Transporterfans – stellt der führende Autor Laurence

▲◄ Front und Dreiviertelansicht des Lieferwagens der zweiten Generation bei seinem Start. Wie zu erwarten war, machten auf der Karosserie immer mehr Firmen Werbung für sich.

Meredith die Fakten zutreffender dar. In seinem Werk »Original VW Bus« (1997) schreibt er von einem »völlig neuen Modell, das sich in fast jeder Hinsicht von seinem Vorgänger unterschied«.

Alle Modelle zur gleichen Zeit

Bei seinem Debüt, so erwartete es Nordhoff, sollte der neue Transporter gleich in allen Versionen erhältlich sein. So war es dann auch in Wirklichkeit, und alle daran Beteiligten verdienen dafür ewiges Lob. So gab es dann vom ersten Tag an den Lieferwagen, den Kombi, den Pritschenwagen mit einfacher und doppelter Kabine sowie den Großraum-Lieferwagen, der noch ein paar zusätzliche Bemerkungen verdient. Im Gegensatz zu seinem ganz aus Metall bestehenden Vorgänger hatte er einen Dachaufsatz aus glasfaserverstärktem Kunststoff, wahrscheinlich um das Gesamtgewicht in einem erträglichen Rahmen zu halten. Zuvor hatte es Volkswagen – wie auch viele andere Autofirmen jener Zeit –

▶ Ein sorgfältig komponiertes Bild von der Beladung eines Lieferwagens mit Kisten. Man beachte die Angaben der maximalen Achslast und des höchsten zulässigen Gesamtgewichts. Sie waren in einigen europäischen Märkten obligatorisch.

◀ Diese Porträtbilder von Pritschenwagen kamen damals ganz ohne Schnickschnack aus. Heute bevorzugt man mehr Action auf den Werbefotos.

▶ Wie konnte man eine bessere Werbung für die Eigenschaften des Kombis machen als mit diesem gestellten Bild? Es fällt auf, wie spartanisch das Fahrzeug zu Ende der 1960er-Jahre noch war. Man erkennt das an dem vielen unverkleideten Metall.

Becker
Becker
LEITZ
WOB-A 967

WOB-A 967

◀ ▼ ▶ Über 30 Jahre nach dem offiziellen Start des Pritschenwagens der zweiten Generation mit Doppelkabine erstaunt es, wie viele offizielle Bilder dazu noch vorhanden sind. Sie bezeugen wohl das große Interesse an einem Fahrzeug, das gleichzeitig Passagiere und große Güter transportieren konnte.

▲ Zunächst hieß der Kleinbus der zweiten Generation Clipper. Die Werbeabteilung von Volkswagen legte Wert auf die Feststellung, dass er in jeder Hinsicht mit einem Pkw vergleichbar sei.

vermieden, Werkstoffe zu verwenden, über deren Haltbarkeit es noch einige Zweifel gab. Während man das Hochraummodell der ersten Transportergeneration kaum als das eleganteste aller Nutzfahrzeuge bezeichnen konnte, passten immerhin die Umrisse des Dachs zur Gesamtstruktur und ließen ein einheitliches Design erkennen. Davon konnte beim Modell der zweiten Generation nicht die Rede sein.

Das Hochdach zeigte eine frappierende Ähnlichkeit mit einer umgedrehten Badewanne und wies die für die Steifigkeit notwendigen Sicken auf. So sah der Hochraum-Lieferwagen schrecklich aus. Aber da es sich um ein Arbeitspferd handelte, kümmerte das wohl nur wenige Käufer – wenn überhaupt. Viele hielten die Verwendung von leichten Werkstoffen mit der damit verbundenen Gewichts- und Treibstoffersparnis für viel wichtiger.

Bei den beiden verbleibenden Standardmodellen bekam Volkswagen ernsthafte Probleme juristischer Art.

In einer Broschüre von 1972 erfahren wir, wie Volkswagen den Nutzen seiner Fahrzeuge sah und wie die Firma sie an die individuellen Bedürfnisse ihrer Kunden anpassen konnte:

»6,2 m³ Ladekapazität – Praktische Schiebetüren – Direkter Zugang von der Fahrerkabine.

Das Dach des Großraum-Lieferwagens besteht aus mit Glasfasern verstärkten Polyesterharzen – leicht, dauerhaft und gut isolierend. Den Nutzraum kann man nach den eigenen Bedürfnissen weiter ausstatten. Mit Stangen für Kleiderbügel beispielsweise. Mit Regalen, damit Sie auf einen Blick sehen, was vorhanden ist und wo es liegt. Mit aufklappbaren Halterungen oder Schubladen. Die Wände lassen sich isolieren. Oder rundum polstern. Oder mit gepolsterten Leisten versehen.

Der erste Schritt zu einem wirtschaftlichen Transport ist eine schnelle Beladung. Sehen Sie sich die Türen des VW-Großraum-Lieferwagens genau an. Zunächst einmal ist da eine Schiebetür auf der Seite des Bürgersteigs. Sie spart Platz, Arbeit und Zeit und ist obendrein sicher. Sie steht nicht im Weg. Sie kann nicht von allein aufgehen, selbst wenn Sie Ihr Auto an einer abschüssigen Stelle beladen. Wenn man sie öffnet, bleibt sie automatisch blockiert. Und dann ist da noch eine zweite Tür hinten, die sich nach oben öffnet. […] Der VW Großraum-Lieferwagen bietet Ihnen direkten Zugang von der Fahrerkabine zum Laderaum. Das ist

▲ ▶ Den Großraum-Lieferwagen der ersten Generation konnte man kaum als besonders elegant bezeichnen. Aber im Vergleich zum abgebildeten Modell der zweiten Generation erschien er geradezu zierlich. Gewiss spielten bei der Gestaltung praktische Gesichtspunkte die Hauptrolle. Das neue Modell hatte ein Dach aus glasfaserverstärktem Kunststoff.

praktisch und sicher. Sie müssen nicht aussteigen und im Verkehr jedes Mal Leib und Leben riskieren, wenn Sie ein kleines Paket ausliefern wollen. Sie machen nur ein paar Schritte zurück in den Laderaum und geben das gewünschte Stück in völliger Sicherheit ab.«

Warum der Kleinbus und seine Luxusversion von Anfang an einen neuen Namen bekamen, ist nicht ganz klar. Anstelle der vertrauten englischen Bezeichnungen Micro Bus und Micro Bus De Luxe (die Bezeichnung Samba verwendete das Werk nie offiziell) erhielten sie nun die Namen Clipper und Clipper L. Zunächst schien das kein Problem zu sein, weil sich der Zusatz Station Wagon in den USA weiterhin hielt. Aber dann widersetzte sich aus verständlichen Gründen die Fluggesellschaft BOAC, die während einiger Jahre eine Clipper Class auf ihren Flügen in die Vereinigten Staaten anbot. BOAC erhob Einspruch und leitete Maßnahmen ein, um dem Autoriesen die Flügel zu stutzen. Volkswagen hatte in dieser Auseinandersetzung keine guten Karten und drohte den Rechtsstreit zu verlieren. Die Firma ruderte nach den ersten Gefechten, die sich zu einem erbitterten Krieg hätten auswachsen können, zurück und verwendete wieder die Bezeichnung Micro Bus. In Deutschland hieß das Auto offiziell Siebensitzer oder Achtsitzer.

Im Vergleich zu seinem Nachfolger, dem keilförmigen Transporter der dritten Generation, hätte man dem Modell vom August 1967 eine ganze Reihe von Schönheitspreisen verleihen sollen. Das traf für alle Modelle zu, mit einer Ausnahme – des heute auffällig heruntergespielten Flaggschiffs, des bereits erwähnten Clipper L. Denken wir für einen Augenblick daran zurück, wie sich das Sondermodell des Kleinbusses damals von den anderen Familienmitgliedern abgehoben hatte: viele Seiten- und Dachfenster, die auffällige Kombination zweier verschiedener Lackierungen, viel Chrom und andere Verzierungen, das luxuriöse Faltschiebedach in voller Länge. Die Innenausstattung des neuen Modells war im Vergleich zum Vorgängermodell eindeutig luxuriöser, auch wenn man die damaligen Standards vergleicht. Aber die Ausstrahlung des alten Modells war verlorengegangen.

Es gab nichts, was den Clipper L vom einfacheren Kombi hätte unterscheiden können, jedenfalls nicht die Zahl der Fenster, und die Dachfenster gehörten ohnehin

▲ **Das Pressefoto des Clipper L zeigt deutlich alle Erkennungsmerkmale dieses Modells. Zu ihnen zählten Zierleisten, die um jedes Fenster, entlang der Gürtellinie und um die Luftschlitze vorn führten, verchromte Ausstellfenster, ein verchromtes VW-Logo und Gummistreifen auf den vorderen Stoßstangen.**

▶ **Man vergleiche dieses Bild mit den anderen auf dieser Seite. Bald bemerkt man, dass die Spezifikation des Clipper L durchaus zu variieren schien. Natürlich konnte man dieses Luxusmodell beispielsweise auch ohne Schiebedach ordern. Aber auf einem dieser offiziellen Bilder fehlen die Gitterstäbe vor dem Heckfenster.**

WOB-A 968

▶ **Verschiffung von Transportern zu Zielorten überall auf der Welt. Das Modell im Vordergrund ist die Normalausführung eines Clipper L.**

der Vergangenheit an. Die zweifarbige Lackierung gab es weiterhin, aber nur in Form eines wolkenweißen Dachs als Kontrast zur Farbe der Karosserie. Ausgeprägte Regenrinnen bildeten eine scharfe Grenze zwischen den Farben des Dachs und der Karosserie. Verzierungen umgaben beim Clipper L die Fenster, den Lufteinlass vorn und die Sickenlinie unter den Seitenfenstern. Das deutlich hervortretende runde Emblem an der Front des neuen Modells war verchromt und nicht weiß lackiert wie bei den übrigen Modellen. Selbst die Stoßstange bekam ihren Schmuck in Form von Gummistreifen, und Gitterstäbe schützten das Glas vor Schäden durch das Gepäck im Laderaum – und trotzdem sah das Ergebnis dieser Bemühungen verhalten, sehr zurückgenommen oder einfach langweilig aus. Das neue und vielleicht noch nicht einmal leichter zu bedienende Schiebedach aus Metall war klein, viel kleiner als beim Vorgängermodell. Trotzdem trug die Version das Ihre zum Erfolg der zweiten Transportergeneration bei. Und dieser stellte sich ein, weil der T2 einfach besser war.

Spezifikationen der zweiten Transportergeneration

Obwohl der Radstand bei der ersten und der zweiten Transportergeneration mit 2400 mm derselbe blieb, wurde die Spurweite verändert: von 1375 mm vorn bei der ersten Generation auf 1384 mm beim Nachfolger, und hinten lauteten die entsprechenden Zahlen 1360 mm bzw. 1425 mm. Bedeutsam war, dass das neue Modell länger, größer und breiter war – ein umfangreicheres Arbeitspferd in jeder Hinsicht: erste Generation, Länge 4280 mm, Breite 1750 mm, Höhe 1925 mm; zweite Generation, Länge 4420 mm, Breite 1765 mm, Höhe 1956 mm. Die Nutzlast blieb mit 1000 kg bei beiden gleich. Die genannten Zahlen bedeuteten, dass das Volumen des Laderaums von 4,8 auf 5 m³ stieg. Diese Vergrößerung war nützlich für alle jene, die sperrige Stücke zu transportieren hatten. Auch die Passagiere genossen das erhöhte Raumangebot. Zwei Folgen davon waren die verbreiterte Tür zur Fahrerkabine (625 mm) und die Schiebetür an der Seite, die es bei der ersten Generation nur als Extra gegeben hatte. Sie war viel praktischer und mit 1196 mm – im Vergleich zu den früheren 1170 mm – auch breiter als die Doppeltür der ersten Generation.

Die allgemeinen Konstruktionsprinzipien mit einer Art selbsttragender Karosserie waren dieselben wie bei der ersten Generation. Aber durch die Verwendung von doppelwandigen Paneelen erhöhte sich die gesamte Steifigkeit der Struktur. Diese Konstruktionsweise machte es auch möglich, die kleinen quadratischen Fenster der ersten Generation aufzugeben, denn ihre Form war teilweise durch die Notwendigkeit bedingt, Bügel zur Versteifung der Karosserie einzubauen. Nun konnten die Fenster rechteckig sein und luftiger und moderner wirken. Von hinten konnte man ein spätes Modell der ersten Generation noch mit dem neuen Transporter verwechseln, doch der Blick von vorn zerstreute jeden Zweifel. Vorbei war die Zeit der geteilten Frontscheibe, die aus Kostengründen aus Planglas bestanden hatte. Es entfiel die Metallstrebe in der Mitte. Die einteilige Panorama-Windschutzscheibe war nun gewölbt und insgesamt um 27 Prozent größer. Mehr als jede andere Verbesserung stand diese Frontscheibe als eine Art Paradebeispiel für die gesamte Überarbeitung. Im Englischen verlieh sie dem Modell sogar den Spitznamen Bay, denn eine ungeteilte gewölbte Frontscheibe heißt dort Bay Window. Die Bezeichnung »Bay« fasste in vielen Ländern schnell Fuß.

Auch die Notwendigkeit eines komplizierten überhängenden Dachs war nicht mehr gegeben, denn die Innenbelüftung erfolgte nun durch Schlitze an der Front unter der Windschutzscheibe. Eine weitere Modernisierung betraf die Kabinenfenster, die nun nicht mehr billige Schiebefenster waren, sondern hochgekurbelt werden konnten. Alle Modelle mit Ausnahme des Pritschenwagens besaßen auch clever gestaltete, halbmondförmig ausgestellte Lufteinlässe am Heck oben. Die Blinker waren nun rechteckig, lagen aber weiter unten und somit näher bei den Stoßstangen als früher. Das große runde VW-Emblem an der Front sollte alle Verkehrsteilnehmer an die Identität des Fahrzeugs erinnern. Eine besonders geschickte Lösung fand man bei den Trittstufen zur Kabine: Sie bestanden in einer gummiüberzogenen Fortsetzung der vorderen Stoßstangen. Im Inneren war das nach unseren heutigen Vorstellungen des 21. Jahrhunderts spartanische Armaturenbrett teilweise mit einer reflexionsfreien, gepolsterten Schutzschicht aus Kunststoff überzogen. Die flachen und mit Gummi umrandeten Kontrollanzeigen der letzten Jahre der ersten Generation wurden beibehalten. Die teureren Kleinbusse besaßen auch eine Reihe von im Querschnitt rechteckigen Warmluftzuführungen, die bei Bedarf Warmluft in den hinteren Passagierbereich transportierten und in verbesserten Ausströmöffnungen mündeten.

Der Transporter der zweiten Generation fiel schwerer aus als sein Vorgänger: 1175 kg beim Lieferwagen im Vergleich zu den 1070 kg zuvor. Dies wurde aber durch einen neuen leistungsstärkeren Motor mehr als kompensiert. Die bemerkenswert glatte Gangschaltung und die berühmte Drehstabfederung der unabhängigen Radaufhängung wurde beibehalten, wie eigentlich zu erwarten war. Doch bei der Hinterachse führte man eine Doppelgelenkachse ein und ersetzte dabei die gelegentlich etwas unberechenbare Schwingachse des alten Modells. Damit war der Transporter fast wie ein Pkw zu fahren, wobei die bereits erwähnte Vergrößerung der Spurweite das Ihrige dazu beitrug.

Manch einem, der mit der Modellpalette oder auch dem Managementdenken von Volkswagen nicht vertraut ist, mag die Einführung des 1,6-Liter-Motors anstelle des 1500er-Motors ungewöhnlich großzügig erscheinen. Doch dies war nicht der Fall. Die Situation stellte sich vielmehr so dar: Die größere Limousine von Volkswagen, der Typ 3 oder VW 1500 hatte einen neuen 1600er-Motor bekommen und gleichzeitig seinen Namen geändert. Dieser Motor wurde nun auch für den Transporter der zweiten Generation verwendet. Bohrung und Hub lagen bei 85,5 x 69 mm, im Vergleich zu den 83 mm Bohrung beim Vorgänger. Die Ingenieure hoben das Verdichtungsverhältnis von 7,5:1 auf 7,7:1 an. Das Ergebnis war ein Zugewinn von 3 PS gegenüber dem 1500er-Motor. Das Maximum von 47 PS ergab sich bei 4000 U/min. Noch galt die Höchstgeschwindigkeit von 104 km/h wie beim abgeregelten 1500. Diese scheinbare Unstimmigkeit ergab sich durch die Gewichtszunahme. Beim Treibstoffverbrauch kam das Fahrzeug auf 11,3 bis 12,3 Liter pro 100 km.

▼ Bilder von Transportern der zweiten Generation in entlegenen Gegenden der Welt betonten die Zuverlässigkeit der Fahrzeuge.

Die Werbung für den neuen Transporter

Wie wir schon gesehen haben, spielte Volkswagen die Tatsache herunter, dass der von August 1967 erhältliche Transporter ein ganz neues Modell war. Die meisten Verbesserungen wurden sozusagen im Kleingedruckten der zahlreichen Prospekte versteckt, die dieses neueste Modell bekannt machen sollten.

Ein Ausschnitt aus einem Prospekt der Werbeagentur DDB für das 1968er-Modell beschreibt die Kernpunkte der Veränderung in einem Stil, der den Fans dieser Werbeagentur wohlvertraut ist:
»Dieses Jahr ist der Motor stärker. Ein bisschen mehr Pferdestärken und deutlich mehr Drehmoment. (Nicht etwa, um den Transporter schneller zu machen, sondern nur, damit er nicht so hart arbeiten muss.) Und wir haben die gesamte Hinterradaufhängung geändert, damit die Hinterräder, die ja den Antrieb besorgen, besser auf der Straße liegen.«
Das Drehmoment wurde beim Transporter übrigens nur selten bemüht, obwohl es eine wichtige Kennziffer für die Leistung eines Motors darstellt. Um wie die Amerikaner zu sprechen: Das Fahrzeug entwickelte bei 4400 U/min 57 SAE-PS, und das Drehmoment stieg von 106,2 Nm bei 2600 U/min beim 1500er-Motor der ersten Generation auf 111,1 Nm bei 3000 U/min. Einige mögen einwenden, eine solche Erhöhung sei doch eher marginal, aber der Werbetexter von Volkswagen war da ganz anderer Ansicht.

Eine ähnliche Botschaft verkündete ein weiterer Prospekt für den US-amerikanischen Markt. Wir wählen hier einen Ausschnitt aus dem Kapitel »Veränderungen, die Sie selbst nicht sehen können«:
»Der 68er ist der leichtgängigste Station Wagon, den wir je gebaut haben. Wir haben seine Frontseite verändert, um die Lenkung zu verbessern. So ist es nun leichter als je zuvor, Ihren Transporter in einen Platz einzuparken, die zu klein ist für große, konventionelle Lieferwagen. Hinten haben wir eine neue Achse eingebaut. Auf jeder Seite liegen zwei Gelenke und stabilisierende Extraelemente. Das hilft, die angetriebenen Hinterräder sicher auf der Straße zu halten, wenn Sie eine scharfe Kurve

Dieser attraktive Satz sorgfältig arrangierter Bilder für Werbebroschüren aus dem Jahre 1970 zeigt für jedes Modell eine mögliche Art der Nutzung (links, rechts und folgende Doppelseite).

fahren […] Wir haben den Motor vergrößert (1600 cm^3) und etwas stärker gemacht. Aber das taten wir nicht, damit der Wagen schneller fährt. Vielmehr soll der Motor langsamer drehen und länger halten.«
Einen letzten Einblick in die Werbung für die neue Generation des Transporters geben uns zwei Abschnitte über die Fahrerkabine. Der Text ist einer englischen Broschüre entnommen, die in Deutschland gedruckt wurde: »Die neue Kabine hat neue Türen. Große Türen. Damit es leichter ist, ein- und auszusteigen. Und diese neuen großen Türen haben neue große Fenster. Keine Schiebefenster – Kurbelfenster. Eine wirkliche Neuheit. Direkt unter den Fenstern finden Sie eine weitere interessante neue Idee: das Sicherheitsschloss für die Tür. Und etwas weiter zur Rechten liegt noch eine Neuheit. Sicherheits-Fensterheber. Und da wir schon dabei waren, dachten wir, wir sollten der Tür den letzten Schliff geben. Vom Standpunkt der Sicherheit her. Wir brachten die Scharniere innen an, sodass sie keinen Schaden mehr anrichten können.

Er hat jetzt eine neue Kabine. Um ihrem Arbeitsleben einen Hauch von Luxus zu geben. Als wir das neue Nutzfahrzeug entwickelten, dachten wir nicht nur an den Käufer, der dafür bezahlen wird. Wir dachten auch an die Person, die ihn fahren würde. (Wenn Besitzer und Fahrer zufälligerweise dieselbe Person sind, dann umso besser.) Und die Kabine ist der beste Beweis für unsere Absichten auf diesem Gebiet. Sie ist nun größer. Damit Sie mehr Bewegungsfreiheit haben. Und wir machten sie auch sicherer. Indem wir ein neues Sicherheitslenkrad einbauten. Nicht reflektierende Polsterung des Armaturenbretts. Gepolsterte Sonnenblenden. Und Verankerungspunkte für Sicherheitsgurte. Für ein sorgenfreies Fahren. Die Kabine ist nun auch attraktiver. Mit Türverkleidungen aus Kunstleder. Und mit einer Deckenverkleidung aus Kunststoff, wie bei einem Pkw. Damit Ihre Gedanken nicht immer nur um die Arbeit kreisen. Selbst wenn Sie gerade arbeiten. Und das alles ist auch einfach bequemer.«
Die allgemeine Reaktion auf den neuen Transporter war insgesamt günstig. Die Zeitschrift »Motor« beispielsweise lobte die »bequemen Sitze«, die »leichtgängigen Pedale« und das »übersichtlich angelegte Armaturenbrett«. Obwohl der Journalist das Fahrzeug für »einigermaßen schnell« hielt, zeigte er sich vom »nachhallenden Hämmern« des Motors bei 96 km/h im vierten Gang und bei 64 km/h im dritten Gang nicht begeistert. Als Ausgleich sprach er von einem Gefühl der Sicherheit an nassen Tagen. »Holprige Straßen federt er gut ab, und Stampfbewegungen werden rasch gedämpft.« Die Rundumsicht wurde als »gut« beschrieben, und »selbst ohne die außen liegenden Rückspiegel ergaben sich keine erwähnenswerten toten Winkel.«

Das amerikanische Magazin »Popular Imported Cars« schloss seinen langen Übersichtsartikel mit der optimistischen Meinung, dass »die VW Transporter auf allen

bedeutenden Gebieten insgesamt erheblich verbessert wurden«. Zu dieser Gesamtbeurteilung trugen Ausdrücke bei wie »höher«, »leistungsstärker«, »breiter«, »Stoßdämpfer aus einem Stück«, »bessere Beleuchtung«, »ausgezeichnete Sichtverhältnisse für den Fahrer«, eine Inneneinrichtung, »die man nun als Dekor bezeichnen kann«, »ganz neue Heiz- und Belüftungssysteme« als »interessante Überraschung«, die »besser als nur angemessen funktionieren«. Bedeutsam war für die Zeitschrift ein »negativer Radsturz hinten, der bei jeder Beladung und Neigung der Karosserie bestehen bleibt«. Das Beste war vielleicht die zusätzliche Bewertung des Kommentators: »Man muss ihn fahren, um das alles zu glauben.«

Von der Zeitschrift »Lastauto« kam, in der Dezemberausgabe 1967, nur Lob:

»Gegenüber früher ist der neue VW Transporter in Fahr- und Federungseigenschaften, Straßenlage, Fahrkomfort und Raumangebot im Fahrerhaus nicht wiederzuerkennen. [...] Ein sauber verarbeitetes, durch und durch solides und anspruchsloses Lieferfahrzeug der 1-t-Klasse mit PKW-ähnlichem Straßenverhalten, ein wirtschaftlicher Transporter von hohem Gebrauchs- und Wiederverkaufswert.

Einen VW Transporter kauft man wie einen Anzug von der Stange. Die Kollektion ist komplett und bietet reichlich Auswahlmöglichkeiten. Zu den Standardanfertigungen addieren sich Zwischengrößen, z. B. in Form von Kastenwagen mit hohem Dach, und in der Ausstattung der Fahrzeuge sind individuellen Kundenwünschen kaum Grenzen gesetzt.« (UVW 319 Nr. 9880)

Die Presseberichte lauteten während der gesamten Lebensspanne der zweiten Transportergeneration ähnlich, wie die folgenden Auszüge aus den späteren Produktionsjahren belegen:

»Die Sicht aus dem Transporter war dank der großen gewölbten Frontscheibe ausgezeichnet. Es gibt viel Glas an den Seiten und hinten.« (»Truck«, Dezember 1974)

»Das Heiz- und Belüftungssystem des Fahrzeugs gehört zu den besten, denen ich in dieser Kategorie begegnet bin. In der Kälte war Warmluft für die Kabinenheizung innerhalb von Sekunden verfügbar – das ist einer der Vorteile eines luftgekühlten Motors. [...] Auf der Autobahn führte der Overdrive zu einem respektablen Verbrauch von 10,3 Litern pro 100 km.« (»Commercial Motor«, August 1974)

»Das Fahren in beladenem wie unbeladenem Zustand verlief sehr gut. Es gab keine Stampfbewegungen, und unebene Seitenstraßen bildeten für den Bus kein Problem. [...] Die Bremsen waren ausgezeichnet, wirkungsvoll und progressiv. Auf trockenen, nassen und schmierigen Straßen zog das Fahrzeug gleichermaßen gut. [...] Es besteht kein Zweifel, dass Firmen, die einen Passagiertransporter brauchen, mit diesem Siebensitzer sehr gut bedient sind.« (»Motor Transport«, August 1974)

»Wie angenehm, einen Van zu finden, der von einem Pkw-Bauer stammt, von Volkswagen. […] Die Türen schließen mit dem typischen Geräusch einer Kutschentür. Es erinnert an die Tage, da man Fahrzeuge noch in Stückzahlen von Dutzenden und nicht von Millionen baute. Der Kabinenboden ist von einer Wand zur anderen mit einer Gummimatte ausgelegt, was sich als sehr praktisch erweist. Besonders fiel uns auf, dass nichts klapperte. Jedes Teil scheint so gut verankert zu sein, dass die üblichen Geräusche und Vibrationen, die auf mysteriöse Weise kommen und gehen, völlig fehlen. […] Und die Türgriffe, aaah! Diese Griffe. Sehen Sie es uns bitte nach, wenn wir begeistert sind! […] Die Schiebetür ist ein Beispiel für den hohen Standard der Ingenieurskunst, die auch an den vielen anderen ungewöhnlichen Merkmalen des Transporters zum Ausdruck kommt. […] Man kann in der Kabine leicht von einem zum anderen Sitz überwechseln, was viel Zeit spart, wenn man immer wieder anhalten und ausliefern muss. […] Der VW ist ein ausgezeichnetes Fahrzeug mit doppeltem Nutzen für den Besitzer/Fahrer, der etwas mehr Komfort haben will als in einem gewöhnlichen Van.« (»Hardware Trade Journal«, August 1974)

Schließlich veröffentlichte der wohlbekannte Volkswagenspezialist Peter Noad im Sommer 1979 einen Beitrag für die Zeitschrift »Safer VW Motoring«. Damals stand die dritte Generation bereits bei den Händlern und bei den ersten Käufern. Trotzdem fand er bei den letzten Exemplaren der zweiten Generation noch viele lobende Worte. Besonders seine Beurteilung des 2,0-Liter-Motors – des stärksten in den Transporter und jeden Volkswagen eingebauten Antriebs – hätte nicht besser ausfallen können:

»Auf der Straße beeindruckt der 2-Liter-Motor. Der mit Doppelvergaser ausgestattete Antrieb vom Typ 4 leistet 69 PS, und damit ist er viel angenehmer zu fahren als die Version mit 1600 cm³. Mit seiner Beschleunigung lässt er viele Pkws hinter sich zurück, und man kann damit an der oberen zulässigen Geschwindigkeitsgrenze fahren, trotz Seitenwind und Steigungen. Er beschleunigt von 0 auf 96 km/h in 21 Sekunden. Die Höchstgeschwindigkeit liegt bei 128 km/h. Für die Beschleunigung von 48 auf 90 km/h im vierten Gang braucht er nur 13,2 Sekunden. […] Überholen macht keine Probleme, und ich fand den Wagen so leicht zu fahren wie einen Pkw. Er erreicht bei durchschnittlichen Fahrten auch dieselbe Geschwindigkeit. Ich fand den 1600er Typ 2 etwas ermüdender bei langen Reisen, weil man über den Wind von vorn und über Steigungen nachdenken musste, bevor man zum Überholen ansetzte. Mit 40 Prozent mehr Leistung hat der 2-Liter-Motor sehr viel größere Reserven, gerade in solchen Situationen, und man kommt schnell voran, ohne mit dem Bleifuß fahren zu müssen.«

In der Tradition der Spezialmodelle und Sonderaustattungen

Fast 2,5 Millionen Transporter der zweiten Generation wurden in zwölf Jahren in Deutschland gebaut. Zum Vergleich: In den 17 Jahren der ersten Generation waren es 1,8 Millionen Einheiten. Das entspricht einer Zunahme von 34 Prozent in viel kürzerer Zeit. Deshalb benötigen wir auch viel weniger Worte, um die wichtigsten Versionen des neuen Modells zu beschreiben. Heinrich Nordhoff hatte stets Kontinuität gepredigt, und Volkswagen hielt sich ohne Zweifel daran, indem die Firma stets weitere Optionen entwickelte, um zusätzliche Umsätze zu machen. Viele davon wurden in die M-Code-Liste aufgenommen, und einige darunter sind heute, viele Jahre danach, gesuchte Raritäten. Von besonderem Interesse, und sei es nur der Kuriosität wegen, sind Folgende:

M010 Zusätzliche Staubabdichtung im Motorraum (1968–1973)
M027 Plakette mit Angabe der Emissionen zur Erfüllung der Abgasvorschriften in Kalifornien (1973–1974)
M047 Zwei Rückfahrleuchten (1968–1971)
M060 Stand- und Zusatzheizung BA6 von Eberspächer (Unterflur) (1974–1979)
M127 Heckklappe ohne Fenster (1968–1979)
M130 Kleinbus ohne Stahlkurbeldach (1968–1973)
M161 Gummiauflage für Stoßfänger (1973–1979)
M288 Scheinwerferreinigungsanlage (1974–1979)
M517 Werksvorbereitung für Campingwagen (1968–1979)
M518 Dachverstärkung für Aufstelldach von Westfalia (1968–1979)

▼ Ein Transporter des Roten Kreuzes als Babynotarztwagen.

▶ Die merkwürdigen Stoßstangenhörner an diesem Doppelkabinen-Pritschenwagen sind in Wirklichkeit Scheinwerferreinigungsanlagen (M288).

▼ Kippwagen auf der Grundlage eines Pritschenwagens.

M520 Zusätzliche Schiebetür als Zugang zum Laderaum (1968–1979)
M530 Automatisches Trittbrett unter der Fahrgastraumtür (1968–1979)
M571 Nebelschlussleuchte (1973–1979)
M659 Rechteckige Halogen-Nebelscheinwerfer, auf den Stoßstangen montiert (1973–1979)

Viele Sonderausführungen mit dem SO-Code, die während der ersten Generation entwickelt wurden, übertrug man einfach auf das neue Modell. So gab es für beide Generationen zum Beispiel einen Verkaufswagen (SO 1) oder einen Tiefkühltransporter (SO 5) mit einer 140 mm dicken Isolierschicht.

Wie zuvor auch, fertigte Volkswagen im Werk Hannover einige Sondermodelle selbst. Für viele andere hingegen sprangen spezialisierte Firmen ein. Auf Westfalias Camperumrüstung sind wir schon kurz eingegangen. Wenige aber wissen, dass die Firma Transporter auch in Taxis, rollende Büros, Unfalleinsatzwagen für die Polizei, mobile Geschäfte, Tieflader und Pritschenwagen

◀ Dieser Hochraum-Lieferwagen umfasste auch eine werksseitig eingebaute Trennwand aus Holz. Sie verhinderte, dass Pakete herausfallen konnten. Das Sondermodell wurde extra für die Deutsche Bundespost entwickelt.

▼ Die beiden abgebildeten Lieferwagen der Post sind nur von Interesse, wenn man ihre unterschiedlichen Aufgaben in Betracht zieht. Das gelbe Fahrzeug im Hintergrund diente der Briefverteilung, während das grüne vorn in der Fernmeldeabteilung Dienst tat.

▲ Ein Krankenwagen, der in einer Broschüre der Firma Pon's Automobielhandel BV abgebildet war.

▶ Ausfahrbare Hebebühne zum Beladen mit besonders schweren Lasten.

mit verbreiterter Ladefläche umbaute. Die bekannte niederländische Importfirma Pon's Automobielhandel BV zeichnete für zahlreiche Spezialmodelle verantwortlich. Eine weiterer niederländischer Betrieb, Kemperink, produzierte Transporter der zweiten Generation mit langem Radstand. Die wenigen überlebenden Exemplare üben noch heute eine gewisse Anziehungskraft auf Fans aus. Andere weniger bekannte, aber nicht minder qualifizierte Firmen produzierten weitere Spezialmodelle, angefangen von einem Pritschenwagen mit einer Drehleiter bis zu einem Spezialfahrzeug, das lange Masten und Röhren transportieren konnte.

Ein Blick in einen Spezialprospekt von Pon's Automobielhandel aus dem Jahre 1976 zeigt Transporter der zweiten Generation als Taxis, Polizeifahrzeuge, Krankenwagen, Lieferwagen mit isoliertem Laderaum, Snack Bars auf der vergrößerten Ladefläche eines Pritschenwagens, Lieferwagen auf der vergrößerten Ladefläche eines Pick-ups, Lieferwagen mit einem hydrau-

▲ Ein »Tipmaster«-Müllwagen.

◀ Ein Pritschenwagen mit Kehrmaschine.

▶ Noch mehr Spezialmodelle! »Die Vielseitigkeit der Transporter ermöglicht Sonderausführungen für fast alle Bedürfnisse«, schrieb ein Werbetexter.

lischen Kran zum Einladen schwerer Güter durch die Seitentür, Lieferwagen mit einem 220-Volt-Generator, Pritschenwagen mit Doppelkabine und vergrößertem Radstand, Pritschenwagen mit hydraulisch betriebener Hebebühne, Kombis mit einer 10 m hohen Leiter, Pritschenwagen mit besonderen Vorrichtungen aus Stahl und Holz für den Transport großer Glasscheiben, Pritschenwagen »Tipmaster« als Müllwagen, Pritschenwagen mit hydraulischem Kipper und Pritschenwagen mit einem Gerät an der Frontseite, das man für die Straßenreinigung oder als Schneepflug einsetzen kann.

Da wir hier eine Auswahl dieser Fahrzeuge abbilden, sollten wir auch noch den VW-Groentewagen erwähnen. Er transportierte Gemüse und beruhte auf dem Pritschenwagen. Der VW-Isolatie war eine Variation des Kühlwagenthemas; er beruhte wiederum auf dem Pritschenwagen, wobei ein großer Container auf der Ladefläche montiert wurde.

Die Broschüre mit dem Titel »Fact analysis« (1977) von Volkswagen Great Britain Ltd war für Spezialisten und den Handel gedacht und nicht so sehr für den potenziellen Kunden. Darin befand sich ein Faltblatt »Spezialmodelle«, das den folgenden Text sowie vier Schwarz-Weiß-Abbildungen enthielt:

»Die Palette der Nutzfahrzeuge von Volkswagen umfasst elf grundlegende Modelle, die alle vom 1-Tonnen-Van abstammen. Natürlich ist das nicht alles. Die berühmte Vielseitigkeit des Transporters erlaubt weitere Anpassungen an die unterschiedlichsten Aufgaben. Es lohnt sich, unsere Modellpalette genauer zu studieren. Wir haben mehr zu bieten, als Sie zunächst denken.

Vielseitigkeit – Die Basis-Modelle befriedigen nicht jedermanns Wünsche. Aber durch seine extreme Vielseitigkeit kann der Volkswagen als ideale Basis für den weiteren Ausbau dienen ...

Branbridge VW Feuerwehrauto
VW-PCS Tipmaster Elektrohydraulischer Kipper
VW-Osborne Rhineland Milchwagen
VW-Sloans Eiswagen.«

Eines der berührendsten Sondermodelle war ohne Zweifel der Leichenwagen, den das Werk für den Transport seines verstorbenen Generaldirektors Heinrich Nordhoff durch die Straßen Wolfsburgs bis zur endgültigen Ruhestätte baute. Die Gedächtnisfeier fand am 15. Mai 1968 statt. Die Grundlage bildete ein Pritschenwagen mit einfacher Kabine, aber ohne Dach. Der Transporter war ebenholzschwarz lackiert, einschließlich der Stoßstangen. Das Fahrzeug erhielt eine Ausstattung wie beim Luxusmodell des Kleinbusses, etwa Gummistreifen an den Stoßstangen, ein verchromtes rundes VW-Emblem und Verzierungen an den Türgriffmulden und an den Lufteinlassschlitzen vorn; dazu kamen Weißwandreifen. Auf Seite 171 ist das Fahrzeug abgebildet.

Um dieses Kapitel über Spezialmodelle weiter fortzuführen und zu einem Abschluss zu bringen, wollen wir noch etwas auf die Geschichte der niederländischen Firma Kemperink eingehen. Ihre Anfänge reichen bis in die 1990er-Jahre des 19. Jahrhunderts zurück. Vor 1931 hatte die Firma verschieden Aktivitäten verfolgt, und eine darunter war auch der Karosseriebau gewesen. Kemperink spezialisierte sich schließlich darauf und baute unter anderem auch Schwertransporter. 1954 schuf Kemperink den ersten Volkswagen Transporter mit langem Radstand für einen Matratzenhersteller in Rotterdam. Die Firma nahm als Ausgangsbasis einen

▶ Kombi mit Leiter.

▲ Tiefkühlwagen auf einem Pick-up.

▲ Gemüsewagen auf einem Pick-up.

▼ Pritschenwagen als Kipper.

▼ Transporter für Glasscheiben.

normalen Pritschenwagen, schnitt die Ladefläche heraus und baute eine 900 mm lange Verlängerung ein. Damit wuchs der Radstand von 2400 auf 3300 mm. Auf dieser längeren Basis befestigten die Ingenieure eine kastenartige Struktur, sodass das Fahrzeug aussah wie ein verlängerter Lieferwagen. Das Ergebnis war ein fast unvorstellbar großer Laderaum von 10 m^3 – im Vergleich zu den 4,8 m^3 der ersten Transportergeneration. Der Laderaum bestand aus einem im Querschnitt quadratischen Stahlrahmen mit Stahlblechwänden. Das Dach war aus glasfaserverstärktem Kunststoff, ohne Zweifel um das Gewicht zu verringern. Im zentralen Bereich kamen durchsichtige Werkstoffe zum Einsatz, um das höhlenartige dunkle Innere zu erhellen. Zunächst war das Dach flach mit runden Kanten und Ecken. Dann ging Kemperink zu einem stärker gewölbten Profil über, was oben zusätzlichen Stauraum schaffte. Während die Kabine logischerweise stets getrennt blieb, da das Modell auf einem Pritschenwagen basierte, hatten die meisten Fahrzeuge eine oder auch zwei Seitentüren. Spätere Versionen verfügten über Schiebetüren, wie dies bei der zweiten Transportergeneration Standard war. Die große Hecktür war mit Gasdruckfedern ausgestattet.

Nach diesem ersten Umbau belieferte Kemperink den Keksherstelller Bolletje mit mehreren Fahrzeugen, die sich für diese Firma als ideal erwiesen. Bestellungen liefen dann ein von der Bekleidungsfirma C&A sowie von der niederländischen Armee. Dank der Bemühungen des VW-Händlers Dovercourt aus St John's Wood wurden zehn solcher Fahrzeuge offiziell auch in Großbritannien verkauft. Dieses Unterfangen war aber von relativ kurzer Dauer, da die Besitzer ihre geräumigen Fahrzeuge mit

▼ **Der Lieferwagen mit langem Radstand von Kemperink, der auf Pritschenwagen basierte.**

▲ **Der Pick-up von Kemperink mit Doppelkabine.**

schweren Gütern überluden. So nahm die Karosserie Schaden, in der Regel im Abschnitt unter der Seitentür. Es gab auch einige Fälle von beschädigten oder gebrochenen Vorderachsen. Trotzdem führte Volkswagen GB Ltd noch 1977 einen »Long Wheelbase Van« unter ihren verfügbaren Modellen auf. Man beschrieb sie als »geeignet für den Transport von Gütern mit großem Volumen und geringer Dichte. Die summarische Spezifikation ist interessant zu lesen, besonders im Vergleich mit dem »Nutzfahrzeug mit 1,0 oder 1,2 Tonnen Zuladung«. In ähnlicher Weise war auch ein »Long Wheelbase Pick Up« aufgeführt, mit den folgenden Details:

»Die mit 4,20 Meter ungewöhnlich lange Ladefläche ist gerade richtig für alle, die lange Güter mit geringem Gewicht transportieren müssen. Mit einer Gesamtlänge von 5,50 Meter behält der Pritschenwagen den einzigartigen Tresorraum im unteren Teil. Er ist nun doppelt so lang wie beim Standard-Pritschenwagen. Auch erhältlich mit Doppelkabine.«

	Langer Radstand	Lieferwagen mit 1,0 oder 1,2 t Nutzlast
Laderaum	10 m³	5 m³
Nutzlast einschließlich Fahrergewicht	848 kg	1600 cm³: 1000 oder 1200 kg 1800 cm³: 980 oder 1207 kg
Maximallänge und -höhe, innen	3736 x 1892 mm	
Ladefläche		4,1 m³
Höhe und Breite der Seitentür	1580 x 1219 mm	1229 x 1059 mm

Über 2000 Kemperinks wurden gebaut, und ihr Ende kam schließlich durch Volkswagen selbst, als die Firma den LT mit langem Radstand einführte. Der letzte Kemperink entstand 1979, kurz nach der Einführung der dritten Generation des Transporters.

▶ **Natürlich entstand eine ganze Anzahl von Notfallwagen. Diese beiden Bilder aus dem Volkswagenarchiv in Wolfsburg zeigen einen Polizei- und einen Feuerwehrkombi.**

WOB-V 415

Chronologie der zweiten Transportergeneration

1967

August

Die Produktion der zweiten Generation des Transporters beginnt in Hannover. Im Dezember folgt der Produktionsbeginn in Emden für den US-Markt und für die Modelle, die am meisten Handarbeit benötigen, besonders die Lieferwagen.

1968

Februar

Am 5. Februar rollt der 2 000 000. Transporter, ein siegellackroter Clipper L mit einem wolkenweißem Dach, vom Band. Heinrich Nordhoff ist dabei und hält, wie bei solchen Gelegenheiten üblich, eine seiner Reden. Den VW Bus bekommt die »Aktion Sorgenkind« als Geschenk.

1969

August

Für das Modelljahr 1970 bekommen die Seitenreflektoren für den US-amerikanischen Markt nunmehr eine viereckige statt wie bisher runde Form. Dieses Detail mag unbedeutend erscheinen. Aber da viele Camper aus Kalifornien nach Europa verfrachtet werden, können

▶ Das Bild vom Montageband zeigt deutlich, dass die vorderen Blinker bei den frühen Versionen der zweiten Transportergeneration noch tief unten lagen.

▼ Der überarbeitete Transporter kam zu Beginn des Modelljahrs 1973 auf den Markt. Alle Versionen hatten neue, stärkere Euro-Stoßstangen, ein kleineres rundes VW-Emblem vorn und weiter oben an der Front angebrachte Blinker. Der Kleinbus L zeigte auch einen Gummistreifen über der gesamten Länge der Stoßstange. Die früheren Trittstufen als Verlängerung der Stoßstangen waren verschwunden.

▲ **Das Bild des für Amerika bestimmten De Luxe Station Wagon aus dem Jahre 1970 zeigt einige Sondermerkmale für diesen Markt, etwa viereckige Seitenreflektoren vorn und hinten – vor August 1969 waren sie kreisrund. Die Rückfahrscheinwerfer gehörten bei US-amerikanischen Modellen zur Standardausrüstung, waren aber in Europa als Extra nur gegen Aufpreis zu bekommen.**

Fans anhand dieses Merkmals einen Transporter datieren. Scheinbar ebenso trivial ist das Verschwinden farbiger Bereiche auf dem Armaturenbrett aller Transporter. Sie zeigen nun nur noch eine Kombination aus schwarzem Lack und schwarzer Polsterung.

Viel bedeutender hingegen sind die Maßnahmen für die Sicherheit der Passagiere. Es sind allerdings gesetzliche Vorschriften in den USA, die deren Einbau beschleunigen. Die Türen erhalten einen stärkeren Rahmen, der im Fall eines Seitenaufpralls besseren Schutz gewähren soll. In diesem Sinn wirkt auch die Versteifung der vier Säulen. Sie erheben sich vom »Chassis« und bilden die Grundlage für die Struktur, an denen die beiden Wände befestigt sind. Das Dach verbindet alle Elemente miteinander und wirkt versteifend.

1970

72515 Einheiten des Transporters der zweiten Generation werden nach Amerika exportiert. Dieser Rekord hat bis heute Bestand.

August

Unter den vielen banalen Modifikationen für das Modelljahr 1971 sind auch zwei bedeutende Entwicklungen. Der 1600er-Motor bekommt veränderte Zylinderköpfe mit Doppelansaugkanälen (»twin port«). In der Folge atmet der Motor leichter, und die Leistung steigt von 47 auf 50 PS bei 4000 U/min. Dies kann man als ersten Schritt zur Leistungssteigerung dieses Motors betrachten.

Ob es diese insgesamt bescheidene Leistungserhöhung ist, die Volkswagen dazu bringt, den Transporter vorn mit 278,2 mm ATE Scheibenbremsen auszurüsten, bleibt fraglich: Doch zum Vergnügen vieler Käufer gehören sie ab Ende Juli 1970 nunmehr zur Standardausstattung aller Transporter. Für all jene, die mit der Entwicklung des Käfers nicht ganz so vertraut sind: Das 1500-cm³-Modell vom August 1966 war der erste Pkw, der solche Bremsen erhielt, sofern er nicht für den Export nach Amerika bestimmt war, wo Trommelbremsen noch überall in Gebrauch waren. Übrigens war manch einer erstaunt, wenn er erfahren musste, dass er vier Jahre auf seinen Transporter zu warten hatte.

Die Räder des Transporters werden ebenfalls verändert: Die neuen Modelle verlieren die charmante, gewölbte Radkappe zugunsten einer flachen, wie sie auch beim Käfer und anderen Mitgliedern der Volkswagenfamilie zum Einsatz kommt. Anstelle der vier länglichen Belüftungsschlitze zwischen der Radfelge und der Radnabe bohrt man eine Reihe von Löchern in den Stahl. Auch die traditionelle Radgröße 5JK x 14 Zoll wird auf 5 ½ J x 14 Zoll verändert.

1971

August

Im Modelljahr 1972 stößt ein leistungsstärkerer Motor zum Angebot. Er ist neu für den Transporter, aber nicht für Volkswagen, denn er wird dem VW411 entnommen, der letzten und größten Limousine von Volkswagen mit luftgekühltem Motor. Dennoch bleibt der 1,6-Liter-

▲ **In der begleitenden Presseerklärung hieß es, »das einzige äußerlich erkennbare Unterscheidungsmerkmal gegenüber dem Modell von 1971« seien »die perforierten Räder für die bessere Kühlung der Bremsen und die leicht ausgestellten Radkästen oberhalb der Hinterräder«.**

Motor bis zum Produktionsende der zweiten Generation acht Jahre später als Basismotor im Programm. Der neue 1,7-Liter-Motor ist ohne jeden Zweifel nach demselben Prinzip gebaut wie alle anderen Motoren, die die Firma bisher in den Transporter eingebaut hat, aber eine überarbeitete und leistungsstärkere Version. Er ist allerdings der erste Flachmotor (oder »suitcase engine«, wie ihn die englischen Fans nennen). Definitionsgemäß handelt es sich bei ihm um eine sehr kompakte Einheit. Schließlich musste er unter dem ganz annehmbar großen Kofferraum des 411 oder unter der Ladefläche des entsprechenden 411er-Kombis Platz finden. Beim 1,7-Liter-Motor befindet sich daher das Kühlgebläse nicht wie bisher über dem Motor stehend, sondern sitzt flachbauend am hinteren Ende der Kurbelwelle. Der Ventilator steckt nun in einem anders konstruierten Gehäuse, das über geschickt angeordnete Kanäle Luft über den Motor führt; dadurch wird die Kühlleistung gesteigert.

Bohrung und Hub des 1679-cm³-Motors liegen bei 90 x 66 mm. Die Maximalleistung beträgt 66 PS bei 4800 U/min. Wer über den Transporter mit diesem 1700er-Motor berichtet und sich noch an die Zeit von Nordhoff erinnert, ist geradezu geschockt von den beiden Solex-34-PDSIT-Vergasern. Der alte Meister hätte dies bei einem Nutzfahrzeug für unangebracht und unnütz gehalten. Einen Punkt müssen aber selbst die Vertreter dieser alten Schule zugeben: Die Zeit des Vereisens im kalten Winter war damit endgültig vorbei.

Unter allen Zeitschriften, die den Transporter mit dem 1,7-Liter-Motor testen, sagt »Car South Africa« vielleicht als Einzige ihren Lesern, was sie wirklich wissen wollen. Natürlich meldet das Magazin: »Leistung und Performance sind stark verbessert.« »Car« erklärt: »Beim Motor handelt es sich um eine leicht abgetunte Version des 1,7-Liter-Motors, wie er beim Modell VW 411 Verwendung findet«. Entscheidend dabei sei »der Rückgang des Verdichtungsverhältnisses von 7,8:1 auf 7,3:1, damit man auch mit normalem Benzin fahren kann. In dieser Form entwickelt der Motor 74 SAE-PS (66 DIN-PS): 23 Prozent mehr Leistung als beim weiterentwickelten 1600er-Motor. Das verändert die Performance des Fahrzeugs, sorgt für mehr Beschleunigung in allen Gängen und eine ziemlich respektable Höchstgeschwindigkeit sowie eine vernünftige Reisegeschwindigkeit«. Und da steht noch mehr:

»Das Fahrzeug mit seiner umfangreichen Karosserie ist, was Leistung anbelangt, den früheren 1500er- und 1600er-Modellen weit voraus. Ein kurzer Vergleich mit dem Test des Jahres 1968 zeigt es uns (in imperialen Maßeinheiten):

	1600	1700
0–60	–	23,4
¼ Meile	25,5	21,4
Geschwindigkeit	61,8	76,0

Zusätzlich ist die Kletterfähigkeit stark verbessert. […]

▲ Die Fahrzeuge des Modelljahrs 1972 erkennt man an den größeren ausgestellten Lüftungsschlitzen oben am Heck und den viel größeren Rücklichtern, die allerdings auf diesem Bild eines Kombis nicht zu sehen sind. Im darauffolgenden Jahr kam es zu signifikanten Veränderungen, sodass man diesen »Zwitter«-Transporter leicht identifizieren kann.

▼ In der Zeit der zweiten Transportergeneration waren gestellte Actionfotos noch nicht so häufig wie statische Porträts von Fahrzeugen. Der Kenner sieht, dass der Kleinbus L dem 1972er-Modelljahr angehört, denn er hat perforierte Räder und klobige Leuchteneinheiten hinten.

Es mag überraschen, dass der 1700-cm^3-Motor mit dem Doppelvergaser erheblich sparsamer fährt.«

Die Werbetexter von Volkswagen, die die Aufgabe zugewiesen bekamen, der Welt vom neuen 1700er-Motor zu berichten, machten ihre Sache gut. Sie sprachen nämlich nicht nur von den Kennziffern des Antriebsaggregats, sondern verbanden ihre Geschichte auch klug mit technischen Aspekten der Transporterentwicklung, die man leicht hätte übersehen können. Man nehme dieses Beispiel vom August 1971:

»Fahren Sie den VW Transporter – jetzt sogar schneller.

Einige Nutzfahrzeuge von VW sind mit dem 1,7-Liter-Motor mit 74 SAE-PS (66 DIN-PS) gegen Aufpreis zu bekommen. Er beschleunigt das Auto von Null auf 80 km/h in rund 18 Sekunden. Nicht dass wir daraus einen Sportwagen machen wollten. Nur das bisher zuverlässigste Nutzfahrzeug. Ein großer Motor läuft mit weniger Anstrengung als ein kleiner. Und er hält etwas länger. Im vergangenen Jahr haben wir beim Transporter eine ganze Reihe technischer Verbesserungen angebracht. Länger haltende Bremsen, Verstärkungen an der Bodengruppe und am Heck, die wiederum die Lebensdauer des Chassis erhöhen. Allein elf grundlegende Veränderungen garantieren die Verwindungssteifigkeit selbst unter extremer Belastung. Der Transporter von VW hat also keine Schwierigkeiten, die Mehrbelastung durch den leistungsstärkeren 74 SAE-PS-Motor aufzunehmen. Dazu kommen weitere Verbesserungen beim Vergaser und der Zündung. Sie sorgen für saubere Luft. Sie mögen schon viele Nutzfahrzeuge gefahren haben. Aber Sie haben sicher noch keines wie dieses gefahren.«

Ein besonderer Punkt im obigen Text bezieht sich auf das »verstärkte Heck«. Um den kompakten, aber doch breiteren 1700er-Motor einzubauen, musste der Motorraum erheblich verändert werden. Der Träger unter der Motorgruppe war nun verschweißt und nicht mehr mit Bolzen befestigt, die man lösen konnte, wenn man den Motor ausbauen musste.

Viele Fans werden wissen, dass jeder Käfer, der von Oktober 1952 bis März 1953 gebaut wurde, den Spitznamen »Zwitter« trägt. Der Käfer wurde im Oktober 1952 ausgiebig modernisiert, mit einem neuen Armaturenbrett, extrabreiten Zierleisten und größeren gedrungeneren Stoßstangen, um nur drei Veränderungen zu nennen. Aber die Entfernung des Metallstegs zwischen den beiden geteilten Heckscheiben, die im März 1953 geschah, war viel bedeutsamer, um allein vom Äußeren her das neue Modell vom alten sofort unterscheiden zu können. Zwischen August 1971 und dem Beginn des Modelljahrs 1972 erhielt der Transporter ein ähnliches zwittriges Aussehen, bevor er im darauffolgenden Jahr ernsthaft überarbei-

▲ ▶ **Diese beiden Bilder des Lieferwagens aus dem Jahre 1972 zeigen ganz deutlich die Änderungen in der Spezifikation: größere Luftschlitze und größere Heckleuchten. Die Frontpartie hingegen blieb unverändert.** *(BS)*

E56
E54
E52
E50
Hier nicht rauchen

◀ **Man vergleiche dieses Bild der Montagehalle mit dem Bild auf Seite 172. Die Transporter auf diesem Bild entstanden nach der Überarbeitung des Modells im August 1972.**

▼ **In den 1970er-Jahren war es noch nicht die Regel, dass Werbefotos in Farbe aufgenommen wurden. Man vergleiche dieses Bild mit dem Schwarz-Weiß-Foto auf Seite 202.**

tet wurde. Um die Extrabedürfnisse des neuen 1700er-Motors zu befriedigen, vergrößerte man die früher unauffälligen Schlitze für die Kühlluft an den Seiten oben am Heck und gab der Konstruktion eine recht hervorstehende Form. In der Zwischenzeit waren auch die neuen Schlussleuchten erheblich größer geworden, was eine leichte Bearbeitung der umgebenden Karosserie notwendig machte. Ein durchsichtiger Bereich unten an der Leuchteneinheit konnte Rückfahrleuchten aufnehmen, wenn sie in der Spezifikation vorgesehen waren. Beide Merkmale baute man dann in die überarbeitete Transporterversion des folgenden Jahres ein.

September

Am 3. September läuft der 3 000 000. Transporter in Hannover vom Band, nur dreieinhalb Jahre nach dem 2 000 000. Stück.

1972

August

Im Gefolge des 1700er-Motors erhält der Transporter der zweiten Generation die einzige größere Überarbeitung innerhalb seiner zwölfjährigen Produktionszeit; sie gilt für das Modelljahr 1973. Der große Unterschied im Aussehen führt dazu, dass die älteren Transporter als 2a und die neuen Modelle als 2b bezeichnet werden. Bei der ganzen Aufregung um das abweichende Äußere übersehen die meisten einen der wichtigsten Aspekte, nämlich die Neugestaltung des Kabinenbodens. Er wird zu einer Knautschzone, die sich bei einem Frontalzusammenstoß ziehharmonikaartig verformt. Die Texter von Volkswagen wollen aber anderes mitteilen: »Dieses Jahr haben wir die Stoßstangen verstärkt, die Blinker nach oben versetzt, sodass die Leute sehen können, wohin sie fahren. Und wir haben die Trittstufe ins Türinnere verlegt. Das VW-Emblem ist nicht nur fürs Aussehen da. Es bedeutet auch etwas. Handwerkskunst, Zuverlässigkeit, Sparsamkeit und Qualität.«

Der Transporter bekommt hinten wie vorn kastenförmige Stoßstangen wie die Käfer vom Modelljahr 1968 an (mit Ausnahme von 1200 Einheiten). Die vorderen Blinker sitzen am äußeren Ende des Lüftungsgitters in der Frontpartie und sind nun stärker viereckig und größer als bei den Vorgängern. Die Behauptung der Firma, sie seien nun besser zu sehen, mag etwas deplatziert erscheinen, denn der allgemeine Trend der Firma ging dahin, die Blinker eher tiefer als höher zu setzen. Selbst der Käfer folgte dieser Entwicklung, weil Blinker an den Stoßstangen vom Modelljahr 1975 an zur Norm wurden. Warum die Firma Volkswagen ihr

◀ Der überarbeitete Transporter in Lieferwagenausführung. Die Werbefotos von Volkswagen illustrieren alle bedeutenden Veränderungen beim neuen Modell.

▶ Der VW-Pritschenwagen in überarbeiteter Form. Volkswagen konstatiert in den Prospekten, die Sicherheit habe sich verbessert.

▼ Das ansprechend komponierte Motiv entstand einige Zeit nach dem Start des überarbeiteten Transporters. Auf einem einzigen Bild zeigt es alle Unterscheidungsmerkmale.

▲ **Der überarbeitete Pritschenwagen mit Spriegeln und Plane wird auf diesem zeitgenössischen Werbefoto gerade entladen.**

Emblem an der Frontseite des Transporters verkleinerte, bleibt ein Rätsel.

Nachdem die Käufer zwölf Monate lang um einen Zugang zum 1700er-Flachmotor gekämpft hatten, hielt es Volkswagen für angebracht, die Motorabdeckung mit einer Luke zu versehen. Damit war die Anordnung ganz ähnlich wie beim 411 und beim moderneren 412.

Mit Blick auf den amerikanischen Markt führte Volkswagen beim Transporter zur selben Zeit ein automatisches Dreiganggetriebe ein. Was bisher ein eher langsames Auto gewesen war, wurde nun noch gemütlicher.

1973

April

In Emden wird die Produktion des Transporters der zweiten Generation eingestellt.

August

Für das Modelljahr 1974 verbessert Volkswagen den größeren der beiden Transportermotoren ein zweites Mal in zwei Jahren. Die Firma tat das entweder in weiser Voraussicht oder notgedrungen. Es weist aber wohl darauf hin, dass viele weitere Automarken Volkswagen Konkurrenz machen wollten. Wie der 1700er-Motor ist der neue Antrieb mit 1796 cm^3, der 1800er-Flachmotor, aus der verbesserten Version des VW-411-Motors entstanden, der nunmehr als VW 412 bekannt ist. Den mageren Leistungszuwachs um 2 PS auf 68 PS erhält man durch Aufbohren des Zylinders von 90 auf 93 mm. Zunächst erscheint das nicht der Mühe wert. Volkswagen gibt als neue Spitzengeschwindigkeit 131 km/h an, rund 6 km/h mehr, und dabei stellt sich wiederum die Frage, ob sich das alles lohnt. Die eigentliche Antwort gibt uns das Drehmoment – und da ist der Zuwachs satt! Von 106,2 Nm bei 3200 U/min auf 125,7 Nm bei 3000 U/min.

Die Zeitschrift »Car South Africa« liefert eine prägnante Zusammenfassung für das 1800er-Modell und meint, es biete »mehr Dampf in normalen Fahrsituationen, ohne dabei mehr zu verbrauchen«. Hinsichtlich seiner tatsächlichen Beschleunigungswerte verhielte sich der neue Kombi zwar sehr ähnlich wie der 1700er, bewältige aber große Steigungen besser und verfüge über mehr Potenzial in Sachen Höchstgeschwindigkeit. So sei er der erste Kombi, der echte 80 Meilen pro Stunde (128 km/h) erreiche. Tatsächlich ließe sich der 1800er im dritten Gang auf 128 km/h hochziehen, sodass man mit ihm gut überholen oder auch eine große Steigung bewältigen könne.

Zunächst um den Gesetzen des Staates Kalifornien zu entsprechen, erhielten die Transporter, die dorthin exportiert wurden, eine Bosch-L-Jetronic-Benzineinspritzpumpe. Ab August 1974 und damit ab dem Modelljahr 1975 wurden alle Produkte, die nach Nordamerika exportiert wurden, damit ausgestattet.

Obwohl Volkswagen viel Zeit und Mühe investierte, um den Transporter der zweiten Generation für die

Insassen sicherer zu machen, trug die Werbung diesem Aspekt kaum Rechnung. Ein englischer Prospekt vom August 1972 trug als Überschrift »Mit mehr Sicherheit und höherer Geschwindigkeit«; doch der Text darin gab nur einen vagen Hinweis auf die Knautschzone: »Mehr Sicherheit wegen der neuen stärkeren Stoßstangen, mit einem Bereich vorn, der sich bei einem Aufprall verformt. Dazu kommen alle unsere alten Sicherheitsmerkmale, wie die Sicherheitslenksäule.« Die Händler erfuhren allerdings in ihren eigenen Unterlagen, was sich alles verändert hatte. Ihre Prospekte für die Vorschau enthielten alle Schlüsselmerkmale für das Modelljahr und auf der Innenseite des Umschlags hinten einen detaillierten Text:

»Die Sicherheit für den Fahrer und die Passagiere wurde durch neue Stoßstangen vorn und hinten erhöht. Wir bringen sie nun in der international empfohlenen Höhe an. Sie enthalten ein neues verformbares Element, das die passive Sicherheit erheblich verbessert. Hinter den vorderen Stoßstangen befindet sich ein energieabsorbierendes Kastenprofil, das zusammen mit dem verstärkten Rahmen der Tür eine effiziente Knautschzone bildet.«

Viel genauer und für alle zu lesen war die folgende Information aus »Fact Analysis«, einem detaillierten Handbuch für Nutzwagenkäufer, herausgegeben von der Marketingabteilung der Volkswagen GB Ltd und publiziert 1977:

»Das Volkswagenwerk in Deutschland hat über Jahre hinweg intensive Forschungen zur Sicherheit betrieben. Daraus ergaben sich ein spezielles Sicherheits-Lenksystem und Verbesserungen bei der Gestaltung der Vorderfront, vor allem als Schutz bei Kollisionen. Der VW Transporter war eines der ersten industriell produzierten Fahrzeuge, das über eine im wörtlichen Sinn eingebaute Sicherheit verfügte. Das Fahrzeug entspricht der heutigen Gesetzgebung im Hinblick auf die Sicherheit. Vorn, direkt hinter der Stoßstange befindet sich ein verformbares Element, das bei einer Kollision einen Teil der frei werdenden Kräfte aufnimmt. Die weiteren Kräfte werden an V-förmige Deformationselemente vorn im Kabinenboden weitergeleitet. Diese schrittweise Absorption führt zu einer Verkleinerung der anfänglichen Kräfte. Darüber hinausgehende Kräfte werden an den Mittelteil des Fahrzeugs weitergeleitet. So bleibt der Boden in der Kabine verschont.

Das Fahrzeug verfügt über ein Sicherheits-Lenksystem. Wenn der Fahrer nach vorn gegen die Lenksäule katapultiert wird, kippt sie um, sodass das verhältnismäßig große schüsselförmige Lenkrad auf dem Oberkörper des Fahrers liegt. Eine flache Stange zwischen der vorderen Wand der Fahrerkabine und dem oberen Teil der Lenksäule gibt an einem vorausbestimmten Punkt nach, sodass die Lenksäule nach vorn kippen kann […] Stoßsichere Schlösser und feste Scharniere verhindern, dass die Türen bei einem Unfall aufgehen. Die Türen sind zusätzlich durch Profile verstärkt, sodass

▲ Der Pressetext zu diesem Werbefoto des Jahres 1973 liest sich wie folgt: »Der Kleinbus ist ein großer Personenkraftwagen. Und er fährt sich auch wie ein Pkw. Er ist für die Passagiere wie für den Fahrer äußerst bequem. Sein hoch effizientes Heiz- und Belüftungssystem wurde verbessert und sorgt für eine angenehme Atmosphäre. Das Modell ist nun auch mit einer automatischen Gangschaltung zu bekommen, und damit ist es ein vollwertiger Pkw.«

BS-EX 251
D-AM 604

◀ **Von den Bussen der frühen 1970er-Jahre gibt es viele Abbildungen. Auf diesem Bild sieht man, dass die Trennlinie zwischen der oberen und der unteren Farbe zunächst bei der Regenrinne des Dachs lag. Dann stieg sie bis zur Gürtellinie ab. Eine ungewöhnliche Farbkombination ergab sich aus schwarzem Dach und sierragelber unterer Karosserie. Die schwarze Farbe war aber beim Käuferpublikum überhaupt nicht beliebt.**

▼ **Man vergleiche dieses Bild mit dem Werbefoto links. Im August 1974 wanderte die seitliche Zierleiste beim Kleinbus L auf die Höhe der Türgriffe.**

sie als Aufprallschutz zwischen den Türsäulen dienen und die Energie einer Kollision in den Mittelteil des Fahrzeugs weiterleiten. Die Belüftungskanäle, die mit der Frontplatte verschweißt sind, sorgen dafür, dass die Front der Kabine auf voller Breite stabil bleibt.«

1974

August

Die einst recht individualistische Luxusversion des Kleinbusses wird etwas überarbeitet. Ausgehend vom schwer unterscheidbaren Modell des Jahres 1968, bei dem nur das Dach in der Kontrastfarbe Wolkenweiß lackiert war, bringt man beim Modell des Jahres 1971 eine auffällige Veränderung an, indem man die Farbtrennung in die Sickenlinie unter den Fenstern verlegt. Die Dachfarbe ist nun Pastellweiß. Im Lauf des Modelljahrs 1971 wurde auch Schwarz als Farbe für den oberen Teil der Karosserie möglich, zumindest für den einheimischen Markt. Doch diese Version gab man schnell wieder auf, weil sie nie Beliebtheit erlangte. Im Jahre 1974 bleibt diese Trennlinie zwischen den beiden verschiedenfarbigen Bereichen bestehen. Die begleitenden Zierleisten verlegt man aber nach unten, damit sie mit den Türgriffen auf gleicher Höhe liegen. Man fügt noch einen Gummistreifen in der Mitte hinzu. Am Heck ist die Leiste unterbrochen. In den letzten Jahren der zweiten Generation des Kleinbusses L kommen noch weitere Optionen hinzu.

1975

Juli

Am 9. Juli läuft der 4 000 000. Transporter vom Band. Für diejenigen, die ein Interesse an Statistik haben, sieht die Aufteilung nach Modellen folgendermaßen aus: 1 667 000 Lieferwagen und Pritschenwagen, 1 413 000 Kombis, 920 000 Kleinbusse und Krankenwagen.

August

Die letzte größere Überarbeitung der zweiten Generation kommt in Form einer weiteren Verbesserung der Motorleistung. Dieses Mal geht es um einen 2,0-Liter-Motor. Er stammt nicht vom VW 412, der gar nicht mehr produziert wird, sondern von einem gemeinsamen Projekt, dem

T 831.924

▲ **Der Silberfisch war ein Sondermodell des Achtsitzers Bus L mit Silbermetallic-Lackierung und marineblauer Polsterung. Er war besonders gut ausgestattet und besaß viele Extras, darunter etwa einen Tageskilometerzähler, eine Uhr, ein verschließbares Handschuhfach, ein Radiogerät, eine beheizbare Heckscheibe und einen verschließbaren Tankdeckel. Er war für den europäischen Markt bestimmt und kam im Juni 1978 auf den Markt, verschwand im November allerdings wieder.**

◄ **Ein Bus L aus der Zeit nach August 1974 im ländlichen Deutschland.**

VW Porsche 914 mit Mittelmotor. Dieser stärkste aller luftgekühlten Motoren mit 1970 cm³ Hubraum bietet den Käufern des Transporters 70 PS bei 4200 U/min. Bohrung und Hub werden auf 94 x 71 mm erhöht. Eine Höchstgeschwindigkeit von 144 km/h erscheint durchaus realistisch – egal was die offiziellen Zahlen von Volkswagen berichten.

Die Zeitschrift »Safer VW Motoring«, die sich früher einmal unabhängig mit allen Volkswagenbelangen in Großbritannien beschäftigte, zeigte sich vom letzten Modell in der Reihe der großen Motoren beeindruckt. Über ihre generelle Einschätzung des Fahrzeugs haben wir schon berichtet. »Car South Africa« hingegen zeigte nicht mehr dieselbe Begeisterung wie in der Vergangenheit: »Bei reinen Leistungstests, wie etwa bei Beschleunigungsfahrten, erschien der größere Motor nicht viel stärker als der 1800er […] Selbst mit einem Hubraum von 2 Litern und einer guten Verteilung des Drehmoments liefert der umfangreiche Zehnsitzer keine überzeugende Leistung ab.« Der Trost für ängstliche VW-Vorstände kam dann aber in einem späteren Absatz: »Die Beschleunigung in den verschiedenen Gängen, besonders im vierten, wurde beim neuen Modell erheblich verbessert, und auch die Kletterfähigkeit zeigt eine deutliche Steigerung.«

1979

Bisher glaubte man, die deutsche Produktion der zweiten Transportergeneration sei Ende Juli eingestellt worden. Aber einige Fahrzeuge wurden noch nach den Werksferien und somit bereits im nächsten Modelljahr gebaut. Das allerletzte Stück mit der Aufschrift »Der letzte Typ 2 der 2. Generation« an der Front wurde im Oktober in Hannover vorgeführt.

Der Vierradantrieb wurde während der dritten Transportergeneration ein wichtiger Teil der Ausstattung. Es wurden aber auch einige Transporter der zweiten Generation mit Offroad-Qualitäten gebaut und stießen in der Firma auf großes, wenn auch noch inoffizielles Interesse. Mehr als einer der fünf Prototypen hat bis auf den heutigen Tag überlebt. Der Nachwelt blieben auch zahlreiche Werbefotos zu diesem Thema erhalten.

Nach dem Ende der Produktion in Deutschland

Auf britischen Straßen kann man immer wieder offensichtlich neu zugelassene Transporter der zweiten Generation, vor allem Camper, sehen. Sie fallen sogar jenen auf, die mit der Markengeschichte von VW nicht vertraut sind. Nun ist die Produktion in Deutschland schon vor vielen Jahren zu Ende gegangen. Und wenn man einmal ein geparktes Modell aus der Nähe betrachtet, fallen einem dann doch einige erhebliche Veränderungen am sonst gewohnten Aussehen auf. Und anhand solcher Modifikationen kann man den Wagen einem der Autowerke außerhalb Deutschlands zuordnen. Die üblichen Verdächtigen sind Mexiko und Brasilien, und ab 2009 ist die Vermutung Brasilien tatsächlich die richtige. Ein merkwürdiger kühlerartiger Vorbau an der Front deutet darauf hin, dass sich das Modell im Lauf der Jahre tiefgreifender veränderte, als dies ein paar abweichende Details an der Karosserie vermuten lassen. In Großbritannien lautet das Rezept folgendermaßen: Man kaufe entweder einen Danbury Rio oder einen Danbury Diamond Camper in einer der drei Ausstattungsvarianten Picknick, Classic oder SE, und man bekommt einen Transporter der zweiten Generation, gebaut in Brasilien und ausgestattet mit einem 78 PS starken wassergekühlten 1,4-Liter-Motor mit Benzineinspritzung, der dem Polo entlehnt wurde. Dieser Motor, und das kann nicht überraschen, ist mit einer elektronischen Zündung ausgestattet. Zum Standard zählen servoverstärkte Scheibenbremsen vorn und Trommelbremsen hinten. Den Namen Danbury kaufte übrigens die unabhängige Firma, die einige Jahre lang erfolgreich den ursprünglichen in Mexiko gefertigten Beetle einer kleinen, aber von Leidenschaft getragenen Kundschaft verkaufte.

Brasilien baute den Transporter der ersten Generation bis zum Jahre 1975 und lieferte ihn in CKD-Form auch nach Südafrika. Wir haben darüber bereits auf den Seiten 162 bis 166 berichtet. Die Südafrikaner bauten die Fahrzeuge zusammen und verkauften sie als Sparmodelle unter dem Markennamen Fleetline. Im Jahre 1975 führte Brasilien eine Art Zwittermodell ein. Es sah von vorn fast wie ein Transporter der zweiten Generation, von der Seite und von hinten aber wie ein früheres Modell aus.

▲ ▶ Die brasilianischen Modelle der zweiten Generation zeigten stets viele eigentümliche Merkmale. Man beachte, dass hier die Eckfenster der Sonderausführung des Kleinbusses der ersten Generation weiterlebten. Die Anordnung der Seitentüren war eigenartig. Die spätere europäische Front passte zu den älter wirkenden runden Stoßstangen, die nicht zu einer Trittstufe ausgezogen waren.

◀ Von 1997 an sah der in Brasilien gebaute Transporter älteren deutschen Modellen viel ähnlicher und umfasste Merkmale, die er von mexikanischen Versionen übernommen hatte, etwa das erhöhte Dach. Dies war einer der allerletzten Transporter mit einem luftgekühlten Motor. 200 Silver-Line-Modelle wurden zum Abschluss dieser Ära gebaut. Die grün getönten Fenster waren zu jener Zeit ein kostenpflichtiges Extra.

Von der europäischen Modellperspektive aus gesehen mögen diese Autos merkwürdig erscheinen. Aber sie hatten als Transporter wie als Kleinbusse einen großen Erfolg in Brasilien, übrigens bis zum Jahre 1997.

Wenn man Werbeprospekte aus den frühen Tagen des vermeintlich neuen Modells durchblättert, sieht man, dass die Modellpalette aus einem Lieferwagen und einem Pritschenwagen sowie zwei Versionen des Kombi mit Möglichkeiten zum Transport von Passagieren bestand: dem Kombi Standard und dem Kombi De Luxe. Einige Zeit später nahm man eine Umbenennung vor und verwendete den Begriff Micro Bus für die luxuriösere Variante. Den Namen Kombi behielt man bei für ein Fahrzeug, dessen Sitze man entfernen konnte und dessen Heck jeder Schmuck fehlte. Um diese Zeit kam auch der Pick-up mit Doppelkabine zum Sortiment dazu.

Von vorn gesehen zeigte der brasilianische Hybrid einige Merkmale späterer deutscher Modelle: Die Blinker zum Beispiel lagen neben dem stets mattschwarzen Kühlluftgrill. Das kleine runde VW-Emblem lag weiterhin vorn, bestand aber nicht mehr aus einem aufgesetzten separaten Stück, sondern war in die Karosserie eingeprägt. Die Stoßstangen waren vom runden Typ, wie bei früheren deutschen Modellen, aber es fehlte ihnen die seitlich umlaufende Verlängerung und die darin eingebaute Trittstufe. Das Heck im Stil der ersten Generation umfasste Leuchteneinheiten, wie sie nach August 1971 aufkamen.

Die Kombis und der spätere Micro Bus besaßen die gewölbten umlaufenden Eckfenster, die man in Deutschland entfernt hatte, als man in den frühen 1960er-Jahren das große Heckfenster und die Heckklappe einführte. An den Fahrzeugseiten fielen zunächst die gewölbten Radkappen auf, doch später ersetzte man sie durch flachere Exemplare. Die Schiebetür glänzte durch Abwesenheit; dafür gab es die Doppeltüren der ersten deutschen Transportergeneration, die sich nach außen öffneten. Der Kombi Standard und später der Micro Bus besaßen die vier fast quadratischen neuen Fenster der Sonderausführung des deutschen Kleinbusses der ersten Generation. Aber sonst galten für den Kombi De Luxe ganz eigene Gesetze. Er hatte drei ungleichmäßig verteilte Seitenfenster und dahinter einen längeren Blechabschnitt. Seine auffälligste Besonderheit aber waren die beiden sich nach außen öffnenden und vorn angeschlagenen Türen des Passagierraums, die von einem Metallträger in der Mitte senkrecht geteilt wurden. Auf den ersten Blick sah das ohne Frage merkwürdig aus. Die Logik der Anordnung wird einem erst klar, wenn man den Passagierraum des Fahrzeugs mit den unbeweglichen, fest verankerten Sitzbänken in voller Länge in Betracht zieht.

Es ist eine merkwürdige Eigenschaft vieler brasilianischer Werbeprospekte, dass jede Seite eine Spalte auf Englisch enthält. Im folgenden Ausschnitt lesen wir, was Volkswagen Brasilien über den Kombi De Luxe zu sagen hatte. Er ist sehr kurz und lässt vermuten, dass die Anordnung der Tür für diesen Markt nicht so ungewöhnlich war, dass man sie hätte erklären müssen:

»Der Kombi De Luxe ist perfekt für neun Personen. Er kann die größten Entfernungen zurücklegen, ohne dass die Reise unbequem wird. Er ist mit allem Komfort ausgestattet, ein sicheres und sparsames Fahrzeug. Er hat eine große Panorama-Windschutzscheibe, Stoßstangen mit einem besonderen Stöße absorbierenden Material und eine Rückfahrleuchte, die in die Rückleuchte integriert ist. Das Handschuhfach hat eine Klappe, und der Rückspiegel ist abblendbar. Der Kombi De Luxe verfügt auch über eine regulierbare Frischluftzufuhr und eine Innenraumheizung. Er ist mit Servobremsen ausgestattet, einer Doppelgelenkachse hinten und einem 1,6-Liter-Motor.«

Ein Ausschnitt aus einer späteren Broschüre bestätigt uns, dass der Kombi De Luxe nicht ganz aufgegeben wurde, als der Micro Bus neu zum Sortiment stieß. Er wurde nur zu einer weiteren Option. Und wenn die Mathematik nicht zu stimmen scheint, so sollte man bedenken, dass die Heckklappe nicht in die Berechnungen mit eingeflossen war: »Nun kennen Sie die Vorteile des Transporters. Wählen Sie den aus, der ihren Bedürfnissen am ehesten entspricht – VW Micro Bus als Vier- und Sechstürer, VW Kombi, VW Lieferwagen oder VW Pick-up.«

Alle brasilianischen Transporter besaßen einen 1600er-Motor mit ähnlichen, aber nicht notwendigerweise identischen Eigenschaften wie der Transporter der zweiten Generation aus Hannover. Mit einer Bohrung und einem Hub von 85,5 x 69 mm und einem Verdichtungsverhältnis von 7,2:1 lieferte der Motor mit seinen 1584 cm^3 Hubraum maximal 48 PS bei 4000 U/min.

Der Pick-up, auf den wir bisher noch nicht eingegangen sind, besaß eine Besonderheit. In europäischen Begriffen würde man sie als verbreiterte Ladefläche bezeichnen. Doch sie stimmte mit dem deutschen Vorbild nicht genau überein, denn jeder Bereich der Nutzfläche, auch die senkrechten Wände, beweglich oder unbeweglich, waren mit Holzleisten ausgekleidet. Ein hübsches Merkmal war auch das auffällige VW-Emblem auf dem Heckteil, das man herunterklappen konnte.

Im Jahre 1981 erfuhr der brasilianische Transporter eine leichte Überarbeitung. Dabei ersetzte das Lenkrad der dritten deutschen Generation die ältere Version. Viel bedeutsamer war aber, dass Scheibenbremsen an den Vorderrädern die Trommelbremsen ersetzten. Zu den Optionen stieß ein Pick-up mit Doppelkabine. Dieses Fahrzeug hatte nach europäischen Vorstellungen eine Standard-Ladefläche und nicht die verbreiterte Version des brasilianischen Einzelkabinenfahrzeugs. Die größte Nachricht jenes Jahres war jedoch die Einführung des wassergekühlten Dieselmotors.

Man konnte diesen Diesel nur als Extra für den Lieferwagen und den Pick-up bekommen. Der Einbau

des notwendigen Kühlers verunstaltete aber die Front. Er sah wie ein aufgenieteter Kasten zwischen den Scheinwerfern aus und war immerhin so groß, dass er sich vom Bereich direkt unter den Luftschlitzen bis zur Stoßstangenkante erstreckte. Dieser Kühler war in Schwarz gehalten mit einem sehr kleinen VW-Logo und dem stärker hervortretenden kursiven Schriftzug DIESEL in Großbuchstaben. Das Design – oder vielmehr: dessen Fehlen – verschönerte nicht gerade das Aussehen dieses Transporters. Der 1588-cm³-Reihenmotor leistete bei 4500 U/min maximal 50 PS und hatte ein Verdichtungsverhältnis von 23,5:1. Volkswagen gab als Maximalgeschwindigkeit 108 km/h an. Dieser Diesel hatte eine verhältnismäßig kurze Existenz. 1985 strich man ihn zusammen mit dem Doppelkabinen-Pick-up aus dem Angebot, weil keine Nachfrage bestand.

Im Lauf des Jahres 1997 erhielt der brasilianische Transporter mehr als nur einen Facelift: Er begann damals, fast 20 Jahre nach dem Ende der Produktion in Deutschland, dem T2 einigermaßen zu gleichen. Der auffälligste Unterschied war ein leicht erhöhtes Dach, das man dem mexikanischen Modell entliehen hatte. Zu jener Zeit bezeichnete man alle Modelle als Kombis, obwohl anfänglich sechs Versionen zur Verfügung standen. Eine davon, der Pick-up, wurde 2000 aus dem Programm genommen. Abgesehen von einem Lieferwagen, einem Schulbus und einem Krankenwagen, würden die meisten Menschen die beiden verbleibenden Modelle tatsächlich als Kombis bezeichnen. Einer davon war der Kombi Zwölfsitzer, der andere der Kombi Standard. Es standen zwei Motoren zur Verfügung, und einer davon lief mit

▲ Der brasilianische Transporter mit dem Dieselmotor. Man beachte die gewölbten Radkappen bei diesem Modell des Jahres 1982!

▶ Obwohl diese Aufnahme des Lenkrads und des Armaturenbretts von 1997 stammt und zum Fahrzeug auf Seite 220 gehört, merkt der Kenner sofort, dass es sich um einen Transporter der zweiten Generation handeln muss.

Werbefotos der brasilianischen Version der zweiten Transportergeneration. Der Kombi sieht für europäische Augen doch sehr merkwürdig aus, der Diesel-Pick-up ausgesprochen hässlich!

◀ ▼ ▶ **Die letzten brasilianischen Modelle wurden von einem 78 PS starken wassergekühlten 1,4-Liter-Motor mit Benzineinspritzung angetrieben, wie er auch in den brasilianischen VW Fox eingebaut wurde und in einigen Polo-Modellen erhältlich war. Diese Transporter zeigen immer noch Merkmale aus der Zeit vor 40 Jahren. Zugang zum Motor bekommt man entweder über eine Heckklappe unten oder über eine Luke im hinteren Gepäckbereich.**

Methanol. Merkwürdigerweise wurden alle Kombis weiß lackiert, bis auf einen Tag im Monat, wenn die Lackierabteilung zu Silber überging.

Um zum Anfang zurückzukehren: Die Danbury-Modelle, die man in Großbritannien kaufen kann, repräsentieren die letzte Wendung in der Produktgeschichte des brasilianischen Transporters. Der luftgekühlte Motor wurde im November 2005 durch einen wassergekühlten ersetzt. Damit verbunden war die Wiederkehr des hässlichen, wenn auch leicht stilistisch überarbeiteten Kühlers an der Fahrzeugfront.

Die Produktionszahlen dieses bemerkenswertesten aller Zweigwerke von Volkswagen waren ziemlich eindrucksvoll. Aber sie spielten natürlich nicht in derselben Liga wie Hannover. Volkswagen befand sich einige Jahre lang in der beneidenswerten Lage, den brasilianischen Markt zu dominieren, wobei sehr vernünftige Preise eine Rolle spielten! Von den 51 239 Transportern des Jahres 1978 ging die Zahl jedes Jahr etwas zurück. Sie erreichte im Jahre 1981 35 437 Einheiten und stieg im darauffolgenden Jahr auf erstaunliche 45 339. Doch diese Wiederbelebung war nur von kurzer Dauer. 1983 erreichte die jährliche Produktion nur 21 845 Wagen, und in den nächsten zehn Jahren gab es keine großen Veränderungen. 1993 betrug die Produktion 35 168 Einheiten; dann wuchs sie wieder. 1996 erreichte sie mit 55 481 Fahrzeugen ihren Höhepunkt. Merkwürdigerweise halbierten sich die Verkäufe des brasilianischen Transporters, als er wie ein echter Transporter der zweiten Generation auszusehen begann – sodass ihn ein Durchschnittseuropäer sofort als solchen erkannt hätte. Im Jahre 2000 lag die Jahresproduktion nur noch bei 20 156 Einheiten, und in den darauffolgenden Jahren fiel sie auf das Allzeittief von 9708 Einheiten. Vielleicht war das die Reaktion potenzieller Käufer darauf, dass ein derart antiquiertes Design überarbeitet statt einfach ersetzt wurde. Jedenfalls nahm sich Volkswagen das nicht zu Herzen, wie wir wissen. Man muss sich wirklich fragen, ob es wie im Fall des mexikanischen Käfers nur einen Faktor gibt, der ein Modell zum Verschwinden bringt, nämlich Umstände, die außerhalb der Kontrolle von Volkswagen liegen, wie etwa neue gesetzliche Bestimmungen.

Nach dem Ende des Fleetline fand das brasilianische Zwittermodell auch den Weg nach Südafrika. Es wurde als Kombi 1600 verkauft, »als der bei Weitem preiswerteste Zehnsitzer im ganzen Land«. Selbst seine altmodischen, sich nach außen öffnenden Türen wurden gelobt: »Steigen Sie durch die robusten weiten Schwingtüren an der Seite ein!«

Die mexikanische Fabrik in Puebla war der zweite Ort, wo das Leben der zweiten Transportergeneration über das Produktionsende in Europa hinaus für lange Zeit weiterging. Obwohl das Aussehen der ersten Generation erst am letzten Tag des September 1971 endgültig verschwand, zeigte zumindest das neue Modell eine bemerkenswerte Ähnlichkeit zu seinem deutschen Gegenstück. Wer einen mexikanischen Prospekt aus jener Zeit durchblättert, könnte selbst als VW-Fan zur Annahme verleitet werden, die abgebildeten Fahrzeuge seien entweder ganz in Deutschland gebaut oder als CKD-Kits nach Mexiko geliefert worden.

Bis 1987 wurden der Combi – man beachte die Schreibweise – und der Panel, um diese Fahrzeuge bei ihrem einheimischen Namen zu nennen, vom vertrauten 1600-cm³-Motor angetrieben. Selbst wenn man die Landessprache nicht beherrscht, kann man den unten angegebenen Zahlen zweierlei entnehmen: Erstens, wies der Motor ein niedrigeres Verdichtungsverhältnis auf, um auch mit Treibstoff zu laufen, der weder europäischem noch amerikanischem Standard entsprach, und zweitens handelte es sich nicht um die stärkere Version mit Doppelansaugkanälen, die in Deutschland erstmals für das Modelljahr 1971 produziert wurde:

»Cilindrado	1584 cm³
Diámetro	85,5 mm
Carrera	69 mm
Compresión	6,6:1
Potencia	34 kW a 4000 rpm (DIN) 44 CP a 4000 rpm (SAE-neto) 46 CP a 4000 rpm (DIN)
Par motor máximo	100 Nm a 2000 rpm (DIN) 72,5lbft a 2200 rpm (SAE-neto)«

Im Jahre 1978 bekam der mexikanische Transporter den 75-PS-Motor des Golf. Da waren die Designer gefragt, und wie beim brasilianischen Modell war das Ergebnis ein hässlicher Kühler vorn über der Stoßstange. Diese wurde zur selben Zeit umgestaltet. Dem Trend der Zeit entsprechend, bestanden die neuen und ziemlich kräftigen Stoßstangen aus Kunststoff und passten überraschenderweise zu dem Oldtimer. Die moderne Radgestaltung, vergleichbar mit der des neuen Passat und Golf, sah ebenfalls durchaus nicht deplatziert aus bei dem teureren Modell Caravelle. Wenn irgendetwas nicht passte, dann war es wohl eher die Digitaluhr im traditionellen Armaturenbrett.

Von 1991 an bekam der mexikanische Transporter das erhöhte Dach, das wir schon beim brasilianischen Modell beschrieben haben. 1992 erfuhr der Motor eine weitere Verbesserung, diesmal mit einem Hubraum von 1,8 Liter und einer Benzineinspritzung. Er entwickelte damit durchaus interessante 85 PS bei 5400 U/min. Bohrung und Hub lagen bei 81 x 86,4 mm, und das Verdichtungsverhältnis betrug 8,5:1.

Die mexikanische Produktion der zweiten Transportergeneration kam 1995 zum Stillstand, nach 253 926 gefertigten Einheiten. Einige weitere Jahre konnten Mexikaner den Transporter der zweiten Generation von ihrem örtlichen VW-Händler bekommen, sofern sie mit der brasilianischen Herkunft einverstanden waren. 30 Jahre nachdem der erste Transporter der zweiten Generation auf mexikanischen Straßen aufgetaucht war, wurde auch der Import der brasilianischen Modelle eingestellt.

▶ Im Lauf der Jahre modernisierte das mexikanische Werk langsam, aber beständig das Aussehen des Transporters. Die beiden Bilder stammen aus dem Jahre 1991. In dieser Zeit wurde das Dach stark verändert, und die Fahrzeuge bekamen einen wassergekühlten Motor. Daher stammt der entstellende Kühlergrill an der Fahrzeugfront. Der Lieferwagen hieß in Mexiko Panel, der Passagiertransporter Caravelle. Auch der Combi war noch zu bekommen.

▼ Dieser mexikanische Transporter mit der Bezeichnung Combi sah den in Hannover produzierten Modellen der zweiten Generation sehr ähnlich.

Caravelle.

Reisen mit dem Transporter

▼ **Erna Blenck zeigt, wie viel ihr VW Transporter aufnehmen kann. Das Bild wurde vor dem Beginn einer der vielen Reisen gemacht, die sie mit ihrem Mann durch Südafrika unternahm. Beide waren Reiseschriftsteller.**

Schon in seinen ersten Tagen übte der Transporter auf viele unerschrockene Globetrotter eine große Anziehungskraft aus. Zu den Ersten, die dessen Potenzial als Fahrzeug für unabhängige Fernreisen erkannten, waren zwei Mitglieder der Familie D'Ieteren. Sie besaß eine Volkswagenvertretung in Brüssel mit der Bezeichnung »Anciens Etablissements D'Ieteren Frères«. Am 6. Oktober 1950 machte sich Pierre D'Ieteren mit drei Freunden auf eine 25 000 km lange Reise von Brüssel nach Belgisch-Kongo. Sie fuhren mit einem Kombi, der direkt aus der Fabrik kam, und mit einem Brezelkäfer. Über ihre Reise veröffentlichte Pierre ein Buch mit dem Titel »Images du Souvenir« (auf Deutsch: »Afrikanisches Fahrtenbuch«). Sie führte quer durch die Sahara, durch Nigeria, Kamerun und Gabun und schließlich in den Kongo. Beide Autos blieben regelmäßig im Schlamm oder in tiefem Sand stecken, doch das einzige echte Problem bestand in einem gebrochenen Drehstab in Nigeria. Die Männer kehrten im Januar 1951 nach Belgien zurück.

Als Nächste fuhr Pierres Mutter, die schon 65 Jahre alte frühere Rallyefahrerin Gabrielle D'Ieteren. Sie benutzte ebenfalls einen fabrikneuen Kombi, den sie Charlotte nannte, und fuhr damit in Gesellschaft des Journalisten André Villers der Ostküste Afrikas entlang. Die beiden starteten im Februar 1953 in Brüssel und erreichten 74 Tage danach Stanleyville in Belgisch-Kongo. Dabei hatten sie die Länder Tunesien, Libyen,

Ägypten, den Sudan, Äthiopien, Kenia und Uganda durchquert. Sie erlebten zahlreiche Abenteuer, darunter auch einen Einbruch in ihr Auto. Ohne es zu wissen, nahmen sie einen Mordverdächtigen mit. Einmal blieben sie so tief im Schlamm stecken, dass sie ihr gesamtes Gepäck auf Kamele umladen mussten. Trotzdem beurteilten sie ihr Fahrzeug als »ausgezeichnet«. Offensichtlich ließen sie es aber am Ende ihrer Odyssee in Stanleyville zurück. Vielleicht steht es dort noch irgendwo, man kann ja nie wissen: wenige Kilometer, eine Expertin als Vorbesitzerin ... Die Abenteuer von Gabrielle und André sind in ihrem Buch »L'Afrique Mouvante/ Afrika in beroering« (keine deutsche Ausgabe) beschrieben.

Die D'Ieterens waren ohne Zweifel die Pioniere von Langstreckenreisen mit dem Transporter. Sie wirkten in einem ziemlich wörtlichen Sinne bahnbrechend. Auf ihren Spuren folgten später viele Abenteurer und auch Forscher. Kurz nach den D'Ieterens verwendeten die Autoren und Fotografen Erna und Helmut Blenck einen Transporter für ihre Reise um Südafrika herum. Sie recherchierten dabei für verschiedene Bücher, darunter eines mit dem Titel »South Africa Today – A Travel Book«, veröffentlicht 1955 (auf Deutsch: »Südafrika heute. Wildnis und Wolkenkratzer – Land der

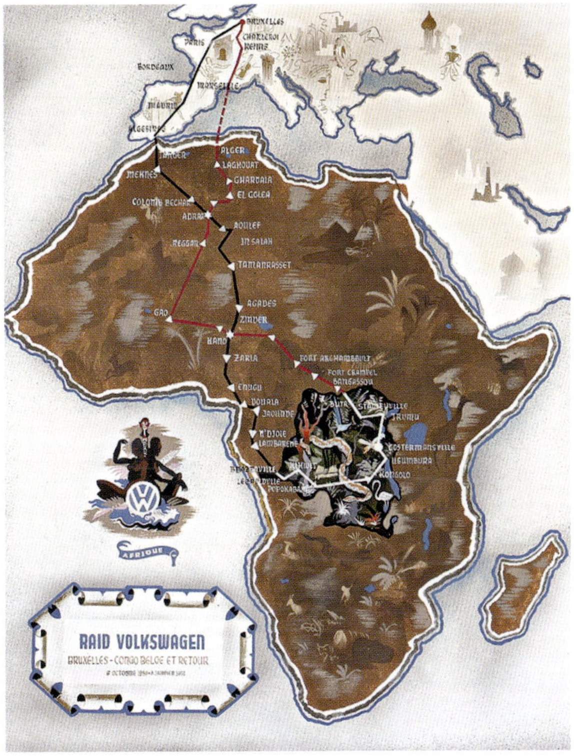

◀ **Die Karte zeigt den Verlauf der Reise, die Pierre D'Ieteren mit Freunden an Bord eines fabrikneuen VW Kombi 1950 unternahm. Über seine Abenteuer berichtete er in seinem Buch »Images du Souvenir«.** *(D'Ieteren Archive)*

▼ **Der VW Transporter »war für mich der Schlüssel zur Welt«, erklärte der deutsche Reiseschriftsteller Dieter Kreuzkamp.**

◀ **Der VW Kombi mit Sandblechen an den Seiten wird im Hafen von Algeciras nach Tanger verschifft. Er muss mit einem Kran an Bord gehoben werden.** *(D'Ieteren archive)*

Kontraste. Ein Reise- und Erlebnisbericht«). Sie sahen den VW so: »Wir Nomaden des 20. Jahrhunderts müssen keineswegs ganz auf Komfort verzichten – mit dem Transporter können wir ihn mitnehmen.«

Nicht allzu lange Zeit danach schrumpften solche monumentale Reisen jedoch zu Sprints, angesichts der Marathonexpedition, die die Schweizer Familie Mottiez mit ihrem kleinen Sohn Claude unternahm. Sie startete 1956 im Volkswagenwerk in Wolfsburg und legte auf ihrer Reise durch Europa, den Mittleren Osten, Indien, Australien, Afrika und Amerika 150 000 Meilen zurück. Der kleine Claude erhielt während der ganzen Reise Unterricht von seiner Mutter, lernte aber insgesamt wohl mehr dadurch, dass er auf dieser epischen Reise dabei war. Sie ging im Februar 1961 in San Francisco zu Ende.

Im Jahre 1959 plante ein Australier mit dem köstlichen Namen Mr. Thick eine regelmäßige Überlandverbindung zwischen Singapur und London. Dazu brauchte er ein zuverlässiges Fahrzeug; seine Wahl fiel auf einen VW Samba, den er »Waltzing Matilda« nannte. Er wollte dreimal im Jahr die Strecke fahren, und die Reise sollte 45 Tage dauern. Einer Ausgabe des Hausmagazins »VW Information« zufolge rief er nach der ersten Reise das Volkswagenwerk in Wolfsburg an, um seine »Zufriedenheit mit unserem Produkt zum Ausdruck zu bringen«. Wie lange dieser Busservice bestand, ist nicht bekannt.

Eine eher ruhige und stressfreie Reise unternahm das Ehepaar J. R. Humphreys um das Jahr 1960. Sie beschrieben sie in ihrem Buch »The Lost Towns and Roads of America« und präzisierten im Untertitel: »A Cross Country Tour in Search of America's Timeless Towns«. Für ihre Reise wählten die Humphreys einen VW Camper von Westfalia, weil »er alle Probleme mit der Übernachtung löste. Zu den Mahlzeiten bot er uns auch einen Platz, wo wir essen konnten«. Auf ihrer Reise von New Jersey nach Monterey in Kalifornien wollten sie die Freeways meiden und dafür die alten Straßen in Amerika benutzen. Dabei wollten sie Städte und Dörfer mit Namen wie Eagle Nest, Cave-in-Rock und North English wiederentdecken. J. R. sammelte alte Landkarten. Zusammen mit seiner Frau legte er in 45 Tagen 7484 Meilen zurück. Er folgte dabei den Straßen, »die überall durch die amerikanische Vergangenheit führten«.

William Stockdale war wohl vom Schicksal für eine Marathontour im Volkswagen vorausbestimmt, denn auf seiner Hochzeitsreise hatte er mit seiner jungen Frau die Vereinigten Staaten durchquert – zu Fuß! In den frühen

◀ **Einige Einheimische helfen Pierre D'Ieteren auf einem besonders schlammigen Abschnitt in Gabun, Zentralafrika.** *(D'Ieteren archive)*

1960er-Jahren hatten sie sechs Kinder und waren bereit für eine weitere Herausforderung – eine rund 10 000 Meilen umfassende Reise von Connecticut zur Halbinsel Baja California, diesmal nicht zu Fuß, sondern mit dem Station Wagon. Wie erwartet, war der schlimmste Teil des Trips die Straße durch Baja California. Stockdale nannte sie »Nordamerikas längste schlechte Straße«, obwohl sie dann doch »nicht durchweg schlecht war, doch 800 von den 1000 Kilometern waren eine extreme Tortur«. Obwohl er durch Schlaglöcher und über Felsblöcke fahren musste, kamen sie letztlich »ohne Probleme durch, höchstens mit einem platten Reifen«. Stockdale zeigte bei der New York Motor Show des Jahres 1963 einen Film über seine Reise mit dem Titel »Baja – The Road of No Return«. Keine Rückkehr würde es geben, sofern man eben, wie er betonte, nicht einen Volkswagen dazu nahm.

Es gab noch eine weitere amerikanische Familie, die eine ausgedehnte Reise mit einem Transporter unternahm. Reverend Van Halsema und seine Frau wohnten in Michigan und stammten ursprünglich aus den Niederlanden, wo sie auch noch Verwandte hatten. 1962 machten sie sich von Holland aus mit einem Kleinbus, den sie Redbus tauften, auf eine 15 000 Meilen weite Reise. Mit ihren fünf Kindern fuhren sie durch die Länder der Bibel und besuchten auch Damaskus und Jerusalem. Frau Van Halsema schrieb am Ende ein Buch über ihre Reise mit dem Titel »Safari for Seven«.

Die nächste Marathonreise in einem Transporter fand in Australien statt. 1966 legte Victor G. C. Norwood 8000 Meilen zurück und fuhr dabei fast um den ganzen Kontinent. Er kaufte dazu einen Bulli der ersten Generation von einem Botaniker. Dieser hatte den Kombi schon teilweise in einen Camper umgebaut, mit Koch- und Waschgelegenheit, einem Bett und einem 110 Liter fassenden Wassertank. Victor Norwood war Reisender, Entdecker und Glücksritter. Zuvor war er schon Schwergewichtsboxer und Ringer gewesen und hatte bei einem Streit mit brasilianischen Revolutionären zwei Finger verloren. In Australien wollte er Gold und

▲ **Der ramponierte, aber ungebeugte Kombi dient Pierre D'Ieteren und seinen Freunden in der Sahara als improvisierter Mittagstisch. Sie befinden sich hier auf der Rückreise. Man beachte die Dachabdeckung aus Glasfaser für die Wärmeisolierung und den Christbaum oben an der Frontscheibe – es war gegen Ende Dezember 1950.** *(D'Ieteren archive)*

◀ **Gabrielle D'Ieteren mit ihrem Kombi Charlotte bei einem Zusammentreffen mit Einheimischen in Südäthiopien. Wie im Buch »L'Afrique Mouvante« beschrieben, fuhr sie an der Ostküste Afrikas entlang bis nach Stanleyville.** *(D'Ieteren archive)*

▶ **Die Schweizer Familie Mottiez stellt sich den Fotografen, bevor sie sich 1956 zu einer Reise aufmachte, die sie 150 000 Meilen weit durch die Welt führte. 1961 war in San Francisco Ende der Odyssee.**

Achate suchen und große Flusskrokodile schießen, um deren Haut zu verkaufen. Über seine Erlebnisse berichtete er in dem Buch »The Long Haul« (1967). Es liest sich wunderbar und ist frei von politischer Korrektheit, weil der Autor ausgiebig über seine Jagd auf australische Tiere berichtet. Nach eigenen Worten war er »auf der dauernden Suche nach Abenteuern in entlegenen Gebieten«, wohl weil er in North Lincolnshire lebte. Sein Kombi wurde schließlich bei einem Erdrutsch unter Tonnen von Gestein begraben. Er hatte ihn selbst ausgelöst, indem er in Queensland in eine Felswand gedonnert war.

Der 21-jährige Ron Watts steuerte seinen Bulli der zweiten Generation Devon Caravette mit dem Kennzeichen ULM 771F mit etwas mehr Sorgfalt von London nach Bombay (Mumbai) in Indien. Kein Problem, könnte man glauben, aber Ron nahm als Passagier seinen geliebten, allerdings gelähmten Bruder Leon mit. Dieser musste in einer eisernen Lunge schlafen. Trotz schlechten Wetters kamen sie im Januar 1970 sicher an.

Das vielleicht definitive Handbuch für Fernreisen in einem Transporter schrieben Theresa und Jonathan Hewat aus Corfe Castle in Dorset. Die Originalausgabe erschien 1977 unter dem Titel »Overland and Beyond – Advice for Overland Travellers«. Darin beschrieben die Autoren ihre über genau 88 607,5 Meilen führende Reise um die Welt in einem Bulli der zweiten Generation mit dem Kennzeichen OBY 761L. Sie starteten im Januar 1973 an der Archway Road in London und fuhren in drei Jahren und vier Monaten durch 56 Länder in Europa, Amerika und Asien. Im Mai 1976 kehrten sie nach London zurück. Sie überquerten auf ihrer Reise viermal den Äquator und mussten in Kanada Temperaturen von bis zu –23 Grad aushalten. Der größte Teil des Buches enthält hilfreiche und sehr detaillierte Ratschläge für alle Aspekte einer solchen Reise. Sie ließen nichts aus, was ein angehender Fernreisender wissen sollte. Sie veröffentlichten sogar ein Inventar all der Dinge, die sie selbst mitnahmen, gaben aber zu, dass sie ihr Fahrzeug dabei schwer überluden. Der arme Camper wog zu Beginn des Abenteuers drei Tonnen!

Heutzutage mögen einige dieser Reisen ziemlich harmlos erscheinen und kaum mehr einen Artikel in einer Zeitschrift wert sein, geschweige denn ein ganzes Buch. Unser Horizont ist heute weiter, die Straßen sind viel besser, und was vor 50 Jahren noch ein extremes Abenteuer war, ist heute nichts Besonderes mehr. Wir sollten aber diese Pioniere und ihre Fahrzeuge nicht einfach vergessen.

▼ **»Singapore to London by Volkswagen« lesen wir auf den Seiten von Herrn Thicks Sondermodell des Kleinbusses, genannt Waltzing Matilda. Rechts im Bild sehen wir ihn mit seinen beiden ersten Passagieren. Wie viele er auf seiner ersten Reise mitnahm, ist nicht bekannt.**

▶ **Auf einer Nebenstraße in Lancaster County, Pennsylvania, begegnet der Camper von Herrn und Frau Humphreys dem Gefährt einer amischen Familie, das aus einer ganz anderen Zeit stammt.**

▲ William Stockdale posiert hier mit seiner Frau und den sechs Kindern – das älteste war erst elf – bei der New York Motor Show 1963 mit einem Plakat, das für ihren selbst gedrehten Film wirbt. Sie berichteten darin von ihrem 10 000 Meilen langen Trip durch Nordamerika, den sie gerade absolviert hatten.

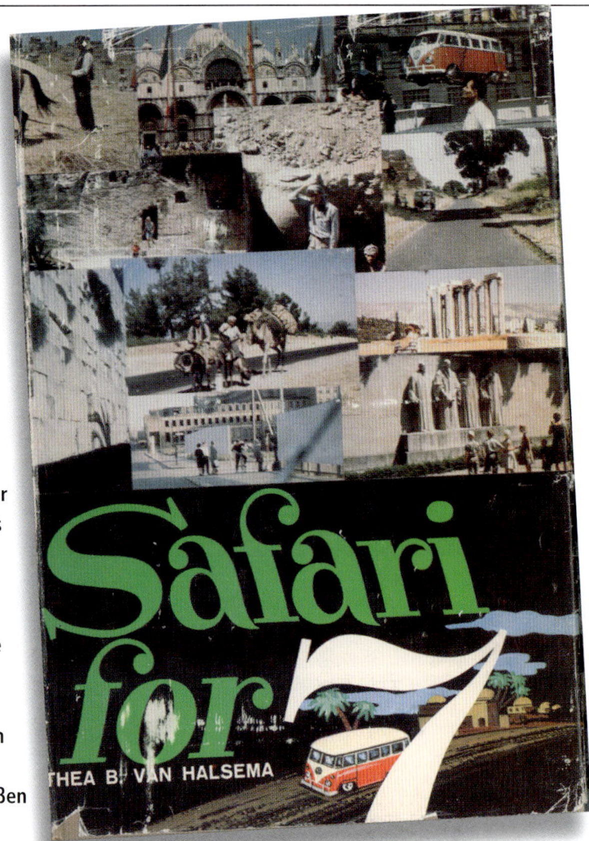

▶ »Safari for Seven« war der Titel des Buchs von Thea B. Van Halsema. Sie beschrieb darin die Reise ihrer Familie durch Europa und den Nahen Osten 1962 in einem rot-weißen Kleinbus.

▼ Ron und Leon Watts diskutieren ihre Pläne, im Winter 1969 von Greenwich nach Indien zu fahren. Leon war gelähmt, und im Devon Caravette musste eine eiserne Lunge Platz finden, in der er schlafen konnte.

▶ Victor Norwood mit Flinte lehnt lässig an seinem VW Kombi auf dem Umschlag seines 1967 erschienenen Buchs »The Long Haul«. Darin beschreibt er seine Reise über 8000 Meilen durch Australien.

▶ Jonathan und Theresa Hewat im Jahre 1976, außerhalb von Corfe Castle in Dorset, nach ihrer Reise um die Welt in ihrem Transporter der zweiten Generation aus dem Jahre 1972.

VOLKSWAGEN
GB
OBY 761L

1979–1992

IV

Überraschende Wendungen

▶ **Es war keine leichte Aufgabe, mit einem einzigen Bild – und ohne Innenaufnahme – den Doppelnutzen dieses Multivan zum Ausdruck zu bringen. Einerseits transportierte er Menschen und auf der anderen Seite diente er als einfacher Camper.**

WOB CP 141

▲ **Drei Generationen des Transporters auf einem Bild. Man beachte, dass das neue Modell erheblich breiter aussieht als seine beiden Vorgänger.**

Nach mehr als einem Jahrzehnt massiver Veränderungen bei Volkswagen hätten nur wenige vorausgesehen, dass der Transporter der dritten Generation wieder mit einem luftgekühlten, im Heck untergebrachten Motor auf den Markt kommen würde. Das Fahrzeug trat in dieser Hinsicht eindeutig in die Fußstapfen seiner illustren Vorgänger. Am Ende waren alle luftgekühlten Mitglieder der Volkswagenfamilie wie der VW 1600 und der VW 412 zugunsten des Passat verschwunden, oder man hatte sie ins Exil geschickt, wie dies mit dem früheren König von Wolfsburg, dem scheinbar unsterblichen Käfer, auch schon geschehen war. Wer diese alten Longseller unbedingt noch weiter erwerben wollte, konnte in Deutschland und anderen europäischen Ländern zu seinem Volkswagenhändler gehen und dort zum Beispiel einen Käfer kaufen. Aber die ganze Welt wusste nun, dass das Fahrzeug »hecho en Mexico« war. Seine Stelle in Wolfsburg und schließlich auch in Emden hatte eine neue Generation von Autos für junge, wachsende Familien eingenommen. Dazu gehören der Polo und vor allem der Golf, von dem man erwartete, dass er der neue Umsatzbringer sein und jegliche Probleme des Konzerns kurieren würde. Selbst der Karmann Ghia, ein mehr oder minder von Hand gefertigter Pseudosportwagen, war zugunsten eines wassergekühlten Speedster verschwunden, des fast ebenso attraktiven und sicher leistungsstärkeren Scirocco. Traf es nicht zu, dass luftgekühlte Motoren in der Herstellung mehr kosteten als wassergekühlte? Konnten sie ohne drastische Maßnahmen überhaupt Schritt halten mit dem Tempo der modernen Zeit? Für die zweite Transportergeneration hatte es sich als notwendig erwiesen, erst den 1,6-Liter-Motor zu verbessern, um dann schrittweise über 1,7 und 1,8 Liter zum 2-Liter-Motor überzugehen. Wie sah die künftige Entwicklung aus, wenn Volkswagen konkurrenzfähig bleiben wollte?

Der allgemeinen Meinung zufolge beruhte die im Mai 1975 verkündete scheinbar abstruse Entscheidung für den luftgekühlten Heckmotor des frisch ins Amt berufenen Generaldirektors Toni Schmücker entweder auf Ahnungslosigkeit oder auf der prekären finanziellen Lage des Konzerns oder auf schlichter Selbstzufriedenheit. Dem ersten Argument kann man entgegenhalten, dass der neue Generaldirektor ein Automann durch und durch war, denn er hatte viele Jahre Ford gedient. Zum zweiten Argument ist zu sagen, dass Volkswagen zwar im vergangenen Jahr enorme Verluste geschrieben hatte, sich aber mithilfe von Scirocco, Passat und besonders Golf bereits davon erholte. Das dritte Argument geht vor allem auf den deutschen Journalisten Randolf Unruh zurück, der von Schmücker behauptete, er halte den Transporter wegen seines besonderen Designs und wegen seiner Technik für konkurrenzlos. Das mag seine Ansicht gewesen sein oder auch nicht. Doch wie wir gleich zeigen werden, spielte diese Meinung zur Zeit der Entscheidung kaum eine Rolle. Welche Meinung auch die Historiker und Fans vertreten mögen, alle sind sich einig darin, dass der Transporter der dritten Generation ein Produkt der Schmücker-Ära war. Die Entwicklung von der Raupe zum Schmetterling dauerte rund vier Jahre. Die Markteinführung fand im August 1979 statt.

Unsere Forschungen in Wolfsburg ergaben aber ein ganz anderes Bild. Zunächst einmal hatten die Entwicklungsarbeiten zu einem Nachfolger für die zweite Generation viele Monate vor Schmückers Ernennung begonnen. Die Protokolle der wichtigsten Meetings zeigen nicht nur, dass sein Vorgänger Rudolf Leiding daran teilnahm, sondern auch die treibende Kraft bei der Gestaltung einer erfolgreichen Zukunft des Transporters und Busses war.

Leiding war wegen wachsender Sorgen um die finanzielle Zukunft von Volkswagen buchstäblich aus dem Amt gedrängt worden. Die schlechte Lage des Konzerns hatte sich zumindest teilweise dadurch ergeben, dass man riesige Investitionen tätigen musste, um ein Reihe neuer Fahrzeuge zu entwickeln. Heute sehen aber immer mehr Kenner der Verhältnisse, dass Leiding der eigentliche Architekt der erfolgreichen Wiedergeburt von Volkswagen war. Diese zeichnete sich schon ab, als er seinen Abschied nahm. Als ein Kind der Nordhoff-Ära, war er durch harte Arbeit die Karriereleiter emporgestiegen, zum Beispiel als Chef von Audi und Volkswagen Brasilien. Dann übernahm er die Nachfolge des glücklosen Kurt Lotz. Leiding erkannte, dass die Tage des Käfers und seiner Geschwister schon vorbei waren. Schnelle Veränderung war ein Merkmal seiner Herrschaft über Volkswagen, und es überrascht deswegen nicht, dass man in den Archiven aus dem Jahre 1974 Zeichnungen eines Fahrzeugs findet, das man sofort der dritten Generation zuordnen kann – obwohl die zweite Transportergeneration damals noch sehr beliebt war. Angeblich wurde der erste Prototyp im September fertiggestellt. Tatsache ist, dass Leiding sich in der Vorstandssitzung vom 4. Dezember 1973 dahingehend durchgesetzt hatte, dass die zweite Transportergeneration ersetzt werden sollte. Das Konzept, das er vorschlug, war das eines Frontlenkers mit Heckmotor, Hinterradantrieb,

Vierganggetriebe oder Automatikgetriebe im Heck. Das mag für diesen entschieden auftretenden Architekten des Wandels ein uncharakteristisch konservatives Design gewesen sein. Wenn man sich weiter in die Unterlagen vertieft, stellt man fest, dass Leiding sich vor allem auf ganz neue Motoren konzentrierte. Das Protokoll einer Sitzung, die fast zwölf Monate später, im November 1974, stattfand, zeigt genau, was Leiding für den EA 389 (die Projektbezeichnung für die dritte Transportergeneration) im Sinn gehabt hatte. Doch dabei hatten sich nun zahlreiche Probleme ergeben:

»Die Einbauverhältnisse und die daraus zu erwartenden Kostenerhöhungen schließen einen wassergekühlten Dieselmotor für EA 389 aus. Mit Vorrang wird jedoch geprüft, ob ein luftgekühlter Dieselmotor (Basis Typ-4-Motor) oder ein wassergekühlter Dieselmotor (Basis Passat-Motor) technisch realisierbar ist, um den Wettbewerbern zu begegnen.« (Genehmigung Lastenheft, UVW 250 Nr. 184/1)

Leiding mag eine konventionelle Anordnung vorgeschlagen haben, sah aber nicht voraus, dass der traditionelle luftgekühlte Boxermotor mit überleben würde. Trotz der aufgetretenen Probleme setzte er in den letzten Monaten seiner Amtsführung – wie vor ihm schon Nordhoff – einen straffen Zeitplan durch. Er wollte, dass die dritte Generation im Jahre 1977 in die Produktion gehen würde, wobei der Lieferwagen ab 1. August erhältlich sein sollte. Kleinbus und Kombi sollten genau einen Monat später folgen. Der Pritschenwagen und die für Amerika bestimmten Modelle waren für den 1. Oktober vorgesehen. Um diese Ziele zu erreichen, segnete Leiding Budgets ab, die der Forschungsabteilung 29 Prototypen mit Dieselmotoren zugestanden. Selbst das reichte aber offensichtlich noch nicht aus. Es erklärt aber teilweise, warum die Gewinne schmolzen und während seiner vier Jahre als Konzernchef schwere Verluste eingefahren wurden.

Ohne Zweifel war das Motorproblem ein Schlüsselfaktor bei den folgenden Verzögerungen. Die Archive in Wolfsburg zeigen, dass lange darüber diskutiert wurde. Der Wechsel im Amt des Generaldirektors führte zwangsläufig zu einer weiteren Verlangsamung des Arbeitstempos.

Notizen von einem Planungstreffen, das angesetzt wurde, als Toni Schmücker schon 18 Monate im Amt war, zeigen uns, dass für den Lieferwagen der 2. Januar 1979 und für den Bus und den Kombi der 1. März als Produktionsbeginn vorgesehen war. Das Protokoll einer Sitzung über die Probleme mit dem Motor verrät uns weitere Details über Projektkürzel und über zusätzliche Arbeiten. Sie waren notwendig, weil man einen Kompromiss schließen musste zwischen der Weiterverwendung luftgekühlter Motoren und Leidings Forderung, dass sich der Transporter weiterentwickeln müsse, um bestehen zu können (Zitat von Schmücker aus dem Lastenheft II für EA 162 und EA 389, UVW 250 Nr. 184/2):

»Die Motoreneinbauverhältnisse sind so ausgelegt, daß neben dem luftgekühlten Ottomotor (Flachmotor) ein wassergekühlter 4-Zylinder-Dieselmotor (50° geneigt) angeboten werden kann.

EA 162	Kastenwagen, Kombi, Bus, Pritsche, Doppelkabine
EA 357	Camping-Fahrzeug
EA 162/10	Ottomotor 1,6 l (Basis Typ 1) Ottomotor 2,0 l (Basis Typ 4)
EA 162/02	Dieselmotor (1,5 l), 1,6 l (Basis EA 827)«

Die Bestätigung, dass Volkswagen keine andere Wahl hatte, als den neuen Transporter mit einem luftgekühlten 1,6- und 2,0-Liter-Motor auszustatten, kam von einem späteren Generaldirektor, Ferdinand Piëch (Lastenheft II, UVW 250 Nr. 184/2):

»Herr Piëch wiederholt seine in früheren Sitzungen vorgebrachten Überlegungen. Danach sei der Einbau der wassergekühlten Motoren in der durch den abgesenkten Kofferboden bedingten Schräglage kein unlösbares technisches Problem, sondern in erster Linie eine Erhöhung des Entwicklungsaufwandes, da praktisch jeder wassergekühlte Motor des Konzerns für den Transporter eingeplant werden müsse. Daraus resultiert auch eine Komplizierung des Logistiksystems.«

Im Nachhinein gesehen hatte Schmücker weise gehandelt, als er seine für das Jahr 1975 geplante Ankündigung einer neuen Transportergeneration verschoben hatte. Jedenfalls war klar, dass die Tage der zweiten Generation nunmehr begrenzt waren. Wie Laurence Meredith in seinem Buch »Original VW Bus« darlegt, »gab Volkswagen 1976 zu, dass die Weiterentwicklung der zweiten Transportergeneration vorbei war«. Die Texter hatten Mühe, aus dem Fehlen einer Weiterentwicklung eine Tugend zu machen. »Der VW Transporter hat nichts Neues zu bieten«, verkündeten sie, »und das ist genau der Grund, warum er so bemerkenswert ist.« Sie berichteten von »derselben grundlegenden Idee« zu einer Zeit, als die Experten im Hintergrund an einer radikalen Veränderung arbeiteten. Es lag auf der Hand, dass das nicht innerhalb von einem oder auch zwei Jahren zu bewerkstelligen war. Der einzig mögliche Kompromiss bestand darin, die dritte Generation mit den alten zuverlässigen Motoren herauszubringen und dabei zu hoffen, dass die neue Karosserie den Durchbruch bringen würde. Letztendlich war es nicht ungewöhnlich, während einer laufenden Produktion Motoren auszutauschen, auch wenn man einen solchen radikalen Wechsel natürlich zu Beginn nicht geplant hatte.

So kam es, dass der neue, größere und keilförmige Transporter später als vorausgesehen erst im Mai 1979 der Weltpresse vorgestellt wurde. Einen Monat später begann die Produktion, und im August 1979 war das neue Auto auf dem Markt.

Spezifikation der dritten Transportergeneration

▼ **Dieses Bild stammt aus der Pressemappe anlässlich der Präsentation der dritten Transportergeneration. Im Vordergrund das Topmodell, genannt Bus L. Viele dieser Busse waren zweifarbig lackiert. Das Exemplar zeigt zwei Grüntöne, Lianengrün unten und Saimagrün oben.**

Den Werbetextern von Volkswagen fiel es leicht, die Geschichte von einem größeren und besseren Transporter als je zuvor zu erzählen. Das zeigt ein Ausschnitt aus einem etwas schwerfällig geratenen, mehrseitigen Werbeprospekt für den britischen Markt:

»Die neue, aerodynamisch gestaltete Frontpartie hat nun eine geneigte Windschutzscheibe, die um 21 Prozent größer ist und eine noch bessere Sicht erlaubt. Die neuen großen Außenspiegel in Schwarz passen zu den schwarzen Sicherheits-Türgriffen und den neuen Stoßdämpfern mit ihren schwarzen Kunststoffkappen am Ende. Neu sind auch die gebogen geformten Blinkergehäuse, die nun tiefer unten, nahe an der Stoßstange, angebracht sind. Der schwarze, breite Luftgrill nimmt die beiden Scheinwerfer mit auf und verleiht dem klassischen Design einen Hauch von Besonderheit. […] Durch die Neugestaltung des Hecks konnten wir die Heckklappe deutlich vergrößern. Das Heckfenster ist nun fast doppelt so groß und erlaubt eine bessere Sicht nach hinten. Neu sind auch die Heckleuchteneinheiten, die die starken Rückfahrscheinwerfer und Nebelleuchten umfassen. […] Ein sorgfältiges Design und umfassende Tests im Windkanal haben es Volkswagen erlaubt, den Luftwiderstand zu verringern, und das kommt dem Fahrverhalten und der Sparsamkeit zugute. […] Auch die Maße haben sich verändert: Das Auto ist um fast 125 mm breiter geworden […] die Länge stieg um 65 mm. […] Der etwas längere Radstand und die größere Spurweite ergeben einen Wendekreis von 10,7 m. […] An der Höhe hat sich nichts geändert. […] Wenn Sie die Heckklappe heben, wobei Ihnen nun zwei Gasdruckfedern behilflich sind, werden Sie mit Überraschung feststellen, um wie viel niedriger

▲ Diese Dreiviertelansicht des Kastenwagens zeigt die Vor- und Nachteile im Design der dritten Transportergeneration. Man beachte die kastenförmigen Stoßfänger mit ihren Endkappen und die tiefe Lage der Blinker.

die hintere Ladefläche nun liegt. Wir haben sie um fast 145 mm abgesenkt. Damit stieg das Volumen über dem Heckmotor um 40 Prozent. [...] Das Ersatzrad liegt nun vorn, unter der Kabine. [...] Zugang zum Motor bekommt man durch eine Luke im Laderaum hinten. Man beachte, wie viel flacher und kompakter er ist. Dadurch stehen weitere 0,7 m³ zur Verfügung.«

Wenn man das überfliegt, was der Werbetexter über die dritte Transportergeneration zu sagen hatte, so bekommt man heute den Eindruck, dass sie weniger gut aussah als die vorherige Generation. Ohne Frage: Die Windschutzscheibe war nicht mehr so stark gewölbt wie bei der zweiten Generation. Und nach heutigen Vorstellungen trugen die massiven Stoßstangen mit den billig aussehenden Endkappen aus Plastik – ein Merkmal der meisten Volkswagen jener Zeit – wenig dazu bei, das Gesamtaussehen des Fahrzeugs zu verbessern. Wer sich an die beiden Positionen der Blinker bei der zweiten Generation erinnert, kann sich eines Lächelns nicht erwehren: Da wurde damals behauptet, durch die höhere Lage der vorderen Blinker könnten andere Verkehrsteilnehmer besser erkennen, welches die Intentionen des Transporterfahrers seien ... Jedenfalls lagen die Blinker der dritten Generation nun weiter unten, ähnlich wie bei allen übrigen Nutzfahrzeugen und wahrscheinlich auch nahezu allen Pkws. Volkswagen unterließ es, seine Kunden auf die äußerliche Ähnlichkeit zwischen der dritten Transportergeneration und seinem größeren wassergekühlten Cousin, dem LT, hinzuweisen. Ein eigener Stil des Hauses hatte sich entwickelt. Ob das nun gut war oder schlecht, darüber müssen heutige Liebhaber entscheiden. Wiegt das bessere Aussehen der zweiten Generation schwerer als die Vorteile, die das neue Design bietet?

Wenn man an die Motorraumklappe der ersten Transportergeneration vor dem März 1955 zurückdenkt, das sogenannte »Scheunentor«, so erschien die Heckklappe der dritten Generation auf den ersten Blick als logische Weiterentwicklung. Wie die Werbetexter schrieben, bot deren Größe »Schutz vor den Elementen« beim

T1, T2 und nun T25?

Für die ersten beiden Generationen des Transporters waren die Kürzel T1 oder T2 praktisch ohne Bedeutung. Das änderte sich erst mit der Markteinführung der vierten Generation. Tatsächlich kennt heute jeder die Bezeichnungen T4 und T5, besonders auch weil diese Transportergenerationen keine allgemein bekannten Spitznamen tragen. Logischerweise war die dritte Generation der T3. Für die meisten Länder in Europa traf dies auch zu. Nur auf dem britischen Markt sprachen die Händler vom T25. War dies ein Hinweis auf die Tatsache, dass der neue Transporter zunächst noch mit alten Motoren lief, sozusagen ein Trittstein auf dem Weg zu einer neuen Technologie? Das ist denkbar, aber keiner weiß es mehr!

TRANSPORTER
WOB-AV 633

SVV 131W

◀ **Im Vergleich zum Vorgängermodell war die Heckklappe der dritten Transportergeneration enorm und erinnerte irgendwie an die »Scheunentor«-Modelle des T1, die vor dem März 1955 produziert wurden.**

Beladen, und das Beladen mit sperrigen Gütern war damit viel einfacher. Aber da war auch noch ein ziemlich großes Problem. Zugang zum Motor war nur über eine Luke möglich, die unter dem hinteren Laderaum für das Gepäck lag. Klugerweise konnte man den Ölstand messen, indem man das Nummernschild, das zwischen den Rückleuchten lag, herunterklappte und so an einen kleinen Wartungszugang zum Motor sowie an den Öleinfülldeckel gelangte.

Es steht außer Zweifel, dass der Raumgewinn durch die größeren Dimensionen der dritten Transportergeneration von großem Nutzen war. Die zweite Generation hatte einen Radstand von 2400 mm gehabt. Bei der dritten wurde er um 60 mm verlängert. Die Gesamtlänge kam auf 4570 mm – im Vergleich zu den 4420 mm des Vorgängermodells. Noch stärker wirkte sich die größere Breite aus: 1845 mm anstelle von 1765 mm. Die Gesamthöhe blieb, wie die Werbetexter ausdrücklich vermerkten, mehr oder minder dieselbe. Offiziell stieg sie um 5 mm von 1960 auf 1965 mm. Die breitere Spurweite vorn (1570 mm statt 1384 mm) und hinten (1570 mm statt 1425 mm) führte auch zu einem engeren Wendekreis von 10,7 m. Damit stand auch eine größere Stabilität des Fahrzeugs bei schlechten Wetterbedingungen in Zusammenhang. Anstelle der serienmäßigen Diagonalreifen konnte man als Extra Radialreifen bekommen, wenn man sich für den größeren der beiden Motoren entschied. Durch die größeren Außenmaße ergab sich eine willkommene Erhöhung des Nutzraums von 5 m³ auf 5,7 m³. Bei der Gestaltung all dieser Verbesserungen bedienten sich die Ingenieure übrigens eines Computers. Seiner klugen Programmierung war es zu verdanken, dass das neue Modell eine um 100 mm niedrigere Einstiegshöhe bekam und auch die sperrigen Querträger loswurde.

Die Verlegung des Ersatzrades hatte zur Folge, dass Platz im Innenraum frei wurde. Aber dessen neue Lage unter der Frontpartie führte wohl zu einigen Flüchen und Verwünschungen, wenn man auf schlammiger Strecke an einem Regentag einen Platten hatte.

Bei den Antrieben überlebten, wie zu erwarten war, der 2,0-Liter-Motor und der nunmehr alte, aber bewährte 1,6-Liter-Motor. Dieser litt am meisten. Fast über Nacht wurde er in die Flachbauweise gepresst: Dabei beförderte man den Ventilator an die Kurbelwelle, damit er überhaupt in den viel kleineren Motorraum der dritten Transportergeneration passte. Dieser ohnehin mit zu wenig Leistung ausgestattete Motor musste dann noch zusätzlich das größere Gewicht des neuen Modells bewältigen. Natürlich schwankte das Leergewicht von Modell zu Modell. Aber der Lieferwagen der zweiten Generation hatte noch 1175 kg gewogen, während sein Nachfolger 1492 kg auf die Waage brachte – ein erheblicher Zuwachs. Volkswagen behauptete zwar, das alte und das neue Modell mit dem 1600-cm³-Motor würde dieselbe Höchstgeschwindigkeit von 109 km/h aufweisen. Aber die dritte Generation brauchte länger dazu und verbrauchte dabei auch mehr Benzin. Drei kleine Pluspunkte waren aber zu vermelden: Hydraulische Stößel machten eine häufige manuelle Einstellung überflüssig. Die elektrische Zündung sorgte dafür, dass der Motor länger perfekt eingestellt blieb. Und der Digitale Leerlaufstabilisator (DIS) verhinderte, dass der Motor an einem kalten Morgen ausging oder sich weigerte, in erhitztem Zustand überhaupt zu starten.

Volkswagen wies darauf hin, dass das neue Fahrwerk des Transporters vom Wunsch getragen war, das Fahrzeug sicherer zu machen. Zyniker hingegen meinten, das Ende der langlebigen Drehstabfederung sei zumindest zu einem Teil den hohen Herstellungskosten geschuldet. Ein wohlwollender Analytiker könnte wiederum schlussfolgern, dass Drehstabfedern unnötig sperrig seien und damit konsequenterweise ziemlich kontraproduktiv für ein Fahrzeugdesign, bei dem Raumgewinn eine Priorität darstellt. Wie man es auch interpretieren mag, die dritte Generation hatte vorn Doppelquerlenker, Querstabilisator und progressive Schraubenfedern. Hinten stieß man auf eine Schräglenkerachse, angereichert mit progressiv wirkenden Miniblockschraubenfedern. Das führte zu einer eindeutig verbesserten Federung.

Vielleicht sind wir bisher noch nicht genügend auf das Design eingegangen, denn die dritte Generation war der erste Volkswagen, der zumindest teilweise mithilfe des Computers entworfen worden war. Man hatte großen Wert auf »umfassende Windkanaltests« zur Verringerung des Luftwiderstands gelegt. Und die Sicherheitszelle für die Passagiere war nicht ausschließlich durch menschliche Hände entstanden. Crashtests unter den modernsten technischen Bedingungen führten dazu, dass die Stoßstange die Energie von Frontalkollisionen absorbierte und an ein Deformationselement, das über die ganze Breite verlief, weiterleitete. Ein geschickter Werbetexter erklärte das so:

»Dieses Element ist auf einem gabelförmigen Rahmen montiert und weist vorprogrammierte Verformungsstellen in der Bodengruppe auf. Weitere Sicherheitsmaßnahmen umfassen die Lenksäule sowie Verstärkungen in den Türen. Alle diese Maßnahmen machen die Kabine des Volkswagen Transporters zu einer ›Sicherheitszelle‹, die Fahrer und Passagiere schützt.«

◀ **Dieses Pressefoto zeigt den Pritschenwagen der dritten Generation. In seinem Erscheinungsbild und seiner Gestaltung ist er leicht als direkter Nachfolger der Modelle der ersten beiden Generationen zu erkennen.**

▲ **Das ist der erste Transporter, der zumindest teilweise mithilfe des Computers entworfen wurde. Das Fahrzeug war ohne Zweifel sicherer, aber es fehlte ihm etwas vom ästhetischen Charme seiner beiden Vorläufer.**

▶ **Der Hochraum-Kastenwagen, war zwar immer noch nicht besonders elegant, sah aber wenigstens besser proportioniert aus als das entsprechende Modell der zweiten Generation. Das kantigere Aussehen der Karosserie und des Dachs vermied den Eindruck, den man beim Modell der zweiten Generation bekam, dass nämlich das Dach im Nachhinein aufgesetzt wurde.**

Ein entschieden kühneres Statement folgte etwas später:

»Wahrscheinlich das sicherste Nutzfahrzeug auf der ganzen Welt. Die Karosserie umfasst eine ›Sicherheitszelle‹, verstärkte Türen, verformbare Rahmenelemente an der Front. Alles vom Computer berechnet und bei Crashtests überprüft. Sicherheit als Designkriterium – nicht erst als nachträglicher Einfall.«

Volkswagen zeigte sich sehr zufrieden mit der Inneneinrichtung. Die Werbetexter fassten die eigenen Leistungen wie folgt zusammen: »Die Kabine des neuen Nutzfahrzeugs. Von einer Limousine könnte man nicht mehr erwarten.«

Natürlich wirken heute der brüchige Kunststoff, die rechten Winkel und die spindeldürren Schalter nicht attraktiver als die entsprechende Inneneinrichtung des Golfs oder Polos aus jener Zeit. Tatsächlich würden wir heute das nostalgische, primitiv lackierte Armaturenbrett der ersten Transportergeneration vorziehen. Realistisch betrachtet war das fast ganz aus Kunststoff bestehende Armaturenbrett ein beträchtlicher Fortschritt. Die Tendenz ging dahin, dass alle Nutzfahrzeuge am Ende ein Armaturenbrett bekamen wie die Pkws. Selbst das Lenkrad war nun der beinahe senkrechten Lage im Pkw näher. Das Armaturenbrett beherbergte nun auch viel mehr Instrumente, als dies bisher der Fall gewesen war. Und für das großzügige Handschuhfach gab es keinen Vorläufer.

Die wichtigsten Versionen des Transporters waren vom Produktionsbeginn an zu bekommen, zumindest auf dem deutschen Markt, obwohl frühere Sitzungsprotokolle Hinweise darauf geben, dass für die einzelnen Versionen versetzte Termine vorgesehen waren. Die Händler in Nordamerika nahmen wohl mit Erleichterung zur Kenntnis, dass der zu schwache 1,6-Liter-Motor in ihrem Land gar nicht angeboten wurde. In Großbritannien waren beide Motortypen zu bekommen, der recht beeindruckende 2,0-Liter-Motor und der 1600er-Motor. Auf der offiziellen Liste der erhältlichen Versionen gab es einige Abweichungen vom Angebot der zweiten Generation. Schwer zu entscheiden, ob sie gewollt waren oder nicht. Eine englische Broschüre, die beim Start im August 1979 herausgegeben wurde, bot den potenziellen Käufern folgende Modelle an: Van (Lieferwagen, Kastenwagen), High Roofed Van (Hochraum-Kastenwagen), Pick-up (Pritschenwagen), Double Cab Pick-up (Doppelkabinen-Pritschenwagen), Extended Platform Pick-up (Pritschenwagen mit verbreiterter Ladefläche), Bus und Bus L. Alle waren mit dem 1,6- oder 2,0-Liter-Motor zu bekommen. Wenn wir den Kastenwagen als Vergleichsbasis nehmen, so verursachte der größere Motor Extrakosten in der Größenordnung von 10 Prozent.

Der Doppelkabinen-Pritschenwagen war mit oder ohne Heckfenster und Sitze hinten zu bekommen. Für das allgemeine Publikum viel wichtiger war allerdings die Ankündigung, dass der Bus als Sieben-, Acht- oder Neunsitzer lieferbar war. In Großbritannien wurden sowohl der Achtsitzer als auch der Neunsitzer angeboten. Interessant war auch, dass die Bezeichnung »Micro Bus« aufgegeben wurde. Auf den meisten ausländischen Märkten hieß das Modell nun Bus oder Bus L. In Amerika sprach man vom Vanagon oder Vanagon L. Im Jahre 1982 erfuhr die Terminologie eine weitere Komplikation durch die Markteinführung des GL, der eine verbesserte Version des L darstellte. Das Kürzel wurde in Übereinstimmung mit anderen, vor allem in Europa angebotenen Volkswagenprodukten verwendet. Auf dem britischen Markt bestand ein erheblicher Preisunterschied zwischen dem einfachen 1,6-Liter-Kastenwagen und dem Spitzenmodell, dem neunsitzigen Bus L, der über einen 2,0-Liter-Motor verfügte. Die heute winzig wirkenden Preise in Pfund Sterling sind mittlerweile auch für Briten bedeutungslos. Der prozentuale Unterschied zwischen den beiden Modellen verrät viel mehr: Das Topmodell war um fast 46 Prozent teurer.

Wenn es denn ein Fahrzeug zu kritisieren gab, dann den Bus L. Zu einer Zeit, da Verchromungen und anderer Zierrat nicht mehr dem Zeitgeschmack entsprachen, sah dieses Modell mit seinen zusätzlichen Zierleisten um die Fenster und um den Grill an der Front etwas deplatziert aus. Auch die großen gewölbten Radkappen und die verchromten Stoßstangen passten nicht mehr in die Zeit. Selbst das Innere war betroffen, da Zierleisten die Gürtellinie schmückten. Nur die auf die Heckklappe aufgenieteten verchromten Schutzstäbe konnte man entschuldigen. Auch die frühere zweifarbige Lackierung galt nun nicht mehr als begehrenswert. Gegen Ende der zweiten Transportergeneration hatte man einige Farbkombinationen für die Spitzenmodelle

WOB-DZ 61

WOB-DZ 61

eingeführt, etwa salbeigrün mit mexikobeigem Dach, die der Optik des Fahrzeugs keinen Gefallen taten. Das Thema wurde dennoch fortgeführt, ja es trat beim Transporter der dritten Generation noch weiter in den Vordergrund. Wenn man die zweite Farbe auf das Dach beschränkt hätte und sie nicht bis zur Gürtellinie hätte herunterlaufen lassen, dann wäre man in einem akzeptablen Bereich geblieben. Aber die Farbkombinationen Bambusgelb mit Elfenbein, Assuanbraun mit Samosbeige und Lianengrün mit Saimagrün waren unverzeihlich. Der Bus L wurde nur von seinen Sitzen gerettet, die mit Stoff und nicht mit dem im Winter kalten und im Sommer heißen Kunstleder überzogen waren.

▲ Die Legende des Pressebüros von Volkswagen Great Britain zum Bild dieses Busses, der merkwürdigerweise Micro Bus genannt wurde, enthielt ein Lob, dem jeder andere Hersteller zustimmen musste: »Der Achtsitzer Volkswagen Micro Bus fußt auf dem erfolgreichsten Nutzfahrzeug der Welt.«

▼ Der Bus L – hier ein Wagen in bambusgelb und elfenbein – besaß einige Merkmale, die irgendwie nicht richtig in die Zeit passten. Dazu gehörten verchromte Stoßstangen, verchromte Radkappen und zusätzliche Zierleisten, am deutlichsten an der Front sowie als Umrandung an den Fenstern.

Was die Motorpresse zu sagen hatte

Dass die dritte Transportergeneration auf fast allgemeines Wohlwollen stieß, ist nicht weiter verwunderlich, denn das Fahrzeug war größer, besser ausgestattet und besaß ein viel moderneres Design. Immerhin bestand aber das Problem mit den beiden Motoren, die Leiding eigentlich hatte auswechseln wollen.
Ohne Zweifel waren einige Journalisten überrascht von der Lage des Motors im neuen Transporter. Viele waren schockiert, weil es so aussah, als ob man die Luftkühlung für alle Zeiten beibehalten wollte. Das US-amerikanische Magazin »Road and Truck« brachte den Ball ins Rollen:
»Wer auf Neuem besteht, wird enttäuscht werden. VW hält an seinem bewährten Layout fest. Der herkömmliche Boxermotor liegt hinter der Hinterachse und treibt die Hinterräder an. Und das trotz der Tatsache, dass VW zumindest in Deutschland keinen einzigen Pkw mehr mit diesen Motortypen produziert. Will man auf diese Weise den Gewinn maximieren?«

Ebenso typisch klang die Besprechung in der amerikanischen Zeitschrift »Car and Driver« vom Februar 1980:
»Der Motor, der für diese Aufgabe vorgesehen ist, überrascht, wenn man bedenkt, dass Volkswagen eigentlich zu wassergekühlten Antrieben übergegangen ist: Es handelt sich um die Zweiliterversion des vertrauten luftgekühlten Viertakt-Boxermotors, der jeden ›Vee Dub‹ bis zum Rabbit [Golf] antrieb. Die Firma Volkswagen behauptet, sie hätte eigentlich einen vom Rabbit entlehnten Motor vorgezogen. Aber weil für dieses Auto so viele Bestellungen vorlägen, könne das Motorenwerk einfach nicht genügend zusätzliche Aggregate für den Vanagon liefern. Der entsprechende Wechsel wird somit noch einige Jahre auf sich warten lassen.«

»Car South Africa« liebte den Transporter wohl am meisten. Die Zeitschrift ging nicht einmal auf die alte Anordnung und die herkömmlichen Motoren ein. Der gesamte Bericht strotzt von Wörtern wie »wundervoll«, »bemerkenswert« und »schön«, und die Beurteilung »weit überlegen« in der Zusammenfassung sagt schon alles. Typisch für das Loblied ist der Abschnitt über die Federung:
»Vorbei ist die Zeit der Drehstabfederung, die in den früheren Modellen so gute Dienste geleistet hatte. An deren Stelle befindet sich vorn ein Schraubenfedersystem mit Doppelquerlenker und ein Querstabilisator, hinten eine Schräglenkerachse mit Doppelgelenk. Diese neue Federung ist sehr gut. Sie besitzt die gesamte Elastizität und Progression des Drehstabsystems, und man kann sie sogar noch stärker belasten.«

Die Anfangsbemerkung in der Zeitschrift »Motor Trends« war so gehalten, dass man eigentlich nicht mehr weiterzulesen brauchte: »Der neue Vanagon von VW bricht mit der Vergangenheit und führt die Autoindustrie in die 1980er-Jahre. Das ein oder andere davon hätten auch andere Autohersteller beherzigen sollen:
»Man hat die einzelnen Komponenten so angeordnet, dass die Nutzlast mit 50 Prozent auf jede der Achsen drückt. Der Schwerpunkt liegt tief und über dem Frontbereich des Fahrzeugs. Der 72 Liter fassende Benzintank befindet sich direkt hinter der Vorderachse; der Ersatzreifen ist an der Bodengruppe vor der Vorderachse befestigt, und die Batterie liegt in einem Abteil unter dem Beifahrersitz.«

Der folgende Schluss war unvermeidlich!

»Der Vanagon ist eines der besten Nutzfahrzeuge auf unseren Straßen. Seine effiziente Raumnutzung, sein Fahrkomfort und das Fahrgefühl wie in einem Personenwagen machen ihn zu einem Vorbild, an dem die restliche Autoindustrie sich messen lassen muss.«

▼ Wie seine Vorläufer war auch der T3 bald in zahlreichen Sonderausführungen zu bekommen – hier ein Transporter für große Glasscheiben. *(BS)*

Chronologie der dritten Transportergeneration

Die Produktionsspitzen und die Verkäufe der dritten Transportergeneration kamen nie an die der zweiten Generation heran. Was auch die Vorzüge dieses Fahrzeugs sein mochten, die Zeiten hatten sich geändert, und die westlichen Automarken sahen sich mit dem unaufhaltsamen Aufstieg fernöstlicher Produzenten konfrontiert. Im Jahre 1980, dem ersten vollen Produktionsjahr der dritten Generation, wurden weltweit 217 876 Fahrzeuge gefertigt. Dies ist eine offizielle Zahl, sie zeigt aber nicht die Aufteilung auf die verschiedenen Modelle. Für einen direkten Vergleich zwischen der dritten Generation und ihrem Vorgänger eignet sich die nebenstehende Tabelle am besten. Sie geht auf dieselbe offizielle Quelle zurück. Man beachte dabei aber, dass es sich um die Gesamtproduktion handelt und dass darin auch die Produktion der zweiten Transportergeneration in Brasilien und Mexiko eingeschlossen ist.

▼ **Ein Pritschenwagen mit Spriegeln und Plane vom Sommer 1979.**

Zweite Generation	Gesamtproduktion	Dritte Generation	Gesamtproduktion
1968	253 919	1980	217 876
1969	273 134	1981	187 237
1970	288 011	1982	188 681
1971	277 503	1983	155 500
1972	294 932	1984	157 596
1973	289 022	1985	155 423
1974	222 233	1986	161 712
1975	221 351	1987	145 380
1976	234 912	1988	150 999
1977	211 024	1989	147 539
1978	207 625	1990	Modellwechsel August
1979	Modellwechsel August		

Trotz der insgesamt rückläufigen Produktionszahlen darf man nicht vergessen, dass die dritte Transportergeneration beispielsweise im Jahre 1986 in 180 Länder verkauft wurde und dass die Exportquote des Werks Hannover 56,8 Prozent betrug. Das war ein sehr schönes Ergebnis für Volkswagen wie für die deutsche Wirtschaft.

Modelljahr 1979/1980

Juni

Die Produktion der dritten Transportergeneration beginnt in Hannover als Vorbereitung für den offiziellen Verkaufsbeginn im August. Vom ersten Tag an sind alle Versionen zu bekommen, auch der Acht- und der Neunsitzer sowie Sonderversionen wie der Pritschenwagen mit verbreiterter Ladefläche.

1981

Januar

Die Lufteinlassschlitze für die Motorkühlung an den Seiten des Hecks bekommen eine schwarze Verkleidung aus Kunststoff. Das ist zwar nicht die wichtigste aller Veränderungen dieses Jahres. Aber sie hilft mit, die frühen Transporter der dritten Generation von den etwas späteren Modellen zu unterscheiden.

Februar

Der Transporter tritt in das erste Stadium der Loslösung von den herkömmlichen luftgekühlten Motoren – mehr als sechs Jahre nachdem man dies erstmals erörtert hatte. Neu ist ein Dieselmotor. Er ist aber nicht neu für Volkswagen, sondern stammt vom Golf.

Eine Werbebroschüre für den US-amerikanischen Markt beschreibt die Vorzüge dieses Dieselmotors wie folgt:

»Vanagon L Diesel: Jetz gibt es eine sparsame Alternative beim Vanagon. Einen Diesel.

▼ Der in dieser Broschüre behandelte Zwölfsitzer hat ein paar Merkmale des Bus L übernommen, etwa verchromte Radkappen und Zierleisten um den Frontgrill herum. Sonst zeigt er aber innen wie außen eher eine Grundausstattung. Wir haben ihn in unsere Bildergalerie aufgenommen, weil er aus der Zeit stammt, als man die Lufteinlassschlitze mit schwarzem Kunststoff verkleidete.

▲ Wie die dazugehörige Pressemappe verriet, war der Bus L in der Heimat »als Sieben-, Acht- oder Neunsitzer« erhältlich. Der Text fährt sinngemäß fort: »Das Fahrzeug hat die Dimensionen eines Personenwagens. Mit seinem Platzangebot kann man ihn zu Recht als großen Pkw betrachten. Leichtmetallfelgen und breitere Reifen unterstreichen seinen sportlichen Charakter.« Man beachte die Verkleidung der Lufteinlassschlitze am Heck.

◀ Mit der Einführung des Dieselmotors erschien auch ein Zusatzgrill an der Front. Da der Motor nicht so viel Leistung bot, behalfen sich die Werbetexter in Amerika mit folgender Zeile: »Es gibt nichts Besseres als einen Diesel, um Treibstoff zu sparen.«

▶ Die Bildlegende spricht von einem Bus, das Volkswagenarchiv von einem Kombi. Jedenfalls hatte dieses Fahrzeug einen Dieselmotor.

Durch sein gesamtes Design ist der Vanagon ein sparsames Fahrzeug. Mit dem Dieselmotor gilt das umso mehr. Es gibt nichts Besseres, um Treibstoff zu sparen, als einen Dieselmotor. Und nur der Diesel bietet Ihnen das Standard-Fünfganggetriebe für größere Wendigkeit und höheren Komfort bei normaler Reisegeschwindigkeit.«

Trotz aller Planung konnte man den Dieselmotor des Golfs in die dritte Transportergeneration nur einbauen, wenn man den Vierzylinder-Reihenmotor um 50° kippte.

Wer Leistungsfähigkeit mit sparsamem Verbrauch verbinden wollte – mit dem 1,6- bzw. 2,0-Liter Ottomotor war dies nicht möglich –, der war mit dem neuen Diesel allerdings auch nicht gut bedient. Zugegeben, die Kenndaten für den Golf sahen nicht schlecht aus:

Hubraum	1,6 Liter (1588 cm^3)
Bohrung und Hub	76,5 x 86,4 mm
Leistung	54 PS bei 4800 U/min
Verdichtungsverhältnis	23,5:1
Drehmoment	99,8 Nm bei 2000 U/min
0-96 km/h	16,8 Sekunden
Verbrauch	8,8 Liter/100 km bei konstanten 90 km/h

Für den Gebrauch im Nutzfahrzeug machte man den Motor aber etwas gemächlicher, sodass er seine maximale Leistung, nunmehr 50 PS, schon bei 4200 U/min erbrachte. Das Drehmoment stieg allerdings auf 103 Nm bei 2000 U/min.

Das zulässige Gesamtgewicht eines Golfs mit Dieselmotor lag bei 1280 kg. Der viel größere Lieferwagen kam mit demselben Motor bereits auf 2400 kg und damit auf 40 kg mehr als mit dem 1600-cm^3-Motor und auf fast das Doppelte des Golfs. Da kann es nicht überraschen, wenn man in der gesamten Werbeliteratur von Volkswagen keine Angaben für die Beschleunigung von Null auf 100 bzw. 96 km/h (60mph) findet. Von Null auf 80 km/h brauchte er 24,4 Sekunden, sofern er mit einem Vierganggetriebe fuhr. Mit dem Fünfganggetriebe brauchte er etwas länger, 25,7 Sekunden.

Die Höchstgeschwindigkeit betrug genauso viel wie bei der untermotorisierten 1600-cm^3-Version mit dem luftgekühlten Benzinmotor, nämlich 109 km/h. Diese Zahl galt aber für ein Fünfganggetriebe. Mit nur vier Gängen verringerte sie sich auf jämmerliche 102 km/h.

Obwohl das Dieselmodell zwölf Monate lang erhältlich war, ist ein direkter Vergleich des Treibstoffverbrauchs zwischen dem Transporter und dem Personenwagen schwer. Volkswagen selbst machte keine Angaben und schrieb ein irritierendes N/A in die entsprechende Spalte. Die günstigste gedruckte Zahl betrug 8,6 Liter pro 100 km. Sie wurde bei »halber zugelassener Zuladung bei konstant 75 Prozent der Höchstgeschwindigkeit, plus 10 Prozent« errechnet und lag damit deutlich hinter dem Golf. Als Plus war zu werten, dass sie, berechnet nach genau den gleichen Kriterien, deutlich besser war als die 11 Liter pro 100 km beim 1600-cm^3-Motor. Beim 2000-cm^3-Motor betrug der Verbrauch 13,3 Liter mit

handgeschaltetem Getriebe und deprimierende 14,4 Liter mit Automatikgetriebe.

Um mit den Anforderungen an ein Nutzfahrzeug zurechtzukommen, bekam der natürlich wassergekühlte Dieselmotor des Golfs ein größeres Schwungrad und eine strapazierfähigere Kupplung. Ein spezieller Ölkühler sollte den Motor auch unter Schwerlastbedingungen vor einer Überhitzung schützen.

Typisch für die Besprechungen jener Zeit war ein Artikel in der Dezemberausgabe 1982 der Zeitschrift »VW Safer Motoring« mit der Überschrift »Diesel – freundlich, aber gemächlich«. Der Autor Chris Burlace kam darin zum Schluss:

»Keiner der beiden 1600er-Motoren, sei es Diesel oder Benziner, ist für jene gedacht, die schnell von A nach B wollen. Beide sind im Vergleich zur Konkurrenz eher untermotorisiert. Aber ihre Kultiviertheit kompensiert den Mangel an Leistung. Mit seinem Komfort, der tadellosen Handhabung, der leichtgängigen Steuerung und den erstklassigen Bremsen ist es stets ein Vergnügen, einen VW Transporter zu fahren.«

Bis zur Markteinführung der Transporter mit wassergekühlten Benzinmotoren war es ein Leichtes, das Dieselmodell zu unterscheiden. Es besaß nämlich einen zweiten Grill für den Kühler. Er befand sich unter dem weitgehend dekorativen Grill, der die dritte Transportergeneration von Anfang an kennzeichnete. Natürlich war die Technik der Kühlung ziemlich kompliziert, da der Motor im Heck und der Kühler ganz vorn lag. Durch den Fahrtwind wurde Kühlluft eingesogen. Als Unterstützung kamen zwei Ventilatoren hinzu, die thermostatisch gesteuert wurden. Von der Front gelangte die Kühlflüssigkeit über Röhren, die in der Bodengruppe versteckt waren, bis ins Heck zum Motor.

September

Auf der Frankfurter Automobilausstellung präsentiert Volkswagen eine Siebensitzer-Luxusversion des Transporters mit dem Markennamen Caravelle. Man kann sie als Rückkehr zu den früheren Qualitäten der Sonderausführung des Kleinbusses der ersten Generation oder als Schritt in ein Jahrzehnt interpretieren, in dem immer mehr Konsumenten sich einen luxuriösen Passagiertransporter wünschen. Die Firma allerdings behauptete von dem neuen Modell einfach, es biete »den gesamten Komfort eines Luxuswagens«.

Zusätzlich zu den etwas fraglichen Attributen des Bus L, etwa zweifarbige Lackierung und reichlich Chrom und Zierleisten, bot der Caravelle folgende Extras: Rahmenkopfstützen für den Fahrer und den Beifahrer vorn, überall ausklappbare Armlehnen, verbesserte Polsterung auf allen Sitzen, zusätzlichen Stauraum, Bodenteppich aus Velours, vorverdrahtetes Rundfunkgerät und viele weitere Extras, die zu jener Zeit gewiss nicht serienmäßig vorgesehen waren.

Der Erfolg des Konzepts führte dazu, dass man über die Präsentation der Modelle neu nachdachte. Eine Verkaufsbroschüre vom August 1983 trug den Titel »Volkswagen Transporter und Caravelle«. Die Arbeitspferde wie Lieferwagen (Kastenwagen), Pritschenwagen und Doppelkabine wurden darin als Transporter zusammengefasst, während die früheren Busse nun unter der Bezeichnung Caravelle liefen, nämlich »Caravelle C, der ideale Kleinbus«, »Caravelle CL, mehr Luxus bei jedem Detail« und das Topmodell »Caravelle GL, der Bus für den Manager«.

Offiziell war damit der früher eine Schlüsselrolle spielende Kombi tot, selbst wenn der Begriff im Klein-

◀ ▼ Der Vanagon und der Vanagon Camper für den US-amerikanischen Markt: Der Vanagon zeigte tendenziell bessere Leistungen als die Fahrzeuge auf anderen Märkten. Man beachte, dass auf beiden Fotografien Benziner abgebildet sind.

▲ **Das ist ein Caravelle GL. Seine hervorstechenden Merkmale waren Volkswagen zufolge Automatikgurte, verstellbare Kopfstützen, Wischer für die Heckscheibe und ein Schutzgitter am Heckfenster.**

gedruckten noch auftauchte. Obwohl der Caravelle C Merkmale des alten Kombis aufwies, etwa eine Trennwand in halber Höhe, und selbst eine Art Basismodell darstellte, etwa mit »pflegeleichtem PVC-Boden«, so schien doch die grundlegende Vielseitigkeit dieses Fahrzeugs verloren gegangen zu sein.

Das war aber noch nicht das Ende der Geschichte. Eine weitere, noch luxuriösere Sonderversion, der Caravelle Carat, entwickelte sich schließlich zur Einzelbezeichnung Carat. Man definierte dieses Fahrzeug als »Topmodell für den Geschäftsmann, geräumig, bequem, mit Spitzenausstattung«. Von Beginn der Carat-Reihe an hatte Volkswagen Leichtmetallfelgen und Rechteckscheinwerfer eingesetzt. Dazu kamen Drehsitze in der Mitte, großzügige Velourspolsterung, Rahmenkopfstützen mit Kisseneinlage und zusätzliche Bordinstrumente – die Intention lag auf der Hand.

Wie in den späteren Jahren der zweiten Transportergeneration, aber in noch größerem Umfang, spielten Sonderausführungen und limitierte Editionen eine immer wichtigere Rolle beim Gesamtabsatz des Transporters. Sie bereiteten den Weg für den Facettenreichtum des T4 und des T5, auf die wir im nächsten Kapitel eingehen. Signifikante Modelle und Versionen der dritten Generation werden wir bei ihren entsprechenden Produktionsjahren behandeln.

1982

Was Rudolf Leiding viele Jahre zuvor für die gesamte dritte Transportergeneration vorgesehen hatte, wurde endlich im August 1982 für das Modelljahr 1983 realisiert. Wie der Texter einer wortreichen, aber doch informativen Broschüre schrieb, »wird die zweite und entscheidende Phase beim Übergang der Volkswagen-Nutzfahrzeuge zu einer neuen Motorentechnologie mit der Präsentation der brandneuen wassergekühlten Vergasermotoren eingeläutet«. Ob diese Motoren nun wirklich so brandneu oder eher logische Weiterentwicklungen der in anderen Volkswagenprodukten schon eingebauten Antriebsaggregate waren, darüber kann man streiten.

Einige Punkte dieser Debatte finden eine Lösung in den Worten eines Werbetexters:

»Bedarfsorientierte Leistung, Sparsamkeit, Komfort und die Erfüllung gesetzlicher Vorschriften im Hinblick auf größere Umweltverträglichkeit spielten bei der

▲ Mit diesem Bild wollte Volkswagen darstellen, dass sich ihr Fahrzeug auch als Behindertentransporter eignete. Im Bild ein Caravelle C, das Basismodell aller Passagiertransporter.

▶ Dieses offizielle Bild eines Transporters der dritten Generation zeigt einen Caravelle Carat.

Planung der neuen Vergasermotoren die Hauptrolle. Von besonderer Bedeutung waren auch wirtschaftliche Aspekte und die Nutzung bereits existierender Produktionsmittel, der Logistik und der Praxiserfahrung mit den neuen Motoren. Die große Erfahrung der Firma mit Boxermotoren war bei der Entscheidung über das zu verwendende Antriebsaggregat ebenfalls von Bedeutung. In den vergangenen 37 Jahren verließen über 30 Millionen solcher Vierzylindermotoren die Produktionsstätten […] Dahinter steht ein unvorstellbar großes Know-how in den Bereichen Gießereitechnik, Weiterverarbeitung und Fertigungstechnik. Dieses Wissen ist viel wert, und viele beneiden uns darum.«

Ein schneller Blick auf den Kontostand von Volkswagen zu Beginn der 1980er-Jahre zeigt uns, dass entschiedenere Bemühungen, von den »bereits existierenden Produktionsmitteln« wegzukommen, sicher auch an der prekären Finanzsituation gescheitert wären. Im Jahre 1979 hatte die Volkswagen AG einen Gewinn von 438 Millionen DM gemacht, zwei Jahre darauf waren es nur noch 120 Millionen. Im Jahre 1982 machte der Volkswagenkonzern einen Verlust von 300 Millionen, selbst wenn die Volkswagen AG noch einen Gewinn von 33 Millionen meldete. Ein Jahr darauf war auch sie in den roten Zahlen – mit 85 Millionen DM.

So mussten die Vorteile des beibehaltenen Boxerkonzepts mit den plötzlich nicht mehr ganz so neuen Vierzylinder-Boxermotoren überzeugend übermittelt werden. Das las sich dann etwa so:

»Kompaktes Design in Länge und Höhe, damit leichter Einbau und leichter Zugang zum Motor im bestehenden Motorraum.

◀ **Eine wassergekühlte Version des Doppelkabinen-Pritschenwagens. Von außen erkennt man den wassergekühlten Motor nur am Zusatzgrill vorn.**

▶ **Auch dieser Krankenwagen der dritten Generation hatte einen wassergekühlten Motor.**

Der längs montierte Motor und sein niedriges Gewicht sorgen für eine gleichmäßige Achslast und damit für ein gutes Handling und eine gute Federung bei jeder Nutzlast.

Niedriger Schwerpunkt des Fahrzeugs und damit ausgezeichnete Richtungsstabilität.

Der Hubraum von 1,9 Liter und der günstige Drehmomentverlauf erlauben niedrige Betriebs-Drehzahlen und somit einen sparsamen Treibstoffverbrauch sowie einen verringerten Geräuschpegel.«

Das eben Gesagte richtete sich an potenzielle Käufer, die »Programmeinheit zum Selbststudium – Transporter mit wassergekühltem Boxermotor« hingegen an die Angestellten. Ohne weiteres Brimborium wurden die beiden neuen Motoren nach diesem Einführungstext mit ihren Kenndaten vorgestellt:

»Die wassergekühlten Boxermotoren sind eine Weiterentwicklung der luftgekühlten Versionen. Bei dieser Neuentwicklung erreichten wir unsere Ziele: Leistungssteigerung, Fahrkomfort durch verbesserte Zugkraft und Verringerung des Treibstoffverbrauchs.«

Spezifikation	1,9 Liter mit 60 PS	1.9 Liter mit 78PS
Hubraum in cm³	1913	1915
Bohrung in mm	94	94
Hub in mm	68,9	69
Anzahl Zylinder	4	4
Verdichtungsverhältnis	8,6:1	8,6:1
Leistung	60 PS bei 3700 U/min	78 PS bei 4600 U/min
Drehmoment	140 Nm bei 2300 U/min	141,4 Nm bei 2600 U/min

Ergänzt man hierzu noch die grundlegenden Angaben zum Motorendesign, hat man das Wichtigste beisammen:

Motorblock	Leichtmetall
Zylinder	Buchsen aus Gusseisen
Zylinderkopf	Aluminiumlegierung mit Kühlmantel
Anordnung der Ventile	obenliegende Ventile, über hydraulische Stößel, Stößelstangen und Kipphebel betätigt
Kühlsystem	wassergekühlt; riemengetriebene Wasserpumpe
Vergaser	
Motor mit 60 PS	34-PICT-Fallstromvergaser mit automatischem Choke
Motor mit 78 PS	2E3-Fallstromvergaser mit automatischem Choke

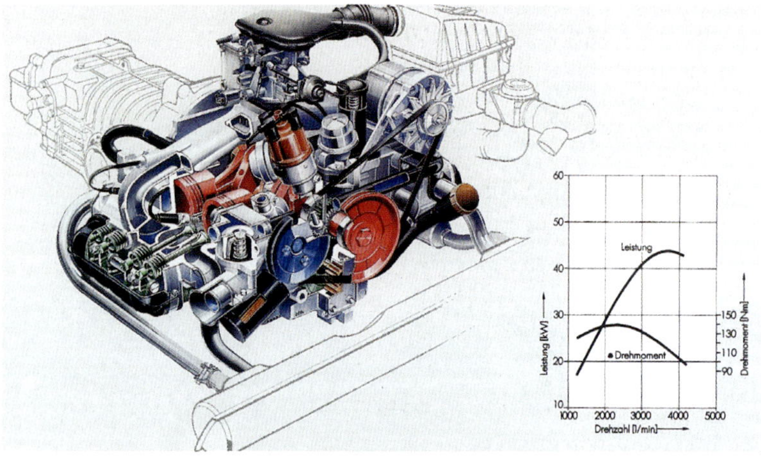

The watercooled flat-four engine has a displacement of 1.9 litres and develops 44 kW (60 bhp). It pulls lustily, runs quietly, and uses very little fuel, making the vehicle economical and pleasant to drive. And it needs only regular-grade (2-star) fuel.

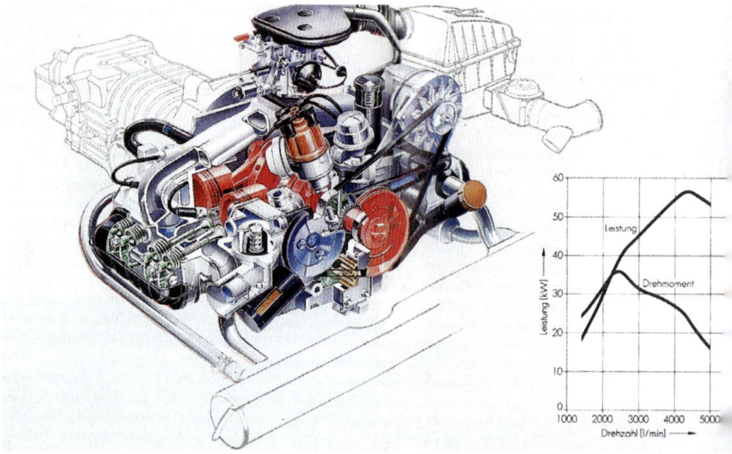

This is the more powerful version of the flat-four engine. Also with a displacement of 1.9 litres and developing 57 kW (78 bhp), it runs smoothly and economically even from cold starts short trips. It pulls well at extremely low speeds, for low engine noise and fuel ecc

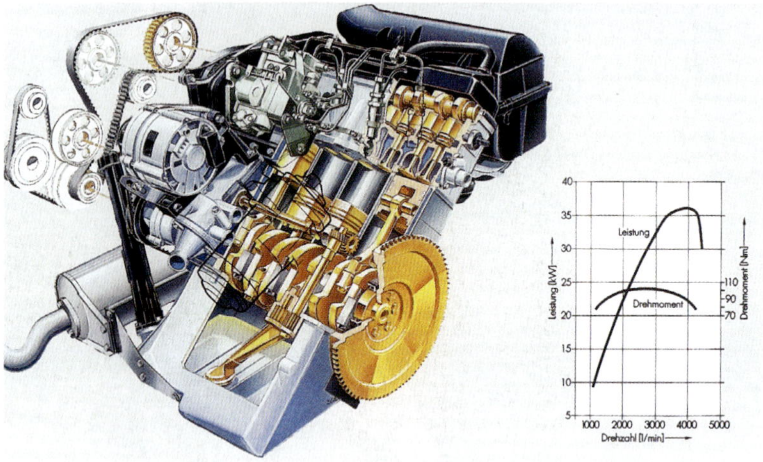

Proved successful a million and more times over, the 1.6 litre diesel engine is unsurpassed for its fuel economy. With an output of 37 kW (50 bhp), this is the ideal unit for short trips and has tremendous pulling power.

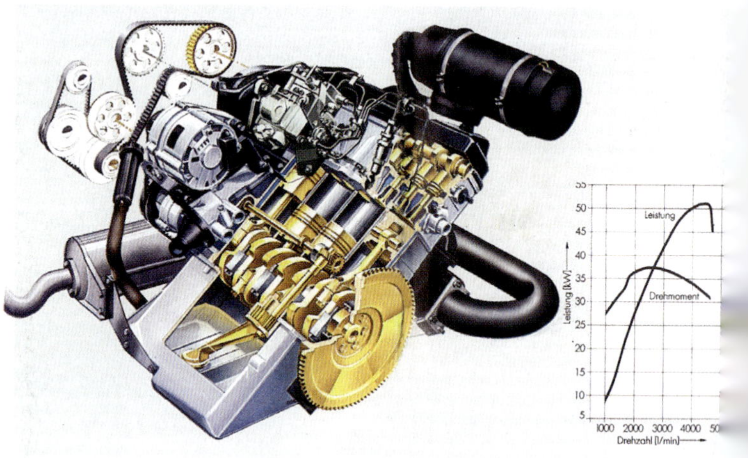

The 1.6 l turbo-diesel engine developing 51 kW (70 bhp), is the technical successor to the immensely successful diesel engine. It is outstanding for its greater performance with c tively low fuel consumption, together w operating noise levels.

This is the successful double-wishbone front axle layout. Independent suspension all round, with of course the semi-trailing arm rear axle, is the secret of the Volkswagen Transporter's supreme road behaviour.

The semi-trailing arm rear axle, common to all Volkswagen Transporters. Together with the double-wishbone front axle, it is an important element in this technically superior su concept.

24

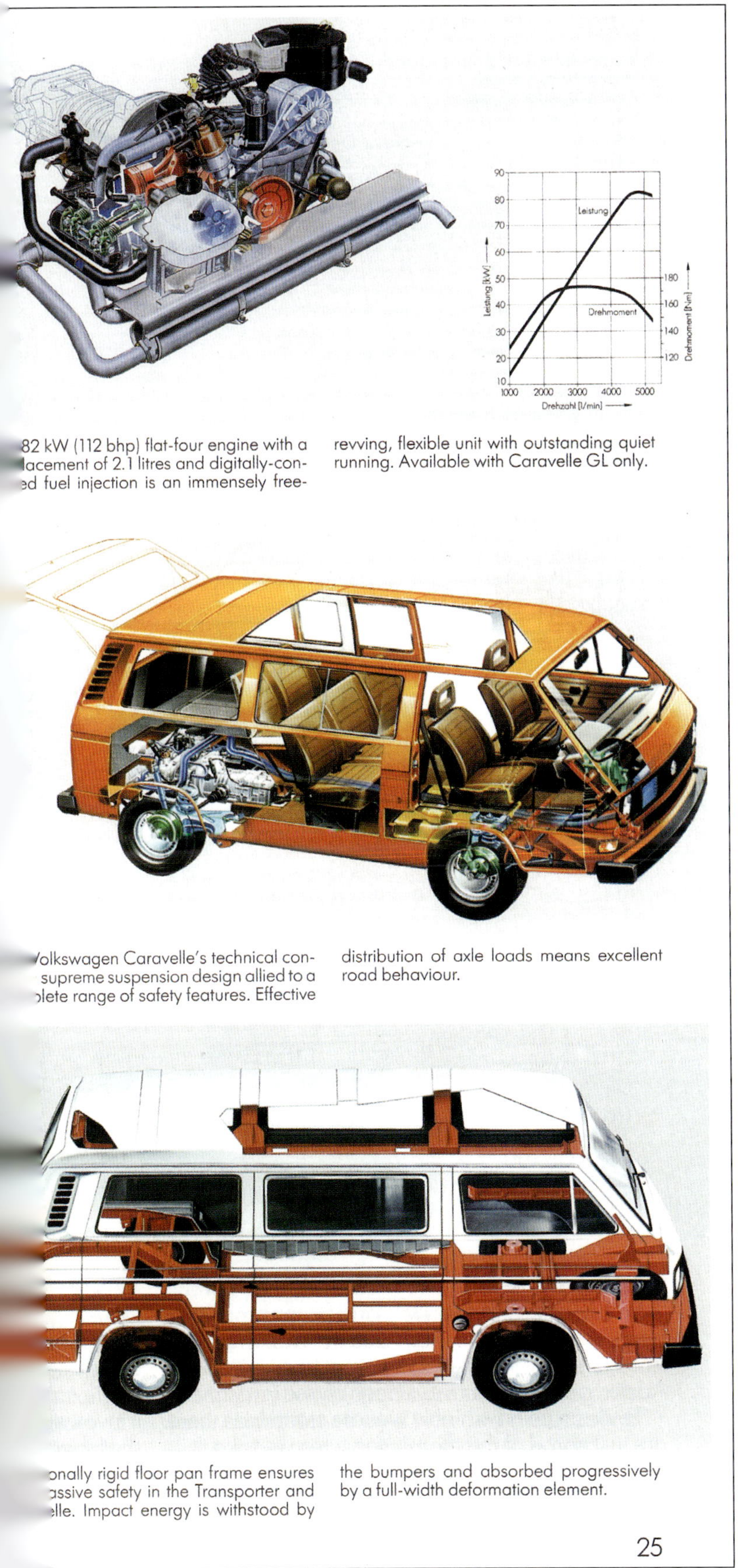

82 kW (112 bhp) flat-four engine with a lacement of 2.1 litres and digitally-con-ed fuel injection is an immensely free-revving, flexible unit with outstanding quiet running. Available with Caravelle GL only.

/olkswagen Caravelle's technical con-supreme suspension design allied to a plete range of safety features. Effective distribution of axle loads means excellent road behaviour.

onally rigid floor pan frame ensures assive safety in the Transporter and elle. Impact energy is withstood by the bumpers and absorbed progressively by a full-width deformation element.

25

In den allgemeineren Werbebroschüren, in denen Volkswagen mit weniger Details auf die Motoren einging, hielt die Firma an der Geschichte fest, dass der Heckmotor vom Fahrer und dessen Mitfahrern vorn weit entfernt lag und somit die Lärmbelästigung am geringsten war. Doch es steckte noch viel mehr dahinter. Der Wassermantel der neuen Motoren sorgte für eine erhebliche Verringerung des Geräuschpegels:

»Im Fahrzeug selbst konnten wir den Geräuschpegel um 2 bis 3 Dezibel senken, was für das menschliche Ohr einer Reduktion von über 50 Prozent nahekommt. Auch der Geräuschpegel außerhalb des Autos wurde um 3 Dezibel auf 77 Dezibel verringert.«

Es wurden zwei manuelle und ein automatisches Schaltgetriebe angeboten. Das Vierganggetriebe war eine »Weiterentwicklung des bekannten Transportergetriebes«. Das Fünfganggetriebe hatte man »aus der Viergangversion abgeleitet«; es konnte als Extra für beide Motoren geordert werden. Das Automatikgetriebe hingegen wurde nur mit dem 1,9-Liter-Motor mit 78 PS geliefert.

Die Höchstgeschwindigkeit mit dem wassergekühlten 1,9-Liter-Motor betrug bei 60 PS 117 km/h und bei 78 PS 130 km/h. Es spielte dabei keine Rolle, ob ein Vier- oder Fünfganggetriebe eingebaut war. Wie zu erwarten war, fuhr der Transporter mit Automatikgetriebe etwas langsamer, aber der Unterschied machte nicht mehr als 6 oder 7 km/h aus.

Die Beschleunigung war bei beiden Motoren nicht überwältigend; das konnte man schon daran ersehen, dass die Firma keine Werte angab, mit Ausnahme der Zeit, die das Fahrzeug von Null auf 80 km/h brauchte. Der 60-PS-Motor mit Vierganggetriebe war, wie man erwarten konnte, mit einschläfernden 19,1 Sekunden am langsamsten. Das Fünfganggetriebe brachte da eine gewisse Ersparnis, aber nur auf 18,2 Sekunden. Der leistungsstärkere Motor mit einem Vierganggetriebe erreichte die 80 km/h in 15,7 Sekunden, mit dem Fünfganggetriebe in 15,1 Sekunden. Für das Automatikgetriebe gab die Firma erstaunlicherweise gar keine Zahlen bekannt!

Der Treibstoffverbrauch war entschieden geringer als bei den alten luftgekühlten Motoren, aber nicht so gut wie beim langsamen Diesel. Der 60-PS-Motor verbrauchte 11 Liter, der 78-PS-Motor mit Vierganggetriebe 11,8 und mit Fünfganggetriebe 11,5 Liter pro 100 km. Volks-

◀ **Volkswagen trug die wichtigsten Merkmale der späteren Modelle der dritten Generation in dieser englischen Broschüre zusammen – angefangen von den wassergekühlten Benzin- und Dieselmotoren bis zur Aufhängung der Vorderräder mit Doppelquerlenkern für erhöhte Sicherheit.**

SIEMENS
HB-LJ 790

wagen legte Wert auf die Feststellung, dass beide Motoren mit Normalbenzin auskamen.

Das Handbuch für die VW-Angestellten hielt fest, dass die höhere Leistung der Wasserboxer »durch eine höhere Verdichtungsrate und folglich bessere Effizienz« und »verringerte innere Verluste durch die diskontinuierliche Luftkühlung« erreicht wurde. Die Leistungssteigerung durch den 78-PS-Motor ging auf »Zylinderköpfe mit größeren Einlässen und Ventilen, den neuen Vergaser, den größeren Krümmer und die modifizierte Nockenwelle zurück«.

Es war nicht ungewöhnlich, dass auf dem amerikanischen Markt nur der größere der beiden neuen Motoren angeboten wurde (und zwar mit Einspritzanlage). Wenn man ihn mit dem luftgekühlten 2,0-Liter-Motor verglich, schnitt er beeindruckend gut ab – dabei muss man bedenken, dass Treibstoffeinspritzung seit fast einem Jahrzehnt in den USA Standard war:

»Obwohl der neue Motor kompakter ist als sein luftgekühlter Vorgänger, leistet er mehr – 22 Prozent mehr Pferdestärken. Aber das neue Aggregat besteht nicht nur aus Muskeln. Es hat auch Hirn. Ein einzigartiges ›Digi-Jet‹-Einspritzsystem steuert digital die Luft-Treibstoffmischung für maximale Leistung. Die Umweltbehörde meint, der neue Motor sei um 19 Prozent sparsamer als sein Vorgänger, auf dem Highway sogar um 23 Prozent.«

Die Reaktion der Presse auf die neuen Motoren war fast überall positiv. »Road and Truck« beispielsweise brachte Details, die Volkswagen natürlich gern hörte, wie etwa, dass der Transporter beim Sprint von Null auf 96 km/h nun drei Sekunden schneller sei, außerdem geschmeidiger, ruhiger, und weniger Mühe bei einer längeren Steigung habe. Dann folgte diese Zusammenfassung: »Die Kraft des neuen Motors, seine

◀ Wie seine Vorgänger war auch der Transporter der dritten Generation ein Vielzweckfahrzeug. Auf diesem Werbefoto von Volkswagen sieht man einen Pritschenwagen mit hydraulischer Hubarbeitsbühne.

▼ Die Zeitschrift »Car and Driver« bezeichnete den neuen wassergekühlten Transporter der dritten Generation als Porsche unter den Nutzfahrzeugen. Man kann aber bezweifeln, dass viele potenzielle Käufer ihn in diesem Licht sahen!

Geschmeidigkeit, Sparsamkeit und Laufruhe begeistern uns und erlauben mit dem VW Transporter eine Fahrweise, die mit seinem Design in Einklang steht.«

Das Magazin »Car and Driver« hatte viel zu vermelden, obwohl der Untertitel zu seinem Artikel vom Juni 1983 »Nur Wasser hinzugeben« lautete. Der Autor betrachtete die Wasserkühlung als Heilmittel gegen alle Schwächen der luftgekühlten Motoren und kam dann auf die Herausforderungen zu sprechen, die in der Zukunft auf Volkswagen warteten:

»Der Wasserboxer ist stark genug, um das Auto konstant bei 138 km/h zu halten. Das ist eine Verbesserung um 18 km/h und bedeutet eine entspannte Reisegeschwindigkeit zwischen 104 und 120 km/h mit einer Leistungsreserve zum Überholen, die es zuvor nicht gab. Der Vanagon, der in weniger als 16 Sekunden von Null auf 96 km/h beschleunigt, ist noch nicht entwickelt. So stellt der Volkswagen noch keine Bedrohung für Ihren durchschnittlichen Subaru dar. Glücklicherweise hat man im Vanagon das Gefühl, schneller zu sein als in Wirklichkeit. Er scheint auch immer genug Schwung zu haben, um die anderen Verkehrsteilnehmer abzuschütteln […] Die Kabine ist nicht nur ruhiger, sondern auch gemütlicher. Das Kühlwasser, das durch den Motor und den Kühler hinter dem unteren Frontgrill läuft, kann zu zwei Heizungsanlagen abgezweigt werden: eine unter dem Armaturenbrett und eine unter dem hinteren Sitz. Sie halten den höhlenartigen Innenraum so angenehm warm, wie dies die optionale Benzinheizung des alten Modells tat.«

Die Zeitschrift »Road and Truck« ging detaillierter auf die neu hinzugekommene Konkurrenz ein. Für den Journalisten lag die Rettung von Volkswagen im wassergekühlten Motor:

»Wir dachten stets, der Volkswagen Transporter sei der Beste seiner Art, besonders wenn man ihn mit den Angeboten aus Detroit der vergangenen Jahre vergleicht. Doch nun ändert sich der Markt der Passagiertransporter schnell. Toyota kommt mit seinem Van Wagon auf den Markt, Chrysler stellte kürzlich seinen T-115 und den Vista (einen geborenen Mitsubishi Chariot) vor. Nachdem wir mit dem Vanagon und den Nachteilen seines luftgekühlten Motors gelebt haben […], fragen wir uns, ob VW seinen Vorsprung gegenüber diesen Newcomern halten kann. Doch mit seinem neuen Wasser-Boxermotor hat der König der Transporter gute Chancen, seine Krone zu behalten.«

Das Schlusswort bei dieser Frage geht an das amerikanische Magazin »Car and Driver«. So groß war das Kompliment für den neuen wassergekühlten Vanagon, dass Volkswagen sofort eine Broschüre mit diesen erstaunlichen fünf Wörtern auf den Markt brachte: »Der Porsche 911 der Vans.«

Volkswagen hatte sich nun ganz auf wassergekühlte Motoren spezialisiert, ruhte sich aber auf den Lorbeeren nicht aus, denn die Firma wusste um die Gefahren, die von japanischen Konkurrenten drohten. Im September 1983 stellte sie eine Special Edition des Caravelle Carat mit einem 90-PS-Einspritzmotor vor. Und für das Modelljahr 1986 standen zwei neue Motoren zur Verfügung.

Auf dem britischen Markt gab es den 2,1-Liter-Motor mit 112 PS und digital gesteuerter Einspritzung nur für das Spitzenmodell Caravelle GL. Der Motor mit einem Hubraum von 2109 cm^3 erreichte seine höchste Leistung bei 4800 U/min, sein größtes Drehmoment von 174 Nm bei 2800 U/min. Anderswo war er auch mit einem Katalysator zu bekommen, was allerdings einen Rückgang der Leistung auf 95 PS mit sich brachte. Ungefähr um diese Zeit wurde der 90-PS-Motor für den Caravelle Carat ohne viel Aufhebens aus dem Angebot genommen.

Der gemächliche 50-PS-Dieselmotor blieb auf dem Markt, als »idealer Antrieb für kurze Reisen« und weil er »in seiner Sparsamkeit unübertroffen« war. Im Modelljahr 1986 bekam er als »technischen Nachfolger« einen neuen Turbodiesel. Der 1588-cm^3-Antrieb leistete bei 4500 U/min maximal 70 PS, dank indirekter Einspritzung und Turbolader. Das Verdichtungsverhältnis lag bei 23,0:1, Bohrung und Hub bei 76,5 x 86,4 mm. Bei 2500 U/min lieferte er das höchste Drehmoment von 138 Nm.

Im August 1987 erfuhr der ursprüngliche Dieselmotor eine bitter benötigte Leistungssteigerung durch eine vergrößerte Bohrung von 76,5 auf 79,5 mm. Damit stieg die Leistung von 50 PS bei 4200 U/min auf 57 PS bei 4500 U/min.

Nach der letzten Revision für das Modelljahr 1990 (erfolgt im August 1989) sah das Motorenangebot folgendermaßen aus: zwei Dieselmotoren mit 57 bzw. 70 PS, drei 2,1-Liter-Benzinmotoren und die beiden Vorläufer mit 60 bzw. 78 PS. Die Leistung des 2109-cm^3-Einspritzmotors wurde dabei auf 92 PS (oder 95 PS bei der Syncro-Variante und in den Modellen mit Automatikgetriebe) zurückgeschraubt.

Tuningfirmen pumpten den Wasserboxer noch weiter auf. Man nehme als Beispiel den deutschen Oettinger WBX6, einen Sechszylindermotor mit 3164 cm^3 und 165 PS. Man konnte mit ihm von Null auf 100 km/h in 11,8 Sekunden beschleunigen. Dass die dritte Transportergeneration mit einer solchen

▶ Dieses Foto illustrierte eine Broschüre des Jahres 1984. Man wollte darin alle Transporterversionen aufnehmen. In der hinteren Reihe stehen ein Kastenwagen (links) und ein Caravelle. In der vorderen Reihe befinden sich, von links nach rechts: ein Kombi, ein Pritschen- und ein Doppelkabinen-Pritschenwagen. Man beachte die Luken auf den Ladeflächen der beiden Pick-ups; sie führen zum Motorraum.

Party-Service

Motorleistung gut zurechtkam, sprach für deren Design und hatte ohne Zweifel auch Rückwirkungen auf die Entwicklungsingenieure, die in Hannover bereits am Prototyp der vierten Generation arbeiteten.

1984

August

Beim Computerdesign der dritten Generation hatte man großen Wert auf Sicherheitsaspekte gelegt. Aber es war nicht möglich gewesen, ebenso umfangreiche Maßnahmen für die Korrosionsbekämpfung zu ergreifen. Vom August 1984 an – und damit für das Modelljahr 1985 – wird der Rostschutz erheblich verbessert. Die Liste der Maßnahmen sieht folgendermaßen aus: Verwendung von verzinkten Stahlblechen für die Kabinentüren, die Seitentür oder die hinteren Türen im Fall des Doppelkabinen-Pritschenwagens, die Ladebordwände, die Heckklappe, den Tresorraum und die Luken zum Motorraum (wiederum bei den Pritschenwagen); Steinschutzlack an der Frontpartie und in den Radkästen; Steinschlagschutz aus PVC für das Bodenblech und die Radkästen; Versiegelung des Bodenblechs; Hohlraumschutz für die Längs- und Querträger des Rahmens, die Türen und den unteren Teil der Karosserie innen.

1985

September

Volkswagen präsentiert auf der Frankfurter Automobilausstellung die »Multivan«-Camperstudie, ein Zwischending zwischen einem echten Camper und einem Passagiertransporter. Das Modell wurde von Westfalia gebaut und stieß auf genügend Interesse, um im Lauf des Jahres 1986 in Produktion zu gehen.

Zu jener Zeit beschreibt Volkswagen den Multivan als ein Fahrzeug, das »die Lücke schließt zwischen der Arbeitswoche und dem Wochenende« und vermerkt ausdrücklich, dass damit ein »Vielzweckfahrzeug« geschaffen worden sei.

1986

Januar

Im Jahre 1981 war Toni Schmücker nach einem Herzinfarkt von seinen Ämtern zurückgetreten. Seine Stelle als Generaldirektor hatte am 1. Januar 1982 Carl Hahn übernommen. In der Nordhoffära galt er als Wunderkind; von 1959 bis 1965 hatte er das Volkswagengeschäft

◀ Dieses Bild aller Transporterversionen stammt aus der Mitte der 1980er-Jahre. Die größeren LT-Modelle der zweiten Generation im Hintergrund kamen im April 1975 auf den Markt. Es besteht eine große Ähnlichkeit zwischen ihnen und den Transportern der dritten Generation insgesamt.

▲ Am Stand der englischen Firma Devon, die Volkswagen Transporter umbaute, Mitte der 1980er-Jahre. Links neben dem »Devon 12 Seater Bus« erkennt der Spezialist auch einen »Devon Moonraker«.

in Amerika geleitet. Die Geschichte des Transporters hatte er beinahe von den ersten Tagen an miterlebt.

Dr. Hahn pries den Transporter als dauerhaftes und trotzdem immer noch innovatives Fahrzeug, wie der folgende Ausschnitt aus einer Rede zeigt. Er hielt sie am 15. Januar 1986 vor einer geladenen Zuhörerschaft. Die Gäste waren gekommen, um den sechsmillionsten Transporter zu feiern, der das Band in Hannover verließ:

»Unser Typ 2 hat immer im besonderen Maße die wesentlichen Volkswagen-Eigenschaften repräsentiert, als da sind: Fortschrittliche Technik, Qualität, Wirtschaftlichkeit, Gebrauchstüchtigkeit, Wertbeständigkeit, Robustheit und Anspruchslosigkeit im Alltag. Seit 1979 steht uns mit der dritten Typ-2-Generation ein Konzept zur Verfügung, das uns – wie die sachverständige Fachpresse immer wieder herausstellt – in wesentlichen Merkmalen eine Alleinstellung sichert.« (UVW 1 Nr. 4/2)

Februar

Im Februar 1986 beginnt die Syncro-Story. Es gab bisher schon einige durchaus nicht unbekannte Bilder von Transportern der zweiten Generation, wie sie offroad durch ein Gelände fahren, das kein Zweiradantrieb jemals hätte meistern können. Sie sind heute der Beweis dafür, dass Volkswagen schon in der Mitte der 1970er-Jahre daran dachte, ein vierradangetriebenes Modell auf den Markt zu bringen. Es handelte sich dabei aber um ein nicht ganz offizielles Projekt, obwohl es eine interne Entwicklungsnummer bekam, nämlich EA 456/01. Zwei der führenden Ingenieure von Volkswagen entwickelten dieses Fahrzeug und testeten es in der Sahara. Dies führte 1978 zum Bau von fünf allradangetriebenen Prototypen. Sie besaßen einen zuschaltbaren Frontantrieb. Die Kraftübertragung erfolgte über ein manuelles Vierganggetriebe und einen Drehmomentwandler. Weil die Markteinführung der dritten Transportergeneration unmittelbar bevorstand und auch weil das Projekt doch nur ein halboffizielles war, unternahm man schließlich keine weiteren Schritte zur Serienfertigung. Die gewonnenen Erkenntnisse aber waren von Nutzen, als man beschloss, der Gefahr durch amerikanische und besonders japanische Offroader die Stirn zu bieten und in Zusammenarbeit mit dem österreichischen Spezialisten Steyr-Daimler-Puch ein eigenes solches Fahrzeug zu produzieren.

Der Transporter der dritten Generation mit Vierradantrieb wird als Syncro vermarktet und von Steyr-Daimler-Puch in Graz gebaut, wobei die Karosserie und der Motor aus Deutschland kommen. Im Gegensatz zu einem konventionellen Vierradantrieb, bei dem die zweite Antriebsachse von Hand zugeschaltet wird, erfolgt dies beim Syncro ganz automatisch.

Die Antriebskraft wirkt weiterhin auf die Hinterachse ein. Doch über die Kardanwelle gelangt sie zu einer Visco-Kupplung an der von ihrem Layout her nun völlig veränderten Vorderachse. Die Visco-Kupplung bildet das Herz der neuen Technologie. Sie nimmt geringste Geschwindigkeitsunterschiede zwischen Vorder- und Hinterachse wahr und bewirkt, dass dementsprechend Antriebskräfte auch auf die Vorderachse einwirken können. Das Kupplungs-Gehäuse ist mit einem hochviskösen Silikon gefüllt. Darin laufen unterschiedliche Lamellen. Die gelochten Außenlamellen sind mit dem Gehäuse, die geschlitzten Innenlamellen mit der Nabe fest verbunden. Bei Drehzahlunterschieden erwärmt sich das Silikon, wird immer fester und führt schließlich zum Kraftschluss der Lamellen und damit dem Antrieb der Vorderräder. Solche minimalen Unterschiede gibt es fast immer. Deswegen bleibt der Vierradantrieb fast dauernd zugeschaltet. Nur der Anteil der Kraft, der auf die Vorderräder gelangt, schwankt je nach Untergrund und sonstigen Bedingungen. Wenn die Hinterräder zum Beispiel gar keine Bodenhaftung mehr haben, gelangt die gesamte Antriebskraft auf die Vorderräder.

Volkswagen rühmt die Vorteile dieser Syncro-Technologie und meint, dass man eigentlich nicht mehr ohne sie auskommen könne:

»Außergewöhnliche Lenkfähigkeit, besonders auf glatten, rutschigen Straßen mit wenig Griff.

Beste Offroad-Qualitäten und verbesserte Anzugskraft auf schwierigem Gelände, auf Naturstraßen und auf Baugebieten.

Außergewöhnliche Zugkraft besonders auf Eis und Schnee und auf schwierigen steilen Bergstrecken.

Im Wesentlichen neutrales Kurvenfahrverhalten mit größeren Sicherheitsreserven auf schwer zu befahrenden Strecken.

Positiver Einfluss auf die Bremsleistung, auch bei winterlichen Straßenverhältnissen.«

▲ Dr. Carl Hahn spricht aus Anlass der Produktion des sechsmillionsten Transporters, der im Januar 1986 in Hannover vom Band lief.

Beide Bilder stammen aus einer Broschüre, die für die Syncro-Modelle in Lieferwagen- und in Caravelle-Ausführung Werbung machen sollte. Das Fahrzeug zeigt, wie es in rauem Gelände zurechtkommt. Die Bilder wie die Broschüre selbst stammen aus der Zeit vor der offiziellen Markteinführung des Syncro. Deswegen fehlen den Fahrzeugen einige Aufkleber und Inschriften, die diese Geländewagen deutlich von anderen abhoben (folgende Doppelseite).

K - JN 260

D
WOB-VH 9

syncro
PI TD 156

syncro
PI TD 156

◀ ▼ Typische Pressefotos von Syncro-Modellen in voller Aktion. Wenn man genau hinsieht, erkennt man die Aufschrift »Multivan« an der Heckklappe unter dem Ersatzrad.

▶ Dieses Bild eines Syncro erscheint zunächst weniger dynamisch. Immerhin schleppt er eine Segelyacht und muss somit auch mit Offroadbedingungen zurechtkommen. Die Werbebotschaft ist hier subtiler verpackt.

Das Syncro-System ist mit einer manuellen Viergangschaltung verbunden. Dazu kommt ein Geländegang. Unter extremen Bedingungen kann man vorn wie hinten eine Differenzialsperre einlegen. Dabei wird das Differenzial blockiert, und beide Räder einer Achse drehen sich mit gleicher Geschwindigkeit. Damit kann man die gesamte Antriebskraft auf den Boden bringen. Die Schalter für die Differenzialsperren befinden sich auf dem Armaturenbrett. Wie bei einem Geländewagen zu erwarten, gibt es eine den Unterboden vor Steinschlag schützende Platte im Frontbereich vor den Vorderrädern. Eine ähnliche Platte schützt den Motor und das Getriebe. Auch die Kardanwelle wird von beiden Seiten geschützt und den Benzintank brachte man an einer sichereren Stelle direkt vor den Hinterrädern an. Wenig Aufhebens macht die Werbung von den breiteren Rädern der Syncro-Modelle (6Jx14, im Vergleich zu den normalen Rädern mit 51/2x14) und von der größeren Bodenfreiheit, die im Fall der Caravelle-Versionen 35 mm ausmachte. Bei den einfacheren Transportern, die ja kein abgesenktes Fahrwerk besaßen, belief sich der Unterschied zur Allradversion auf lediglich 10 mm. Nur in der kleingedruckten technischen Spezifikation findet man einen Hinweis auf eine »besonders leistungsfähige Federung«, und nur der Kundige kann in Erfahrung bringen, dass das Bremssystem leistungsstärker ist.

Man hätte annehmen können, dass die Syncro-Option auf ausgewählte Modelle beschränkt bleibt, aber das ist nicht der Fall. Dazu muss man bedenken, mit welcher Schnelligkeit Volkswagen während der Produktionszeit der dritten Generation die Namen der Modelle und die Extras änderte. Für das Modelljahr 1987 war die Syncro-Ausstattung möglich für Caravelle GL, CL und C, für den Lieferwagen und den Hochraum-Lieferwagen, für den Pritschen- und den Doppelkabinen-Pritschenwagen: Das war in Wirklichkeit die gesamte Angebotspalette. Das Syncro-System lief auch zusammen mit einer Reihe von Motoren: Wenn wir wiederum das Modelljahr 1987 als Beispiel nehmen, so war das der Benzinmotor mit 78 PS, der Turbodiesel mit 70 PS und der Einspritzmotor mit 112 PS.

Wer ein Syncro-Modell von anderen unterscheiden will, darf sich nicht allein auf den Aufkleber »syncro 4x4« am Schweller oder den Schriftzug »syncro« unter der Windschutzscheibe verlassen. Das wäre gefährlich, denn frühe Modelle tragen keine solchen Bezeichnungen, und sie fehlten auch einigen der späteren Modelle.

Natürlich gab es eine Sonderedition, die auf der Syncro-Technologie beruhte, und es war keine Überraschung, dass es sich dabei um einen Doppelkabinen-Pick-up handelte – er eignete sich unter allen Versionen wohl am besten, um die Kombination zwischen Lastenträger, Passagiertransporter und Offroader zum Ausdruck zu bringen. Der Volkswagen TriStar vom September 1988 verströmte einen Hauch von Luxus mit zahlreichen Extras, angefangen von Leichtmetallfelgen und Scheinwerferwaschanlagen bis zum dicken Teppichboden im gesamten Kabinenbereich. Die Werbetexter von Volkswagen verpackten den TriStar wie folgt:

»Äußerlich gesehen wirkt der TriStar durch seine großen schwarzen Stoßstangen vorn und hinten, durch die Kunststoffabdeckungen an den Radkästen, die passen-

Sorgfältig komponierte Fotografien oder gar Actionbilder der dritten Transportergeneration zu finden, ist gar nicht so leicht. Wir danken Volkswagen of America dafür, dass sie uns diese drei Bilder aus dem Jahre 1987 zur Verfügung gestellt haben. Es sind ein Vanagon, ein Vanagon GL und ein Vanagon Syncro abgebildet.

▶ Das Titelblatt der Werbebroschüre für das Sondermodell TriStar.

GAP-KC 12

◀ **Actionwerbung für den Syncro! Der Aufkleber unter der Windschutzscheibe zeigt, dass es sich hier um einen TriStar handelt.**

▶ **Dieses sorgfältig arrangierte Bild zeigt den TriStar als luxuriösen Passagiertransporter. Der Besitzer und seine Freunde können mit dem Fahrzeug ohne irgendwelche Einschränkungen ihrem Hobby frönen – und das bei jedem Wetter!**

den schwarzen Schweller und den Luftgrill mit Doppelscheinwerfern sowie die Hochdruck-Scheinwerferwaschanlagen.

Für den besonders schweren Einsatz sind Rammschutz und Überrollbügel gegen Aufpreis zu bekommen.

Im Inneren bietet der TriStar ›praktischen‹ Luxus für fünf Personen.

Die Sitze sind mit einer haltbaren Stoffverkleidung überzogen. Die vorderen Sitze verfügen über integrierte Armstützen, Kopfstützen und Kartentaschen. Der Boden ist ganz mit Teppich ausgelegt. Für die Passagiere hinten gibt es eine separate Heizung. Die Rückwand ist verkleidet und schallisoliert […]

Alle vier Türen besitzen Armlehnen für den gehobenen Komfort, und sie öffnen sich weit für bequemen Ein- und Ausstieg.«

1987

Oktober

Die Sonderedition Caravelle Coach kommt auf den Markt. Das Fahrzeug hat Servolenkung, breite Räder, ein um 30 mm tiefergelegtes Fahrwerk, Doppelscheinwerfer, Abblend-Rückspiegel für Tag und Nacht, zusätzliche Heizung für den Passagierraum, beheizbares Heckfenster, Felgenzierblenden und anderes mehr.

1988

August

Die Multivan-Magnum-Sonderedition hat ihr Debüt. Abgesehen von einem Schriftzug unter der Windschutzscheibe erkennt man sie von außen an den rechteckigen Doppelscheinwerfern, den schwereren Stoßstangen und einer schwarzen Kunststoffverkleidung am Seitenschweller. Im Inneren enthält der Van eine umklappbare Liege-/Sitzbank, einen Klapptisch, ein Schiebefenster an der Seitentür, einen Kühlschrank unter dem Sitz sowie Schränke. Dazu kommen ganz allgemeine Luxusextras wie Servolenkung, Scheibenwischer hinten und Intervallschaltung für den Scheibenwischer vorn. Wie auch für andere Sonderausführungen hat man für den Multivan Magnum vier Optionen beim Motor. Neun verschiedene Lackierungen zeigen, dass die Farbe des Fahrzeugs keinen entscheidenden Teil dieser Sonderedition bildete.

1989

So groß war die Vielfalt innerhalb der dritten Generation des Transporters, dass es in Großbritannien auch einen 800-kg-Van gab. Er war nur in Pastellweiß zu bekommen und hatte entweder einen 1,9-Liter-Motor mit 60 PS oder einen 1,7-Liter-Dieselmotor mit 57 PS – die schwächsten erhältlichen Aggregate.

Dieser Van hatte kleinere Räder und Reifen als der Eintonner und entsprechend abgespeckte Querstabilisatoren. Seine seitliche Ladehöhe betrug nur 455 mm, die niedrigste unter allen Nutzfahrzeugen. Weitere Sparmaß-

▼ **Der Multivan Magnum kam im August 1988 auf den Markt und war für das Modelljahr 1989 bestimmt.**

nahmen wie eine Heckklappe ohne Fenster hielten die Anschaffungskosten niedrig, erlaubten aber gleichzeitig eine Nutzlast von 875 kg einschließlich des Fahrers. Das Fahrzeug wurde für eine bestimmte Marktnische produziert und auch verkauft.

1990

Juli

Obwohl die Produktion der dritten Transportergeneration zu Ende dieses Monats ausläuft, um Platz zu schaffen für den T4, wird das Syncro-Modell zwei weitere Jahre von Steyr-Daimler-Puch produziert.

1992

März

Die letzten Transporter mit traditionellem Hinterradantrieb und Heckmotor werden als limitierte Sonderedition (Limited Last Edition, LLE) angeboten. Die Fahrzeuge sind von 1 bis 2500 nummeriert. Der letzte seiner Reihe, die Nr. 2500, wird in der Stiftung AutoMuseum in Wolfsburg aufbewahrt und ist Tornadorot lackiert, obwohl die meisten anderen Exemplare Orlymetallicblau waren. Diese letzte Edition unterscheidet sich von den meisten Vorgängern durch Leichtmetallfelgen 6Jx14, durch Stoßfänger in Karosseriefarbe, Schmuckverkleidung am Schweller und ein um 30 mm tieferes Fahrwerk. Zusätzliche Extras wie beheizbare Außenspiegel runden das Bild eines Luxusfahrzeugs ab.

Die dritte Transportergeneration konnte beim Verkaufserfolg nicht an die erste und die zweite anknüpfen. Trotzdem wurden insgesamt doch sehr respektable 1 227 669 Einheiten auf der ganzen Welt verkauft.

◀ Ein weniger leistungsstarkes und auch preiswerteres Mitglied der Kastenwagenfamilie, der Transporter 800 kg Van, den es nur in Großbritannien gab. Mit seiner einfacheren Ausstattung schloss das Fahrzeug theoretisch eine Marktlücke.

▶ Ein attraktives Werbefoto der Limited Last Edition (LLE), der letzten limitierten Sonderedition. Das Fahrzeug ist in Orlymetallicblau gehalten.

H-RN 681

Ab 1990

V

Durch und durch moderne Transporter

▶ **In sicheren, aber dynamischen Händen. Die heutige Generation, T5 genannt, sichert Volkswagen im Feld der Konkurrenten den Spitzenplatz. Das Fahrzeug verkauft sich in Großbritannien zum Beispiel regelmäßig besser als alle anderen importierten Modelle.**

H VC 460

▲ Von links nach rechts: Die vier Transportergenerationen verkörpern über 40 Jahre VW-Geschichte.

Eine Festschrift zum 60. Geburtstag des Volkswagen Transporters muss auch auf die heutigen Modelle und deren unmittelbare Vorgänger eingehen.

Dabei muss man die Tatsache anerkennen, dass die Vielfalt der vierten und der fünften Transportergeneration – jedenfalls im Vergleich zur überschaubaren Modellplatte vergangener Generationen – ein absolut unerlässliches Element auf diesem immer stärker umworbenen Markt darstellt.

Die Geschichte der vierten Transportergeneration ist komplexer als die ihrer Vorgängerin, bleibt aber immer noch überschaubar und kann mit verhältnismäßig wenigen Worten erzählt werden.

Die Modelle der fünften Generation sind unglaublich gut ausgestattet, sei es als Arbeitspferde im täglichen Einsatz oder als Passagiertransporter, die ihre Insassen in einem luxuriösen Ambiente von einem Ort zum anderen bringen, oder als Camper mit der Bezeichnung California. Zum ersten Mal in der 60-jährigen Geschichte sind diese Wohnmobile ein Eigenbau von Volkswagen. Wir gehen auf sie im anschließenden allgemeinen Kapitel über die Camper ein (siehe Seite 330 ff.).

▶ In dieser typischen Arbeitssituation zeigt der Doppelkabinen-Pritschenwagen die radikale Umstellung des Transporterdesigns bei der vierten Generation. Der nun vorn liegende Motor und der Frontantrieb ermöglichen die Konstruktion eines Fahrwerks, das den Karosseriebauern alle Möglichkeiten bot. So offerierte etwa Volkswagen von dieser Generation an auch Modelle mit kurzem und mit langem Radstand.

Der T4 – »in seiner breiten Vielfalt«

Für den Transporter der vierten Generation, den T4, gibt es bis heute in keiner Sprache einen Spitznamen. Er war ein Produkt der Ära Hahn bei Volkswagen. VWs fünfter Generaldirektor trat die Nachfolge von Toni Schmücker am 1. Januar 1982 an und blieb elf Jahre im Amt. Seine strategischen Hauptanliegen waren Wachstum und die Eroberung neuer Märkte. Er vertrat eine Politik, die das Gewicht der Volkswagen-Gruppe unter den europäischen Automobilproduzenten deutlich anwachsen ließ und die Entwicklung einer breiten Vielfalt an Fahrzeugen für jeden Geschmack und jeden vorstellbaren Verwendungszweck ermöglichte. Was den Transporter betrifft, hätte man sich schwer etwas anderes als eine konventionelle Botschaft aus Hahns Büro vorstellen können. Für Leidings Strategie, den Motor im Heck zu belassen, unausweichlich verbunden mit dem Hinterradantrieb, war in der Volkswagen-Geschichte, die Hahn für die 1990er-Jahre ersonnen hatte, kein Platz mehr.

MH EC 980
WOB JC 204

STADT WOLFSBURG

Übersicht über die vierte Generation

Volkswagen selbst bezeichnet den abgebildeten Transporter als Kombi. Von besonderem Interesse ist das TDI-Zeichen am Grill – ein Symbol für leistungsstarke, geschmeidige und doch sparsame Dieselmotoren, die die Vorherrschaft der meisten Benzinmotoren durchbrachen.

Was allgemein erwartet wurde, lieferte Hahn auch ab: Fahrzeuge mit Vorderradantrieb, Frontmotor und vollkommen ebener Ladefläche. Natürlich sorgte eine neue und ganz konventionelle Palette von Motoren dafür, dass alle Modelle sparsam fuhren und doch ausreichend motorisiert waren, um mit der Konkurrenz von anderen Autoherstellern mithalten zu können. Es überrascht nicht, dass die Pritschenwagen, ob mit einfacher oder doppelter Kabine, ein ganz neues Aussehen bekamen. Ebenso wenig sorgte für Erstaunen, dass es nun eine Option für einen langen Radstand gab – in Übereinstimmung mit dem Angebot anderer Fahrzeughersteller.

Eine offizielle Quelle – zwar im Nachhinein verfasst – erklärt die nun unvermeidliche Konventionalität der Fahrzeuge auf ihre Weise. Der folgende Auszug über den T4 stammt aus der Wolfsburger Broschüre »Schnappschüsse einer Legende – 50 Jahre Volkswagen Transporter«. Man beachte, dass die wichtigste Botschaft im letzten Satz steckt!

»Kommerzielle Nutzer schätzen die nun ganz ebene Ladefläche, die breiten Schiebetüren, die sich ohne Anstrengung öffnen lassen. Auch für die massive Hecktür braucht man nur sehr wenig Kraft. Sie fragen sich sicher auch, warum Volkswagen so viel Komfort in einem Nutzfahrzeug unterbringt. Als Antwort braucht man nur einen Blick auf die wachsende asiatische Konkurrenz zu werfen, um zu erkennen, dass man alles auch einfacher, härter, weniger dauerhaft und weniger sicher konstruieren kann.«

In Erwartung des neuen Modells erfuhr das Werk Hannover einen ziemlich durchgreifenden und vorteilhaften Umbau. Mit der Automatisierung des Einbaus der Achsen, des Motors und des Schaltgetriebes verschwand das Über-Kopf-Arbeiten mehr oder minder. Das war natürlich von unmittelbarem Nutzen für die Arbeiter. Schon zuvor hatte man eine neue automatisierte Lackieranlage eingerichtet. Sie arbeitete mit wasserlöslichen Lacken, sodass man auf die gesundheit-

lich bedenklichen organischen Lösungsmittel verzichten konnte.

Die Produktion der vierten Transportergeneration lief am 6. Juni 1990 an, einige Monate vor dem offiziellen Pressetermin zur Markteinführung. Dieser fand im Mai statt. In den Showrooms der ganzen Welt waren die neuen Autos dann im August zu sehen.

Im Gegensatz zum unmittelbaren Vorgänger und dem Transporter der zweiten Generation war die Palette des T4 beim Start noch nicht vollständig, obwohl eifrige Werbetexter das Gegenteil behaupteten. Beim Start fiel besonders auf, dass es noch keine Doppelkabinenfahrzeuge gab, die doch bei den Vorgänger-Generationen echte Verkaufsschlager waren. Es fehlte auch der Hochraum-Kastenwagen mit langem Radstand, den man allerdings eher als Nischenprodukt betrachten musste. Obwohl Volkswagen zunächst stolz auf die Vielfalt der angebotenen Motoren war, kam die Firma später zur Erkenntnis, dass es noch Platz für weitere Verbesserungen gab, wie der folgende Auszug aus der schon erwähnten Broschüre »Schnappschüsse einer Legende« bestätigt:

»Sofort nach dem Start setzte der T4 wieder einmal neue Maßstäbe in seinem Marktsegment. Doch da fehlte noch eine Kleinigkeit zur Perfektion. Die Motoren waren gut, sparsam im Treibstoffverbrauch und langlebig. Aber es fehlte ihnen eine gewisse Spritzigkeit.«

Die Zeiten des Turbodiesels und des unglaublich leistungsstarken VR6-Motors lagen natürlich noch für einige Jahre in der Zukunft.

Fünf Optionen für den Motor

Beim Start des neuen Transporters standen fünf verschiede Reihen-Motoren zur Auswahl, jeder mit einem Fünfganggetriebe und einer davon in zwei Versionen. Alle waren quer eingebaut. Der Kühler ließ sich bewegen, um Wartungsarbeiten so einfach wie möglich zu gestalten. Auch hatte man von oben Zugang zu den wichtigsten Punkten des Routinechecks. Zur Standardausrüstung gehörte eine Beleuchtung unter der Motorhaube, damit man besser sehen konnte.

Nur für den Gebrauch in echten Nutzfahrzeugen war der 1,9-Liter-Vierzylinder-Dieselmotor vorgesehen. Er leistete bei 3700 U/min 61 PS und erreichte sein maximales Drehmoment von 127 Nm zwischen 1700 und 2500 U/min. Als Ergänzung zu dieser Option gab es für den Export einen 1,8-Liter-Motor mit maximal 67 PS bei 4000 U/min. Sein Drehmoment erreichte 149 Nm bei 2200 U/min.

Zwei der größeren Motoren, der eine ein Diesel, der andere ein Benziner, wurde in den Transporter und den Caravelle eingebaut. Diese beiden Markennamen – »Transporter« für die eigentlichen Nutzfahrzeuge und »Caravelle« für den Personentransporter, stammten von der dritten Generation und wurden beibehalten. Das Spitzenmodell Caravelle GL wurde entweder mit dem großen Dieselmotor oder dem normalerweise für das Modell vorgesehenen, exklusiven Benzinmotor ausgestattet.

Der Fünfzylinder-Dieselmotor besaß einen Hubraum von 2370 cm³ (2,4 Liter) und ein Verdichtungsverhältnis von 22,5:1. Bohrung und Hub lagen bei 79,5 x 95,5 mm. Er leistete bei 3700 U/min maximal 78 PS, und sein höchstes Drehmoment von 164 Nm erreichte er zwischen 1800 und 2000 U/min. Die Höchstgeschwindigkeit lag Volkswagen zufolge zwischen 126 und 139 km/h. Die größere Zahl bezog sich auf den Kastenwagen und den Caravelle, die kleinere auf den Pritschenwagen. Mit einem Automatikgetriebe als Extra lag die Höchstgeschwindigkeit in der Mitte, bei 133 km/h. Auch der Treibstoffverbrauch schwankte auf ähnliche Weise. Die besten Zahlen waren 7,1 Liter pro 100 km für einen Caravelle bei konstanter Geschwindigkeit von 90 km/h. Doch ein Mehrverbrauch bis zu 10,9 Liter pro 100 km war durchaus möglich – bei einem Transporter mit Automatikgetriebe und halber Nutzlast, der bei drei Viertel der Höchstgeschwindigkeit plus 10 Prozent fuhr.

Den 2,0-Liter-Benzinmotor konnte man mit oder ohne Katalysator für alle Modelle bekommen – mit Ausnahme des bereits erwähnten Caravelle GL. Für den 800-kg-Kastenwagen gab es keinen Katalysator. Der Motor hatte einen Hubraum von 1968 cm³, Bohrung und Hub betrugen 81,0 x 95,5 mm, das Verdichtungsverhältnis 8,5:1. Er leistete 84 PS bei 4300 U/min, und das maximale Drehmoment lag bei 159 Nm bei einer Drehzahl von 2200 U/min. Damit erreichte man eine Höchstgeschwindigkeit von 146 km/h. Der Treibstoffverbrauch war eher hoch, wie man es auch drehte und wendete. Volkswagen gab 14,7 Liter pro 100 km im Stadtverkehr, 9,6 Liter bei konstanter Reisegeschwindigkeit von 90 km/h und 14 Liter bei konstant 120 km/h an, mit denen man allerdings in manchen Ländern schon das Gesetz übertrat. Für die Lieferwagen mit halber Nutzlast gab die Firma bei drei Viertel Höchstgeschwindigkeit plus 10 Prozent einen Durchschnittsverbrauch von 13,6 Liter an.

Ausschließlich für den Caravelle GL gab es einen Fünfzylinder-Reihenmotor mit 2459 cm³. Dieser Benzinmotor wurde quer eingebaut und entwickelte 110 PS bei 4500 U/min. Der Fahrer wurde mit einer Höchstgeschwindigkeit von 176 km/h in Versuchung geführt. Die Strafe folgte in Form eines hohen Treibstoffverbrauchs auf dem Fuße, zu dem allerdings auch der Dreiwegekatalysator beitrug. Das war eine kleine Genugtuung für jene, die sich für weniger Luxus und einen kleineren Motor entschieden hatten. Für den

EISENMANN

Diese Werbefotos zeigen die Montage von Transportern der vierten Generation.

Stadtverkehr wurden 15,8 Liter angegeben, für konstante 90 km/h 9,5 Liter. Bei konstanten 120 km/h verbrauchte der Motor mehr, als man erwarten konnte, nämlich 13,5 Liter.

Der große Fünfzylindermotor mag nicht gerade ein entscheidender Schritt nach vorn gewesen sein, aber ohne Zweifel ist die Beobachtung interessant, dass er bei einer konstanten Reisegeschwindigkeit von 90 beziehungsweise 120 km/h etwas weniger Treibstoff verbrauchte als sein kleinerer Bruder.

Nur als Fußnote: Die Faszination des Syncro, der noch vor wenigen Jahren so angesagt gewesen war, schien mehr oder minder zu verfliegen. Immerhin blieb er als Option im Angebot. In der Regel war diese Technik nur in Verbindung mit den Fünfzylindermotoren zu bekommen, später auch mit dem VR6.

Größer und besser als sein Vorgänger?

Es kann kein Zweifel daran bestehen, dass der Transporter der vierten Generation im Vergleich zu seinem Vorgänger länger war und einen erweiterten Radstand besaß. Kontroversen konnten nur über die Frage nach dem Laderaum entstehen. Die Befürworter der jeweiligen Modelle hatten dazu ihre eigenen Argumente.

Den Transporter der dritten Generation hatte es nur mit einem Radstand von 2460 mm gegeben. Selbst die kürzere Version des neuen Transporters war mit einem Radstand von 2920 mm deutlich länger, und das gesamte Fahrzeug sah dementsprechend auch viel länger aus. (Der lange Radstand betrug sogar 3320 mm.) Nehmen wir den Kasten- oder Lieferwagen der vierten Generation mit kurzem Radstand als Vergleichsobjekt: Mit 4707 mm Gesamtlänge war er um 137 mm länger als sein Vorgänger. Allerdings war der T4 um einen Hauch schmaler als der Kastenwagen der dritten Generation. Das machte aber nur 5 mm aus: 1840 statt 1845 mm. Die Gesamthöhe lag beim neuen Modell um 10 mm niedriger: 1940 anstelle von 1950 mm. Die größere Spurweite vorn (1589 anstatt 1570 mm), und die kleinere Spurweite hinten (1554 anstatt 1570 mm) hatten auf den Wendekreis kaum Auswirkungen. Er betrug für den T4 mit kurzem Radstand 11,7 m und für den T4 mit langem Radstand 12,9 m. Die Wagen der dritten Transportergeneration hatten innerhalb von 10,7 m wenden können.

Trotz der Zunahme der Gesamtlänge und des Radstandes, die ja schon beim T4 mit kurzem Radstand gegeben war, konnte das neue Modell nur einen Laderaum von 5,4 m³ bieten; der Transporter der dritten Generation hatte es da auf 5,7 m³ gebracht. Natürlich verwiesen die Liebhaber des T4 mit seinem Frontantrieb und dem Frontmotor schnell auf die beeindruckenden 6,3 m³ des Modells mit längerem Radstand und natürlich auch auf die Tatsache, dass der Laderaum hinten nicht erhöht und damit nicht beeinträchtigt war. Dieses Merkmal der ersten drei Transportergenerationen war nun ganz verschwunden; es hatte früher das Beladen mit schweren Objekten von der Heckklappe aus deutlich erschwert. In ähnlicher Weise verwiesen sie auf die breitere Seitentür mit 1092 anstatt 1060 mm, die kaum noch störenden Radkästen, die zwischen sich einen angenehmen Abstand von 1220 mm aufwiesen, und auf die Höhe der Ladefläche von 520 mm, »einer der niedrigsten bei allen Vans«. Dann konnten die Befürworter des T4 auf die Tritthöhe von 408 mm und auf die Treibstoffersparnis aufgrund des niedrigen Luftwiderstandsbeiwertes von 0,37 verweisen. Das einzige Problem, wenn es denn eines gab, bestand darin, die Proportionen der Kabine wegzuerklären. Die Marketingstrategie von Volkswagen konzentrierte sich auf den Umstand, dass »alle Hauptkomponenten, Motor, Schaltgetriebe, Achsantrieb und Treibstofftank nun in den Kabinenbereich des neuen Transporters eingebaut« waren. Aber da half kein Ausweichen: Die Frontpartie war nun schlichtweg massiver, was zu einer größeren Gesamtlänge und gleichzeitig zu einer leicht verkleinerten Ladefläche führte.

Volkswagen spielte die Karte der »technischen Überlegenheit« gegenüber den Transportern der dritten Generation und besonders gegenüber den Produkten anderer Hersteller aus. Im folgenden Ausschnitt greift ein Argument ins andere. Doch man beachte, wie der Werbetexter gewisse Aspekte behandelte, die man im Vergleich zu den früheren Transportergenerationen bestenfalls als herkömmlich bezeichnen konnte:

»Der neue Transporter ist einzigartig unter den Nutzfahrzeugen, weil er vorn und hinten über Einzelradaufhängung verfügt. Die kompakte Federung vorn umfasst Doppelquerlenker und Drehstabfedern zusammen mit kurzen Stoßdämpfern. Keine dieser Komponenten beeinträchtigt dabei den Fußraum.

Hinten verwenden wir Schräglenker und Schraubenfedern. Indem wir die Stoßdämpfer unter der Ladefläche anbrachten, konnten wir wiederum eine kompakte Anordnung finden […] Die Zahnstangenlenkung ist mit Kreuzgelenken und Faltstreben verbunden, sodass sich das Lenkrad im Fall einer Kollision nicht auf den Fahrer zu bewegt.

Vorn liegen Scheibenbremsen, hinten Trommelbremsen. Je nach Modell sind 14- oder 15-Zoll-Räder montiert. Mit den größeren Rädern verwenden wir belüftete Scheibenbremsen. Ein Zweikreis-Bremssystem mit lastabhängigem Bremskraftregelventil sorgt stets für den richtigen Bremsdruck, egal welche Lasten transportiert werden.

Bei der Herstellung haben wir umfangreiche Maßnahmen zur Rostbekämpfung ergriffen, etwa Tauchentfet-

▲ ▶ Zwei Beispiele für Transporter der vierten Generation in ihrer Funktion als Arbeitspferde. Beide Fahrzeuge tragen Firmeninschriften und -logos – das eine sehr bekannt, das andere nur von örtlicher Bedeutung. Auf dem oberen Bild kann man erkennen, wo Getränkekisten auf das nackte Metall der Tür prallten und es ausbeulten. *(RC)*

▲◀ **Lieferwagen im Einsatz – wie bei früheren Transportergenerationen mit weit geöffneter Schiebetür.**

tung, Zinkphosphatisierung und Kataphoresegrundierung. Hohlräume werden mit heißem Wachs als weiterem Schutz vor Korrosion behandelt.«

Optionen bei der Markteinführung

Analysen des Werbematerials, das bei der Markteinführung der vierten Transportergeneration verteilt wurde, bestätigen, was Hahn und seine Mitarbeiter als die wichtigsten Punkte an dem neuen Modell bezeichnet hatten:

»Wir haben für jeden Aspekt der Gestaltung viele Gedanken und Mühen aufgewendet, angefangen vom Frontmotor mit Vorderradantrieb bis zur niedrigen Ladefläche und den sich weit öffnenden Hecktüren. Vom Armaturenbrett und der Innenverkleidung der Türen bis zur Einzelradaufhängung vorn und hinten. Von der aerodynamischen Form bis zum umfangreichen Korrosionsschutzprogramm […] Zwei Radstände, vier Motoren, drei maximale Nutzlasten und eine Vielzahl von Karosserietypen. Dazu kommt der legendäre Ruf von Volkswagen, was Zuverlässigkeit und Sparsamkeit anbelangt. So wird der neue Transporter ein echter Erfolg.«

▲ ▶ Auch frühere Transportergenerationen konnte man von hinten beladen, aber nie so einfach wie hier. Die Doppeltüren gehörten zur Standardausrüstung, und die Heckklappe war als nützliches Extra zu bekommen.

Trotz dieser schier unübersehbaren Komplexität war das Angebot – zumindest in Großbritannien – durchaus geradlinig mit einer klaren Trennung zwischen Transporter und Caravelle. Im Vergleich zu den vorangegangenen Caravelle-Modellen, ließ sich der Luxus nicht mehr übersehen und war bei der Basisausführung beinahe mit dem vergleichbar, was man bei der dritten Transportergeneration bei der Version Caravelle CL vorgefunden hatte. Zum Standard zählten nun Stoffpolster und Teppichboden. Die GL-Version umfasste so luxuriöse Dinge wie den Körperformen angepasste Sitze, verschiedene Armlehnen und auch triviale Dinge wie Radzierblenden. Den CL konnte man mit acht oder neun Sitzen bekommen, den GL nur mit sieben.

Bei den eigentlichen Nutzfahrzeugen gab es drei Hauptversionen des Kastenwagens: Nutzlast 800 kg mit kurzem Radstand, 1000 kg mit kurzem Radstand und 1200 kg mit langem Radstand. Jedes Fahrzeug besaß neben der normalen Schiebetür an der Seite nun auch eine Doppeltüre am Heck, deren Flügel sich zunächst mithilfe von Türstellern um rund 90° öffnen ließen. Nach Betätigung einer Entriegelung gingen sie um 180° auf. Eine Heckklappe gab es als Extra, diese und die Doppeltüren auch ohne Glasscheiben. Auf Wunsch

Diese Werbefotos zeigen den Einsatz des Pritschenwagens mit einfacher oder doppelter Kabine.

H NJ 937

H SD 354

H PW 956

▼ **Der Karosseriebauer Karmann produzierte unter anderen Modellen auch diesen attraktiven Colorado – ein Luxusgefährt, aufgebaut auf einem Fahrgestell mit Fahrerhaus.**

wurde der Innenraum mit Hartfaserplatte verkleidet, und auch eine durchgehende Trennwand konnte geordert werden.

Neu im Sortiment war das Angebot eines Fahrgestells mit Fahrerkabine, das vom Pritschenwagen abgeleitet war. Während lediglich ein einziger Werbetexter auf die Vorzüge des Fahrgestells für die Karosseriebauer einging, betonten alle anderen vor allem die hintere Einzelradaufhängung und die vielfältigen Möglichkeiten: »Er stellt die perfekte Grundlage für eine große Zahl verschiedener Karosserien dar, angefangen von der Version mit einfachen, herunterklappbaren Bordwänden über kastenartige Aufbauten und Kipper bis zu Kühl- und Gefrierräumen und sogar noch stärker spezialisierten Verwendungszwecken.«

Das Fahrgestell mit Fahrerkabine war nur mit langem Radstand erhältlich. Eine Doppelkabine war zunächst nicht vorgesehen und stieß erst im April 1991 zum Angebot.

Der Bau des Rahmens erfolgte über U-förmige Längs- und Querträger. Diese Konstruktion wurde mit der Bodenplatte der Kabine verbunden. Das ergab eine feste Grundlage für die Aufbauten. Das Ergebnis war eine Mischung aus minimalem Gewicht sowie großer Stärke und Verwindungssteifigkeit. Die Firma Volkswagen wusste um die Vorzüge dieses Designs, das Aufbauten von bis zu 3100 mm Länge ermöglichte. Dies wiederum machte es möglich, dass ein Werbetexter in einer Broschüre mit dem Titel »Wohnmobile auf der Grundlage von Volkswagen« schrieb:

»Ein eigens gebautes Wohnmobil erlaubt Ihnen, stilvoll zu wohnen. Der großzügige Raum gibt dem Ausrüster die Möglichkeit, alle Bequemlichkeiten einer Wohnung darin unterzubringen: einen abgetrennten Waschraum mit Toilette, eine umfangreiche Küche, eine bequeme Essecke sowie Sitzbereiche, die sich nachts in Luxusbetten umbauen lassen.«

Auch in der vierten Generation hielt sich die Tradition der offiziell genehmigten Sondermodelle und Extraausstattungen.

▶ Eine leicht veränderte Sonderversion für die britische Automobile Association (AA).

▼ Der Caravelle wurde oft als Taxi eingesetzt.

▲ Zwei dänische Krankenwagen auf der Grundlage des Caravelle.

◀ Ein Pritschenwagen mit Doppelkabine, eigenem Aufbau und zusätzlichem Stauraum.

▶ Ein Transporter mit Kühleinrichtung für einen Partyservice.

KONVEKTA
SERVICE
PARTYSERVICE
BUNTe PLaTTeN
GeSCHirR
BeSTeCKe
ZeLTe
SeRVICe-PerSonal
PARTYSERVICE
PARTYSERVICE
PARTYSERVICE
TRANSPORTER

▲ Das modernste Modell zum Thema Nachläufer.

◄ Ein Pritschenwagen, umgebaut für den Transport von Glasscheiben.

Ständige Verbesserungen

Volkswagen hatte sich von der vierten Generation an für ein konventionelles Design entschieden. Das bedeutete aber nicht, dass die Firma nun auch mit anderen Traditionen brechen wollte. Das zeigt ein Vergleich zwischen zwei Werbeprospekten für den T4, der eine zur Markteinführung, der andere in den letzten Produktionsjahren veröffentlicht. Die dauernde Modellpflege ging aber noch einen Schritt weiter, denn selbst im Modelljahr 1995 hielt das verhältnismäßig einfache Modellangebot in Großbritannien noch eine oder zwei Überraschungen bereit. Die Zahl der unterschiedlichen Versionen war weiter gestiegen, und auch die Vielfalt bei den Motoroptionen überraschte:

Lieferwagen – kurzer Radstand		
800 Special	1,9-l-Diesel	61 PS
1000 kg	2,0-l-Benziner	84 PS
1000 kg	2,5-l-Benziner	110 PS
1000 kg	1,9-l-Diesel	61 PS
1000 kg	2,4-l-Diesel	78 PS
900 kg syncro	2,4-l-Diesel	78 PS

Lieferwagen – langer Radstand		
1200 kg	2,5-l-Benziner	110 PS
1200 kg	2,4-l-Diesel	78 PS
1100 kg syncro	2,4-l-Diesel	78 PS

Hochraum-Lieferwagen – langer Radstand		
1200kg	2,4-l-Diesel	78 PS
Pritschenwagen/Chassis Cab		
1200 kg	2,4-l-Diesel	78 PS
1100 kg syncro	2,4-l-Diesel	78 PS
Doppelkabinen-Pritschenwagen/ Double Cab		
1000 kg	2,4-l-Diesel	78 PS
900 kg syncro	2,4-l-Diesel	78 PS

▼ Wie bei nunmehr allen modernen Motoren gibt es nicht mehr viel zu sehen, wenn man die Motorhaube öffnet. Trotzdem ließ Volkswagen viele Werbefotos machen. Dieses stammt vom 2,5 TDI mit 150 PS.

Man vergleiche diese Liste aus dem Jahre 1995 mit einer Liste für das Modelljahr 1998. Wir machen dabei auf den Turbodiesel und die zusätzliche Nutzlast aufmerksam.

Lieferwagen – kurzer Radstand		
800 Special	1,9-l-TD-Diesel	68 PS
1000 kg	2,0-l-Benziner	84 PS
1000 kg	1,9-l-TD-Diesel	68 PS
1200 kg	2,5-l-Benziner	114 PS
1200 kg	2,4-l-SD-Diesel	78 PS
1200 kg	2,5-l-TDI-Diesel	102 PS

Lieferwagen – langer Radstand		
1000 kg	2,0-l-Benziner	84 PS
1000 kg	1,9-l-TD-Diesel	68 PS
1200 kg	2,5-l-Benziner	114 PS
1200 kg	2,4-l-SD-Diesel	78 PS
1200 kg	2,5-l-TDI-Diesel	102 PS

Hochraum-Lieferwagen – langer Radstand		
1200 kg	2,5-l-Benziner	114 PS
1200 kg	2,4-l-SD-Diesel	78 PS
1200 kg	2,5-l-TDI-Diesel	102 PS

Chassis Cab – langer Radstand		
1200kg	2,4-l-SD-Diesel	75 PS
1200kg	2,5-l-TDI-Diesel	102 PS

Double Cab – langer Radstand		
1000 kg	2,4-l-SD-Diesel	75 PS
1000 kg	2,5-l-TDI-Diesel	102 PS

Auch die Anmerkungen zu dieser Tabelle sind interessant:

»Window Vans – Viele der aufgeführten Modelle sind auch als Window Vans zu bekommen. Man kann sie als Minibusse oder als Fahrzeuge für Sonderzwecke verwenden.«

Diese Terminologie klingt wie die Totenglocke für den einst so populären Kombi. Auf dieses Thema werden wir noch ausgiebig bei den Transportern der fünften Generation zu sprechen kommen. Für den Augenblick bestätigt eine weitere Fußnote den Status des Pick-ups, der nun auf Englisch »Dropside« genannt wird:

»Alle aufgeführten Modelle kann man als reine Fahrgestelle für örtlich hergestellte Sonderkarosserien oder mit vom Werk gelieferten Bordwänden (›dropside‹) erwerben.«

Solche Fußnoten wurden in der Regel von den dauerbegeisterten Werbetextern in den Haupttext integriert:

»Viele Käufer sind der Ansicht, sie bräuchten keine spezielle Karosserie. Ein Standard-Pritschenwagen ist alles, was sie sich wünschen. Volkswagen hat mit einer widerstandsfähigen, vielseitigen Pick-up-Karosserie die Antwort darauf. Bei der Bordwand hat man die Wahl zwischen Stahl oder Leichtmetall. Mit ihrer großen Ladefläche und ihren kompakten Ausmaßen wurden diese Nutzfahrzeuge zu unentbehrlichen Arbeitspferden vieler Berufsgruppen.«

Zu dieser Zeit hatte sich auch der Caravelle erheblich weiterentwickelt. Es entstand dabei eine deutlich unterscheidbare Unterart. Sie hatte 1985, während der Zeit der dritten Transportergeneration, als Special erstmals das Licht der Welt erblickt. Glücklicherweise für unsere Zwecke hier beschrieb Volkswagen die erfolgten Veränderungen besonders ausführlich:

»Caravelle und Multivan –

Der Caravelle ist das ultimative Vielzweckfahrzeug (MPV) [...] Der Caravelle GL hat nun serienmäßig eine Klimaanlage [...] Wir haben die Bandbreite des Angebots vergrößert; sie umfasst nun auch den siebensitzigen Multivan, der auf Reisen noch mehr Flexibilität erlaubt. Ein Faltsitz lässt sich zu einem großen Doppelbett ausklappen. Alle Caravelle-Modelle verfügen über zahlreiche Extras, die sicherstellen, dass er in einer Klasse für sich bleibt. Um den beeindruckenden VR6-Motor aufzunehmen, haben wir die Motorhaube verlängert. Zusammen mit neuen schaumstoffgefüllten Stoßstangen, neuen Polstern und Lackfarben verleiht sie dem Caravelle einen völlig neuen Look. Es gibt auch einige technische Verbesserungen, etwa Scheibenbremsen vorn und hinten, verbesserte Federung für ruhigeres Fahren und sicherere Handhabung sowie zwei neue Motoren. ABS-Bremsen und Traktionskontrolle werden serienmäßig mit dem neuen 2,8-Liter-VR6-Motor mit 140 PS eingebaut und sind mit anderen Motoren als Extras zu bekommen.«

Die Neugestaltung der Motorhaube und die neuen Stoßstangen hatten zur Folge, dass die Gesamtlänge der Modelle mit kurzem wie mit langem Radstand wuchs. Bei seiner Markteinführung war der Transporter mit kurzem Radstand, den wir als Grundlage für den Vergleich zwischen der vierten und der fünften Generation verwendeten, genau 4707 mm lang. Diese Zahl wuchs nun um 82 mm auf insgesamt 4789 mm. Man muss aber darauf hinweisen, dass die Transporter ihr ursprüngliches Aussehen beibehielten. Die Unterschiede zwischen den beiden Modellreihen sind nützlich für all die Fans, die eine Unterscheidung treffen und die entsprechenden Autos identifizieren wollen.

▲▶ Caravelle-Modelle mit dem VR6-Motor (oben zurückversetzt und unten) trugen einen kleinen Hinweis am Kühlergrill.

Die Standardausrüstung aller Caravelles umfasste nun Wegfahrsperre, Servolenkung, Sicherheitslenksäule, Wischanlage hinten, beheizbares Heckfenster, Pollenfilter, Rundfunk- und Kassettengerät mit Stereo, Gepäckabdeckung hinten (nur bei Wagen mit kurzem Radstand), Umlauf-Lüftungsregelung und Windschutzscheibenantenne. Den Caravelle gab es mit kurzem Radstand mit sieben oder acht Sitzen oder mit langem Radstand und neun oder zehn Sitzen. Die Syncro-Technik blieb eine Option bei jedem Modell.

Der Multivan wurde auf dem britischen Markt nur mit kurzem Radstand angeboten. Er war besser ausgestattet als der Standard-Caravelle, doch fehlten ihm einige Merkmale des Caravelle GL. Zusätzlich besaß er jedoch zwei herausnehmbare Sitze, die nach hinten gerichtet waren, eine herunterklappbare Rückbank, die sich in ein Bett verwandeln ließ, einen Klapptisch und elektrisch verstellbare Kabinenfenster und Türspiegel. Der Multivan-Käufer hatte die Wahl zwischen allen Motoren, die auch in den Caravelle eingebaut wurden – mit Ausnahme des 1,9-TD-Diesels mit 68 PS.

Als Hinweis darauf, wie luxuriös und raffiniert das Topmodell GL nun wurde, mögen weitere angebotene Extras dienen: Zentralverriegelung, Armlehnen für alle Sitze mit Ausnahme der Klappsitze, rundum getönte Scheiben, Velourspolster und Teppichboden, farblich

WOB AV 598

H NV 887

Vom neuen Caravelle, Multivan und California Camper mit der neuen Motorhaube und den neuen Stoßdämpfern wurden zahlreiche Werbeaufnahmen gemacht.

◤ Kein V6- oder Diesel-Abzeichen – folglich muss es sich um ein Modell mit Benzinmotor handeln.

◀ Eine Caravelle mit TDI-Motor.

▲ Der Multivan gehörte nun zum Standardangebot.

▶ Die Sonderedition California Advantage.

▲ Der Caravelle mit dem VR6-Motor ist an einem kleinen Abzeichen am Grill erkennbar.

▼ Das überarbeitete Armaturenbrett und Interieur des Modelljahres 2000.

gekennzeichnete Stoßstangen und Spiegel sowie elektrisch verstellbare Innen- und Außenspiegel.

Der aufregendste Aspekt des letzten Line-up war aber ohne Zweifel der neue VR6-Motor. Man hatte ihn ursprünglich für den Passat Syncro entwickelt. Aber er führte den Transporter bei der Motorleistung in eine ganz andere Liga. Der quer eingebaute Sechszylinder-V-Motor mit engem Bankwinkel leistete bei 4500 U/min 140 PS. Sein größtes Drehmoment von 240 Nm erreichte er im Bereich von 3000 bis 3400 U/min. Bohrung und Hub des 2792-cm^3-Motors betrugen 81,0 x 90,3 mm, und das Verdichtungsverhältnis lag bei 10,0:1. Selbst zusammen mit einem Automatikgetriebe – das entsprach der Norm auf dem britischen Markt – erreichte dieser VR6 eine Spitzengeschwindigkeit von 174 km/h. Mit einem durchschnittlichen Treibstoffverbrauch von 13 Liter pro 100 km konnte man ihn aber nicht als besonders sparsam bezeichnen.

Für das Modelljahr der Jahrtausendwende brachte ein neu gestaltetes Armaturenbrett die Transporter der vierten Generation noch näher an die Personenwagenproduktion von Volkswagen mit ihren hochwertig gearbeiteten Innenräumen heran. Überarbeitungen in Zusammenhang mit Namensänderungen waren damals häufig, und für das Modelljahr 2000 wurden folgende Caravelle-Typen angeboten: »Sedan«, ein entschieden luxuriöser Achtsitzer mit kurzem Radstand, oder ein Neunsitzer mit langem Radstand, das Basismodell; »Variant«, bei dem die Käufer wählen konnten zwischen einem Standard-Achtsitzer, drei verschiedenen Siebensitzer-Varianten oder einem, wie Volkswagen es ausdrückte, geräumigen Sechssitzer; »Multivan« für eine neue Käuferschicht in Form vielbeschäftigter Manager, mit nach hinten drehbaren Einzelsitzen, was schließlich »eine ideale Anordnung für die Büroarbeit oder für Besprechungen« ergab.

Der ultimative T4 jener Zeit war die »Caravelle Limousine«, die in Deutschland »Business« hieß. Das Fahrzeug mit dem VR6-Motor und Automatikgetriebe kostete fast so viel wie der legendäre Zweitürer Golf GTI mit 1,8-Turboladermotor. Zur Ausstattung gehörten: »Luxuriöses Interieur aus Echtleder, Armstützen für alle Sitze, Zentralverriegelung mit Fernbedienung, elektrische Fensterheber vorn, elektrisch beheizbare Türfenster, volle Climatronic-Klimaanlage, ABS und EDS, zwei Schiebetüren, Stereo-Cassetten-Radio ›gamma‹, Doppelairbags, Multifunktionsanzeige, Tempomat, elektrisch verschiebbares Sonnendach, Regal im Gepäckabteil, dunkel getönte Scheiben an den hinteren Fenstern, Nebelleuchten vorn, Scheinwerfer-Waschanlage, Leichtmetallfelgen mit sechs Speichen, Metallicfarben oder Farben mit Perleffekt.«

Die einfache Kiste auf Rädern hatte da schon einen weiten Weg zurückgelegt, aber ab der fünften Transportergeneration gab es für den komforthungrigen Kunden noch mehr zu bewundern.

Arithmetik

Eine Übersicht über die vierte Generation des VW Transporters wäre nicht annähernd vollständig ohne Produktionszahlen. An die glorreichen Tage der zweiten Generation konnte sie nicht mehr anknüpfen. Aber zumindest blieb die jährliche Produktion immer im Rahmen dessen, was die Vorgängergenerationen vorgegeben hatten. Im Jahre 1991, dem ersten vollen Produktionsjahr, wurden 137 682 Einheiten gefertigt. 1992 folgte ein Anstieg auf 167 830 Stück. Im Jahr darauf waren nicht nur Deutschland, sondern auch andere Länder, von einer Rezession betroffen, die sich sofort in verringerten Produktionszahlen von 129 779 Transportern niederschlug. 1994 folgte mit 135 444 Stück eine gewisse Erholung, und das Jahr 1995 übertraf diese Zahl sogar mit 141 355 Einheiten. Im Lauf des Jahres 1994 war übrigens der 500 000. Transporter der vierten Generation gebaut worden. Das Jahr 1996 brachte wenige Änderungen mit einem Total von 141 454 Fahrzeugen. 1997 und 1998 überschritt die Produktion immerhin die 150 000er-Marke. 1997 verließen 155 436 T4 das Werk in Hannover, und 1998 waren es mit 154 982 nur geringfügig weniger. Beide Jahre waren auch aus anderen Gründen bedeutsam. 1997 fand das Jubiläum des achtmillionsten Transporters statt, und 1998 feierte man den einmillionsten Transporter der vierten Generation. Im Jahre 1999 sank die Produktion auf 148 886 Einheiten. Dafür wurde das Jahr 2000 zum besten für den T4: 162 699 Fahrzeuge. Der Rückgang um über 10 000 Autos auf 151 722 im Jahre 2001 muss für Volkswagen ziemlich enttäuschend gewesen sein, wenn auch noch nicht so alarmierend wie das letzte volle Produktionsjahr des T4: 2002 ging die jährliche Produktion weiter auf 131 913 Einheiten zurück.

▶ **Umschlag der britischen Werbebroschüre für die luxuriöse Caravelle Limousine.**

◀ **Mit dem Multivan Last Edition verabschiedet sich der T4 stilgemäß!**

Der T5 – an der Spitze der Van-Produktion

Die fünfte und aktuelle Generation des Volkswagen Transporters, der T5, wurde erstmals im März 2003 auf der Auto Mobil International (AMI) in Leipzig vorgestellt. In der *Volkswagen Chronik* aus dem Jahre 2006, erschienen in einer Schriftenreihe der Abteilung Historische Kommunikation, schreibt der Autor Markus Lupo: »Mit dem T5 behauptet die Marke Volkswagen Nutzfahrzeuge im Transporter-Segment ihre Marktführerschaft in Deutschland und Europa.« Gewiss: Mit den jährlichen Produktionszahlen, 148 552 im Jahre 2004, 177 956 im Jahr darauf, konnte man sicher sein, dass die Verkäufe dieses Fahrzeugs nicht einfach wegbrechen würden, es sei denn, dass ein Konkurrent auf dem Markt plötzlich den Löwenanteil für sich beanspruchte. Man kann auch ziemlich zuverlässig prognostizieren, dass der künftige T6 – er wird vielleicht in fünf oder mehr Jahren auf den Markt kommen – einmal mehr der Konkurrenz voraus sein wird, auch wenn er heute erst hypothetische Gestalt angenommen hat.

Eine eher unbedeutende Angelegenheit im Zusammenhang mit den Modelljahren muss erst einmal anhand des T5 geklärt werden. Während der Produktionszeit des T4 gab Volkswagen eine Praxis auf, die man im Sommer 1955 eingeführt hatte. Damals lief das Modelljahr von Anfang August bis Ende Juli des darauffolgenden Jahres. Obwohl nun das Modelljahr 1999 im August 1998 begonnen hatte, ging es entgegen der Tradition schon im April 1999 zu Ende. Dann begann das Modelljahr 2000. Alle folgenden Modelljahre beginnen am 1. März und enden am 30. April des darauffolgenden Jahres. Der T5 ist ein Produkt des Modeljahrs 2004, obwohl er dem Publikum bereits zu Beginn 2003 vorgestellt wurde.

▼ **Multivan Business.**

▶ Der T5 ist der perfekte Botschafter für Volkswagen, das aktuellste in einer Reihe bahnbrechender Modelle, die der Konkurrenz stets als Vorlage dienten.

▼ Präsentation des Transporters T5 auf der Auto Mobil International im März 2003.

Es gibt zahlreiche Werbefotos, die uns die Geschichte des T5 erzählen. Die verschiedenen Versionen wie Startline und Comfortline reihen sich aneinander, und ganz oben steht der Multivan Business.

▲ Startline.

◀ Comfortline.

▼ Startline.

◥ Comfortline.

▶ Der luxuriöse Innenraum des Multivan Business.

H DZ 647

Die Produktpalette

Wenn man einen VW-Händler besucht oder sich in die Website von Volkswagen vertieft, wird man einer überraschenden Vielfalt von T5 begegnen. Für das Modelljahr 2009 umfasste das Angebot an Nutzfahrzeugen im weitesten Sinn eine große Palette von Standard-Vans wie den Kastenwagen, den Kombi, den Pritschenwagen mit einfacher oder doppelter Kabine, den Fahrgestellen mit Einzelkabine (kurzer und langer Radstand) oder mit Doppelkabine (langer Radstand) sowie Sonderausführungen wie Autotransporter, Verkaufswagen, Kranwagen und Kipper.

Bei dieser Modellparade – den VW California jetzt mal ausgenommen – begegnen wir auch dem vertrauten Caravelle, der heute in zwei Versionen existiert. Die einfachere heißt Trendline, die besser ausgestattete Comfortline. Beide kann man als Kreuzung zwischen Minibus und Passagiertransporter auffassen. Zwischen den Arbeitspferden der Handwerker und den Minibussen der Taxifahrer liegen die Multivans, von denen Volkswagen behauptet, sie würden die »exklusive Nische der Multi Utility Vehicles (MUV)« besetzen. Vom Startline führt dabei die Linie zum Comfortline und dann zum Highline. Diese Bezeichnung galt früher für besonders reich ausgestattete Modelle, die Volkswagen gegen Ende der jeweiligen Produktionszeit einer Generation anbot. Auf den Highline folgt der Multivan Business. Volkswagen zufolge besitzt er »einen außergewöhnlichen Luxus oberhalb des Multivan Highline und bietet eine unvergleichliche Exklusivität«.

Nach dieser Kavalkade der Vielfalt gibt es beim T5 weiteres Auswahlmaterial. Es resultiert aus der Neigung von Volkswagen, limitierte Sondermodelle mit Mehrausstattungspaketen aufzulegen. Sie sollen potenzielle Käufer an die Marke binden. Im Sommer 2008 umfasste sie zum Beispiel den luxuriösen Multivan Concert und den Multivan United, dazu den California Biker und den California Beach. Audiotechnik spielte bei der Spezifikation des Multivan Concert eine bedeutende Rolle. Der California Biker hingegen verfügte, wie man erwarten konnte, über einen auffälligen Fahrradträger auf der Heckklappe.

Es mag Liebhaber der Einfachheit enttäuschen, aber mit diesen (nicht vollständig aufgezählten) Sondereditionen ist die Angebotspalette noch nicht zu Ende. Fans des T4 und auch früherer Generationen werden nicht überrascht sein, dass es bei zahlreichen Modellen

In der fünften Generation des Transporters gab es bisher schon viele limitierte Sondereditionen. Eine Suche in den Archiven von Volkswagen enthüllte folgende:

▼ Multivan 4MOTION Beach.

▶ Kombi Sport Edition.

▼ Kombi Concert.

▲ Der Kasten- oder Lieferwagen, ganz ohne Schnickschnack!

◀ Ist das ein Kastenwagen mit kurzem Radstand, der ein Modell mit langem Radstand und Hochdach zu verbergen versucht?

▲ **Kein Werbefoto eines Hochdach-Lieferwagens wäre vollständig ohne jemanden, der gerade seine Fracht durch die große Schiebetür ablädt.**

Versionen mit kurzem und langem Radstand gibt. Und schon die erste Transportergeneration kannte in den 1960er-Jahren einen Hochraum-Kastenwagen. Beim T5 gibt es gleich drei Dachoptionen: Normaldach, Mittelhochdach und Hochdach. Besonders in Kombination mit den unterschiedlichen Radständen wirkt diese Vielfalt doch überraschend. Weitere Komplikationen ergeben sich durch das Angebot von vier Dieselmotoren, jeder mit mehr Leistung als der vorhergehende; dazu kommen zwei Benzinmotoren, der eine von ganz gewöhnlichem Zuschnitt, der andere in der nunmehr etablierten V6-Technologie.

Da ist es vielleicht ganz gut, wenn man zum vereinfachten Angebot auf dem britischen Markt zurückkehren kann. Doch einfach ist das Ganze auch nicht. Und Konzentration ist nötig, denn hier herrscht zum Teil eine unterschiedliche Terminologie mit der Gefahr, Namen zu verwechseln! Irritierend für den potenziellen Käufer und den einfachen Fan ist die Tatsache, dass die Palette der Nutzfahrzeuge und der MPV nicht in den Ausstellungsräumen der VW-Händler, sondern nur in den Showrooms der rund 70 spezialisierten Van Center zu finden ist. Der Lieferwagen: ja! Pritsche und Fahrgestell: keine Frage. Aber der California und die echten Passagiertransporter erscheinen hier etwas fehl am Platz, selbst wenn man das Ganze aus der Volkswagenperspektive als Verkaufsargument betrachtet.

Das Angebot des Modelljahrs 2009 startet mit den Lieferwagen, dicht gefolgt von dem Pritschenwagen mit einfacher Kabine und dem Pritschenwagen mit Doppelkabine. So weit gibt es kein Problem. Dann folgen der Window Van, VWs Lösung für den Transport einer größeren Anzahl an Mitfahrern oder etwas verwirrender beschrieben als »Van für den spezialisierten Passagiertransport oder für die Umwandlung«.

Ein Klick weiter auf der Website der Vans – oder ein schneller Blick in einen der Werbeprospekte – enthüllt uns den Volkswagen Transporter shuttle, und das kleine s dabei ist durchaus kein Druckfehler. Er ist mit einer S-Spezifikation zu bekommen, was einem durchaus attraktiven Basismodell entspricht, oder mit dem in VW-Zirkeln durchaus bekannten SE-Paket, das auch bei den Personenwagen zu finden ist – mit Ausnahme des in Brasilien gebauten kleinen Fox und des dort unglaublich populären Passat.

Dann folgt der Transporter Sportline, mit einer ungeheuren Fülle von Varianten. Wenn wir den California hier ausschließen, kommt dann noch der Caravelle, als gut ausgestattete SE-Version und als noch luxuriösere Executive-Ausführung.

Obwohl das Angebot in Großbritannien bei Weitem nicht so komplex ist wie in Deutschland, kommt es auch dort zu Verwirrungen. Im Modelljahr 2009 weist der Sportline Seitenfenster nach Art des Window Vans auf,

H HX 624

H VZ 624

▲ ▶ Wann ist ein Kombi kein Kombi? Die Antwort: Wenn es sich um einen Shuttle mit normalem oder erhöhtem Dach handelt.

◀ Vom reinen Fahrgestell mit Kabine … über den Pritschenwagen mit einfacher Kabine … bis zur Doppelkabine.

während in einer früheren tadellos gestalteten Broschüre der Eindruck erweckt wird, sie seien ausschließlich im Panel Van anzutreffen.

Dann gibt es da die Presseerklärung von Volkswagen UK vom März 2007 für das Modelljahr 2008. Da wurde den versammelten Journalisten ein Mehrwert propagiert, in Form von S- und SE-Ausstattungspaketen für die Fahrer und Passagiere von Kastenwagen. Ganz zu schweigen von einer früheren Sonderausgabe, dem Transporter Trendline. Das war ein Kastenwagen mit kurzem Radstand in limitierter Auflage, der den Beinamen eines in Deutschland angebotenen Caravelle-Modells trug.

Vernünftigerweise sollte man allen Beteiligten raten, zu den einfacheren Grundlagen zurückzukehren. Doch leider müssen wir noch einen weiteren Abstecher machen. Auf den meisten, wenn nicht allen, Transportermärkten heutzutage wird ein Automatikgetriebe als Extra angeboten, entweder in der Art des klassischen Automatikgetriebes vor dem Aufkommen des Direktschaltgetriebes (Direct Shift Gearbox, DSG) oder als Tiptronic, bei der eine manuelle Wahlmöglichkeit in den größeren beziehungsweise den kleineren Gang besteht. In diesen Zusammenhang gehört der permanente Vierradantrieb

◀ ▼ Der Volkswagen Transporter Shuttle ist eine weitere Variation des Kombithemas.

▲ Der Transporter Sportline Kombi wurde auf dem britischen Markt auf der Commercial Vehicle Show 2008 präsentiert.

▶ Der Transporter Trendline für den britischen Markt, mit einem Luxusausstattungspaket, das zum Beispiel Klimaanlage und elektrische Fensterheber umfasst.

▲ 4MOTION ist für die meisten T5 erhältlich, wie die nebenstehenden Werbefotos suggerieren. Man erkennt die Fahrzeuge am hinten befindlichen Schriftzug.

▼ Viele Werbefotos von Volkswagen geben nur an, dass das abgebildete Fahrzeug über 4MOTION verfügt. Der Schlamm tut dann sein Übriges.

▶ Pritschenwagen mit Doppelkabine und 4MOTION-Vierradantrieb.

H DX 636

Red Bull
Optic 2000
TUNISIE
Castrol
BOSCH
BFGoodrich
BT Infonet
WOB AW 342

◀ **Dieser Comfortline befindet sich vorübergehend in einer nicht ganz komfortablen Lage!**

▼ **Ein Shuttle 4MOTION bei einer Herbstspazierfahrt.**

4Motion, der in Großbritannien sein Debüt in einem Golf, dem V6 4MOTION hatte. Dieses Frühlingsmodell wurde im ersten Jahr unseres Millenniums eingeführt. Es verwendet eine Haldex-Kupplung, eine elektronisch gesteuerte Lamellenkupplung. Sie wirkt dauerhaft auf die Vorderräder ein und bringt die Motorkraft bedarfsgerecht auf die Hinterräder. Der größte zusätzliche Vorteil dieser Kupplung besteht darin, dass die Höhe des auf die Hinterräder abgegebenen Drehmoments von der elektronisch gesteuerten und hydraulisch erzeugten Druckhöhe, mit der die Lamellen zusammengedrückt werden, reguliert wird.

Motoroptionen

Getreu dem Geist unseres Jahrtausends, oder zumindest seines ersten Jahrzehnts, zeigt die fünfte Generation eine Weiterentwicklung der fortgeschrittenen Dieseltechnologie. Bisher hatte bei einem Modellstart die Zahl der Dieseloptionen noch nie so vollständig den Markt dominiert, der einst den Benzinmotoren gehört hatte. Nur einige wenige Jahre zuvor hätte man sich nicht vorstellen können, dass es auf dem britischen Markt kein alltägliches Arbeitspferd mit einem Benzinmotor mehr geben würde. Ebenso wenig hätte man gedacht, dass es im gesamten umfangreichen Sortiment in Deutschland nur noch einen hart arbeitenden Benzinmotor und einen ziemlich begehrten, aber auch zweifelsohne durstigen V6-Motor geben würde.

Die weiter unten aufgeführten Optionen beziehen sich im Wesentlichen, aber nicht ausschließlich, auf den britischen Markt – allerdings nicht notwendigerweise von der Markteinführung an. Aus Rücksicht auf den hier zur Verfügung stehenden Raum können wir auch nicht überall angeben, ob und warum ein bestimmter Motortyp in einer Version des T5 zu erhalten ist und bei einer anderen wiederum nicht. Die 4MOTION-Ausführung und der 130-PS-Motor beispielsweise tauchen im frühesten britischen Angebot nicht auf. Doch 2006 änderte sich dies. Bis 2006 war der 174-PS-Motor für den allradangetriebenen normalen Transporter nicht zu bekommen, doch dann tauchte er als Schlüsseloption auf, als der California erstmals im Lauf desselben Jahres in Großbritannien angeboten wurde. Aber kehren wir zu den Benzinmotoren zurück: Beim Start konnten die britischen Käufer den Caravelle nur mit einem V6-Motor erwerben. Es gab und gibt zwar einen weiteren Benzinmotor, aber er blieb dem einheimischen Markt vorbehalten.

Volkswagen beschreibt die vier TDI-Motoren als »leistungsstark« und »extrem« sparsam. Ihr Kernstück ist ein Pumpe-Düse-System (PD), auf Englisch Unit Injector. Dieses System arbeitet bei Drücken von bis zu 2050 bar oder rund 2 Gigapascal. Ein derart hoher Einspritzdruck sorgt für eine bessere Durchmischung von Treibstoff und Luft und erlaubt es, dass mehr Treibstoff in den Zylindern sauber verbrannt wird. Die Feinregelung der Treibstoffeinspritzung und der viel höhere Druck bewirken ein höheres Drehmoment, ohne dass mehr Treibstoff verbraucht und damit mehr CO_2 ausgestoßen wird. Alle vier TDI-Motoren sind quer eingebaute, wassergekühlte Reihenmotoren; sie enthalten Turbolader mit veränderlicher Turbinengeometrie, Direkteinspritzung und Ladeluftkühler.

Das Basismodell der weniger leistungsstarken 1896-cm³-Motoren produziert 84 PS bei 3500 U/min und entwickelt ein maximales Drehmoment von 200 Nm bei 2000 U/min. Zusammen mit einem automatischen Fünfganggetriebe und eingebaut in einen Panel oder Window Van mit normalem Dach ermöglicht er eine Höchstgeschwindigkeit von 146 km/h. Die Beschleunigung von Null auf 100 km/h erfolgt in 23,6 Sekunden. Volkswagen meldet einen Treibstoffverbrauch im Drittelmix von 7,8 Liter pro 100 km.

Der andere 1896-cm³-Motor entwickelt 102 PS, ebenfalls bei 3500 U/min, und ein maximales Drehmoment von 205 Nm bei 2000 U/min. Dieser größere 1,9 TDI wird nur mit einem Fünfganggetriebe angeboten und konsumiert 8,1 Liter pro 100 km. Eingebaut in einen Lieferwagen mir normalem Dach und kurzem Radstand ermöglicht dieser 102-PS-Motor eine Höchstgeschwindigkeit von 158 km/h. Für die Beschleunigung von Null auf 100 km/h braucht er vergleichsweise gemütliche 18,4 Sekunden.

Es werden zwei 2,5-Liter-Motoren mit genau 2460 cm³ angeboten. Sie verleihen dem T5 die Performance eines Mittelklassewagens. Der schwächere der beiden leistet 130 PS bei 3500 U/min, wobei das maximale Drehmoment von 340 Nm bei 2000 U/min erreicht wird. Man bekommt ihn mit einer manuellen Sechsgangschaltung oder einer Sechsgang-Tiptronic mit manueller Schaltmöglichkeit. Dies ist der einzige Motor, der beim Transporter mit dem vielseitigen 4MOTION-Allradprogramm zu bekommen ist. Wenn wir wiederum den Kastenwagen oder Window Van mit niedrigem Dach und kurzem Radstand zugrundelegen, beschleunigt die 130-PS-Maschine von Null auf 100 km/h in 15,3 Sekunden und erreicht eine Höchstgeschwindigkeit von 166 km/h, bei manueller Schaltung. Der Luxus der Tiptronic-Schaltung kostet bei der Beschleunigung nur eine Sekunde und bei der Höchstgeschwindigkeit gerade mal 2 km/h. Bei permanentem Vierradantrieb, eigentlich ein stark vereinfachter Ausdruck für die Attraktion 4MOTION, steigt die Beschleunigung von Null auf 100 km/h auf 16,3 Sekunden. Es wirkt ein bisschen überraschend, dass die Topgeschwindigkeit von 165 km/h absolut gesehen nur 1 km/h unter der des Autos mit manueller Schaltung und Vorderradantrieb liegt. Die Daten zum Treibstoffverbrauch bieten wenig Unerwartetes: Tiptronic und 4MOTION sind einfach etwas durstiger. Den Angaben von Volkswagen zufolge verbraucht der T5 mit einem 130-PS-Motor und manueller Schaltung im Drittelmix 8,4 Liter pro 100 km/h. Mit Vierradantrieb steigt die Zahl auf 9,2 Liter und bei Automatikgetriebe auf 9,6 Liter.

Der leistungsstärkste Dieselmotor für die fünfte Transportergeneration entwickelt beeindruckende 174 PS bei 3500 U/min und ein Drehmoment von 400 Nm bei 2000 U/min. Man bekommt diesen Motor nur mit einem manuell zu schaltenden Sechsganggetriebe im verhältnismäßig leichten Liefer- oder Pritschenwagen mit niedrigem Dach. Er beschleunigt das Gefährt von Null auf 100 km/h in 12,2 Sekunden. Nach der sorg-

▶ **Karosserie und Motor treffen aufeinander.**

fältig gewählten Diktion des Herstellers erreicht das Auto Geschwindigkeiten von 187 km/h, »sofern es das Gesetz zulässt«. Trotz dieser brillanten Leistung für ein Fahrzeug, das man früher oft abfällig für nichts mehr als einen dreckigen Diesel-Lieferwagen gehalten hatte, liegt der Treibstoffverbrauch im Drittelmix bei wohltuenden 8,7 Litern pro 100 km. Mit Blick auf den California wird der 174-PS-Motor mit 4MOTION oder Tiptronic angeboten.

Der deutsche Käufer eines Pritschenwagens T5 mit einem 2,0-Liter-Benzinmotor hätte durchaus Grund zur Zufriedenheit. Obwohl ihm Extravaganzen wie Sechsganggetriebe und Tiptronic vorenthalten bleiben, da es sich um das Grundmodell mit fünf Gängen handelt, sehen die Daten zumindest auf dem Papier gut aus. Der Vierzylindermotor mit acht Ventilen, oben liegender Nockenwelle und exakt 1984 cm^3 Hubraum entwickelt 115 PS bei 5200 U/min. Das maximale Drehmoment von 170 Nm steht im Bereich zwischen 2600 und 4000 U/min zur Verfügung, wenn man der Pressemappe bei der Markteinführung folgt. Die Spezifikation für die Modelle des Jahres 2009 geben den Bereich von 2700 bis 4700 U/min an! Dieselbe Broschüre nennt eine Beschleunigung von Null auf 100 km/h in 17,8 Sekunden, was erheblich besser ist als die des kleinsten Dieselmotors. Auch die Höchstgeschwindigkeit von 162 km/h ist sehr respektabel.

Ist V6-Technologie gleichbedeutend mit Walnussfurnier, Leder und anderem Luxus? Natürlich sind die Golfmodelle Mk3 VR6 und Mk4 V6 4MOTION hoch oben im teuersten Segment angesiedelt. Aber wenn ein solcher Motor auch unter der Haube des eher farblosen VW Sharan, einem Joint Venture mit Ford und Seat, zu finden ist, dann sollte man über diese Frage noch einmal nachdenken. Auf dem britischen Markt bekommt man Volkswagens Spitzenmotor unter den Benzinern nur für die Executive-Version des bereits luxuriösen Caravelle, und dies auch nur in Verbindung mit dem trägen und äußerlich recht üppigen Automatikgetriebe. Auf seinem Heimatmarkt ist der V6-Motor auch für den eher einfach angesiedelten Lieferwagen zu bekommen – so ist das Leben! Der quer eingebaute V6-Motor mit engem Bankwinkel und variabler Ventilsteuerung hat einen Hubraum von 3189 cm^3 und entwickelt 235 PS bei 6200 U/min. Das höchste Drehmoment von 315 Nm erreicht er bei 2950 U/min. Selbst wenn man berücksichtigt, dass ein Automatikgetriebe stets die Motorleistung verringert, schafft dieser V6 den Sprint von Null auf 100 km/h in nur 10,5 Sekunden und erreicht eine Höchstgeschwindigkeit von über 203 km/h.

www.diversdownswanage.co.uk
Tel: 01929 423565
07977 142 661
divers down
Air ○ Nitrox ○ Training ○ Boat Charters ○ Kit Hire
mares
just add water
Swanage Pier

Anruf Bus 05361 - 896767
WVG
Von der Haltestelle direkt zum Ziel!
...für Nachtschwärmer!
Freitag 21 - 2 Uhr · Samstag 21 - 5 Uhr

◀ **Die Tage der auflackierten Werbeinschriften sind schon längst vorbei. Heute wird die Grafik mit Folien aufgeklebt. Einige Fans haben ihr Vergnügen daran, die zahlreichen grafischen Lösungen mit der Kamera einzufangen!** *(RC)*

Ein Vergleich zwischen der fünften und der vierten Generation

Wenn wir einen Lieferwagen der fünften Generation mit kurzem Radstand und niedrigem Dach als Vergleichsmaßstab nehmen, dann ist der T5 auf jeden Fall länger, breiter und höher als sein Vorgänger. Der Radstand beträgt 3000 mm im Vergleich zu den 2920 mm des T4, und mit einer Gesamtlänge von 4890 mm im Vergleich zu den 4707 mm des Vorgängers erscheint der T5 deutlich bulliger. Dazu kommt eine Breitenzunahme von 1840 auf 1904 mm und ein Höhenwachstum von 1940 auf 1969 mm. So wird sofort verständlich, dass das letzte Transportermodell muskulöser und erwachsener aussieht.

Die Designer von Volkswagen gehören ohne Zweifel zu den cleversten, nicht nur in der Welt der Nutzfahrzeuge, sondern in der gesamten Autoindustrie. Nehmen wir als Beispiel die Frage, ob man auf den ersten Blick einen Mk6 Golf mit einem Mk5 verwechseln kann, so lautet die Antwort ohne Zweifel: ja. Bei näherem Hinsehen unterscheiden sich die beiden Autos allerdings in fast jeder Hinsicht. Dasselbe gilt für den Transporter der fünften Generation und seinen Vorgänger. Von Weitem gesehen, kann man den T5 für einen T4 halten: Volkswagen hat es bei einem wiedererkennbaren Markendesign zur Meisterschaft gebracht. Seit jeher will man an die vergangene Größe anknüpfen und potenzielle Käufer daran erinnern, dass sie ein Fahrzeug einer eindeutig erkennbaren Baureihe erwerben. Der Einführungstext zur englischen Werbebroschüre für die fünfte Transportergeneration verrät ganz deutlich die Botschaft, die uns Volkswagen vermitteln will:

»Teil fünf der Legende ist da. Von Generation zu Generation hat sich der Transporter, der bestverkaufte Van der Welt, einen Namen gemacht und die legendären Volkswagenqualitäten wie Zuverlässigkeit, Sparsamkeit und Effizienz demonstriert […] Der nun ganz neue Transporter fährt mit dieser erfolgreichen Tradition fort und setzt dabei neue Standards für den Markt der Nutzfahrzeuge.«

▼ **Der Liefer- oder Kastenwagen ist in jeder Hinsicht größer als sein Vorgänger T4.**

▲ **Transporter übernehmen weiterhin jede auch nur denkbare Aufgabe.**

Nutzfahrzeuge

Den Liebhabern der vierten Transportergeneration ist der Begriff des kurzen und des langen Radstands wohlvertraut. Bei der Dachhöhe ist die Vielfalt des T5 mit drei Stufen noch größer. Offensichtlich muss man, um die Nase vorn zu behalten, eine immer größere Vielfalt an Modellen und Kombinationen anbieten. Der Lieferwagen/Kastenwagen ist mit einem kurzen Radstand (KR) von 3000 mm und einem Normaldach (ND) oder Mittelhochdach (MHD) zu bekommen. Sie ermöglichen innen eine Höhe von 1410 bzw. 1626 mm. Durch den langen Radstand kommen weitere 400 mm zum Laderaum dazu; er wächst von 2543 mm auf 2943 mm. Eine dritte Option beim Dach (Hochdach), die mit kurzem Radstand nicht zu bekommen ist, ermöglicht eine Gesamtladehöhe von 1940 mm. Das sind zusätzliche 314 mm gegenüber dem Mittelhochdach.

Der Pritschenwagen mit einfacher und doppelter Kabine ist auf dem deutschen Markt mit beiden Radständen zu bekommen. Die Tiefladepritsche gibt es allerdings nur mit langem Radstand (LR). Die Ladefläche bei den normalen abklappbaren Bordwänden hat die Maße 2540 x 1940 mm (KR) bzw. 2940 x 1940 mm (LR). Bei der Doppelkabine verkürzt sich die Ladefläche auf 2170 mm Länge.

Der Kombi wird in derselben Vielfalt angeboten wie der Kastenwagen. Ein kleiner Unterschied ergibt sich zwischen Kastenwagen und Kombi bei der lichten Höhe innen, also dem Abstand zwischen dem Boden und dem Dachhimmel. Durch Polsterung und Isolierung ist sie beim Kombi um 16 mm geringer.

Bei der vierten Generation unterschied Volkswagen drei zulässige Gesamtgewichte/Nutzlasten. Bei der fünften Generation wurden vier daraus, und die entsprechenden Werte sind als Abkürzungen am Heck angegeben. Volkswagen definiert die Nutzlast des T5 folgendermaßen: Vom zulässigen Gesamtgewicht zieht man das Leergewicht ab, das zwar einen vollen Tank umfasst, aber ohne Fahrer und Passagiere gerechnet wird.

Das Basismodell ist der Kastenwagen mit kurzem Radstand und einem 84-PS-Motor; man bezeichnet es als T26. Sein zulässiges Gesamtgewicht liegt bei 2600 kg. Der T28 darf 2800 kg wiegen und wird ebenfalls nur mit kurzem Radstand angeboten, allerdings mit dem gesamten Motorenangebot bis hin zum 174-PS-Aggregat. Der T30 bringt es auf ein Gesamtgewicht von 3000 kg, der T32 von 3200 kg. Den T30 kann man als Kastenwagen mit kurzem oder langem Radstand und mit allen angebotenen Motoren bekommen, darin eingeschlossen das 130-PS-Aggregat mit Tiptronic oder 4MOTION. Als Kastenwagen bleibt der T32 bei beiden Radstandversionen auf die 102- bzw. 130-PS-Motoren beschränkt.

Der Pritschenwagen mit einfacher und doppelter Kabine ist nur als T30 zu bekommen; für den erstgenannten stehen alle Motoren mit Ausnahme des 174-PS-Aggregats zur Verfügung, für die Doppelkabine gibt es die Motoren mit 102 bzw. 130 PS. Zur Markteinführung existierte der Kombi auch nur als T30, doch dafür bekam man alle Motoren. Später wurde der Kombi auch als T32 angeboten, mit kurzem Radstand mit dem 102- bzw. 130-PS-Motor; mit langem Radstand kam noch der 174-PS-Motor zum Angebot hinzu.

Der T26 Kastenwagen hat eine Nutzlast von 802 kg, während sie beim T28 mit 84- und 102-PS-Motor 1002 kg beträgt. Mit den beiden leistungsstärkeren Motoren verringert sie sich auf 928 kg. Für den T30 mit kurzem

▶ **Ein eigens angefertigter Krankenwagen.** *(RC)*

▶ **Ein Tieflader für ein weiteres Fahrzeug.** *(RC)*

Sicherheit an erster Stelle

Was die Sicherheit des Fahrers und der Insassen anbelangt, kommt der T5 mit einer beeindruckenden Zahl von Abkürzungen daher. Selbst frühere Spitzenmodelle unter den VW Personenwagen konnten damit nicht glänzen. Natürlich fällt es schwer, heutzutage noch ein Fahrzeug ohne ABS (»Antiblockiersystem«) zu finden. Dazu kommt jedoch eine elektronische Differenzialsperre (EDS, auch Antriebsschlupfregelung, ASR). Noch raffinierter ist die Motorschleppmomentregelung (Engine Braking Control, EBC). Sie verhindert, dass die angetriebenen Räder auf rutschiger Unterlage ausbrechen, wenn man den Fuß vom Gas nimmt oder wenn man wieder einkuppelt. Gegen Aufpreis kann man in den Shuttle und ähnliche Fahrzeuge mit einem 130- bzw. 174-PS-Motor auch ein Elektronisches Stabilitätsprogramm (ESP) und einen Bremsassistenten einbauen lassen.

Radstand und dem 84- bzw. 102-PS-Motor ist eine Nutzlast von 1202 kg vorgesehen. Bei den stärkeren Aggregaten mit 130 bzw. 174 PS verringert sie sich auf 1128 kg. Die einzige Ausnahme bildet der T30 mit kurzem Radstand 130 PS TDI PD 4MOTION, der eine Nutzlast von nur 996 kg zulässt. Mit kurzem Radstand und kleinerem Motor gestattet der T32 eine Nutzlast von 1383 kg; bei langem Radstand verringert sie sich auf 1351 kg. Der 130-PS-Motor lässt eine Nutzlast von 1309 kg (KR) beziehungsweise 1281 kg (LR) zu.

Die Kombinationen von Radständen, Dachhöhen und Motoroptionen gestatten eine verwirrende Vielfalt, aber damit ist die Komplexität des T5 noch nicht an ihrem Ende angelangt. Wer einen Kastenwagen will, kann eine zweite Schiebetür bestellen und hat zusätzlich die Wahl zwischen der Standard-Doppeltür hinten ohne Fenster oder einer Heckklappe, mit oder ohne Fenster. Dann ist eine Entscheidung zu treffen zwischen einem einfachen oder doppelten Passagiersitz, wobei bei diesem ein Stauraum integriert ist. Weitere Optionen umfassen zum Beispiel eine Klimaanlage und noch viel mehr.

Die Basismodelle des T5 enthalten zahlreiche Ausstattungsstücke, die den Besitzer eines T4 vor Neid erblassen lassen. Wer hätte jemals gedacht, dass ein einfacher Kastenwagen eines Tages über eine Zentralverriegelung mit Fernbedienung und Wegfahrsperre, einen Summer für den Fall, dass man die Lichter auszuschalten vergisst, eine Heizung mit Staub- und Pollenfilter, ein verschließbares Handschuhfach, einen Zweistufen-Scheibenwischer mit variablem Intervall verfügen würde – um nur einige der Mehrausstattungen zu nennen, die im Lauf der Zeit dazukamen?

Mehrausstattungs- oder Komfortpakete

Vom März 2007 an gibt es den Transporter in Großbritannien mit zwei Komfortpaketen, S und SE genannt. Beide bieten zahlreiche Mehrausstattungen, die im Paket rund 15 Prozent billiger kommen als einzeln addiert. Das S-Paket umfasst eine Alarmanlage, eine Trennwand in voller Höhe, elektrische Fensterheber, beheizbare und einstellbare Außenspiegel und Zentralverriegelung. Das SE-Paket ist erwartungsgemäß noch umfangreicher und umfasst zusätzlich zum S-Paket eine manuell einstellbare Klimaanlage und einen Komfortsitz für den Fahrer mit Armlehne.

Vielleicht war dieses Angebot unausweichlich, zumindest für Großbritannien, weil Volkswagen in den Jahren 2005 und 2006 dort nacheinander nahezu identische limitierte Sondereditionen angeboten hatte. Sie verfügten über Mehrausstattungspakete und hießen Trendline, was am Heck auch vermerkt war. Zum Wesen dieses Trendline zählten Klimaanlage, elektrische Fensterheber, elektrisch beheizbare und einstellbare Außenspiegel, Zentralverriegelung, Armlehnen für den Fahrer, eine Trennwand in voller Höhe ohne Fenster, Radvollblenden anstelle von Radkappen aus Kunststoff und Reflexsilbermetalliclackierung. Die erste Edition blieb auf die Kurzversion des T28 mit dem 104-PS-Motor beschränkt, während die zweite Edition aus insgesamt 500 Einheiten auf demselben Modell beruhte, der Käufer sich aber auch für das 130-PS-Antriebsaggregat entscheiden konnte.

Ebenfalls im Jahre 2006, für das Modelljahr 2007, kam ein Transporter auf den Markt, den Volkswagen als »Topmodell« bezeichnete. Auch die Begriffe Executive, Luxury oder Limousine hätten gepasst. Es handelte sich um den Transporter Sportline, komplett mit einem Abzeichen am Heck, das Auskunft gibt über einige seiner Eigenschaften: »T30 174 TDI Sportline«, wobei »Sport« rot ausgeführt und der Wortbestandteil »line« ebenso rot unterstrichen war. Das mag etwas zu viel des Guten gewesen sein, denn das Konzept des Sportline richtete sich auch an den durchschnittlichen Geschäftsmann, der ein praktisches Fahrzeug für den zuverlässigen und sparsamen Transport verschiedenster Güter brauchte. Wenn man sich die Spezifikation genau anschaut, muss man sich fragen, an wen genau sich dieses Fahrzeug richtet. Volkswagen nahm die Beantwortung dieser Frage vorweg und unterrichtete den Käufer, dass sich der Sportline an »Nutzer und Betreiber von Vans richtet, die eine dynamischere Form des Transports vorziehen«. Dann folgte der Hinweis, dass auch Biker, Surfer, Snowboarder und Skifahrer zum Transport ihrer Ausrüstung diesen Sportline »durchaus als ein etwas anderes Fahrzeug als den üblichen Allerweltsvan« betrachten könnten.

Den Sportline gab es mit kurzem und langem Radstand, aber nur mit dem 2,5-Liter-Motor mit 174 PS. In der Presseerklärung von Volkswagen werden die zahlreichen Extras aufgeführt, »die ihn von geringerwertigen Transportern unterscheiden«:

»An der Front fallen einem die farbige Stoßstange und Frontschürze sowie der verchromte Grill auf. Dieser Glanz setzt sich beim verchromten Schweller und den Außenspiegeln und Türgriffen fort, die in Karosseriefarbe gehalten sind. Am Heck befinden sich ein Spoiler in Dachhöhe, eine Stoßstange in Karosseriefarbe und die einzigartige Sportline-Plakette. [...] Für die Sportlichkeit sorgen Stoßdämpferfedern von Eibach, die den Sportline im Vergleich zum Standard-Transporter um 30 mm tiefer legen. Imponierende 18-Zoll-Leichtmetallfelgen von Borbet mit fünf Speichen und Niederquerschnittsreifen vervollständigen den sportlichen Eindruck. Im Inneren ist er großzügig ausgestattet mit einer längenverstellbaren Lenksäule, Komfortfahrersitz mit Armlehne, elektrisch einstellbaren und beheizten Außenspiegeln, elektrischen Fensterhebern, ABS, Klimaanlage, Zentralverriegelung mit Fernbedienung, Radio mit CD-Player und besonderer Sportline-Abschlusskappe des Schalthebels.«

▲ **Das hätte sein können! Im Gefolge der Euphorie um den New Beetle wurde diese Designstudie geschaffen. Sie erinnerte an den Transporter der ersten Generation und erhielt die Bezeichnung »Microbus«. Trotz lobender Worte von vielen Seiten wurde dieses Modell nicht mehr weiterentwickelt.**

Der Sportline ist in drei Farben erhältlich – in auffälligem Blackmagicperleffekt, in vertrauenerweckendem Reflexsilbermetallic und in sportlichem Tornadorot. Ist es etwa ein Zufall, dass alle drei Farbtöne identisch sind mit denen des Marktführers GTI von Volkswagen. Leider ist es bei Volkswagen so üblich, dass man selbst bei einem Luxusangebot wie dem Sportline für die Lackierung mit Metallic- und Perleffekt auch noch extra bezahlen muss, und das machte auf dem britischen Markt rund 500 Pfund Mehrkosten aus! Obwohl der Preis weit oberhalb dessen lag, was jeder andere Transporter von Volkswagen kostete, gab es noch zahlreiche weitere kostenpflichtige Mehrausstattungen wie Lederpolster im GTI-Stil zusammen mit Sportline-Kopfstützen oder einen iPod-Adapter.

Auf den Window Van sind wir schon eingegangen, aber den einst grundlegenden Kombi haben wir noch kaum erwähnt. Blättert man allerdings in einer Werbebroschüre, fällt einem der T5 Kombi sofort auf. Wie früher wird er als »ideale Wahl« gepriesen, »wenn man ein flexibles Fahrzeug braucht, mit dem man Lasten und bis zu sechs Passagiere komfortabel transportieren kann«. Kurz und bündig: Drei sitzen vorn, wenn der Beifahrersitz doppelt ausgelegt ist, drei sitzen hinten auf einer Bank, die man zusammenklappen und kippen kann. Die T5-Version des Kombi umfasste eine Heckklappe mit beheizbarem Fenster und keine Doppeltüren, was aber keinesfalls ungewöhnlich war. Doch dass sich die hintere Sitzbank nicht mehr entfernen ließ, stellte einen Bruch mit der Tradition dar. Mit anderen Worten: Er war noch weitgehend ein Kombi, wenn auch nicht mehr im allgemein anerkannten Sinn dieses Begriffs.

Ob der Window Van als ein direkter Nachkomme des Kombis angesehen werden kann, darüber lässt sich streiten. Es scheint so, wenn Volkswagen über die Sitzverteilung für die insgesamt neun Insassen einschließlich des Fahrers referiert: »Die Standard-Sitzanordnung besteht aus einem Fahrersitz und einem Mitfahrersitz, wobei dieser optional doppelt ausgeführt sein kann. Hinter der Kabine können bis zu sechs Passagiere auf zwei Sitzreihen Platz finden.« Doch bei der nächsten Feststellung ergibt sich eine Komplikation: »Der Window Van bietet die Variationsmöglichkeit, Fenster wegzulassen und sie durch Karosseriebleche zu ersetzen.«

Vielleicht fanden potenzielle Käufer der fünften Transportergeneration die Situation ebenso verwirrend, denn innerhalb kurzer Zeit gab es den »Vielzweck«-Kombi nicht mehr, und seine Eigenschaften wurden in die des »Flexible Choice«-Window Van integriert. Volkswagen beschrieb ihn weiterhin als »Hochleistungslösung für das Problem des Passagiertransports«. In der Werbebroschüre zeigt eine Reihe klarer Illustrationen die Optionen der Sitzanordnung in der Kabine, mit einfacher und doppelter Ausführung des Mitfahrersitzes. Dann folgen im Passagierraum die Optionen »Seat Pack K« bis zu »Seat Pack P«, wobei jede Option das Layout variiert, bis am Ende die magische Zahl der sechs Sitze voll ist. Wie zuvor »erstreckt sich die Flexibilität auch auf die Karosserie«, sodass man Fenster weglassen kann. Als Option sind nun auch »Flügeltüren hinten mit oder ohne Fenster« möglich. Und als Reaktion auf den Wunsch der Kunden nach einem Vielzweckfahrzeug, das Fracht wie Passagiere transportieren kann, bietet Volkswagen »einen Kombi-Pack bei den T32-Modellen, mit einer ersten Sitzreihe, ohne Fenster bei der hinteren Sitzreihe, mit Schiebefenstern in der Seitentür und ihr gegenüber«.

1950–2010

VI

Der Kult um den Campingbus

▶ **Seit den frühen 1950er-Jahren ist das Campen ein Teil der Geschichte des Volkswagen Transporters – bis auf den heutigen Tag!**

CALIFORNIA
WOB CC 917
BS ID 17
WOB JV 13
588

Die Rolle des Campers in der Volkswagengeschichte

Wenn man jemandem außerhalb der Fanszene anvertraut, dass man einen Volkswagen Transporter kaufen möchte oder ihn gar besitzt, so erntet man oft eine gewisse Verwunderung. Sagt man aber, man führe mit einem Volkswagen Camper in den Urlaub, so stößt man sofort auf Verständnis oder gar Begeisterung. Und man kommt schnell ins Gespräch, denn der Kult – vor allem um die Wochenendmobile der ersten beiden Generationen – ist immer noch lebendig, auch wenn er nunmehr eine schon ältere Generation betrifft.

Im Lauf der Jahrzehnte hat der Camper schier unzählige Millionen zum Volkswagenumsatz beigetragen, doch erst mit der letzten Generation wurde das Werk unmittelbar verantwortlich für die Herstellung solcher Produkte. Natürlich hat die Firma im In- und Ausland oft offizielle Genehmigungen für den Ausbau erteilt. Sie ging sogar so weit, solche Produkte in ihre Werbebroschüren mit aufzunehmen und damit zu unterstützen. Doch da lag dann die Trennlinie, die mit Ausnahme des amerikanischen Marktes vorerst nicht überschritten wurde.

Seien wir mal ehrlich: Würde Volkswagen denn seinen eigenen Camper, den heutigen California, wirklich selbst produzieren, wenn die Firma Westfalia, seit über 50 Jahren erste Partnerin auf dem Wohnmobilmarkt, nicht im wachsenden Reich des größten Rivalen, der Daimler-Chrysler-Gruppe mit dem Flaggschiff Mercedes, aufgegangen wäre?

Natürlich ist es angebracht, an dieser Stelle ausführlich auf die Firma Westfalia einzugehen, die mit Volkswagen so lange Zeit offiziell verbunden war. Aber ebenso interessant ist es, auch einige andere Firmen zu behandeln, die ihre Produkte auf der Basis des Transporters anboten. Auf dem nordamerikanischen Markt kam es in den frühen 1960er-Jahren zu einem Ungleichgewicht bei Angebot und Nachfrage. Und glücklicherweise war damals die Nachfrage viel größer als das Angebot. Das Ende dieses Kapitels bildet dann die überaus verzweigte Geschichte des Volkswagen-Wohnmobils in Großbritannien.

Westfalia-Werke KG, Rheda-Wiedenbrück

Die Karriere der Familie Knöbel begann 1844 mit einer Schmiede, in der zunächst auch Pferdewagen und Kutschen gebaut wurden. In den 1920er-Jahren ergaben sich Veränderungen durch eine Erbteilung. Damals wurde der Name Westfalia registriert, und man begann mit dem Bau eines offenen Kastenanhängers. Bombardierungen im Lauf des Zweiten Weltkriegs führten zur fast vollständigen Zerstörung der Fabrik. 1948 allerdings war sie immerhin schon wieder imstande, auf der zweiten Hannover-Messe 1948 auszustellen. Die eingeschränkten Verhältnisse in der Nachkriegszeit hatten zur Folge, dass sich kaum jemand ein Auto, geschweige denn zwei davon, leisten konnte. Aber ein amerikanischer Offizier wandte sich an das Werk und wollte einen VW Transporter zu einem echten Wohnmobil ausgebaut haben. Ausgehend von dieser einzigen Bestellung baute Westfalia in den darauffolgenden zwei Jahren rund 50 weitere Camper, wobei als Grundlage stets der Kombi diente.

Die unbezweifelbare Flexibilität des Kombis, einesteils als Arbeitspferd ohne Sitzbänke, andererseits als Wochenend-Passagiertransporter mit Sitzgelegenheiten, führte 1951 zur Einführung der Camping-Box. Im

▼ Diese beiden außergewöhnlichen Bilder aus dem Volkswagenarchiv zeigen zwei frühe Campingdesigns. Logischerweise datieren beide Fotos aus der Zeit vor April 1951, denn von jener Zeit an hatten alle Transporter ein Heckfenster, das wohl niemand bei einer Umrüstung verdeckt hätte.

Wesentlichen handelte es sich um in sich geschlossene Einheiten, die für die Freizeit nützlich waren und die man für die Arbeitswoche wieder entfernte. Die erste Einheit wurde an der Innenseite einer Tür befestigt, die zweite – in Form eines Schrankes – stand hinten, und die dritte und wichtigste lehnte an der Trennwand. Sie enthielt nicht nur einen Gasherd mit zwei Kochstellen und eine Schiene für Handtücher, sondern auch eine zentrale abnehmbare Tür, die man als Tisch oder Bettstütze verwenden konnte. Die Matratzenteile des Bettes befanden sich im Mittelteil eben dieser Einheit. An der Innenseite der hinteren Doppeltür war eine Wasch- und Rasiergelegenheit angebracht. Dazu kam ein großer Schrank, der Kleider und Betttücher aufnahm. Ein Werbetexter schrieb dazu: »Ihr Ferienhaus auf Rädern wird Sie überallhin begleiten, wohin Sie auch wollen – in die Berge, ans Meer ...«

Obwohl diese Camping-Box unbestreitbare Vorteile besaß und 1955 eine Standard- und eine Export-Version eingeführt wurde, ging der Verkauf eher schleppend voran. Westfalia ließ sich davon nicht abschrecken und präsentierte 1956 den ersten vollen Umbau mit der Bezeichnung Westfalia De Luxe Camping Equipment. Dieses neue Modell war sehr schön ausgestattet mit Birkenfurnier an den Seiten und am Dachhimmel, und die Inneneinrichtung bestand aus sorgfältig verarbeiteter heller Eiche.

Die Zusammenarbeit zwischen Volkswagen und Westfalia intensivierte sich so sehr, dass die neuen Entwicklungen nun SO-Nummern bekamen wie all die anderen Sondermodelle, die im eigenen Haus oder von externen Karosseriebauern angefertigt wurden. Westfalia hatte einen Vertrag mit Hannover und begann, gebrauchte Transporter umzubauen. Im Jahre 1958 wurde die Camping-Box verändert und erhielt nun die SO-Nummer SO22. Gegen Ende desselben Jahres wurde auch der vollständige Umbau, das De Luxe Camping Equipment, erneuert und erhielt die Bezeichnung SO23. Diese letzte Umrüstung wurde in Amerika als »The Volkswagen Camper with Westfalia De Luxe Equipment« verkauft, zusammen mit einer Spezialbroschüre im Volkswagenstil jener Tage.

In den Jahren von 1961 bis 1965 dominierten die Sonderausführungen SO34 und SO35. Bei beiden

▲ Ist das ein echter Camper, oder sind die Besitzer mit ihrem flexiblen Kombi einfach übers Wochenende weggefahren?

▼ Die Camping-Boxen von Westfalia, schon 1955 in den Versionen Standard und Export erhältlich, gaben ein Designmuster vor, das in den darauffolgenden Jahren weiterentwickelt wurde. Man beachte, dass trotz des luxuriösen Finishs des Fahrzeugs die Türen und andere Bereiche innen unverkleidet blieben.

▲▶ Die Umschläge beider Broschüren aus den späten 1950er-Jahren zeigen den amerikanischen Volkswagen Camper mit der Ausstattung Westfalia De Luxe. Diese Variante für den amerikanischen Markt hatte dasselbe Layout wie die spätere SO23 nach Westfalia-Terminologie. Wenn wir von den Grafiken von Reuters einmal absehen, stellen solche Prospekte die sammelwürdigsten Memorabilia dar.

◀ Auf diesem bekannten Umschlagbild, der wie ein Bühnenbild aussieht, entspricht die Innenausstattung des Campers der Spezifikation SO34, die es von 1961 bis 1965 gab. Man beachte das kleine Aufstelldach und den charakteristischen Polsterstoff.

◀ Der Umschlag einer zweiten Broschüre, die sich an potenzielle Käufer des SO34 wandte, erschien ziemlich skurril. Die Seiten im Inneren sahen dann nicht anders aus als in früheren Prospekten.

▼ Man vergleiche die Details des Umrüstpakets Camping Mosaic 22 mit denen des US-amerikanischen Campmobile-Kit auf der folgenden Seite.

VW Camping Car 33 and VW Camping Car Mosaic 22

They say that three is a crowd. Well, we've got four. Four versions of the VW Camping Car, that is to say. You have already read about versions 34 and 35. But there are two more.
The illustration above shows the VW Camping Car Mosaic 22. With this version, you can purchase each item of the equipment separately. Piece by piece you take the items you need and can afford. Piece by piece you put them together, gradually. Until your "Mosaic" equipment's complete.
Of course this equipment is removable. It can be installed easily. And taken out as easily. So you can make any VW Kombi or Micro Bus—old and new—into a Camping Car.
Six days a week your VW Kombi or Micro Bus assists you in earning money. It transports. It caters. It delivers and returns. On weekends it is your bungalow on wheels. It helps you rest and relax wherever you please.
If you install two benches with upholstered seats and backs and two head rests, curtains, and a plastic-topped table you've got a spacious living room. And bedroom. The seats convert to a 5'8" × 3'9" double bed. If you add wardrobe, linen cupboard, and two cabinets

▼ Volkswagen veröffentlichte in den 1960er-Jahren sehr unterhaltsames Werbematerial. Die Hauptmerkmale der SO34 von Westfalia sind hier deutlich zu erkennen. Doch das Auge des Betrachters ruht eher – und für längere Zeit als sonst üblich – auf dem, was die Familie gerade unternimmt.

▲ Einige der Werbefotos von Volkswagen erzählen sehr viel mehr über den Lebensstil als über die genaue Spezifikation des Campers. Tatsächlich ist das Fahrzeug nur noch zu einem kleinen Teil zu sehen. Vielleicht bestand aber auch die Intention, für das Vorzelt zu werben. Das Bild stammt aus der Zeit von 1961 bis 1965.

▼ Das Campmobile-Kit, an Ort und Stelle ein- oder ausgebaut. Es ergänzte in den USA die Westfalia-Ausrüstungen, die nicht in genügender Zahl importiert werden konnten.

handelte es sich um volle Umrüstungen und nicht um Einbausätze. SO34 bestand aus weißem und grauem Laminat, SO35 aus dunklem schweizerischem Birnenholz. Ihr Hauptmerkmal war ein um 180 Grad drehbarer Beifahrersitz. So konnte er als Sitz am Esstisch und im nächsten Augenblick als Beifahrersitz dienen.

Von 1965 bis 1967 ersetzten SO42 und SO44 die früheren Sondermodelle. Noch vor ihrer Einführung hatten die Westfalia-Camper ein an ein U-Boot erinnerndes Hubdach bekommen. Es war so klein, dass man es primär wohl eher als Belüftungshilfe denn als Vergrößerung des Innenraums betrachtete. In der manchmal skurrilen Art und Weise, wie Volkswagen für seine Produkte warb, zeigte eine Broschüre für das Sondermodell 34 auf der Titelseite nur das Hubdach des Campers und einen Teil des Dachgepäckträgers, zusammen mit der Überschrift: »Ist es eine Yacht?« Das Sondermodell SO42, das auf den zunehmend wichtigen amerikanischen Markt ausgerichtet war, und das Modell SO44 waren entweder mit einem normalen festen Dach oder mit dem Dach von Dormobile in voller Länge oder vorzugsweise mit dem typischen neuen, wenn auch ziemlich kleinen Hubdach von Westfalia ausgestattet.

Obwohl man in der Mitte der 1960er-Jahre die Umbauten von Westfalia in Nordamerika ergänzen musste, stiegen die Umsätze in den darauffolgenden Jahren noch gewaltig. Die Markteinführung der zweiten Transportergeneration fiel mit einer zunehmenden Beliebtheit der Camper ganz allgemein und vor allem in den Vereinigten Staaten zusammen. Die explosionsartige Nachfrage nach Westfalia-Produkten führte zur Einführung besonderer Modelle. Weniger als zwölf Monate nach dem Produktionsbeginn der zweiten Transportergeneration, am 8. März 1968, feierte Westfalia die Montage des 30 000. Campers. Wenn man bedenkt, dass man dazu über 15 Jahre gebraucht hatte, dann kann man die Größenordnung von Westfalias Erfolg in den ersten Jahren der zweiten Transportergeneration daran ermessen, dass der 100 000. Umbau nur drei Jahre später erfolgte, im Lauf des Jahres 1971. Die Tagesproduktion war auf 125 Umrüstungen angestiegen, was einem Jahressaustoß von 22 500 Einheiten in Wiedenbrück entsprach. Im Jahre 1968 wurden 75 Prozent der

▲ **Dieser Camper der frühen zweiten Generation wurde bei einer Autoschau als mobiles Büro und »Besucherzelt« genutzt.**

Produktion exportiert. Im Jahre 1971 waren 84 Prozent aller Westfalia Camper für die USA bestimmt. Natürlich ritt Westfalia auf einem Wellenberg, und es war wohl nicht zu vermeiden, dass darauf ein Abstieg erfolgte. Die erste Ölkrise des Jahres 1973 traf die Autoindustrie schwer – man erinnere sich etwa an die prekäre Situation von Volkswagen im Jahre 1974, als die Firma einen Verlust von 555 Millionen DM einfuhr. Die Auswirkungen der Ölkrise auf die Weltwirtschaft wogen schwer. Auch der Camperverkauf in den USA ging zurück, um erschreckende 35 Prozent im Jahre 1973. Obwohl diese Krise nur verhältnismäßig kurze Zeit dauerte, wurden die Verkaufszahlen der späten 1960er- und frühen 1970er-Jahre nie wieder erreicht.

Im Januar 1968, nur wenige Monate nach der Markteinführung der zweiten Transportergeneration im August 1967, präsentierte Westfalia eine ganze Reihe neuer Modelle auf der Grundlage des neuen Fahrzeugs. Den Beginn machten die Modelle SO60, 61 und 62. Im Lauf des Jahres 1969 folgten sechs Abkömmlinge des SO69, von denen jeder den Namen einer größeren europäischen Stadt trug. Ebenfalls neu für die zweite Transportergeneration war das typische Aufstelldach, das viel größer ausfiel als das Hubdach. Sein Gelenk lag vorn, und es reichte bis zum hinteren Drittel des Fahrzeugs. Dieses war zu einem Stauraum ausgebaut, zu dem man vom Fahrzeuginneren leichten Zugang hatte.

Nach dem Start der gelifteten zweiten Transportergeneration im Sommer 1972 bearbeitete auch Westfalia ihr Angebot und nahm drei eigens für den amerikanischen Markt geschaffene Modelle auf. Sie trugen folglich auch die Namen amerikanischer Städte. Neben dem Luxembourg, dem Helsinki und dem Madrid gab es nun auch den SO72/2 Los Angeles, den SO72/4

Houston und den SO72/6 Miami. Obwohl Westfalia viel Zeit und Mühe darauf verwandte, diese Marken bekannt zu machen, vermarktete Volkswagen die drei Modelle, kaum hatten sie sich in Amerika etabliert, unter der gemeinsamen Bezeichnung Campmobile. In Großbritannien kam ungefähr zur selben Zeit der Continental auf den Markt. Er entsprach am ehesten dem SO73/3 Helsinki, dem neuen Topmodell von Westfalia.

Weitere Updates während der zweiten Transportergeneration waren verständlicherweise etwas weniger zahlreich, weil durch die Ölkrisen die Nachfrage dramatisch gesunken war. Die US-amerikanischen Modelle besaßen marktspezifische Einrichtungen wie passende Anschlüsse für die Wasser- und Stromleitung.

Im Jahre 1973 veränderte Westfalia das Aufstelldach, sodass es nun hinten angeschlagen war. Im Nachhinein hat diese Veränderung den Nutzen, dass Fans Baujahre besser unterscheiden können.

Zwischen 1975 und dem Produktionsende der zweiten Transportergeneration im Sommer 1979 bot Westfalia zwei Umrüstungen an, Berlin und Helsinki

▲ Diese Campmobile-Werbung zeigte kaum die Eigenschaften des Fahrzeugs, sondern wollte durch ihre Stimmung den Unentschiedenen zum Kauf anregen, und das möglichst schnell!

▼ Der Umschlag dieser US-amerikanischen Broschüre bestätigt zwei Punkte. Erstens: Im eigenen Land gebaute Campmobiles waren notwendig, damit Volkswagen die Nachfrage der Kunden befriedigen konnte. Und zweitens: Der Umrüstsatz beruhte auf dem Lieferwagen, und diese Lösung wurde im Lauf der Jahre immer beliebter.

▼ Diese Broschüre von Volkswagen aus dem Jahre 1971 für den »Campingwagen« von Westfalia folgte dem Stil der früheren Werbeprospekte. Für sich allein genommen wirkte sie nicht gerade überzeugend, aber als Teil einer Reihe ergab sich eine stärkere Wirkung.

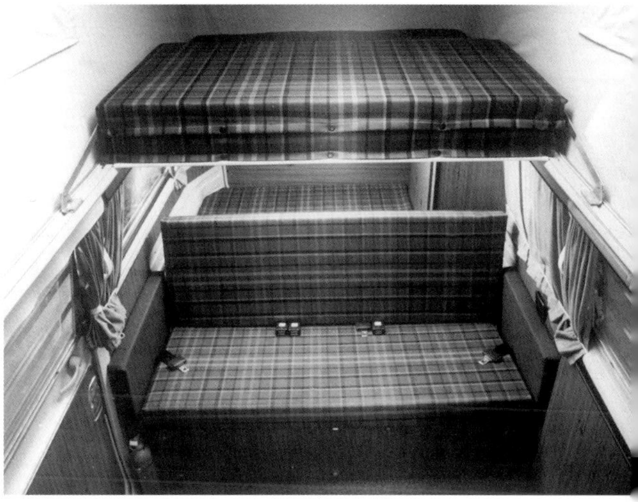

▲ Der VW Campmobile von 1974 mit Aufstelldach enthielt zwei Doppelbetten. Das obere Bett ließ sich tagsüber wegklappen, sodass man in der Bordküche mehr Platz hatte. Das untere Bett wurde in eine Sitzbank umgebaut.

◀ Der Campmobile von 1974 verfügte über »häuslichen Komfort wie etwa einen elektrischen Kühlschrank, einen Flüssiggas-Kochherd und ein Wasserleitungssystem, das unter Druck steht. Es gibt auch einen 120 Volt-Anschluss für einen Fernseher, einen Haartrockner oder einen elektrischen Büchsenöffner für all jene, die ohne solche Geräte nicht auskommen«.

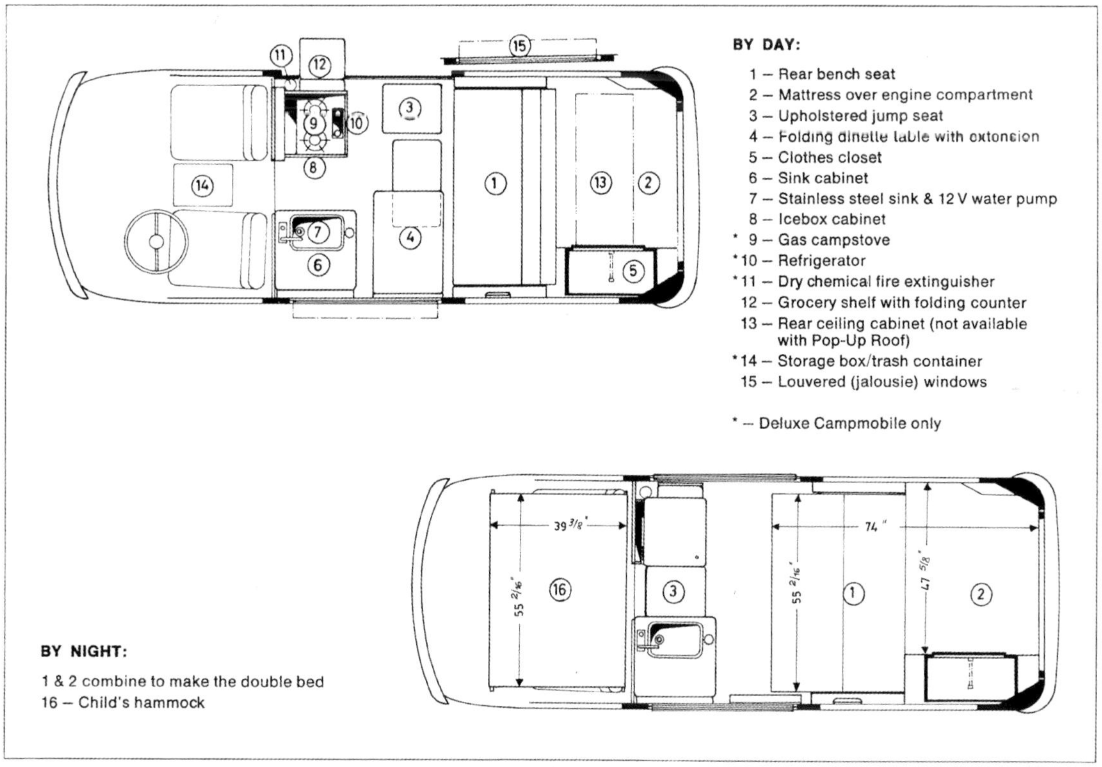

▶ »Flexibilität und Komfort sind Merkmale des 1974er VW Campmobile. Die Zeichnungen illustrieren, wie die Konfiguration tagsüber und nachts aussieht. Bis zu fünf Personen können darin schlafen – vier Erwachsene und ein Kind.«

genannt. Beide waren im Vergleich zum früheren Design luxuriös ausgestattet. Das Modell Berlin brach insofern mit der Tradition, als sich die Kochgelegenheit nun unter den Fenstern gegenüber der Schiebetür befand. Eine neue, bei beiden Modellen kostenpflichtige Mehrausstattung bestand darin, dass das Ersatzrad an der Front oberhalb der Stoßstangen montiert wurde. Anhand dieses Merkmals kann man mit hoher, wenn auch nicht absoluter Sicherheit, diese beiden Modelle von Westfalia unterscheiden.

Auch für die dritte Transportergeneration schuf Westfalia eine neue Umrüstung, den später extrem beliebten Joker. 1979 gab es zwei Optionen. Der Joker 1 war ein Viersitzer, während der Joker 2 hinten eine Bank in voller Breite besaß und im Handumdrehen Platz für fünf Personen bieten konnte. Dem damaligen Zeitgeist entsprechend verwendete man für die Ausstattung helles Teaklaminat. Der Joker 1 hatte zwei Tische, während der Joker 2 über einen einzigen Tisch sowie einen Extrasitz unter dem Fenster anstelle der üblichen Stauschränke verfügte. Obwohl ein Aufstelldach zum Standard bei beiden Modellen zählte, gab es als Option auch ein fixes Dach. Nachdem Westfalia in der Mitte der 1970er-Jahre das Dachdesign umgestellt hatte, kehrte die Firma wieder zum alten, vorn angeschlagenen Modus der frühen Tage der zweiten Transportergeneration zurück. Im Lauf des Jahres 1980 gab es drei Dachoptionen: zwei mit je einem höheren Aufstelldach und ein fixes Hochdach.

Nicht lange danach kamen zum Joker 1 und 2 der etwas besser ausgestattete Club Joker und der Sport Joker, ein leicht unglücklich gewählter Name. Heutzutage fasst man eine Sportausstattung anders auf: Entweder richtet sich ein solches Fahrzeug eher an jüngere Kunden oder es ist einfach besser ausgestattet. Der Sport Joker von Westfalia war aber im Wesentlichen ein Basismodell für das Wochenende. Eine modernere hellgraue Beschichtung mit kontrastierenden dunkelgrauen Zierelementen ersetzte das traditionelle Teaklaminat.

▶ Produktion des Joker im Westfalia-Werk, 1980er-Jahre.

▼ Der Joker war ohne Zweifel ein qualitativ hochwertiges, sehr gut verkauftes Produkt von Westfalia. Wir sehen hier eine Version vor dem Einbau eines wassergekühlten Motors und folglich ohne zweiten Grill an der Front.

Die letzten Joker wurden 1987 hergestellt. Im nächsten Jahr folgten California und Atlantic. Obwohl diese Modelle das grundlegende Layout des Joker beibehielten, wurde noch größeres Gewicht auf eine luxuriöse Ausstattung gelegt, und man veränderte auch erneut die Werkstoffe. Im Jahre 1990 konnte man den Atlantic entweder mit einem 70-PS-Turbodiesel oder dem 88-PS-Benzinmotor bekommen. Ein Automatikgetriebe war auch im Angebot. Die Lackfarben reichten von Alpinweiß bis Calypso, einem seltenen silbrigen Blaugrünmetallic, während die Sitze mit einem bemerkenswert attraktiven blau-grau-rot karierten Stoff gepolstert waren. Der California überlebte den Übergang auf den T4. Mit einer Reihe von Sondereditionen für den US-amerikanischen Markt, wo die Fahrzeuge immer noch unter der Bezeichnung Campmobiles liefen, sicherte sich Westfalia einen schönen Anteil an diesem heiß umkämpften Markt. Im Jahre 2001 produzierte die Firma als Erinnerung an den ersten Camper vor 50 Jahren eine Sonderedition mit dem Namen California Event. Die Begleitbroschüre enthielt Bilder früherer Volkswagen-Werbeprospekte aus den späten 1950er- und den frühen 1960er-Jahren.

▶ **Der grafische Stil war zwar nicht so ausdrucksstark wie der von Reuters rund 20 Jahre zuvor. Doch die kurze Rückkehr dieser Art Illustration als Werbung für den Joker von Westfalia hatte durchaus einen gewissen Charme.**

▲ Eines der vielen Werbefotos von Volkswagen für den Joker – hier mit einem wassergekühlten Motor.

▼ Der Volkswagen Atlantic von Westfalia.

▶ ▼ Westfalia-Camper auf der Grundlage des T4. Unten ein California Advantage.

Der T5 California – der erste Camper von Volkswagen

Bei jeder neuen Transportergeneration, von der zweiten bis zur vierten, hatte Volkswagen eng mit Westfalia zusammengearbeitet und informierte umfassend über Produktänderungen. Die Firma lieferte sogar Prototypen neuer Modelle, damit die Ingenieure von Westfalia daran arbeiten konnten. Dann aber wurde die Camperfirma von der DaimlerChrysler-Gruppe gekauft. Mit der Entwicklung der fünften Transportergeneration war diese Zusammenarbeit nun nicht mehr angebracht, obwohl zwischen Volkswagen und Westfalia eine 53-jährige Partnerschaft bestanden hatte. Nach der Übernahme wurde zwar noch eine begrenzte Zahl von T4 produziert. Aber für Volkswagen gab es damals nur zwei Möglichkeiten, entweder einen neuen Partner zu finden oder selbst den scheinbar kühnen Schritt ins Camperbusiness zu wagen. Generaldirektor Bernd Pischetsrieder und seine Kollegen entschieden sich für die letzte Option und behielten den Namen California bei.

»Flexibilität ist der Standard. Jeder, den es ins Freie zieht, wird glücklich sein mit dem California. Die Sitzbank kann man auf Schienen ganz glatt nach hinten verschieben und in ein Bett mit den Maßen 114 x 200 cm umbauen. Ein Knopfdruck genügt, und das elektrisch betriebene Dach stellt sich auf und gibt eine weitere Schlafstätte frei. Mückennetze sorgen dafür, dass Sie Frischluft bekommen. Ein Lamellenrollo sorgt für eine Abtrennung vom unteren Kabinenbereich. So können Sie sicher sein, dass Sie ungestört schlafen – und am anderen Morgen frisch sind für neue Abenteuer.

Die drehbaren Frontsitze und ein einstellbarer freier Tisch (der bequem in der Schiebetür untergebracht ist) bedeuten, dass Mahlzeiten im California stets ein geselliges Ereignis sind. Wenn einmal mehr Sitze gebraucht werden, kann man auf Wunsch einen fünften Sitz im Wohnbereich aufstellen und ihn wieder wegpacken, wenn man ihn nicht mehr braucht. Und an warmen Sommerabenden – warum entspannen Sie sich nicht draußen und sehen in den beiden Standard-Faltstühlen, die clever in der Heckklappe untergebracht sind, dem Sonnenuntergang zu?« (»The California«, Juni 2006, www.volkswagen-vans.co.uk/California)

Der Volkswagen California auf der Grundlage des T5 sorgte bei der Markteinführung in Deutschland für Aufsehen und dann, zur Überraschung einiger Experten, als Rechtslenker auch in Großbritannien. Deswegen erscheint es uns angemessen, auf dessen Spezifikation etwas näher einzugehen. Ein Blick auf die Verkaufszahlen in Großbritannien für das Jahr 2006, in dem die California-Euphorie am größten war, zumindest in Fankreisen, weckt allerdings keine Begeisterung. Dem Pressebüro von Volkswagen zufolgte wurden 13 817 Transporter nach Großbritannien verkauft. Dazu wurden 389 »Motorhomes« zugelassen, die auf dem T5 beruhten und die Volkswagenpartner in Großbritannien zusammengebaut hatten. Doch aus Hannover wurden nur gerade 142 California importiert. Der California war teuer, die preiswerteste Option im ganzen Angebot kostete deutlich mehr als doppelt so viel wie ein fünftüriger Polo GTI, der teuerste Personenwagen des VW-Angebots. Die Preise des California waren aber nicht unrealistisch im Vergleich zu denen anderer Umrüstungen. Der schleppende Verkauf musste eindeutig andere Gründe haben.

Volkswagen hatte Mühe klarzumachen, dass der California auf dem Caravelle beruhte und auch sonst »etwas Besonderes« sei, weil er »vollständig im eigenen Werk entworfen und produziert« worden sei. Das Pressebüro von Volkswagen Great Britain erklärte, dass der California somit »vom Know-how profitiert, das in jedem anderen Volkswagenprodukt steckt und dass er das einzige Wohnmobil seines Typs ist, das man offiziell in Großbritannien mit Europäischer Fahrzeug-Typgenehmigung bekommen kann«.

Den California gibt es mit dem 130-PS-Motor oder mit dem 2,5-Liter-TDI-PD-Motor mit 174 PS, diesen auch in Verbindung mit dem Vierradantrieb 4MOTION. Die Ausstattung ist anspruchsvoll, wie man es von einem Fahrzeug erwarten kann, das vom Caravelle abgeleitet wurde: elektrische Fensterheber, Klimaanlage, Zentralverriegelung mit Fernbedienung, Alarmanlage, Leichtmetallräder als Standard. Selbst die Sitze vorn zeigen, wie luxuriös der California ausgestattet ist, denn

▼ Der von Volkswagen selbst hergestellte California T5.

sie sind beheizbar, höhenverstellbar und mit Armlehnen sowie Lendenwirbelstützen ausgestattet.

Wie man es von einem Camper für das 21. Jahrhundert erwarten kann, beeindruckt auch die Liste der campingtypischen Attribute. Zusätzlich zu einfachen, aber exquisit gestalteten Einrichtungsgegenständen wie den fast obligatorischen Vorhängen, einem Kleiderschrank, einer Arbeitsfläche in der Küche, einer Besteckschublade, einem Gasherd mit zwei Kochstellen und der unvermeidlichen Spüle weist der California einen 42-Liter-Kühlschrank mit Tiefkühlfach bis –18°C, einen 30-Liter-Frischwassertank mit Tauchpumpe, Parkdistanzkontrolle, zusätzliche Heizelemente und luxuriöse Doppelverglasung im Wohnbereich auf.

Zwei sorgfältig gestaltete Schlafbereiche stehen zur Verfügung, der eine unten, durchaus im Stil der ersten Camper gehalten, der andere, wie Volkswagen schreibt, als »privater Bereich« im Dach, »zugänglich über einen elektrohydraulischen Hebemechanismus«.

Die weitere Ausstattung umfasst Leichtmetallstühle, die man im Heck verstauen kann, wenn sie nicht gebraucht werden, dazu ein Tisch und ein Vorzelt, die »in ihrem Design Anleihen bei der Luftfahrtindustrie« machten, was zu »geringem Gewicht und cleveren Lösungen beim Verstauen« führte.

Der Anspruch von Volkswagen, den besten und modernsten Camper zu bauen, wird in einer Broschüre zur Zeit der Markteinführung deutlich. Dort wird die Inneneinrichtung wie folgt beschrieben:

»Der Innenraum des neuen California befriedigt selbst die höchsten Ansprüche. Alle Elemente wurden mit innovativen Ideen entworfen und mit modernsten Werkstoffen realisiert. Die Beschläge an den Schränken sind zum Beispiel aus sehr leichtem Material, um Gewicht einzusparen. Wellblech anstelle von gefaltetem Blech im Inneren der Aluminiumpaneele verleiht den Schränken Stabilität. Der Süßwasser- und Abwassertank sind gegen Frost gesichert, und beide haben ein Fassungsvermögen von 30 Litern.«

Auf dem britischen Markt ist der California, wie schon gesagt, mit zwei Motoren, aber in vier Variationen, zu bekommen. Es handelt sich einerseits um den 130-PS-Motor und andererseits um den 174-PS-Motor. Dieser wird auch mit einer Tiptronic-Box oder mit dem 4MOTION-Vierradantrieb von Volkswagen angeboten.

In Deutschland hingegen kann man für den California auch den 1,9-Liter-Diesel wählen. Die Versionen Trendline und Comfortline stehen ebenfalls zur Verfügung. Dazu kommt noch eine Option mit einem festen Dach, und diese gibt es auch für das Modell California Beach. Dieser Name lässt vermuten, dass sich das Modell an wohlhabendere Mitglieder der Surfing Community richtet. Dank der einzigartigen zweifarbigen Lackierung stellt er das auffälligste Modell im gesamten Angebot dar.

Ohne Zweifel will Volkswagen der Tradition treu bleiben: Die Camper sollen auch in absehbarer Zukunft ein integraler Bestandteil des Transportergeschäfts bleiben.

▶ Auf dem deutschen Markt gibt es auch einen California mit festem Hochdach (rechts).

◀ Ein besonders attraktives Bild eines California, aufgenommen an einem Sommerabend im August 2005.

▼ Drei Generationen des California nebeneinander, aufgenommen zum 20. Jubiläum der California-Produktion. Von links nach rechts: T5 California, T4 California Sonderedition Freestyle, der erste California mit einem wassergekühlten Motor im T3.

Die Geschichte der Volkswagen Camper in Nordamerika

Von der gigantischen Nachfrage nach VW Transportern und Campern von Westfalia in den frühen 1960er-Jahren war bereits die Rede. Der amerikanische Markt stand mehr als jeder andere im Zentrum der erfolgreichen Partnerschaft zwischen Volkswagen und Westfalia, und das für eine lange Zeit – viel länger als die Zeit, auf die wir hier eingehen werden.

Im Frühjahr 1961 feierte die Sonderausführung SO34 ihr Debüt. In den darauffolgenden Jahren kam es erstmals zu Lieferproblemen. Realistisch betrachtet hatten weder Volkswagen of America noch Volkswagen Canada Limited eine andere Möglichkeit, als die Dinge selbst in die Hand zu nehmen, wenn sie nicht große Umsatzeinbußen hinnehmen wollten.

So verfielen beide Firmen darauf, sogenannte Camping Kits anzubieten. Diese Bausätze wurden in den USA und Kanada hergestellt. Entweder rüsteten Bastler selbst ihre Autos um oder sie wandten sich für den Einbau an ihre Werkstatt.

Fast durch einen Zufall stößt man dabei auf den Ursprung des Wortes Campmobile. Zu Beginn bezeichnete man damit die Autos mit einem solchen US-amerikanischen Umrüstsatz. Später verwendete Westfalia diese Bezeichnung in den USA für ihre Produkte. Ein Auszug aus einer Broschüre, die das Campmobile bekannt machen sollte, erklärt den Zusammenhang in dem vergnüglichen Stil, den die Werbeagentur DDB besonders für Volkwagen entwickelt hatte:

▼ **Welche Werbeagentur hätte den Reiz eines Volkswagen Camper mit nur zwei Wörtern besser einfangen können als Doyle Dane Bernbach? Wie stets: erstaunlich einfach und überaus effizient.**

»Jeder normale Lieferwagen, Kombi oder Kastenwagen, den wir herstellen, kann auch ein Campmobile sein. Es geht nur darum, dass man sich einen unserer Umrüstsätze besorgt. Für ein Leben im Superluxus nimmt man das Super De Luxe Kit. Betten für vier große und zwei kleine Menschen. Kühlschrank. Heizung. Fließendes Wasser. Essnische. Dusche. […] Das Hübsche an unseren Campmobiles ist, dass sie sich nach der Rückkehr (sofern Sie damit überhaupt jemals zurückkehren wollen) wieder zurückverwandeln. Man muss dazu nur die Hauptbestandteile wieder ausbauen. (Wenn sie einmal installiert sind, kann man sie mit Leichtigkeit wieder aus- und auch wieder einbauen.) Und schon haben Sie wieder einen Lieferwagen oder einen Kastenwagen in Händen.«

Im Jahre 1963 konnte man vier solche Kits zu unterschiedlichen Preisen erwerben. Am teuersten war das Campmobile-Kit für den VW Kastenwagen (»Panel Truck«), da dieses Paket fünf Fenster mit Verstellmöglichkeiten umfasste. Dazu kamen eine größere Zahl von Paneelen, mit denen man die blanken Bleche an den Seiten und am Dachhimmel (»Vierersatz«) verkleiden konnte. Das Campmobile-Kit für den VW Kombi war das zweitteuerste. Der einzige wirkliche Unterschied zwischen den beiden Optionen bestand darin, dass der Kombi keine zusätzlichen Fenster brauchte. Das Campmobile-Kit für den Lieferwagen war unter den Vollversionen am billigsten, weil man weder Fenster noch Verkleidungen für den Dachhimmel brauchte. Der preiswerteste Umrüstsatz lief unter der Bezeichnung »The Campmobile 20-Minute Kit for the Panel Truck, Kombi, and Station Wagon.«

Die Broschüren von Volkswagen Canada Limited waren deutlich nüchterner gehalten als die ihrer US-amerikanischen Kollegen, aber präziser, wenn wir uns heute ein Bild machen wollen vom Angebot jener Jahre. Vor einem Hintergrund von Schwarz-Weiß-Bildern unveränderter Transporter waren Boxen mit der Aufschrift »Made in Canada« und das gemütliche Innere eines Cottage zu sehen. Der Titel dazu lautete »Einführung des einzigartigen Camper-Bausatzes Canadiana für Volkswagen«. Und dann folgten nur die folgenden Worte: »Nehmen Sie einen Volkswagen Lieferwagen oder einen Kombi – neu oder gebraucht –, kaufen Sie den Bausatz (für nur $ 395,00), bauen Sie ihn selber ein, und Sie haben ein Cottage auf Rädern.«

Wir geben ja zu, auf der letzten Seite solcher Broschüren waren noch mehr Details zu finden, und es lohnt sich, einen Teil davon hier wiederzugeben. Der Text zeigt sehr schön, dass es sich bei diesem Produkt um einen Bausatz handelte. Und man sieht auch, dass der Werbestil von Doyle Dane Bernbach 1964 noch nicht notwendigerweise auf Kanada übergegriffen hatte:

»Das ›Canadiana Camper Conversion Kit‹ lässt sich mit normalem Handwerkszeug in einen Lieferwagen oder einen Kombi von Volkswagen einbauen. Es passt in einen neuen wie einen gebrauchten Volkswagen, und die dazu gelieferten Bauanleitungen sind leicht zu befolgen.

Die Wände und der Dachhimmel bestehen aus hochwertigem beschichtetem Sperrholz – alles schon vorgeschnitten. Sie bekommen gepolsterte Schaumgummisitze, Vorhänge für die Fenster, einen Tisch, Bodenfliesen und geräumige Schränke. Die Sessel und der Tisch lassen sich leicht in ein 1,80 m langes Bett umwandeln, in dem zwei oder drei Erwachsene schlafen können. Ein Kind kann in seinem eigenen Bett auf den Vordersitzen schlafen [...] Der Canadiana-Bausatz wurde natürlich in Kanada hergestellt.« (Volkswagen Canada Limited, Golden Mile, Toronto 16, Ontario).

Die Bausätze zum Campmobile und zum Canadiana waren aus der Notwendigkeit entstanden, einen lieferbaren Ersatz für das Original zu finden. Beim Design und der Wahl der Werkstoffe zeigten sie eine bemerkenswerte Ähnlichkeit zum deutschen Vorbild, was zur witzigen Bezeichnung »Westfakia« führte. Trotzdem hatten Volkswagen of America und Volkswagen Canada allen Grund, stolz auf ihre Produkte zu sein. Mit den Campmobiles und den Canadianas konnten sie eine für alle Beteiligten peinliche Situation vermeiden. Sie sorgten dafür, dass der Ruf von Volkswagen bei den Kunden keinen Schaden nahm.

Im Jahre 1970 führte Volkswagen of America einen für den nordamerikanischen Markt einzigartigen Camper ein. Wie bei den Bausätzen der 1960er-Jahre bestand die Intention darin, das beschränkte Angebot von Westfalia zu ergänzen. Jahrzehnte danach ist nicht mehr klar, ob Westfalia die Teile dazu selbst herstellte und sie dann exportierte oder die Lizenz zur Herstellung erteilte. Eindeutig und unverkennbar ist der Westfalia-Stil beim Layout der Umrüstung, obwohl das aufklappbare Dach auf den amerikanischen Umrüster »Sportsmobile« zurückging. Die ersten Wagen der zweiten Campmobile-Generation von Volkswagen of America beruhten auf dem Lieferwagen.

Die Geschichte der eigens für den amerikanischen Markt gebauten Westfalia-Modelle haben wir schon erzählt. Die vollständige Integration der Campmobile-Terminologie und des späteren US-amerikanischen Exklusivmodells, des Vanagon Camper, wird in den folgenden Auszügen deutlich. Sie stammen aus Broschüren der Jahre 1972 bzw. 1982:

»Ein Familienwagen in voller Größe, ein Camper fürs Gelände. Der Campmobile Bus ist das vielseitigste Fahrzeug für Ihre Familie. Fahren Sie damit zur Arbeit, machen Sie Ihre Besorgungen und transportieren Sie damit Ihre Liebsten. Alles zusammen in einem Fahrzeug, das so kurz ist, dass es auf einem Parkplatz für ein kleineres Auto Platz findet. [...] Und wenn Sie das alles

▲ Unglaublich, aber wahr: Das Bild oben nimmt den ganzen Umschlag der Broschüre von 1965 ein. Was brauchte man noch Worte dazu? Das Thema tauchte in den folgenden Jahren in unterschiedlicher Form immer wieder auf.

▼ Mehr aus den Kreativstudios von DDB: Dieses Umschlagbild erschien in einer Broschüre von 1967.

Our home on the range

And when you're not camping.
Your Campmobile becomes a commuter, a shopper, a car-pool taxi or whatever. A little over a foot longer than the beetle —the Campmobile is easy to maneuver in traffic—easy to park.
Even with all the equipment left in, you've still got twice as much room as the average station wagon, and at least twice as many ways to use it.
Printed in U.S.A.
33-23-16010
Specifications subject to change without notice.

▶ Die Campmobiles von Westfalia des Jahres 1973 sahen ähnlich aus wie die Camper für den europäischen Markt.

◀ Die Werbeprospekte für die Campmobiles der frühen zweiten Generation erzählten von der Freiheit, sich irgendwo nach Belieben eine Auszeit nehmen zu können. Man beachte den Titel der Broschüre, ganz oben links zu lesen: »Our home on the range.« (Unser Zuhause in den Weiten.) Unten rechts ist die Rückkehr zur täglichen Realität illustriert: der Campmobile als Schulbus, »wenn man nicht campt«.

▼ Dieses späte Modell der zweiten Generation auf der Grundlage des Helsinki erhielt die Bezeichnung P27 Deluxe Campmobile.

mal hinter sich lassen wollen, dann verwandelt sich Ihr Auto in ein zweites geräumiges Zuhause. Voll ausgerüstet mit allem, angefangen von der Spüle in der Küche über den 12-Volt-Kühlschrank bis zu einem 110-Volt-Anschluss für TV und Hausgeräte. [...] Er hat bequeme Schlafgelegenheiten für vier Erwachsene und ein Kind, viel Stauraum, einen großen Kleiderschrank mit einem Spiegel in der Tür und zwei große Hängeschränke.« (Ausschnitt aus »The VW Campmobile Bus. Everywhere you look, you find more things to like«, 1977)

»Vanagon Camper: Der ganze Komfort Ihres Hauses, auch wenn Sie nicht zuhause sind. Sie können nun mit all den Annehmlichkeiten Ihres Hauses reisen, auch wenn Sie an Ort und Stelle gar keine vorfinden. Der Vanagon Camper weist dieselbe präzise Verarbeitung und die Liebe zum Detail auf wie der Vanagon selbst. Von außen sieht er weiterhin sehr kompakt aus. So kompakt, dass Sie staunen, wenn Sie sein Inneres sehen. Alles, was Sie von einem Camper erwarten und alle Eigenschaften eines Standard-Vanagon – dies zeigt, dass der Vanagon Camper nicht nur fürs Campen gebaut wurde.« (Ausschnitt aus »Vanagon and Vanagon Camper«, 1982)

◀ Australische Campmobiles erkennt man an den Schutzbügeln vorn, vor allem gegen Kängurus, und an der Lage des Ersatzrads.

Das Campmobile im australischen Stil

Die Geschichte des Campers in Australien verlief ähnlich wie in Amerika, wo der Mangel an echten Westfalia-Fahrzeugen dazu führte, dass auf dem heimischen Markt Ersatz geschaffen wurde. Als Volkswagen of Australia von der CKD-Fertigung zur vollen Fertigungstiefe überging, bauten die Werke in Clayton nicht nur Beetle und Transporter, sondern auch einen Camper, der dem Konkurrenzmodell von Westfalia bemerkenswert ähnlich sah.

Etwa zu dem Zeitpunkt, als die Deutschen den Transporter der ersten Generation durch ein neues Modell ersetzten, kehrten die Australier zur Montage von CKD-Kits zurück und gaben die volle Fertigungstiefe auf. Damals hielt es Volkswagen für angebracht, eine australische Firma mit genügend Erfahrung mit der Fertigung von Campern zu beauftragen, um die gewünschten Standards zu halten. Die Firma E. Sopru and Company sollte diese Fahrzeuge produzieren, die wie ihre amerikanischen Verwandten die Bezeichnung Campmobiles erhielten. Sopru hatte ein zweites wichtiges Standbein, nämlich den Lizenznachbau von Dormobile-Modellen, obwohl Besitzer eines solchen britischen Campers mit der australischen Version nicht unverzüglich zurechtgekommen wären. Der charakteristische Standort des Kochers auf dem Vordersitz und das traditionell gestreifte aufklappbare Dach waren nämlich verschwunden. Dafür gab es einen ausklappbaren Herd mit zwei Kochstellen und einen Grill neben der Schiebetür des Fahrzeugs. Und wenn man das Dach hochklappte, kam ungemusterter Stoff zum Vorschein. Es herrschte weiße mit dunklen Leisten verzierte Tischlerarbeit vor, und das Ersatzrad war an der Frontseite des Fahrzeugs montiert.

Im Allgemeinen wurde das Angebot regelmäßig modernisiert, wie es der allgemeinen Praxis vieler Umrüstfirmen entsprach und noch entspricht. Im Jahre 1976 konnte Volkswagen Australia Pty Ltd sich mit Fug und Recht selbst loben: »Mit der Erfahrung, die wir bei der Herstellung und Wartung von über 5000 Campmobiles in Australien gewonnen haben, können wir versichern, dass die Modelle des Jahres 1976 das Beste im Hinblick auf Design, Werkstoffe und Vielseitigkeit darstellen.«

◀ Selbst in Australien führten die Termine zur Abgabe von Werbefotos dazu, dass man Bilder mitten im Winter schießen musste. Im Bild der Adventurer Traveller mit Vorzelt.

Als einleitende Worte für die Präsentation des Angebots war das kaum zu übertreffen. In jenem Jahr, 1976, standen vier Modelle zur Verfügung, von denen jedes mit einem »großen 2000-cm^3-Motor« ausgestattet war. Das Basismodell hieß Adventurer Basic, und Volkswagen beschrieb es als preiswertes Modell. Trotzdem besaß es ein aufklappbares Dach, reichlich Sitzgelegenheiten, einen Schrank und Schlafplätze. Nicht zu vergessen die Spüle aus rostfreiem Stahl, eine Anschlussbuchse für 240 Volt, Vorhänge und eine helle Verkleidung im Inneren. Wie die übrigen drei luxuriöseren Modelle hatte auch der Adventurer Basic vorn einen Schutzbügel und in dessen Mitte das Ersatzrad, das unter einer abschließbaren Hülle verborgen lag.

Der Adventurer Traveller unterschied sich vom Adventurer Basic insofern, als er über »Annehmlichkeiten wie eine umfassende Küche mit modernen Koch- und Kühlgelegenheiten, und natürlich auch eine Küchenspüle« verfügte. Werbetexter beschrieben ihn als »Camper für jeden Zielort«. Die weitere Ausstattung umfasste einen Dachständer für sperrige Gepäckstücke, einen zusätzlichen Klappsitz und eine ausfahrbare Trittstufe.

Den Adventurer Deluxe beschrieb Volkswagen als »das ultimative Fünf-Sterne-Motel für eine vierköpfige Familie«. Zusätzlich zu allen Merkmalen des Basic und des Traveller hatte er »alle Extras, um stilvoll zu verreisen«. Die Betonung lag bei diesem Modell definitiv auf dem Luxus, und zur Ausrüstung zählten Beleuchtungen für die Schlafplätze unten und oben, ein zusätzlicher Klapptisch, ein Flaschenhalter beim Schrank, besondere Stoffverkleidungen und entsprechende Armlehnen.

Der Wanderer Deluxe war in Wirklichkeit eine Sonderversion des Adventurer Deluxe. Der einzige Unterschied bestand darin, dass dem Wanderer der Dachständer und das aufklappbare Dach fehlten. Der Werbeprospekt erzählt uns stattdessen:

»Der Wanderer gestattet Ihnen eine Stehhöhe von 1,80 m mit einem festen Dach aus glasfaserverstärktem Kunststoff mit zusätzlichen Fenstern und extragroßen Staumöglichkeiten vorn und hinten. Der Wanderer Deluxe ist nicht so sehr ein Motel, sondern ein mobiles Zuhause für Ihre Reise quer durch das Land.«

▲ **Das bestimmende Merkmal des Wanderer Deluxe war das feste Dach aus glasfaserverstärktem Kunststoff mit Seitenfenstern.**

▼ **Das ultimative Modell der Adventurer-Palette, der Deluxe, hier in voller Fahrt.**

Mit »offizieller« Genehmigung – die Volkswagen Camper in Großbritannien

Wer die Seiten von Werbebroschüren britischer Umrüstfirmen durchblättert, stößt an prominenter Stelle auf die Bestätigung des »offiziellen« Status dieser Produkte. Das gilt für Hersteller wie Devon von den späten 1950er-Jahren an, Dormobile von den frühen 1960er-Jahren und Danbury von den späten 1960er-Jahren an. Eine Ausnahme machte die Firma Canterbury Pitt; wer ihre Kataloge durchsieht, kann nicht umhin, das Fehlen eines Hinweises auf Volkswagen zu bemerken.

Der britische Volkswagen-Markt war nicht viel mehr als ein Franchisemarkt, der im Lauf der Jahre von unterschiedlichen Firmen dominiert wurde. Außerhalb Großbritanniens lagen die Dinge ganz anders: Auf dem deutschen Markt waren Volkswagen und Westfalia im Wesentlichen Partner. In den USA kontrollierte Wolfsburg alle Aktivitäten der Töchter, und in Australien ging die Montage Hand in Hand mit der Umrüstung in einen Camper. Am 1. Januar 1953 gründete der in Großbritannien wohlbekannte Stephen O'Flaherty die Firma Volkswagen Motors Ltd, und sieben Monate später rollten die ersten 700 Käfer auf britischem Boden. 1957 wurde diese Firma von der Thomas Tilling Ltd übernommen. Im September 1975 gelangte sie in den Besitz der Lonrho-Gruppe unter der Führung des überaus schillernden Tycoons »Tiny« Rowland. Bis zum Jahr 1989 wurde eine direkte Kontrolle durch Volkswagen umgangen. Erst dann übernahm die Volkswagen AG die britischen Geschäfte hundertprozentig.

Von diesen 35 Jahren einer gewissen Unabhängigkeit bildeten ohne Zweifel die 1970er-Jahre die interessanteste Periode. Damals schien Volkswagen GB Ltd die Firma Devon Campers mit Haut und Haaren zu assimilieren.

Frühere Broschüren von Devon, etwa aus dem Jahre 1960, enthielten Informationen wie diese:

»Entworfen und produziert von J. P. White Ltd, Sidmouth. Vertrieben von Lisburne Garage, Torquay. [...] Sehen Sie sich den Caravette bei Ihrem örtlichen Händler an oder schreiben Sie an Lisburne Garage, Babbacombe Road, Torquay. Sie erhalten dann die Adresse Ihres nächsten Agenten, wo Sie den Caravette in Augenschein nehmen können.«

Aber schon kurze Zeit danach legte man Wert auf den offiziellen Status:

»Mit voller Genehmigung durch das Volkswagenwerk in Deutschland und durch Volkswagen Motors Ltd, den Konzessionären von Volkswagen für Großbritannien. [...] Erleben Sie eine ganz neue Seite des Autofahrens, indem Sie in einen Devon Caravette investieren. [...] Ihr örtlicher Volkswagenhändler wird Ihnen gern einen vorführen.«

Als Dormobile in den frühen 1960er-Jahren erstmals Umrüstungen von Volkswagen anbot, waren ihre Prospekte unglaublich formell und wiesen sofort auf den »offiziellen« Status ihrer Fahrzeuge hin:

»Das hier beschriebene Fahrzeug ist das gemeinsame Produkt von VW Motors Ltd, London, und Martin Walter Ltd, Folkestone. Es wird in Großbritannien von Volkswagenhändlern vertrieben. [...] Wenden Sie sich an Ihren Händler wegen einer Vorführung oder schreiben Sie an [...] VW Motors Ltd, Lords Court, 32/34 St. John's Wood Road, London, N.W.8.«

Der dritte offizielle Umrüster, Danbury, schlug in seinen Prospekten kein Kapital aus seinem Status und gab keinen oder kaum einen Hinweis auf seine Verbindung zu Volkswagenhändlern im ganzen Land. Im Jahre 1972 verhandelte Devon erfolgreich über einen Exklusivvertrag mit Volkswagen Motors Ltd. Glücklicherweise hatten einige VW-Broschüren für den britischen Markt, zumindest bis zu diesem Zeitpunkt, einen Hinweis auf die Firma Danbury enthalten: Er las sich im Prospekt »Our Home is not a House« (Unser Zuhause ist kein Haus) von 1968 wie folgt:

»Die Caravans von Volkswagen Motors werden von drei der erfahrensten Spezialisten umgerüstet, nämlich J. P. White in Sidmouth, Danbury Conversions Limited und Martin Walter Limited. Sie sind alle gleichermaßen stolz auf ihr hohes handwerkliches Können, und jede dieser Firmen pflegt ihre Stilrichtung [...] und eine davon ist genau die Richtige für Sie.«

Im März 1970 erschien eine Broschüre mit dem Titel »Wir machen den VW Kleinbus für alle möglichen Leute«. Zuerst kamen einige Seiten über den allgemeinen Nutzen des Kleinbusses, und dann bekam jeder der drei Umrüster eine Seite zugestanden, wobei man einer strikt alphabetischen Ordnung folgte. Jedes umgerüstete Modell – oder im Fall von Devon: jede Modellgruppe – war mit Bildern aus dem hauseigenen Katalog illustriert. Der restliche plakative, aber witzige Text beschränkte sich auf eine allgemeine Beschreibung des Angebots. Die Schlüsselbotschaft von Danbury lautete: »Weit weg von allem«, während Devon die Betonung auf die Vielfalt der Umrüstungen legte. Dormobile machte die vielleicht beste Figur und begann mit einem Statement: »Der Volkswagen Dormobile Motor Caravan ist maßgeschneidert – jede Menge Platz, und nichts wurde vergessen.«

Nachdem Devon 1972 die Exklusivrechte bekommen hatte – die Firma hielt sie bis 1977, änderte sich das Marketing von Volkswagen GB Limited dramatisch. In schneller Folge kamen Broschüren mit dem Titel »Volkswagen Motor Caravans« heraus, und an einem

▶ ▼ Ungewöhnlich in ihrer Größe und noch mehr in ihrem Inhalt war eine Broschüre mit dem Titel »Unser Zuhause ist kein Haus«, die 1968 auf dem britischen Markt verteilt wurde. Sie enthielt Bilder, die heute besonders den damaligen Zeitgenossen lieb und teuer sind. Die Prospekte von damals verstanden es, dem Publikum das Konzept des Volkswagen Camper mit raffiniertem Understatement effizient nahezubringen.

bestimmten Punkt dehnten sie sich auch auf Zubehör aus, beispielsweise bei »Das VW Motent [Vorzelt] – machen Sie eines an Ihrem Volkswagen fest«. Devon konnte dabei seine Geschäfte natürlich ausweiten, aber in der Werbung tauchte der Firmenname überhaupt nicht mehr auf. Anfänglich wurde nur ein Modell aus dem Angebot von Devon behandelt, nämlich der Caravette. Viel Raum erhielt auch der deutsche Partner von Volkswagen, Westfalia, mit seinem Modell. Als eine neue Version, der Eurovette, auf den Markt kam, nahm Volkswagen ihn in seinen Katalog auf, ohne aber den Namen Devon zu erwähnen.

Ein Blick auf die zeitgenössische Werbeliteratur von Devon zeigt, dass die Firma auch ein Modell von Westfalia in ihrem Katalog führte und ihm genauso viel Platz zugestand wie den hauseigenen Produkten. Zyniker sind da versucht zu sagen, Volkswagen GB Ltd habe damit ein wirklich gutes Geschäft gemacht!

»Was steckt für Sie in einem Volkswagen Motor Caravan? Natürlich ist ein VW Motor Caravan ein Ferienhaus. Aber das ist der unwichtigste Grund, um einen zu kaufen. Betrachten Sie das Ganze realistisch: Sofern Sie nicht zu den wenigen Glückspilzen zählen, besteht Ihr Leben nicht nur aus Ferien. Deswegen haben wir unsere Motor Caravans so gebaut, dass sie alle 52 Wochen im Jahr nützlich sind. Weil Sie in einem unserer Motor Caravans so viel unternehmen können, haben Sie mehr von einem solchen Fahrzeug als von jedem anderen. In einem VW Motor Caravan macht Autofahren wieder Spaß. Sie werden Dinge tun können, die Sie vorher nie tun konnten. Denn in jedem Auto, das wir bauen, ist eine Limousine enthalten, eine Kombi, ein Kleinbus und ein Lieferwagen. Einige Leute finden diesen Wagen so handlich, dass sie ihn auch in ihre Ferien mitnehmen!

Der Caravette bringt einen Doppelnutzen: Weil er die ganze Zeit ein Wohnmobil ist, kann man ihn auch als Kombi nutzen. Mit acht bequemen, nach vorn gerichteten Sitzen können Sie mit Ihrer Familie und einigen Freunden stilvoll aufs Land fahren. Wenn das Auto keine acht Personen transportiert, kann Dad es als Pick-up und Lieferwagen verwenden. Wenn es darum geht, mit ein paar Dingen einen Ausflug zu machen, dann gibt es nichts Besseres als einen VW Motor Caravan. [...] Der Eurovette ist der letzte Zugang im Volkswagen-Katalog der Motor Caravans. Wir haben die letzten Errungenschaften des Wohnmobildesigns mit eingebaut. Insgesamt nimmt er sieben Personen auf. Dank einem breiten Vordersitz, einem Klappsitz, der nach hinten schaut, und einem ebenfalls herausnehmbaren mittleren Sitz in der Frontkabine. [...] Ob Sie nun ein ernsthafter Camper oder noch ein Anfänger sind, Sie werden den Volkswagen Continental lieben. Er ist gut durchdacht und klug gebaut. Während der Continental alle Eigenschaften eines Kombis aufweist, wurde er doch im Hinblick auf die Camperfreunde entworfen.« (»Volkswagen Motor Caravans«, September 1974, für Volkswagen (GB) Ltd)

Nach der Wiederaufnahme in die Volkswagengemeinde achtete Danbury viel mehr auf seinen zurückgewonnenen Status. Ein neues Modell, der Danbury Volkswagen De Luxe mit einer ganz neuen Anordnung der Elemente verriet schon durch seinen Namen, welche Bedeutung die Erneuerung des »offiziellen« Status für Danbury hatte. »Danbury und Volkswagen – das perfekte Team – bieten Ihnen einen neuen Luxuscamper an.«

Dieses Muster wurde beibehalten, solange Danbury als Firma aktiv blieb – das heißt, bis in die zweite Hälfte der 1980er-Jahre. In den ersten Jahren der dritten Transportergeneration ahmte Danbury ausgiebig den Stil der Volkswagenbroschüren nach. Die Gestalter nahmen dieselbe Schriftart und die damals üblichen doppelseitigen Abbildungen mit briefmarkengroßen Fotos darunter, wobei die technische Spezifikation auf der letzten Seite folgte. Am wichtigsten aus der Sicht von Danbury waren drei kurze Abschnitte über Garantie, Finanzierung und Versicherung. Sie lasen sich so:

»Volkswagen-Danbury-Garantie – die Qualität unserer handwerklichen Arbeit und der verwendeten Werkstoffe von Volkswagen und Danbury Conversions erlauben es uns, für alle unsere Fahrzeuge eine zwölfmonatige Garantie ohne Kilometerbeschränkung auszusprechen.«

»Volkswagen-Finanzierung und -Leasing – Für den Kauf oder das Leasing Ihres Volkswagen Danbury kann eine Finanzierung durch A.U.F. erfolgen. Fragen Sie bei Ihrem Volkswagenhändler nach den Einzelheiten. [...] Volkswagen-Versicherung – Volkswagen liefert nicht nur qualitativ hochstehende Autos, sondern besorgt auch die benötigte Versicherung. Fragen Sie bei Ihrem Volkswagenhändler nach den Einzelheiten.«

Für die Firma Devon jedoch waren die goldenen Tage ihrer Sonderbeziehung zu Volkswagen vorbei. Umrüstungen von Volkswagen bildeten zwar immer noch einen wesentlichen Teil ihres Geschäftsaufkommens, aber die folgende Presseerklärung vom Oktober 1978 zeigt, dass sie ihr Portfolio erweitern wollte:

»Devon Conversions ist einer der führenden Wohnmobilumrüster in Großbritannien. Seit über 22 Jahren bauen wir Camper und Wohnmobile und seit 1973 rüsten wir auch Busse um. Bis zu diesem Jahr haben wir ausschließlich Volkswagen umgerüstet. Doch jetzt erweitern wir unser Angebot auch auf Fahrzeuge anderer Hersteller wie Mercedes-Benz und Ford.«

Während der dritten und der vierten Transportergeneration arbeitete Volkswagen in Großbritannien mit mehreren Firmen zusammen. In den firmeneigenen Hochglanzbroschüren wurden nicht nur die VW-Produkte aus Hannover, sondern auch die Umrüstungen dieser Firmen beworben. Die Prospekte in der Mitte der 1990er-Jahre bezogen sich unweigerlich auf den international begehrten Preis »International Van of the Year«, den Volkswagen 1992 bekommen hatte:

»Wir glauben, dass der Volkswagen die beste Basis für einen Camper darstellt. Die führenden britischen Caravanfirmen verwenden ihn als Grundlage für traditionelle Umrüstungen und die zunehmend beliebten Wohnmobile mit eigener Karosserie.

Der Grund dafür ist leicht zu erkennen. Seit den ersten Tagen ist der Name Volkswagen gleichbedeutend mit Wohnmobil. Das ursprüngliche Camperkonzept beruhte auf dem Transporter der ersten Generation, dem Bulli mit der geteilten Frontscheibe. Heutzutage, 40 Jahre danach, hat sich das Angebot an Campern auf der Basis des Volkswagens erheblich vergrößert.«

Im Jahre 1994 bestätigte Volkswagen Commercial Vehicles VAG (United Kingdom) die Zusammenarbeit mit sechs Firmen. Es waren Auto-Sleepers Ltd. aus Broadway in den Cotswolds, Autohomes aus Consett, County Durham, Auto Trail aus Immingham, Compass Caravans aus Durham City, Richard Holdsworth Conversions Ltd aus Reading und die Swift Group aus Cottingham, North Humberside. Ein paar Jahre darauf hatte es nur eine Veränderung in dieser Liste gegeben: Die Richard Holdsworth Conversion Ltd war in Konkurs gegangen, doch die Reste dieser Firma wurden innerhalb weniger Tage verkauft und tauchten als Cockburn Holdsworth Limited wieder auf.

Die letzten Jahre der T4-Produktion brachten fast unvermeidlich Veränderungen in dieser Liste mit sich. Im Jahre 2003 fanden nur vier Umrüsterfirmen Aufnahme in die Volkswagenprospekte: Auto-Sleepers und Compass waren weiterhin vertreten. Bilbo's Design aus South Godstone in Surrey und Reimo mit Werkstätten in Hythe, Kent und Manchester kamen neu hinzu.

»Seit fast einem halben Jahrhundert dominiert Volkswagen den Markt der Freizeitmobile. Allein unser Name steht sinnbildlich für Wohnmobile und Campertradition.

Die Beliebtheit des T4 Kombi als Grundlage für Wohnmobile mit eigener Karosserie und für den Ausbau als Camper hat dazu geführt, dass Volkswagen in der beneidenswerten Lage ist, das führende Fahrzeug dazu in einem zunehmend umkämpften und anspruchsvollen Markt anzubieten.

Volkswagen liefert den T4 an mehrere spezialisierte Umrüstfirmen. Wir stellen sie in dieser Broschüre vor. Jede von ihnen erfüllt die höchsten Standards an handwerklichem Können, Know-how und Service und gilt deswegen als offizieller VW-Partner.

Jedes fertige Fahrzeug ist einzigartig und hat sein eigenes Design, eine hohe Fertigungsqualität und eine Reihe von Ausstattungsmerkmalen, die es so individuell machen wie sein zukünftiger Besitzer. Ob sie nun ein Fahrzeug für einen längeren Urlaub oder nur für einzelne Tage draußen brauchen, ob Sie Ihre Familie und

◄ ▼ **Die beiden Bilder wurden britischen Prospekten aus der Mitte der 1970er-Jahre entnommen. Sie enthalten eine verhältnismäßig subtile Botschaft, die sogar noch besser ohne Kontext und die begleitenden Textabschnitte zum Ausdruck kommt. Würde man allein aus den Bildern zum Schluss kommen, dass hier Werbung gemacht wurde für die Firma Devon und für den Westfalia Continental?**

▲ Ohne den Titel dieser Broschüre des Modelljahrs 1975 zu lesen, würde nur ein Kenner an der Dachform erkennen, dass sie nicht vom VW Micro Bus handelt.

▲ Die Prospekte, die Volkswagen UK für die vierte Transportergeneration produzierte, verwendeten einladende Landschaftsbilder aus dem In- und Ausland.

Freunde verpflegen wollen, ob Sie eine Golfausrüstung mitnehmen wollen oder ein Surfboard oder einen Picknickkorb, dann ist ein umgerüsteter Volkswagen genau das Richtige für Sie.« (»Volkswagen Based Motorhomes – The 2003 Range«, Broschüre für Volkswagen Motorhomes, Yeomans Drive, Blakelands, Milton Keynes)

Mit der Markteinführung des rechtsgelenkten California auf der Grundlage des T5 musste sich Volkswagen unweigerlich ein kleines Bisschen von den Produkten anderer Camper- und Wohnmobilfirmen distanzieren. Bilbo verwendete bei seiner Werbung weiterhin das runde VW-Emblem und schrieb darunter »Volkswagen-Motorhomes-Spezialist«. Reimo tat im Prinzip dasselbe und nannte sich »Volkswagen Compatible Design Manufacturer«. Doch die Botschaft der Presseerklärung von Volkswagen zur Markteinführung des California war klar:

»Volkswagen führte eine lange Tradition des Baus von Freizeitmobilen fort, als die Firma im Oktober 2005 den neuen California auf der Grundlage des Caravelle auf den Markt brachte.

Im Gegensatz zu vielen Campern, die auf einer Umrüstung beruhen, ist der California insofern ganz besonders, weil er vom Autowerk selbst entworfen und produziert wird. Das bedeutet, dass er von dem Know-how profitiert, wie es auch jedem anderen Volkswagenprodukt zugutekommt. Er ist das einzige Freizeitmobil dieses Typs, das in Großbritannien offiziell mit dem European Whole Vehicle Type Approval zu bekommen ist.«

Die bekanntesten Namen in Großbritannien

Vier Firmen, die von der ersten Transportergeneration an dabei waren, verdienen eine mehr als nur beiläufige Erwähnung, wenn es um den bedeutenden britischen Markt und dessen Camperumrüstungen geht. Drei dieser vier Unternehmen existieren heute noch. Zwei davon allerdings waren viele Jahre lang inaktiv, was auf mehr als nur einen Besitzerwechsel hindeutet. Und nur eine dieser vier Firmen kann von sich behaupten, direkt, wenn auch durch Adoption, von der Gründergeneration abzustammen. Die alphabetische Anordnung von Canterbury Pitt, Danbury, Devon und Dormobile ist insofern auch gerecht, als der erste Name, als Firma heute leider nicht mehr aktiv, eine Schlüsselrolle bei der Campergeschichte in Großbritannien spielte.

Canterbury Pitt

Schon im Jahre 1956 schuf Peter Pitt, der aus Österreich zugewandert war, aus dem Volkswagen Transporter nach dem Baukastensystem einen »Moto-Caravan«. Die Art des Designs erlaubte es Pitt, sein Fahrzeug als »perfekt für den Alleinreisenden« und »wundervoll für die Familie« zu bezeichnen. Die Umrüstung beruhte auf dem Kombi, der im entsprechenden Prospekt anglisiert »Combi« genannt wurde. Der Camper sah spartanisch aus, selbst wenn man die Standards der 1950er-Jahre zugrunde legt. Selbst mit voller Einrichtung war noch viel blankes Metall zu sehen. Pitt führte auch den Micro Bus und den Micro Bus De Luxe als geeignete Fahrzeuge auf, und für alle Optionen gab er an, was seine Umrüstung alles umfasste:

»Reichlich abschließbarer Stauraum für das Bettzeug von vier Personen.
Reichlich abschließbarer Stauraum für Nahrungsmittel, Geschirr und Kochutensilien.
Garderobe.
Gasherd mit zwei Kochstellen.
Helle Innenbeleuchtung.
Einzeltisch für zwei Personen. Separater Tisch für dritte und vierte Person.
Einzel- und Doppelbett, Sitzgelegenheit bei Tag.
Volle Reisemöglichkeit mit Buskomfort für sechs oder sieben Personen.«

Wie verlockend dieses Angebot für einen potenziellen Käufer auch erscheinen mochte, dem Verkauf lagen bürokratische Hindernisse im Weg, denn in Großbritannien galt der Transporter einzig und allein als Nutzfahrzeug und durfte deswegen nicht schneller fahren als 30 Meilen in der Stunde (48 km/h). Doch Peter Pitt war kein Mann, der einem Streit aus dem Weg ging. Er nahm seinen Transporter und fuhr damit absichtlich durch den Windsor Royal Park, wo Nutzfahrzeuge keinen Zugang hatten. Er wollte verhaftet werden, damit er vor Gericht angehört würde. Seine Strategie zahlte sich aus. Der gesunde Menschenverstand und die noch

▼ Frühe Werbeprospekte von Pitt verwendeten dieses Bild auf dem Titel. Man beachte das Fehlen eines Aufstelldachs und die einfarbige Lackierung des Fahrzeugs.

▼ So nett diese Szene auf dem Titelbild für sich sein mag, wirklich interessant wird es im Vergleich mit dem Bild auf der nächsten Seite. Man beachte die Größe des Heckfensters – korrekt für das Modelljahr 1962, aus dem dieser Prospekt stammt.

▲ Das Werbebudget von Canterbury ließ offensichtlich keine neuen Bilder zu, als das Heckfenster der ersten Transportergeneration größer wurde. Man beachte die nicht gerade subtile Retusche des Fensterumrisses.

▲ Obwohl Canterbury behauptete, Peter Pitts Umrüstung der zweiten Generation des Volkswagen Transporters funktioniere gut, war ihr kein langes Leben beschieden.

junge Camperindustrie errangen einen Sieg. Der Richter entschied, dass sein Volkswagen nicht mehr als Nutzfahrzeug eingestuft werden sollte. Damit konnte er auf den Straßen so schnell fahren wie jeder andere Pkw. Mit seinem neuen Status als motorisierter Camper war er auch von der Verkaufssteuer befreit. Um diesen Status zu halten, mussten die Einbauten allerdings permanent sein, was für das Camping-Kit von Westfalia nicht gegeben war. Und jedes Design musste von einer Zoll- und Steuerbehörde, dem HM Customs und Excise, abgenommen werden. Trotzdem bedeutete das einen großen Schritt nach vorn. Firmen wie Devon standen eigentlich in Pitts Schuld. Doch während sie mit neuer Kraft qualitativ hochstehende Umrüstungen für den Volkswagen bauten, wandte Peter Pitt seine Aufmerksamkeit eher britischen Autoproduzenten zu, etwa Thames, Commer und Austin. Damit umging er die Importsteuern, die für einen Volkswagen fällig wurden. Damals war VW die einzige kontinentale Autofirma, deren Produkte für die Umrüstung als Camper in Frage kamen.

Peter Pitt führte seinen auf dem Volkswagen beruhenden Camper 1960 wieder ein. Damals waren seine Prospekte auch etwas abenteuerlicher geworden. Nun sprach er von einer Reihe »einzigartiger Elemente«, mit denen man »über 30 leicht zu realisierende Layouts« anordnen könne. Und er legte Wert auf die Tatsache, dass die besten Dinge des Lebens nichts kosteten: »Freie Unterkunft, wo auch immer Sie wollen … Frei von allen Einschränkungen des Terminplans … Frei in der Entscheidung, ob man Büroarbeit mitnehmen will … Sorgenlos und frei auf allen Straßen.«

Peter Pitts Firma verschmolz 1961 mit der Canterbury Sidecars Ltd – oder eher: wurde von ihr übernommen. Das führte zu hoch komplizierten Modellbezeichnungen wie »Canterbury's Open Plan Pitt Moto-Caravan«. Unter Canterburys Fittichen überarbeitete Pitt nach und nach seine Designideen bis 1963. Dann hatten sie so viel Erfolg, dass sie bis zum Ende der ersten Transportergeneration ohne zusätzliche Veränderungen weiterliefen.

Heutige Camperfreunde, die auf der Suche nach einem originalen Modell sind, bevorzugen einen Canterbury Pitt vor jedem anderen Modell. Die Fahrzeuge sind hervorragend gefertigt, mit exzellentem Finish und exquisitem Design. Sie zeigen die Handwerkskunst einer vergangenen Zeit. Das Werbematerial von Canterbury schlug durchweg zurückhaltende Töne an, wie der folgende Auszug bestätigt:

»Der Pitt Open Plan schafft Raum für freie Bewegung und für Ihren Komfort. Beachten Sie die Sorgfalt, die wir für die Geräte des Haushalts aufgewendet haben. Wenn sie nicht in Gebrauch sind – und das gilt für den größten Teil des Tages und die meisten Tage im Jahr –, dann verschwinden sie einfach! Die Möbel sind aus Mahagoni, alle Ecken schön gerundet, mit einem satinartigen Finish, der leicht zu pflegen ist. Der Bodenbelag fühlt sich weich an, ist nicht rutschig und isoliert gut. Leicht zu reinigen, braucht nicht poliert zu werden. Für die Kissen stehen einige Farbtöne zur Auswahl. Sie tragen zu Ihrer persönlichen Note und zur eleganten Harmonie Ihres Heims auf Rädern bei.«

Nach Peter Pitts Tod im Februar 1969, kurz nachdem er sein Modell an die zweite Transportergeneration angepasst hatte, gab Canterbury die Camperproduktion auf. Pitt und Canterbury hatten sich so geeinigt, dass sein Design unter Lizenz gefertigt wurde. Das machte es der Firma in South Ockendon unmöglich, ohne die Einstellung eines neuen Designteams für neue Modelle weiterzumachen.

Danbury

Im Gegensatz zur Pionierarbeit von Peter Pitt und den Grundlagen, die J. P. White legte, trat die Firma Danbury Conversions erst in den letzten Jahren der ersten Transportergeneration auf den Plan. Sie bot 1964 ihre erste Umrüstung, den Multicar, auf der Basis eines Transporters von 1963 an.

Noch im November 1966 bot die in Essex ansässige Firma möglichen Kunden lediglich Werbematerial mit schreibmaschinentypischem Schriftbild zum Verkauf ihrer Produkte an. Trotzdem waren die Broschüren interessant zu lesen, da die Umrüstungen, die Danbury anbot, sich von denen der etablierten Camperfirmen deutlich unterschied. Schließlich gelang aber auch Danbury der Durchbruch. Die Firma rüstete Lieferwagen, Kombis, Kleinbusse und sogar die Sonderausführung des Kleinbusses um. Mit Ausnahme des letztgenannten gab es für alle Versionen zwei Typen von Aufstelldächern. Das eine war das Dach von Pitt, das andere wurde von Devon verwendet. Der Werbeprospekt von 1966 erklärte:

»Diese Umrüstung der vielen bekannten Nutzfahrzeuge von Volkswagen stellt einen neuen Schritt beim Design von Motorcaravans dar. Sie gestatten ein bequemes Reisen und Wohnen für die ganze Familie und behalten dabei alle Vorteile eines schnellen Fahrzeugs bei. [...] Der Danbury Multicar beruht auf einem neuen Prinzip: Die im Wesentlichen massiven Elemente wie Spüle, Kühlschrank und Stauräume sind beweglich und untereinander austauschbar. Damit erreichen wir eine große Vielfalt grundlegender Layouts, die den verfügbaren Raum bestmöglich nutzen, ohne dass unnütze Elemente im Weg stehen. Weitere Einheiten im Inneren weisen dieselben gemeinsamen Maße auf, sodass wiederum viele Variationen möglich sind und gerade nicht gebrauchte Gegenstände schnell verstaut werden können.«

Aus jener Zeit haben weniger als eine Handvoll Camper überlebt. Deswegen erregen Details über die Farbpalette von damals natürlich die Neugier des Enthusiasten:

»Farbzusammenstellungen:
Die Standardfarben außen sind Perlweiß, Blau, Hellgrau oder Samtgrün. Zweifarbige Lackierungen sind auf besonderen Wunsch hin und gegen Aufpreis zu bekommen.

Farbzusammenstellungen innen:

Dachhimmel	Grau-weiß
Seitenverkleidung	Hellgrau
Hintere Sitze	Hellgrau
Herd, Spüle und Stauräume	Hellgrau außen
Abdeckung des Ersatzrads	Hellgrau
Blankes Metall, Armaturenbrett usw.	Wie Außenfarbe oder perlweiß
Polsterarbeiten	Hellgrau mit mosaikartiger schwarz-weiß-grauer Musterung

▼ Zu Beginn gab Danbury kaum mehr als maschinengeschriebene Preislisten heraus. Später gab es richtig gedruckte Broschüren. Aber »Volkswagen« war darauf nicht richtig buchstabiert, sodass der Fehler mit einem Sticker überklebt werden musste!

▼ Im Jahre 1971 gab es ein vierfarbiges Bild auf dem Umschlag. Innen illustrierten Schwarz-Weiß-Bilder »einige wenige der möglichen Anordnungen im Camper«.

▶ **Trotz des Verlusts des offiziellen Status als Umrüster von Volkswagen Transportern in Camper fuhr die Firma Danbury fort mit ihrer Arbeit. Größere Prospektformate lagen im Trend der Zeit, aber das Winterbild hätte man auch noch etwas besser machen können!**

Schrankoberteile	Lackierte Naturbirke
Vorhänge	Osterglockengelb
Boden	Osterglockengelb oder tweedgrün, gemustert
Teppich im Wohnbereich	Schwarz-weiß gesprenkelt
Tischplatte	Helle Holzmaserung«

Nach der Markteinführung der zweiten Transportergeneration überarbeitete Danbury sein Angebot und ließ in der Folge die Bezeichnung »Multicar« fallen. Die Flexibilität allerdings wurde beibehalten. Ohne Zweifel lag die größte Innovation in den Kombis und Kleinbussen der zweiten Generation, durch die man nun hindurchgehen konnte, im Einbau von zwei beweglichen mittleren Sitzen, sodass eine L-förmige Sitzanordnung möglich war. Für die Fahrt konnte man die Sitze nach vorn drehen. Für die Mahlzeiten am Tisch drehte man sie so, dass ihre Lehne an der Trennwand lag. Es gab zahlreiche Optionen, doch das Umrüstpaket sah einfach aus und war preiswert. Im Jahre 1970 produzierte Danbury sogar einen einseitig bedruckten Flyer mit der nur aus einer Zeile bestehenden Botschaft: »Immer noch der preiswerteste VW Caravan und immer noch der beste.«

▼ **Dass Danbury glücklich war, die offizielle Anerkennung als Umrüster von Volkswagen wiederbekommen zu haben, zeigte die Firma durch das runde VW-Emblem auf dem Umschlag ihres Prospekts aus dem Jahre 1978.**

▲ Danbury war berechtigterweise stolz auf das »erste elektrische, vollautomatische Aufstelldach in einem Camper« – hier im Bild der Volkswagen Danbury Series II.

▲ Das Basismodell von Danbury hieß früher Danbury Standard und wurde später als Danbury Estate wiedergeboren – ein Fracht- und Personentransporter mit einigen Extras.

Vom Ende der 1960er-Jahre bis 1972 besaß Danbury, wie auch Dormobile und Devon die offizielle Genehmigung für die Umrüstung von Volkswagen Campern. Diese Periode ging 1972 zu Ende, als der Exklusivvertrag zwischen Volkswagen und Devon Gültigkeit erlangte. Fünf Jahre später bekam Danbury seinen offiziellen Status wieder zurück und brachte einen neuen De Luxe Camper mit verändertem Layout und höherwertiger Ausstattung auf den Markt:

»Danbury und Volkswagen – das perfekte Team – präsentieren Ihnen einen neuen Luxuscamper zu einem Standardpreis. […] Die Liste der Standardausrüstung ist sehr lang – hier nur einige wenige Punkte:

1 Klappdach, vollständig mit zwei Dachkojen in voller Länge
2 Zwei Schiebefenster hinten für Extrabelüftung
3 Kochstelle und Grill aus rostfreiem Stahl, dazu ein kompakter und praktischer Ofen – beide in einem mit Aluminium verkleideten Teakschränkchen, das über das Motordeck zurückgefahren werden kann, wenn man es nicht braucht
4 Spüle mit hochgepumptem Fließwasser
5 Attraktives Geschirr aus Melamin für vier Personen
6 Messer aus rostfreiem Stahl in einem eigenen Behälter
7 Tragbare Kühlbox mit Kühlelementen
8 Leicht zu reinigender Boden aus PVC
9 Herausnehmbarer Nadelfilz-Bodenbelag
10 Drei Leuchtstoffröhren, zwei über der Kücheneinheit, eine über dem Essbereich

Einfachheit und Komfort sind seit jeher die Lösungen von Danbury. Nun kommen Luxus und Klasse hinzu.«

Die Markteinführung der dritten Transportergeneration im Sommer 1979 gab Danbury die Gelegenheit, das Thema Luxus weiter auszubauen, wie die Sprache eines Prospekts aus dem Jahre 1981 verrät:

»Der Volkswagen Danbury Series II ist ein qualitativ hochstehende Wohnmobil mit superbem Design, höchstem Komfort und maximaler Vielseitigkeit. Er hat ein großzügiges Raumangebot, eine geschmackvolle Inneneinrichtung, ist ideal, um sich darin zu erholen oder um Mahlzeiten einzunehmen, und vollgepackt mit Einrichtungsgegenständen, die das Leben einfacher machen.«

An anderer Stelle schrieb die Firma, der Danbury Volkswagen Series II habe »als erster Camper ein vollautomatisches elektrisch betriebenes Aufstelldach«.

Oberhalb des Standardmodells, nunmehr mit der Bezeichnung Volkswagen Danbury Estate, und auch oberhalb des De Luxe oder des Volkswagen Danbury Series II war der Danbury Showman angesiedelt. Das firmeneigene Marketing verkaufte das Modell einfach unter diesem Etikett: »Alles, was Sie von einem Danbury Volkswagen Series II erwarten … und noch viel mehr.«

Danbury behielt die offizielle Anerkennung durch Volkswagen bis zum Auslaufen der Firmenaktivität zu Ende der 1980er-Jahre. Das war aber noch nicht das Ende für den Namen Danbury, denn die Firma Beetles

UK, die berühmt wurde für ihren Import mexikanischer Käfer, kaufte ihn zu Beginn unseres Jahrhunderts auf und begann, in Brasilien gebaute Transporter in Camper umzubauen. Es überrascht deswegen nicht, dass die wiedergeborene Marke Danbury keine Verbindungen zu Volkswagen in Großbritannien hat.

Devon Motor Caravans

Der Bauunternehmer Jack White aus der kleinen Küstenstadt Sidmouth in Devon kaufte sich einen Käfer, sobald dieses Auto in Großbritannien zu bekommen war. Nach der Geburt ihrer dritten Tochter kamen Jack und seine Frau Anna zum Entschluss, dass der Käfer nun nicht mehr groß genug für sie war. Doch als hochzufriedene Volkswagenbesitzer verspürten sie keine Lust auf einen Markenwechsel und kauften sich als einzige mögliche Option einen Lieferwagen. Sie hatten nun genügend Platz für die wachsende Familie, doch lange Reisen – unter anderem nach Deutschland, wo Annas Familie lebte – erwiesen sich als unbequem, um es zurückhaltend auszudrücken. So verbrachte Jack Weihnachten 1955 damit, einige Möglichkeiten auszuarbeiten, wie man den Transporter in ein komfortableres Auto umwandeln könnte.

Das geschah mithilfe von Pat Mitchell, einem Designer und Handwerksmeister, den White für sein Baugeschäft eingestellt hatte, wo er Kücheneinheiten entwerfen sollte. Im Februar 1956 war aus dem bescheidenen Lieferwagen ein mehrsitziges Fahrzeug geworden. Ein beschichteter Tisch konnte mit ein paar Handgriffen in einen Doppeldivan in der Mitte der einstigen Ladefläche umgewandelt werden. Ein Einzelbett kam im Heck quer dazu, und etwas später wurde ein viertes Bett entworfen. Es hing über dem Fußende des Divans. Wenn es bei dieser einmaligen Umrüstung geblieben wäre, hätten sich wohl nur noch ein paar ältere Bewohner von Sidmouth schwach daran erinnert – und sonst niemand mehr. Aber Jack fügte einen Kocher hinzu, eine Waschgelegenheit mit einem eingebauten 22-Liter-Wasserbehälter, eine Reihe hervorragend ausgeführter Schränke, luxuriös tiefe Schaumgummikissen, Vorhänge für die Nacht, eine Gasflasche von Calor und eine 6-Volt-Gleichstromanlage. Eine Kühlbox von Osokool vervollständigte das Ganze.

Das so ausgestattete Fahrzeug wurde zum örtlichen VW-Händler, Lisburne Garage Ltd im benachbarten Torquay, gefahren, um von den vereinten Kräften des Transportministeriums und der Zoll- und Steuerbehörde inspiziert zu werden. Sie mussten das Vehikel abnehmen, da der Umbau als Wohnmobil es von der Verkaufssteuer befreite. Das Interesse an dem Camper war so groß, dass der General Manager von Lisburne vorschlug, ihn im größten Showroom auszustellen. Da konnte es nicht lange dauern, bis Jack realisierte, dass die Umrüstung zum Camper ein ernsthaftes Geschäft werden könnte.

Jack ließ nie eine geschäftliche Gelegenheit aus, und der Marketingmensch in ihm ersann die Bezeichnung Caravette für das neue Produkt. Innerhalb kurzer Zeit, mit Sicherheit vor Juli 1956, trafen die ersten Bestellungen ein. Jack zog einige Handwerker aus seinem Baugeschäft ab und setzte sie für den Umbau von Campern ein. Zunächst ließ er sie in seinem Gartenschuppen fertigen. Doch dann hatte er keine andere Möglichkeit, als die Tätigkeit in sein Geschäftsgebäude in Stevens Cross zu verlegen. Dann fand er eine angemessen große Werkstatt – so dachte er anfänglich – in einem anderen Teil von Sidmouth. Nachdem die J. P. White (Sidmouth) Ltd bis zu den ersten Monaten des Jahres 1956 56 Fahrzeuge umgebaut und auch verkauft hatte, musste sie nach einer noch größeren Werkstatt Ausschau halten. Sie kaufte Grundeigentum der alten Gaswerke, zwei Hektar mit Feld und Wald und einem Gleisanschluss. Nach etwas Überzeugungsarbeit erhielt Jack vom Stadtrat die Erlaubnis für den Bau einer neuen Fabrik, der Alexandra Works. Er ließ seine eigenen Angestellten für das Caravette-Projekt arbeiten und stellte von anderen Bauunternehmern weitere 16 Arbeiter ein, wobei er Sonntagsarbeit dreifach vergütete.

Die Alexandra Works eröffneten den Betrieb offiziell am 20. Mai 1960, und das war kein Augenblick zu früh, denn zu jenem Zeitpunkt rüstete eine Belegschaft von 75 Tischlern und weiteren Handwerkern jährlich über 1000 Caravettes um. Das waren jeden Tag vier Transporter sowie zwei weitere Fahrzeuge, entweder von Austin oder Morris.

Ohne Frage war der Devon Caravette, entworfen und gebaut von J. P. White und vertrieben von Lisburne, ein Produkt höchster Qualität, selbst wenn man die damaligen Ansprüche zugrundelegt. Die Inneneinrichtung bestand durchweg aus schellackpolierter heller Eiche. Der folgende Ausschnitt stammt aus einer Werbebroschüre des Jahres 1958:

»Viel abschließbarer Stauraum für die Familie, Herd mit zwei Kochstellen, leicht zu reinigen, von Calor, Garderobe für Ihre Anzüge und Kostüme, dreifache Beleuchtung innen, Doppelbett mit Schaumgummimatratze, zusätzliche Schlafgelegenheit für zwei Kinder, Matratzen mit losen Überzügen für die leichte Reinigung, Tischplatte aus kratzfestem Resopal, Umbau von Tag zu Nacht in wenigen Augenblicken, passende Vorhänge überall, Heizung und Klimaanlage, Einbau durch Möbeltischler.«

Jack White arbeitet hart daran, seine Marke Devon zu etablieren, und hatte großen Erfolg damit. Er nahm mit seiner Firma an der London Motor Show in Earl's Court, an der Caravan Show und der Outdoor Life Show, beide in Olympia, London, teil und dachte unablässig darüber nach, wie er sein Produkt noch verbessern könnte. Abgesehen von der etwas merkwürdigen Umrüstung des Jahres 1959, die er als »die Lösung für den Gentleman der Straße« bezeichnete, war er die treibende Kraft hinter dem Sparmodell des Jahres 1962 mit der Bezeichnung Devonette. Es beruhte eher auf dem Kombi als dem Kleinbus. Er entwarf auch das Gentlux-Aufstelldach aus glasfaserverstärktem Kunststoff mit Oberlicht, das hochgeklappt eine Stehhöhe von fast 2 m erlaubte. Im Jahre 1963 kam das Aufstelldach von Dormobile zu den Extras hinzu. Gleichzeitig veränderte er die Spezifikation von Caravette und Devonette so, dass man entweder den Kombi oder den Kleinbus als Basis dazuordern konnte.

Nicht ganz unerwartet, angesichts der selbst auferlegten Arbeitslast, erlitt Jack White im November 1963 in seiner Fabrik einen Kollaps und starb daran im Alter von 51 Jahren. Im Lauf des Jahres 1964 wurde die Firma an die Gruppe Renwick Wilton and Dobson verkauft. Sie zog es vor, für einige Jahre den Namen J. P. White (Sidmouth) Ltd beizubehalten. Sie erweiterte das Angebot, investierte in die Alexandra Works und sorgte damit für das Weiterleben des Standorts.

Im Jahre 1965 kam ein neues preiswertes Modell auf

▶ ▼ Obwohl die Firma Devon ihr Angebot kontinuierlich weiterentwickelte, veränderte sie ihre Werbefotos fast während eines ganzen Jahrzehnts kaum. Das Bild rechts stammt aus einem Prospekt von 1962, das unten aus einer Broschüre vom November 1964.

▶ Die Broschüre, erstmals 1966 veröffentlicht, demonstriert einen erheblichen Schritt nach vorn bei der Werbetaktik. Oben zeigt sie das tägliche Leben eines Transporters in trübem Schwarz-Weiß, unten das vibrierende Leben als Camper in satten Farben, wobei die Passagiere sich am Wochenende oder in den Ferien unter der gleißenden Sonne erholen.

▼ Die Firma Devon produzierte eine größere Zahl von Presserklärungen und Werbefotos, die Journalisten verwenden durften. Die Reihe unten war als Vorgriff auf die London Motor Show in Earl's Court 1970 gedacht.

den Markt, Torvette genannt, das den Devonette ersetzte. Im Jahr darauf kam für Torvette und Caravette eine Version mit einem Durchgang von der Fahrerkabine zum Wohnbereich auf den Markt. Diese Option Spaceway wurde zusätzlich zum Standardmodell angeboten. In den späten 1960er-Jahren, nach der Markteinführung der zweiten Transportergeneration, machten die Modelle von Devon ein Viertel des gesamten britischen Campermarkts aus, obwohl sie sich mit Danbury und Dormobile den Status eines offiziellen Ausrüsters von Volkswagen teilen mussten.

Die Campermodelle der zweiten Transportergeneration wurden in immer kürzeren Abständen modernisiert, und es entstand eine neue Reihe von Namen. Ganz oben standen entweder der Eurovette oder der Moonraker; der Caravette bildete den Mittelbau. Aus dem Torvette entstand der Sunlander, ein Personentransporter und einfacher Camper. Aber eine neue Version des Devonette ersetzte ihn bald.

Die Presseerklärung zur Markteinführung des Devon Sunlander und des Moonraker bei der London Motor Show 1970 las sich wie folgt:

▲ Der Devon Moonraker mit aufgestelltem Dach und ausgefahrenem Herd.

▲ Der Devon Moonraker bereit zur Weiterfahrt.

▼ Der Devon Sunlander mit aufgestelltem Dach.

▼ Ein Devon Sunlander. Alle vier Bilder zeigen einen VW Kleinbus.

»Devon Conversions, der berühmteste britische Produzent von Camperversionen des Volkswagens, schuf den Markennamen Caravette, der schließlich zu einer allgemeinen Produktbezeichnung wurde. Auf der London Motor Show 1970 zeigen sie nun erstmals zwei völlig neue Camperversionen für den Volkswagen Micro Bus und den Kombi. Sie heißen Devon Sunlander und Devon Moonraker.

Der Devon Sunlander verfügt über alle Annehmlichkeiten eines normalen Campers von Devon und zusätzlich fünf Sitze im hinteren Bereich. Zwei davon lassen sich drehen und sind mit bequemen Armlehnen ausgestattet. Der Sunlander hat entweder zwei Einzelbetten oder ein Doppelbett und in beiden Fällen zusätzlich ein Doppelbett für Kinder. Der Devon Moonraker verfügt über eine Extraausrüstung, und an der Stelle eines der Drehsitze befindet sich eine herausziehbare Kücheneinheit, die bei früheren Devon-Modellen so erfolgreich war. Zusätzlich zu anderen Extras hat der Moonraker einen elektrischen Dunstabzug, den einzigen in einem Volkswagencamper. Die Schlafanordnung im Moonraker kann unterschiedlich sein: ein Doppelbett für Erwachsene plus ein Doppelbett für Kinder oder zwei Einzelbetten für Erwachsene oder ein Einzelbett für einen Erwachsenen …«

Nachdem die Firma den Markennamen Devon Conversions einige Zeit verwendet hatte, änderte sie ihren eigenen Namen im Juli 1971 entsprechend. Nach einer Bereinigung des Angebots machte Volkswagen (GB) Limited Devon zum einzigen offiziellen Umrüster. Dies führte zu einem Anteil von 55 Prozent am gesamten britischen Markt und dazu, dass in den Werbeprospekten praktisch keine Unterscheidung zwischen Devon und Volkswagen mehr gemacht wurde, wie wir schon zu Beginn dieses Kapitels ausgeführt haben.

Devon wurde wie Westfalia von der Ölkrise und den nachfolgenden Turbulenzen der Jahre 1973 und 1974 schwer getroffen. In Großbritannien belegte die Regierung die Camper mit einer Steuer, die man nur als exzessiv bezeichnen kann, sodass der Markt um rund 50 Prozent einbrach. Devon schlug zurück, so gut die Firma konnte, und diversifizierte anfänglich mit der Produktion des Mini- und Midi-Bus. Später kamen Fahrzeuge für Behinderte und ein Krankenwagen hinzu. Man fuhr auch mit neuen Campermodellen fort, allerdings nicht mehr auf demselben Niveau wie früher. Die Einführung neuer Arbeitsmethoden führte dazu, dass einige einen allgemeinen Verfall der Qualität zu diagnostizieren glaubten. Der Sundowner von 1978 war die erste Umrüstung von Devon, die für den weniger prestigeträchtigen Lieferwagen angeboten wurde.

Auszüge aus einem 1979 für die Presse bestimmten Firmenprofil zeigen, wie viele Veränderungen notwendig waren, um in den schwierigen Jahren im Geschäft zu bleiben:

▲ Das ist der Sunlander auf dem Umschlag eines der zahlreichen fortschrittlich und professionell aussehenden Prospekte.

»Devon Conversions ist einer der führenden Camperproduzenten in Großbritannien. Die Firma baut seit über 22 Jahren Camper und rüstet seit 1973 auch Busse um. Sie hält nicht nur einen erheblichen Anteil am britischen Markt, sondern exportiert auch eine zunehmende Zahl von Wohnmobilen nach Frankreich, die Niederlande und Belgien. Bis zu diesem Jahr rüstete sie ausschließlich Fahrzeuge von Volkswagen um. Doch nun expandiert sie weiter und widmet sich auch Fahrzeugen anderer Hersteller, unter anderem auch von Mercedes-Benz und Ford.

Ihre Fabrik in Sidmouth ist der größte Arbeitgeber

▼ Nachdem Volkswagen den Exklusivvertrag mit Devon unterzeichnet hatte, verschmolz dessen Marketing mit dem von Volkswagen. Dieses Pressebild wurde unter dem Titel »VW Caravette« freigegeben. Die Bezeichnung »Devon« fehlte nunmehr vollständig.

der Stadt. Devon Conversions verfügt auch über ein weiteres Werk, die Vulcan Works in Exeter, wo die größeren Fahrzeuge umgebaut werden. Die Firma hat eine eigene Designabteilung, und im Lauf der Jahre ist sie in ihrer Produktion völlig unabhängig geworden. Sie formt und baut ihre eigenen patentierten Aufstelldächer und stellt die gesamte Inneneinrichtung nach rigorosen Qualitätskriterien selbst her.

Die Firma zählt zur in Devon ansässigen Renwick-Gruppe, die sich im Personen- und Gütertransport, im Treibstoffvertrieb, im Bootsbau und im Autohandel engagiert. Devon Conversions beschäftigt ein eigenes Marketingteam aus Regionalmanagern in Großbritannien.«

Im Jahre 1980 gelangte die Renwick-Gruppe in den Besitz einer südafrikanischen Firma. Diese entschied sich zwei Jahre später, Devon auszugliedern. Das führte 1985 dazu, dass eine Kooperative von Managern und Angestellten ihre Firma übernahm.

Danach stieg der Marktanteil von Devon erneut, und Expansion war wieder angesagt.

Wenn man die anderen Interessen von Devon, die Besitzerwechsel und die Expansion zu den Fahrzeugen anderer Hersteller in Betracht zieht, erscheint die Zahl der Umrüstungen für die dritte Transportergeneration und deren Veränderungen doch erstaunlich. Zu Beginn – und das bedeutete für Devon wie für die meisten anderen Umrüster 1980 – sah die Firma keinen Grund, neue Designideen unter neuen Markennamen einzuführen. Stattdessen passte man die bereits existierenden Modelle Sundowner und Moonraker dem neuen Volkswagenmodell an. 1982 führte Devon ein noch luxuriöseres Modell als den Moonraker ein, den Sunrise. Viel Gewicht wurde auf die Dachoptionen gelegt, und als besonders wichtig galt die Erhöhung der maximalen Stehhöhe. Devon bot das Hi-Top und »das erstaunliche neue Aerospace-Dach« an. Dieses galt als »besonders geräumig«, und es ging »durch vier Gasdruckfedern leicht nach oben«. »Und Sie können es«, so schrieb der Werbetexter, »öffnen und schließen, ohne das Fahrzeug verlassen zu müssen. […] Und in geschlossenem Zustand während der Fahrt spart das Aerospace-Dach durch sein aerodynamisches Design Kraftstoff.« Der Text für das Hi-Top klang ebenso begeistert: »Mit unglaublichen 1,93 m Stehhöhe, einem Dachlüfter mit Fliegengitter, zwei eingebauten Rundfunklautsprechern, Innenspiegel, Luxusverkleidung und viel Extrastauraum ist unser Hi-Top Spitze.«

Im Jahre 1986 waren vier Modelle im Angebot. Zusätzlich zum Moonraker und zum Sunrise waren Caravette und Eurovette wiedererstanden. Der Caravette bekam in Devons eigenen Worten »das neue ›Space Top‹-Aufstelldach mit festen/isolierten Seiten« oder das ›Double Top‹-Faltdach. Der Eurovette wurde wie zuvor zum neuen Flaggschiff, das »das Modernste an Design, Komfort und Qualität« darstellte.

◀ Wenn man vom Aufstelldach absieht, hätte dieser Prospekt aus dem Jahre 1976 auch dem Kleinbus gelten können. Damals bestand das Angebot von Devon aus dem Eurovette, dem Devonette und dem Continental. Dieser wurde von Westfalia gebaut und von Devon über die Volkswagen-Händler vertrieben.

▼ Der luftgekühlte Transporter der dritten Generation als Devon Moonraker. Damals galt die Werbung mit Rezept, Zutaten und Flaschenform als einfallsreich und bewundernswert. Heute wirkt sie kaum mehr auf uns.

▶ Im Mai 1985 tauchte diese ländliche Szene mit den Kühen, die zu ihrem Stall zurückgetrieben werden, nicht nur auf dem Umschlag, sondern in ähnlicher Form auch im Innern der achtseitigen Broschüre auf.

▼ Dachformen der Firma Devon auf dem Umschlagbild einer Broschüre von 1986, von links nach rechts: das aufstellbare Faltdach eines Moonraker (»Flexibilität, Komfort und leichte Handhabung«), das festgezurrte »Space-Top« auf einem Caravette (»Kinder zur Schule bringen, mobiles Büro, Ferienhaus auf Rädern«) sowie das Hi-Top auf einem Moonraker und einem Eurovette (»Das Modernste an Design, Komfort und Qualität«).

Unter der Leitung der heutigen Besitzer zog die Firma 1989 in das County Durham um und baute enge Beziehungen zu Toyota auf, für die es heute als offizieller Umrüster arbeitet. Der Volkswagen T4 erwies sich als weniger geeignet für den Umbau zum Camper als seine Vorgänger. Deswegen baute Devon für ihn nur den Moonraker sowie ein neues Modell, Aurora genannt.

Dormobile

Für viele Briten ist der Markenname Dormobile zu einem allgemeinen Produktnamen geworden, ähnlich wie »biro« (Kugelschreiber) und »hoover« (Staubsauger). Die meisten wissen, dass dies nicht die korrekten Bezeichnungen für »ballpoint pen«, »vacuum cleaner« oder »camper« sind, doch sie halten sich hartnäckig.

Die Firma Martin Walter Ltd aus Folkestone, die hinter dem Markennamen Dormobile stand, war viel weniger von Volkswagen abhängig als die drei

▼ **Mit den Stauräumen und der sonstigen Einrichtung im Heck, mit den patentierten, innovativen Dormatic-Sitzen und dem besonderen Aufstelldach war der Erfolg des Dormobile-4-Kojen-Caravan eigentlich von Anfang an garantiert. Das Modell hatte allerdings einen Nachteil. Obwohl dies auf den Bildern nicht deutlich wird, bestand die gesamte Inneneinrichtung aus Metall, und dieses neigte zur Bildung von Kondenswasser.**

bereits besprochenen Umrüster. Trotzdem suchte der Betrieb aus Kent, der seine Wurzeln auf das Jahr 1773 zurückführen kann, seit der Markteinführung seines Campers im Oktober 1981 auf der Earl's Court Motor Show die offizielle Zustimmung durch Volkswagen. Der Markenname Dormobile, der auf das französische Wort dormir für »schlafen« zurückgeht, war seit 1952 regelmäßig in Gebrauch und galt auch für ganz andere Fahrzeugmarken, etwa Bedford, Standard und Austin-Morris. Volkswagen sah ohne Zweifel Vorteile darin, mit einer so gut etablierten Firma zusammenzuarbeiten.

Die Firma Martin Walter Ltd betonte in ihrem Werbeprospekt ausdrücklich den offiziellen Status ihrer Umrüstung und die Zusammenarbeit mit VW Motors Ltd. Zuversicht war im Text zu spüren, im Titel – »Auf der ganzen Welt berühmt: Volkswagen und Dormobile Caravans« – ebenso wie in den einführenden Abschnitten:

»Der neue Volkswagen Dormobile Caravan ist das letzte und am üppigsten ausgestattete Modell der berühmten Dormobile-Umrüstungen der Firma Martin Walter. Die vielen neuen raffinierten Ausstattungsmerkmale für den neuen Volkswagen sind das Ergebnis praktischer Erfahrungen.

Zu den vielen neuen und extrem attraktiven Merkmalen dieses aufregenden Wohnmobils zählen ›Dormatic‹-Sitze, ein größeres Dach als je zuvor (mit stark vergrößertem Fensterbereich), ein verbessertes Innenlayout für leichteren Zugriff und mehr Bewegungsfreiheit, effiziente Beleuchtung mit Leuchtstoffröhren von einem Punkt hoch oben im Dach, viele Verbesserungen in den Details, zum Beispiel Ganzmetallschränke. Damit wird aus dem Volkswagen der feinste Camper aller Zeiten.«

Während der verbleibenden Jahre der ersten Transportergeneration blieb das etablierte Layout mehr oder minder unverändert bestehen. Glücklicherweise ersetzte man die Metallschränke der ersten Jahre, die zur Kondensation neigten, durch eine konventionellere hölzerne Ausstat-

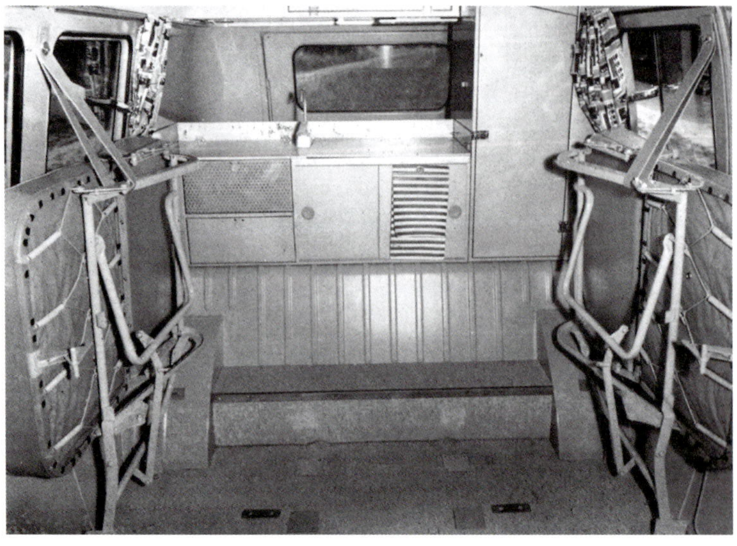

▲ ▶ Dieses vergnügliche Bild von 1965 zeigt, wie Kinder die Vorteile des Campens mit einem Dormobile genießen. Das andere Bild will zeigen, wie viel Platz zwei Erwachsene im Dachbereich zur Verfügung haben. Man beachte die oben offenen und unten geschlossenen Vorhänge im Aufstelldach.

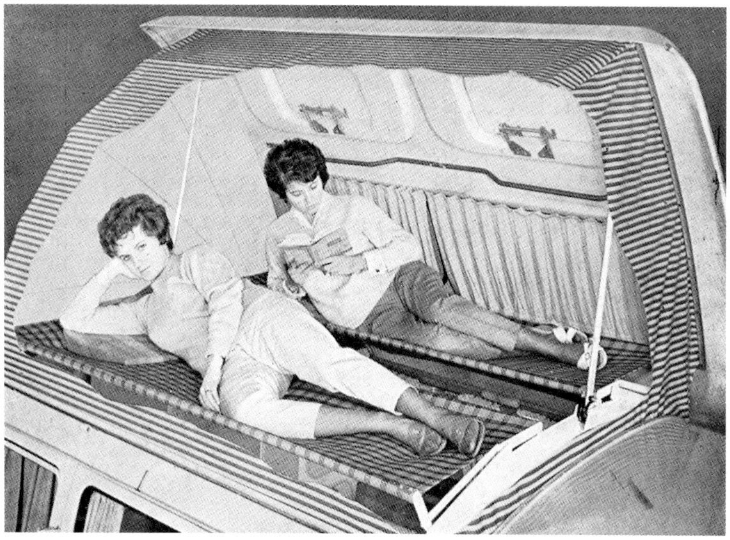

tung! Ein Highlight und Verkaufsschlager waren ohne Zweifel die raffinierten Dormatic-Sitze, die die Möglichkeit zu mehreren unterschiedlichen Layouts sozusagen eingebaut enthielten. Frühe Broschüren zeigen die Dormatic-Sitze »in Schlafstellung«, aufgerichtet in »Sesselstellung um den Tisch herum«, in »Bankposition« und »eingeklappt an den Seiten der Karosserie, sodass der Boden absolut frei bleibt für den Transport von Waren und anderen sperrigen Dingen«.

Von 1963 an war es möglich, den Dormobile auch mit zwei Schlafabteilen zu bestellen, wobei das Aufstelldach entfiel.

Die Markteinführung der zweiten Transportergeneration im Sommer 1967 veranlasste die Firma Martin Walter Ltd, über ihr Volkswagen Dormobile Layout neu nachzudenken. Einmal mehr brachte das neue Design eine wirklich radikale Verbesserung:

»Auf dem Land. Auf dem Sand. Oder einfach nur in der Sonne – Halten Sie an, wo Sie wollen und entdecken Sie das Dormobile-Leben im neuen Volkswagen. Sie werden nach der langen Fahrt Hunger haben. Heben Sie einfach den Passagiersitz vorn an, und Sie sehen den bestkonstruierten Camperherd aller Zeiten! Er hat zwei Kochstellen und einen Grill mit metallischer Arbeitsplatte, Stauraum und genug Platz, um bequem ein Dreigängemenü zaubern zu können.«

Der D4/6, so der offizielle Name des neuen Modells, beruhte auf dem Kombi und war deswegen in einem Farbton lackiert. Die Lage des Herdes erforderte, dass »das berühmte Dormobile-Dach« näher an der Fahrerkabine lag. Ganz allgemein ähnelte das neue Modell mehr den Layouts anderer Camperproduzenten.

Im Jahre 1970 stieß ein weiteres Modell zum Angebot hinzu. Dieser D4/8 war ein Vielzweckfahrzeug, das mehr zum oberen Marktsegment als zu den sparsamen Modellen hin tendierte: »Im neuen Achtsitzer können eine, zwei, drei, vier oder sogar fünf Personen schlafen.« Die Highlights umfassten acht nach vorn gerichtete Sitze, einen eingepassten, aber herausnehmbaren goldfarbenen Teppich, um dem Fahrzeug »einen Hauch von Luxus zu verleihen«, und zum ersten Mal in der Geschichte von Dormobile einen Kühlschrank. Dieses Merkmal wurde dann schnell auch auf den D4/6 ausgedehnt. Die Firma Walter richtete den Fokus vor allem auf eines:

◀ Dieses Bild verwendete einerseits die Firma Dormobile in ihren eigenen Prospekten und andererseits auch die Firma Volkswagen, wenn sie die vier offiziellen Umrüstfirmen in Broschüren präsentieren wollte. Das Fahrzeug ist nur durch das typische Dach als Dormobile kenntlich.

▲ **Anfänglich trugen die Dormobile eine entsprechende Firmeninschrift aus Metall an der Innenseite der Tür. In der Ära des D4/6 (1984) konnte der Besitzer eine zarte Linie an der Seite mit Schriftzug und auch einen besonderen Dachträger als Extra bestellen.**

»Das außergewöhnlichste Merkmal des neuen Designs ist die voll gepolsterte Sitzgelegenheit im Wohnbereich. Man kann sie zu einem niedrigen Doppelbett mit den Maßen 122 x 185 cm oder in ein 81 cm breites Einzelbett umbauen, wobei die Außensitze an der Bettseite verbleiben. Die Sitze haben einen Metallrahmen und bieten in Kisten unter den Sitzen viel Stauraum.«

Dormobile genoss einen derart guten Ruf, dass es den Camper auch als Linkslenker gab. Er wurde in viele Länder auf der ganzen Welt exportiert, und in Australien baute man ihn sogar unter Lizenz nach. Doch trotz dieses Renommees und ihrer Größe bekam die Dormobile Ltd – damals ein Teil der Charrington-Gruppe – Ende der 1970er-Jahre finanzielle Schwierigkeiten. Das hatte zur Folge, dass der Transporter der dritten Generation nie in ein Dormobile umgebaut wurde. Die Firma musste hart um ihr Überleben kämpfen, baute Camper für die Fahrzeuge anderer Hersteller und ging schließlich im Jahre 1984 unter.

Gegen Ende des 20. Jahrhunderts wurde der Name Dormobile aber wiederbelebt: Eine Gruppe ehemaliger Angestellter gründete eine Firma, die Ersatzteile für frühere Modelle besorgte, darunter Stoffbahnen für das Dach, Dachfenster und sogar Schriftzüge.

Weitere Camper und noch mehr Werbetexte

Bisher haben wir uns auf offizielle und wohlbekannte Umrüstfirmen in mehreren Ländern konzentriert, angefangen von Deutschland bis nach Großbritannien. Im Folgenden wollen wir unsere Aufmerksamkeit auf die kleineren Unternehmen richten, die oft amüsante, schrullige oder gar bizarre Produkte anboten.

Besonders tiefe Einblicke in die Branche gestatten uns Werbetexte von Prospekten, die in den späten 1950er-Jahren und der ersten Hälfte der 1960er-Jahre produziert wurden. Ebenso wichtig ist die Werbeliteratur ab den 1970er-Jahren, weil es von jener Zeit an richtige Werbebudgets für die Vermarktung einzelner Modelle und Innovationen gab – sofern es sich nicht um ein Einmannunternehmen handelte, das in einem Hinterhof beheimatet war …

Manchen Archivbildern, die nun folgen, kann man es förmlich ansehen, dass sie nur mit einem winzigen Bildetat entstanden sind.

Campen in den Tagen der ersten Transportergeneration

Der folgende Ausschnitt stammt aus einer Broschüre des Jahres 1961 mit dem Titel »The Volkswagen Camper«. Sie wurde in Deutschland gedruckt, war aber für den amerikanischen Markt bestimmt:

»Sorgenfreie Ferien in einem VW Camper – keine Zimmerbuchung, kein Kofferpacken, kein Trinkgeld für Gepäckträger. Regen kann Ihrer Reise nichts anhaben – folgen Sie einfach der Sonne und machen Sie es sich bequem, wo Sie möchten. Die Natur draußen gehört ganz Ihnen, und wenn Sie etwas Komfort im Inneren brauchen, kehren Sie einfach in Ihren Wohnraum, in Ihre Küche, Ihr Schlafzimmer, Ihre Bar (keine Polizeistunde) und Ihr Badezimmer (keine Warteschlange!) zurück. Die elegante raumsparende Ausstattung ist das Ergebnis langer Erfahrung und praktischer Planung. Ein VW Camper bedeutet frische Luft und Spaß für die ganze Familie, ob Sie nun einen Wochenendtrip, zwei Wochen Ferien oder eine lange Expedition planen. Willkommene Volkswagen-Eigenschaften für sparsame Reisende: geringe Treibstoffkosten, gute Leistung, Robustheit. Bilder können nicht die ganze Geschichte erzählen. Wenn Sie mehr wissen wollen, fragen Sie Ihren VW-Händler nach einer Vorführung. Für die schönsten Ferien Ihres Lebens wählen Sie am besten einen VW Camper.«

Die Firma **European Cars Ltd** in South Kensington, London nahm ihre Tätigkeit in den ersten Monaten des Jahres 1958 auf und produzierte die letzten Modelle während des Jahres 1964. In einem Prospekt aus dem Jahre 1959 beschrieb sie ihren »Slumberwagen« wie folgt:

»Mit viel Erfindungsreichtum wird der verfügbare Raum bei der Fahrt wie beim Campen genutzt. Die besondere Aufmerksamkeit gilt dem Stauraum unter den Sitzen, den Schränken, dem Aufstelldach mit Vorhängen, dem Wasserbehälter, dem Waschbecken und der Waschnische. Ripsvorhänge auf nicht rostenden Schienen schließen das Innere vollständig gegen außen ab. Dieser Motor Caravan bietet die Möglichkeit einer schnellen Übernachtung ebenso wie die eines längeren Aufenthalts mit allem Komfort.«

Die in Kalifornien ansässige Firma **E-Z Camper** (sprich: Isii) erkannte, dass weder die Partnerschaft zwischen Volkswagen und Westfalia noch der einheimische »Westfakia« den Bedarf an Campern in den USA vollständig decken konnten. So schuf sie ein eigenes Modell, das sie sogar nach Verhandlungen über das Netz der Volkswagenhändler vertreiben konnte. Sie ging auch sonst bemerkenswert professionell vor, indem sie etwa nach einer klaren Einführung eine Stichpunktliste der wichtigsten Verkaufsargumente veröffentlichte:

»Endlich! Ein Station Wagon mit eingebautem Camper. Jetzt können Sie sich aufmachen in die endlosen Weiten des Hinterlands, weit weg vom Lärm der Städte, von Smog und Hektik. Nun können Sie zum ersten Mal das Vergnügen des Campens kennenlernen, ohne ausgedehnte Planung, ohne all die Unbequemlichkeiten und die Plackerei, die das Campen im Zelt mit sich bringt. Wohin Sie auch fahren wollen, Sie brauchen nur wenige Minuten, um Ihr Camp einzurichten und die wundervolle Natur um Sie herum zu genießen.
• Innenverkleidung aus oberflächenveredeltem Sperrholz • Kühlschrank mit 25 Liter Fassungsvermögen • Geschmiedete Eisenbeschläge mit Kupferfinish • 5 Fenster aus Sicherheitsglas, mit Aluminiumjalousien • Gasherd mit zwei Kochstellen • Leicht zu reinigender PVC-Bodenbelag über gehärtetem Masonit • 137 x 274 cm großes Vordach mit Seitenteilen, sodass ein geschlossener Raum entsteht, der nur mit dem Fahrzeug verbunden ist • 185 cm langes Bett mit 10 cm dicker Schaumgummimatratze • Mannshohe Garderobe und viel Stauraum • Isolation hinter der Sperrholzverkleidung • Klapptische mit echtem ›Nevamar‹-Laminat und verchromter Einfassung • Umwandlung vom Station Wagon zur glänzenden Küche und zum angenehm verkleideten Schlafzimmer in nur wenigen Sekunden • 50 Liter fassendes Wassersystem mit Pumpe«

▶ ▼ Der Slumberwagen Motor Caravan mit dem Aufstelldach von Calthorpe in seiner ganzen Pracht. Die Bilder stammen aus einem Prospekt von 1960. Ein ebenso großer Augenschmaus folgt auf der nächsten Seite!

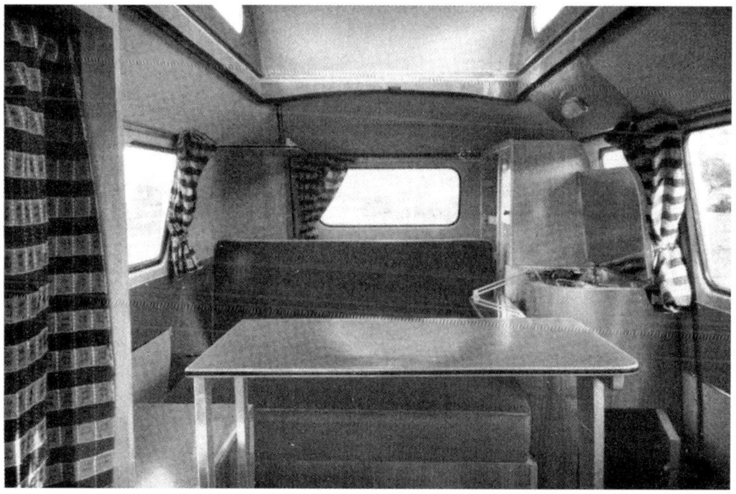

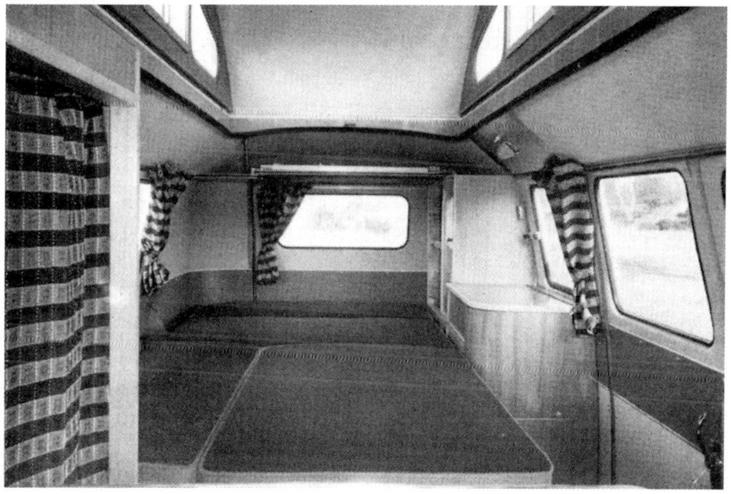

▲ ◀ Vom Erhabenen zum leicht Lächerlichen: zwei Bilder des Slumberwagen, oben mit dem nicht ausgefahrenen, unten mit dem aufgestellten Dach. Hätte in Wirklichkeit jemand so aus dem kleinen Fenster des Daches von Calthorpe herausgeschaut wie der tadellos gekleidete Gentleman? Immerhin demonstrierte er mit seinem kühnen Blick die Stehhöhe.

Der nordenglische Volkswagenhändler **Moortown Motors** versuchte sich in den späten 1950er- und frühen 1960er-Jahren im Campergeschäft. Das mag ungewöhnlich gewesen sein für eine Firma, die in ihren Ausstellungsräumen Volkswagen zum Kauf anbot, aber ihre Umrüstungen erstreckten sich auch auf Ford- und Standard-Modelle. Wie die Firma Devon, die auf einen offiziellen Volkswagenhändler angewiesen war, so ging auch das Geschäft von Moortown auf eine Partnerschaft zurück: Der Möbelbauer Bamforth verband dabei seine Handwerkskunst mit den Marketingfähigkeiten von Moortown für den Vertrieb. Die Umrüstung erfolgte ursprünglich am Kleinbus, doch 1960 kam der Kombi dazu. Nach einer Modernisierung für das Modelljahr 1960 wurde der Markenname Autohome verwendet. Die Firma Moortown beschrieb ihr Produkt als »preiswerteren Camper auf der Grundlage des Volkswagen Kleinbus und des Kombi« und gab ihm den Namen Moortown Campahome. Doch im Herbst 1963 schrieb der Geschäftsführer von Moortown der technischen Bibliothek der Automobile Association einen Brief und teilte mit, die Firma »würde von Oktober 1963 an die Produktion von Campern aufgeben«. Die »begrenzte Zahl von Fahrzeugen auf Lager«, so fügte er hinzu, »wird in den nächsten zwei bis drei Monaten abverkauft werden.«

▲▼ Der gut ausgestattete E-Z-Camper zeigt in der Inneneinrichtung eine gewisse Ähnlichkeit mit dem Westfalia. Man hatte ihn aus der Erkenntnis heraus entwickelt, dass die Nachfrage in den USA viel größer sein würde als das Angebot. Der E-Z-Camper war schließlich über das offizielle Volkswagen-Händlernetz zu bekommen.

▲ Moortown Motors war eine Firma in Leeds, Yorkshire. Wie im Fall von Devon arbeitete sie mit einer Partnerfirma, Bamforth in East Heslerton, zusammen, die mit hoch qualifizierten Handwerkern die eigentlichen Einbauarbeiten übernahm. Allerdings traten in beiden Fällen die Handwerksfirmen völlig in den Hintergrund, und de facto waren die Handwerker Angestellte der Vertriebsfirma.

Die Spezifikation des Moortown Autohome Mark 2A umfasst Folgendes:

»Geräumige Essnische für vier Personen; Schaumgummikissen; Esstisch; Schlafgelegenheiten für 2 Erwachsene und 2 Kinder; 2 Stauräume unter den Sitzen der Essnische; Wasserversorgung mithilfe einer Pumpe; Wasserbehälter; aufklappbares Waschbecken; Gasherd von Calor mit 2 Kochstellen; Besteckschublade; Lebensmittelbehälter von Easicool; Garderobe in voller Höhe; Tisch und alle waagerechten Flächen mit Resopalüberzug. Alle Schränke in polierter Japanischer Eiche; zwei große Schränke, einer davon mit Geschirrabteilung; zwei kleinere Schränke für Haushaltsutensilien; elektrische Beleuchtung im Inneren; aufklappbare Belüftung am Dach, 35 x 35 cm groß; Dachhimmel isoliert und mit abwaschbarem PVC verkleidet; Vorhänge an allen Fenstern; Boden mit Linoleumfliesen.«

Die Beschreibung des Moortown Campahome war in den einleitenden Sätzen eines ihm gewidmeten Werbeprospekts nicht völlig klar:

»Der Moortown Campahome wurde entworfen, um dem Freund motorisierten Reisens und Campens ein preiswertes Fahrzeug zur Verfügung zu stellen. Es weist aber dasselbe handwerkliche Können, denselben

◀ ▲ ▶ Das schönste Erbe der Autohome-Reihe der Firma Moortown sind die gestellten Schnappschüsse aus dem Leben von Campern in den späten 1950er- und den frühen 1960er-Jahren. Links kocht die Hausherrin im besten Kostüm, oben genießen der Herr im Anzug und seine Frau Gemahlin mit Ohrring den Afternoon Tea – nur dem jungen Herrn wird eine gewisse Nachlässigkeit eingeräumt. Unten beschäftigen sich zwei Herren in glänzenden Schuhen, einer davon mit weißem Hemd und Krawatte, mit dem Abwasch und dem Erhitzen von Wasser. Unten links führen Kinder vor, wie die Fahrerkabine als Schlafplatz genutzt werden kann, wobei das Mädchen unten sichtlich gelangweilt aussieht.

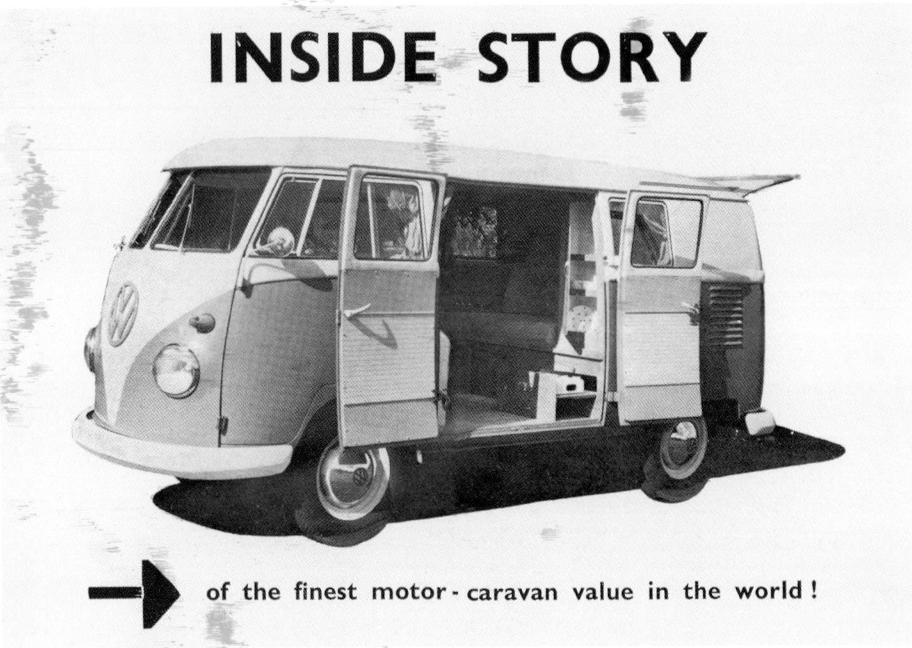

▲ Das Umschlagbild eines Prospekts der Firma Service Garages aus dem Jahre 1961. Es geht dabei um »den preiswertesten Camper der Welt«!

Komfort und dieselbe Qualität auf wie deutlich teurere Camper.«

Die Firma **Service Garages Ltd** aus Essex war besonders bekannt für ihre maßgeschneiderten Umrüstungen des Transporters in Verkaufsläden, Kühlwagen und einen Ice-Cream-Wagen, den die Firma etwas gequält »Service« nannte. In einem Prospekt der Firma enthüllt erst der letzte Satz die Kernbotschaft: »Wenn Sie Fragen haben, wenden Sie sich an einen Volkswagen-Händler. Er wird Ihnen weitere Einzelheiten mitteilen.« Dem kann man entnehmen, dass die Firma Service Garages zumindest stillschweigend als weiterer Umrüster von Volkswagen akzeptiert wurde.

Eine Presseerklärung vom Sommer 1961 fasste die allgemeinen Kaufgründe und die Spezifikation des neuen Produkts zusammen:

»Selbst der überzeugteste Camperfreund wird zugeben, dass es eine Menge Argumente zugunsten eines vierrädrigen Ferienhauses gibt, das sich für den Rest des Jahres für so profane Aufgaben wie Einkaufen oder den Transport vom und zum Büro einsetzen lässt und dabei den gleichen Komfort bietet wie ein Pkw.«

Schlaue Ideen verwandeln den Volkswagen Kleinbus: »Ein solches Fahrzeug ist der Service Motor Caravan. Er wurde von der Firma The Service Garages (South Eastern Limited) entwickelt. Dieses erstaunlich erfolgreiche Wohnmobil und Nutzfahrzeug beruht auf dem Volkswagen Kleinbus. Es hat eine Menge Stauraum, eine Inneneinrichtung in poliertem Holz und Melamin, ein Doppelbett mit Schaumgummimatratzen und weitere Schlafgelegenheiten für zwei Kinder. Ein moderner Gasherd mit zwei Kochstellen, ein Waschbecken, ein Wasserbehälter mit über 30 Liter Inhalt gehören zur Standardausrüstung. Alle diese Einrichtungsgegenstände können leicht und schnell verstaut oder weggeklappt werden. So verwandelt sich das Wohnmobil in ein Alltagsfahrzeug, das bis zu acht Personen gleichzeitig transportieren kann.«

Die Firma Service Garages produzierte ihren VW Camper bis 1966 weiter. Dann unterlag sie endgültig der viel populäreren Konkurrenz wie Devon und Dormobile.

Kein Kapitel über Camper aus der Zeit der ersten Transportergeneration ist vollständig ohne eines der eigentümlichsten Modelle aller Zeiten. Gemeint sind die ganz wenigen HiTops der in London beheimateten Firma **Caraversions**. Es steht nicht fest, ob einer davon bis heute überlebt hat. Er war ohne Zweifel hässlich, und es fehlte ihm jeder ästhetische Reiz. Er beruhte auf dem Kombi, kam 1962 auf den Markt und hatte trotz allem einen Vorteil gegenüber seinen Konkurrenten:

»Die große Stehhöhe des HiTop erlaubt es, ihn mit standardhohen Möbeln auszustatten, und Sie können sich darin komfortabel bewegen. [...] Die lichte Höhe des HiTop macht es möglich, ein großzügiges Bett und reichlich Stauraum einzubauen. Sie können darin in allem Komfort leben und schlafen.«

Die fast gleichzeitige Markteinführung des Großraum-Lieferwagens mit einer Gesamthöhe von 229 cm hätte die Firma Caraversions eigentlich davon überzeugen müssen, dass ihr Fahrzeug zu kopflastig war und auf städtischen Parkplätzen als entschieden zu schwerfällig auffiel. Der HiTop erreichte nämlich eine Gesamthöhe von erstaunlichen 249 cm.

▼ Ohne Zweifel die ungewöhnlichste Camperumrüstung aller Zeiten: der HiTop von Caraversions.

Auf dem Höhepunkt der Beliebtheit: die zweite Transportergeneration

Kehren wir zur frühen Werbeliteratur von Volkswagen zurück. Eine Probe der wunderbaren DDB-Prosa finden wir auf der dritten Seite einer sonst bildlastigen Werbebroschüre aus dem Jahre 1969 mit dem verführerischen Titel: »Campen Sie dort, wo Sie bei Sonnenuntergang ankommen.« Potenzielle Käufer waren fasziniert von der Botschaft, die die Agentur so vermittelte:

»Dieses Jahr werden über 15 Millionen Menschen irgendeine Art von Auto besteigen und sich aufmachen, um die Wunder der freien Natur und die schiere Freude daran zu entdecken. Sie werden sich und ihre Koffer in Limousinen und konventionelle Vans zwängen. Sie werden Kisten mit sich herumschleppen. Einige hängen sich ein Häuschen ans Auto. Andere verwandeln ihren Pick-up in einen Camper. Und wiederum andere kaufen für jedes Familienmitglied einen Rucksack und fahren per Anhalter ins nächste Gebirge.

Doch es gibt auch eine schnell wachsende Gruppe,
die einfach wegfährt
wohin sie will
wann sie will
mit dem wenigsten Aufwand
ganz ohne Planung
und zu den geringsten Kosten.
Und die haben von allen den größten Spaß und erholen sich am besten. Das sind die Leute, die einen Volkswagen Campmobile besitzen.«

Die amerikanische Firma **Sportsmobile** produziert heutzutage Wohnmobile (RV) ausgehend von Fahrzeugen amerikanischer Hersteller wie Chevrolet, Dodge und Ford. Dazu kommen importierte Vans von Mercedes. Als die Firma aus Indiana aber 1961 ihren ersten Camper schuf, nahm sie als Basis einen Volkswagen. Im Geist von Westfalia und der sich damals gerade stärker ausbreitenden amerikanischen Campmobiles war die Umrüstung so ausgelegt, dass man sie innerhalb von Minuten rückgängig machen konnte. So nutzte man die Vielseitigkeit im Design des Transporters. Den gut durchdachten und gut gebauten Umrüstsatz konnten autorisierte Volkswagenhändler in fünf Stunden einbauen, aber es gab auch Do-it-yourself-Versionen. Die Prinzipien, die man in der Ära der ersten Transportergeneration entwickelt hatte, wurden auch in der zweiten Generation und noch viele Jahre darüber hinaus hochgehalten.

Unter der Bezeichnung »Luxuriöse Standardausrüstung« zählte Sportsmobile auf, was im Umrüstsatz für einen Lieferwagen oder einen Kombi enthalten war. Es gab aber auch einen umgerüsteten Microbus. Zumindest was Sportsmobile anbelangt, war die große Zeit des Kunstleders angebrochen. Sitze, Matratzen und noch viel mehr waren mit »attraktivem« Kunstleder der Marke Naugahyde überzogen:

»Rücksitz, Naugahyde mit Innenpolster; Bettmatratze, Naugahyde; Vordersitz, Naugahyde mit Stauraum; Tisch, freistehend, verstaubar; Eisbox mit Pumpe, Wasserbehälter, Spüle, Stauraum; Küchenschrank mit Arbeitstisch (an der Eisbox befestigt), Garderobe; Schrank aus Naugahyde oder festem Material; Lagerschränkchen mit Regalen, Schiebetüren; Bodenplatten, gepolstertes Kunstleder; Armlehne mit Fach, hinten; Aschenbecher; Armlehne mit Fach, vorn; Ersatzradbügel (Fahrzeug mit geteilten Sitzen); Abdeckung für Ersatzrad (Fahrzeug mit geteilten Sitzen); Vorhänge an allen Fenstern mit Raffkordeln; Wandleuchte und zwei Deckenleuchten; 110-V-Anschluss mit Sicherung; Deckenpaneele, Kunstleder; Isolierung, Decke; Deckenabschnitt mit gepolsterter Front; Paneele an Wand, Tür, Fahrerkabine; Vorhangleisten, gepolstert; Fenster, Lamellenkonstruktion, abgeschirmt [3 Lieferwagen, 2 Kombi].«

Von vielleicht noch größerem Interesse war das als Extra erhältliche Aufstelldach in voller Länge mit der Bezeichnung »Penthouse«:

»Oben im Penthouse von Sportsmobile können zwei Personen ungestört auf einer bequemen Matratze schlafen. Mithilfe einer federbetriebenen Scherenmechanik mit Spannungsausgleich kann man das Top innerhalb von Sekunden ausfahren und wieder einziehen. Das ist eine wunderbare Option, fragen Sie Ihre Kinder! Das Bett unten ist 1,85 Meter lang und bietet Platz für zwei Erwachsene. Ein gemütlicher Winkel, gut zum Schlafen.«

Das Design dieses Penthouse war so gelungen, dass Volkswagen of America es in den frühen 1970er-Jahren für eine gewisse Zeit als Extra im eigenen, auf dem Westfalia basierenden Camper anbot.

In den späteren Jahren der zweiten Transportergeneration bot die Firma Sportsmobile mindestens vier Versionen ihrer auf dem Volkswagen beruhenden »Pleasure Wagons« an. Der Sportsmobile »V« umfasste einen Klappsitz anstelle der Standard-Eisbox-Konsole des Modells »IV«. Das Modell »VI« beinhaltete eine Eisbox hinter dem Passagiersitz und einen fest angebrachten Stauschrank in voller Höhe. Die ohne Zweifel eigenwilligste angebotene Version war der Sportsmobile Clubcar. Er umfasste Lehnsessel aus Kunstleder, Teppiche, auf die jeder Haushalt der 1970er-Jahre stolz gewesen wäre, und eine Fülle von dubiosem Dekor, das man 40 Jahre danach nur noch verwundert zur Kenntnis nimmt:

▲ **Das leider völlig menschenleere Bild zeigt den Sportsmobile mit seinem aufgeklappten Penthouse-Dach.**

»Clubcar – weich, ruhig, luxuriös [...] wohin Sie auch fahren! Die rückwärtigen Sitze des Clubcar sind purer Komfort. Stahlrahmen mit Federn, 7,5 cm feste Schaumgummischicht mit 6 cm dicker Stratafiberschicht und einem handschuhweichen Kunstlederüberzug darüber bedeuten Superkomfort. Weiche, mit Fasern gefüllte Polster erhöhen Ihre Freude am Faulenzen. Die Rückenlehne rastet in zwei verschiedenen Stellungen ein – aufrecht oder eher liegend. Die Kopfstütze kippt sich bei Bedarf nach unten, wie auf einer Couch.

Der verstellbare Deluxe-Sitz erfreut den Co-Piloten. Der Fahrersitz umfasst spezielle zueinander passende Sitzflächen mit weicher Polsterung. Ein Dachfenster mit langfloriger Einfassung und eine Dachentlüftung sind beliebte Extras für den Clubcar. Langfloriger Teppich von hoher Qualität bereichert das Innere des Clubcar und hellt es auf. Schwarze, weich gepolsterte Dekorleisten bringen die Einrichtung besser zur Geltung.«

▶ **Der Sportsmobile war ein gut durchdachtes Wohnmobil mit einem großen Vorteil: Man konnte die Kinder ins Oberdeck verbannen, und sie fanden noch Spaß daran.**

Nach der Ära der zweiten Transportergeneration bot Sportsmobile Umrüstungen des T3 und des T4 an, aber nach und nach setzte sich das wichtigste Modell der Firma, der RV, immer mehr durch.

Auch die kalifornische Firma **Sundial** war dadurch entstanden, dass es Volkswagen of America nicht geschafft hatte, genügend Westfalia-Camper aus Deutschland zu importieren, um die schier unersättliche Nachfrage der Kunden zu befriedigen. Zumindest anfänglich sah die Inneneinrichtung des Sundial wie bei einem Westfalia aus, ja sie bestand teilweise einfach aus Kopien. Sundial verwendete für die Umrüstung zwar auch Kombis und Kleinbusse, die Grundlage für das Basismodell bildete aber der Lieferwagen, der auch am leichtesten zu bekommen war. Die Produkte der Firma Sundial sind heute verhältnismäßig selten anzutreffen. Man erkennt sie an ihren charakteristischen Fenstern: In der ersten Transportergeneration hatten sie Lamellen, in der zweiten Generation waren es »große Schiebefenster aus Sicherheitsglas [...] mit Schutzblenden für das Wohnmobil.«

Obwohl nicht wenige heute noch behaupten, die Qualität von Sundial sei an die von Westfalia nicht herangekommen, war die Firma sehr stolz auf ihr stetes Bemühen, ihre Produkte zu verbessern:

»Sundial möchte jederzeit das Beste bauen. Wir sind der festen Überzeugung, dass unsere Kunden gute Handwerksarbeit und guten Kundendienst schätzen. Aufgrund unserer Politik der steten Verbesserung unserer Produkte können wir deswegen nicht garantieren, dass alle Spezifikationen unserer Umrüstungen und Accessoires genau identisch sind mit den Angaben in den [...] Werbebroschüren.«

In den ersten Tagen der zweiten Transportergeneration bot Sundial zwei Modelle in zahlreichen Versionen an. Beispielsweise standen für das Holz im Inneren drei Farbtöne zur Verfügung: hell, mittel und dunkel. »In drei Preisklassen« bot die Firma »20 verschiedene Kunstledersorten« an. Bei den Vorhängen gab es acht Wahlmöglichkeiten, »passend oder kontrastierend«. Bei den Tisch- und Schrankplatten standen vier Muster bereit. Obwohl nur eines der Modelle als »De Luxe« bezeichnet wurde, waren beide gleichermaßen auf unterschiedliche Bedürfnisse der Kunden ausgerichtet:

Das »King Size Bed«-Modell umfasst: Sitze und Bett in voller Breite; einen an der Wand befestigten Tisch; sechs getrennte Stauräume; eine Wasserpumpe und eine tragbare Kunststoffspüle nahe der Tür für leichten Zugang von außen; ein Regal für Trinkgläser auf dem

Eisschrank; leicht zugängliche Garderobe; antike Kupferbeschläge.

Das »DeLuxe«-Modell umfasst: eine extrabreite Arbeitsplatte mit eingebauter Edelstahlspüle; einen breiten Schrank mit drei Schubladen; neun getrennte Stauräume; ein handliches Medizinschränkchen mit einem großen Spiegel; einen Klapptisch für draußen; Außenbefestigung für das Ersatzrad bei geteilter Sitzbank; handpolierte Beschläge aus Messing.

Der wichtigste Wettbewerbsvorteil von Sundial im Vergleich zu den Angeboten anderer Hersteller bestand der Firma zufolge in der Lieferbarkeit:

»Sie geben für einen von Sundial umgerüsteten Volkswagen in der von Ihnen gewählten Ausführung weniger Geld aus als für die meisten neuen Station Wagons. Wählen Sie einen Grundriss und die gewünschte Ausführung aus. […] Ihr Sundial Camper steht Ihnen in wenigen Tagen zur Verfügung.«

Die Erdölkrisen in den 1970er-Jahren führten zu einem Niedergang der Camperindustrie und der Wirtschaft ganz allgemein – für Sundial bedeuteten sie das definitive Ende.

Der Viking, den die Firma **Motorhomes** in Berkhamsted 1970 auf den Markt brachte, unterschied sich zunächst nur wenig von den Umrüstungen anderer Hersteller, obwohl die Werbeliteratur vollmundig das Gegenteil behauptete:

»Viking. So viel mehr als nur ein Volkswagen. Viking ist ein völlig neues Konzept im Wohnmobilbau. Das erfindungsreiche Design, die vielseitige Raumnutzung und die superbe Qualität heben den Viking von allen anderen Wohnmobilen von Volkswagen ab. Viking liegt ganz vorn – auf jedem Gebiet.«

Selbst das Garantieversprechen von Viking klang in seiner Extravaganz interessant:

»Volkswagen (GB) Limited garantiert für den Motor, die Kraftübertragung und andere mechanische Komponenten innerhalb der normalen Gewährleistung. Die Firma Viking Motorhomes gewährt für die Viking-Umrüstung eine bedingungslose zwölfmonatige Garantie ab Kaufdatum.«

Möglicherweise brachten solche Aussagen die Firma Volkswagen GB dazu, die in ihren Augen richtigen Maßnahmen zu ergreifen. Doch es besteht auch die Möglichkeit, dass ihr Exklusivvertrag mit Devon und natürlich auch Westfalia das Ganze beschleunigte. Tatsache ist, dass eine Presseerklärung mit dem Titel »VW warnt vor nicht autorisierten Wohnmobilen« viele Hersteller aufschreckte und die Firma Motorhomes zu hektischen

▲ ◀ Dem Urteil von Zeitgenossen zufolge erreichte die Qualität der Sundial Wohnmobile nicht die der nach Amerika exportierten Westfalia-Fahrzeuge. Die Bilder dieser Werbebroschüre geben uns allerdings keinen Hinweis darauf. Das Bild oben zeigt das Innere des Topmodells »De Luxe«, unten ist das etwas einfachere »King Size Bed«-Modell abgebildet.

Dementis veranlasste. Darin wurden Hersteller gerügt, die das Dach der Transporter aufschnitten. Es entstand der Eindruck, solche Umrüstungen seien unsicher, da es den Fahrzeugen nun in der Dachregion wie am Unterboden an Verwindungssteifigkeit fehle. Und als erstes Beispiel eines solchen Kunstfehlers wurde der Viking genannt. Auch die schlagkräftigste Waffe von Volkswagen, der Widerruf der Garantie, kam gebührend zum Einsatz. Die Firma Motorhomes schlug mit einer eigenen ätzenden Pressemitteilung zurück und forderte Volkswagen zu einer umfassenden technischen Untersuchung auf. Sie behauptete, Volkswagen versuche ihr Produkt Viking zu verunglimpfen, weil es besser sei als das des offiziellen Zulieferers Devon. Motorhomes fuhr jedenfalls mit der Produktion des Viking fort, und Kunden dafür waren leicht zu finden. So ging das Scharmützel offensichtlich zugunsten des Außenseiters aus.

Trotz der Publizität, die sich aus dieser Kontroverse ergab, wäre der Name Viking heute, viele Jahre nach dem Konkurs, wohl kaum mehr bekannt, hätte die Firma nicht 1974 eine Neuentwicklung auf den Markt gebracht. Zu jener Zeit hatte sie sich in Motorhomes International umgetauft und war nach Stanbridge in Hertfordshire umgezogen.

Das Spacemaker-Konzept war ein neues Aufstelldach mit dem Markennamen Viking and Pioneer Spacemaker. Die Firma Motorhomes International brachte es in einem für sie typisch aggressiven Marketingstil auf den Markt. In diesem Fall mag die etwas laute Werbung aber durchaus berechtigt gewesen sein:

»Das System ist so weit entwickelt, dass alle anderen im Vergleich dazu fast altmodisch aussehen.

Als Marktführer auf dem Gebiet der Wohnmobiltechnik tragen wir die besondere Verantwortung, die Standards zu erhöhen und neue Systeme zu entwickeln. Es geht um die Mittel und Wege, um den geringen Raum optimal zu nutzen, und Raum zu schaffen, wo noch keiner vorhanden ist.«

Die Mechanik des Spacemaker wurde dann allerdings eher auf eine praktische als eine offen aggressive Weise beschrieben:

»Wir waren auf der Suche nach einem halbautomatischen, einfachen und geräumigen Aufstelldach. Es musste über die ganze Fahrzeuglänge gehen, um genügend Raum über der Kabine als Schlafplatz oder Stauraum zu schaffen. Das verlangte nach einem verbesserten Aufstellmechanismus. […] So nahmen wir Gasdruckfedern. Der in ihnen enthaltene Gasdruck liefert genau die Hebekraft, die wir für das große Dach brauchen. Das Dach des Spacemaker anzuheben ist ungefähr dasselbe wie das Öffnen der Heckklappe bei einem Kombi.

Ein Problem bei den meisten Aufstelldächern ist der geringe Raum in den Kojen. Auch der Zugang ist schwierig, sofern sich die Kojen nicht verjüngen. Um diese Schwierigkeit zu umgehen, ist das Spacemaker Dach an den Seiten angeschlagen. Wenn es sich öffnet, ragt es über die Seiten des Vans hinaus. Die seitlichen Scharniere erlauben auch ein exaktes, da verwindungsfreies Schließen. Dann entwickelten wir eine Auskragung auf der gegenüberliegenden Seite. Damit hatten wir genügend Raum geschaffen, sodass beide Kojen nach außen, über die Seiten des Vans hinaus, verlegt werden konnten. Damit gewannen wir genügend Raum für die Bewegung im Inneren.

Spacemaker ist das technisch fortschrittlichste Aufstelldach weltweit.«

Das Spacemaker-Dach war als Extra auf dem Zubehörmarkt zu bekommen und konnte zu bereits bestehenden Umrüstungen anderer Hersteller hinzugefügt werden. Das garantierte der Firma Motorhomes International während der restlichen Jahre der zweiten Transportergeneration eine Sonderstellung. Als die dritte Generation ihr Debüt feierte, brachte die Firma ein ähnliches, weiterentwickeltes Produkt auf den Markt und nannte es Xplorer. Doch bald ballten sich Sturmwolken über Motorhomes International zusammen: Der allgemeine Geschäftsrückgang und die besonders harte Konkurrenz zwangen in der Mitte der 1980er-Jahre zur Geschäftsaufgabe. Die folgenden Ausschnitte aus einer Broschüre für den neuen Xplorer und sein Spacemaker-Dach greifen auf die Kontroverse der vergangenen Jahre zurück. Sie zeigen auch, dass sich die Firma unter den Konkurrenten nicht gerade Freunde gemacht hatte. Es könnte sehr wohl sein, dass diese mit vereinten Kräften versuchten, Motorhomes International aus dem Markt zu drängen:

»Um die nötige Standhöhe zu schaffen, dürfen wir das Dach zwischen den Versteifungen aufschneiden. Alle drei offiziellen VW-Umrüstfirmen, Devon, Danbury und Motorhomes International, tun dies.«

Über die Umrüstungen von Devon gab Motorhomes International mit Vergnügen die folgende Beurteilung in Druck:

»Der Devon hat zwei kleine Betten vor und hinter der Dachöffnung. […] Sie reichen gerade für zwei kleine Kinder aus. Ein Doppelbett wird möglich, wenn man das hintere Bett nach vorn schiebt; so entsteht ein großes Bett. […] Der Zugang dazu ist möglich über ein zweites »Loch« im Dach. […] Es liegt direkt über dem Doppelbett auf dem Boden. Es bedeutet eine gewisse Unbequemlichkeit, dass man das obere Bett nur erreicht, wenn man jeden belästigt, der im Bett darunter liegt. Und natürlich beeinträchtigt das Bett die Standhöhe, sodass man nachts die ganze Zeit gebückt gehen muss.«

Das Produkt von Danbury wurde mit zwei kurzen Sätzen abgetan:

Zu Beginn produzierte die Firma Motorhomes, später Motorhomes International genannt, die Wohnmobile der Marke Viking. Später versuchte sie sich durch die Einführung des innovativen Spacemaker-Dachs einen Namen zu machen. Das gelang, wie die Reihe neu gefertigter Wohnmobile mit Namen Xplorer auf der Grundlage der dritten Transportergeneration beweist. Doch in der Mitte der 1980er-Jahre verschwand die Firma. Sie wurde ein Opfer der allgemeinen Wirtschaftskrise und vielleicht auch ihres eigenen aggressiven Marketings.

Vor dem Hintergrund des St William's College und im Schatten der Kathedrale von York steht das gleichnamige Wohnmobil mit seinem Hochraumdach aus glasfaserverstärktem Kunststoff. Die Firma rüstete alte und neue Fahrzeuge um, die sich schon in den Händen von Besitzern befanden.

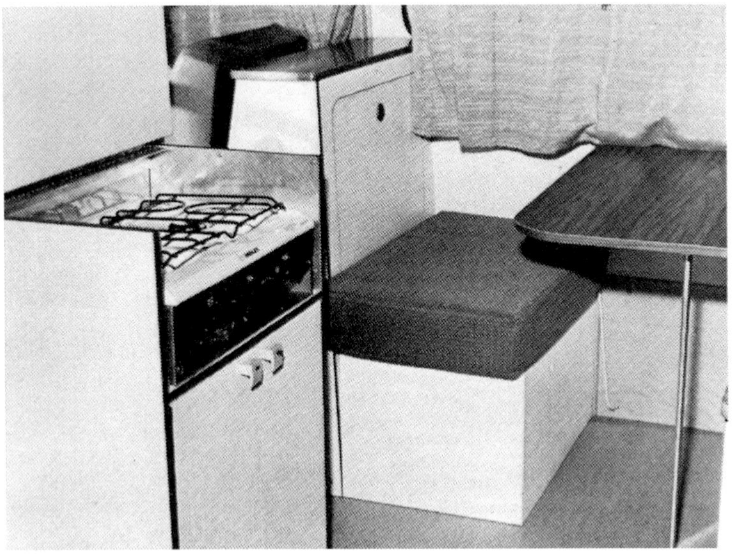

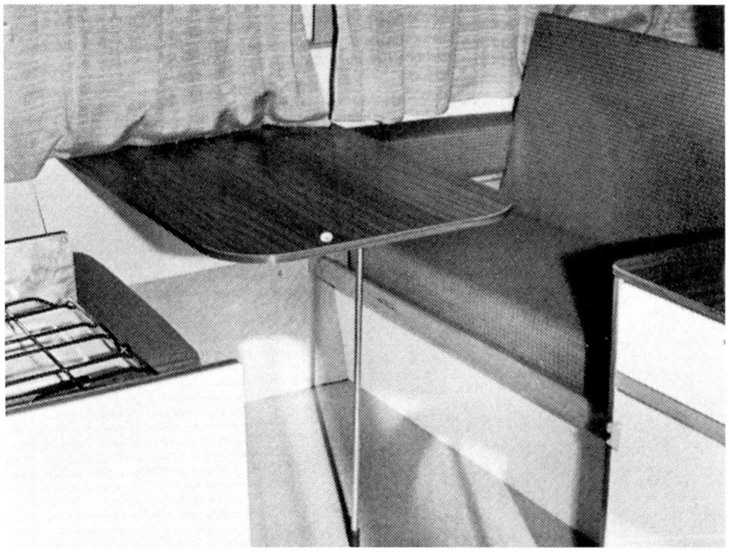

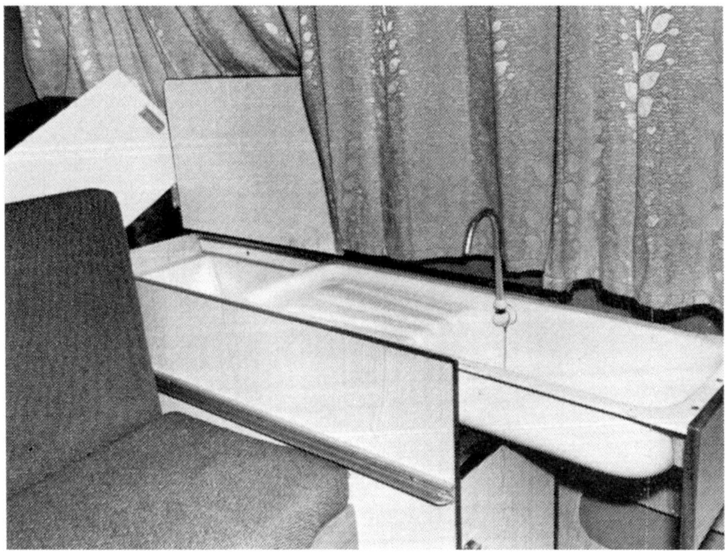

»Der Danbury hat ein Doppelbett am hinteren Ende seines Dachsystems. Wenn es auf die volle Länge von 180 cm ausgezogen ist, verschließt es die Dachöffnung bis auf eine Lücke von 35 cm.«

Nach der Beschreibung des Spacemaker-Konzepts folgte eine unverblümte Zusammenfassung:
»KEINE BEEINTRÄCHTIGUNG der normalen Stehhöhe. Vier Erwachsene im Spacemaker, zwei im Devon und Danbury. Einhundert Prozent mehr Platz. Und das ist auch das Maß, mit dem Spacemaker das Know-how im Design anführt.«

Wir können in diesem Kapitel nicht jeden Hersteller behandeln. Aber es lohnt sich ein kurzer Blick auf mindestens eine der weniger bekannten Firmen. Selbst in Großbritannien werden nur wenige von der **York Motor Caravan Company** gehört haben, die ihren Sitz im Herzen der historischen Stadt York hatte. Ausschnitte aus einer Pressemappe aus dem Jahre 1976 sind von mehr als nur vorübergehendem Interesse. York konzentrierte sich offensichtlich auf die Umrüstung von Fahrzeugen, die sich bereits im Besitz ihrer potenziellen Kunden befanden. Deswegen baute sie nicht nur Kombis oder Kleinbusse aus, sondern auch Hochraumwagen und lieferte auch Aufstelldächer. Davon zeugte ein umgebauter früher Hochraumtransporter der zweiten Generation auf dem Titel der Broschüre:
»Das stromlinienförmige Dach aus glasfaserverstärktem Kunststoff mit den seitlichen Lamellenfenstern erlaubt im Wohnmobil eine Stehhöhe von 1,75 m. Über der Fahrerkabine sind geräumige Stauschränke eingebaut.«

Dieser »High Top« der Firma war nicht einfach eine angepasste Version des Hochraum-Lieferwagens, denn man konnte nur die einfache Dachform oder ein Dach mit Seitenfenstern, eingebauten Stauräumen und einem Dachhimmel erwerben. Über das Aufstelldach konnte man lesen:
»Es umfasst unseren einfach zu bedienenden Aufstellmechanismus (Patent angemeldet) für das Glasfaserdach und gestattet eine bequeme Stehhöhe. Durch die Größe der Öffnung müssen wir keine Verstrebungen durchtrennen – das gewährleistet, dass die mechanische Festigkeit nicht angetastet wird.«

In ihre Pressemappe nahm die Firma York auch eine lange Besprechung ihrer Umrüstungen auf. Der Artikel war voller Komplimente, aber es fehlte jegliche Quellenangabe! Von größerem Interesse für die unter hartem Konkurrenzdruck stehenden Umrüstfirmen waren wohl die einleitenden Bemerkungen des anonymen »Kritikers«:
»Als die York Motor Caravan Company vor 15 Jahren gegründet wurde, konzentrierte sie sich erst auf Fahrgestelle von Rootes. Heute verlangt das Publikum fast ausschließlich nach Volkswagen als Grundlage für die Umrüstung. Auf Anfrage werden auch Commer Vans umgebaut und Sonderkarosserien von Hand angefertigt.«

Wachsende Perfektion zur Zeit der dritten Transportergeneration

Volkswagen of America verfügte ohne Zweifel über die besten Werbetexte, wie wir ja schon früher in diesem Kapitel gesehen haben. Ein weiterer Ausschnitt aus einer Broschüre für den Modelljahrgang 1982 zeigt die flüssige Eleganz des Texts, den wohl kaum jemand sonst so zustandegebracht hätte:

»Der Komfort des eigenen Hauses und Fahren mit dem eigenen Auto. Wenn Sie Amerika erleben wollen, ist das der einzige Weg. Wenn die Kosten für das Ferienhaus noch höher liegen als die Reise dorthin, können Sie jetzt bei beiden sparen. Damit wollen wir nicht sagen, dass ein Vanagon das Luxusapartment ersetzt, aber er stellt eine attraktive Alternative dar. Und der Camper ist ideal für Ausflüge mit Übernachtung und Wochenendreisen. Sie können Ihren Vanagon Camper wochentags auch verwenden, um damit einzukaufen oder zur Arbeit zu fahren. Als alltägliches Transportmittel bietet er Platz für vier Personen, und mit jeder Menge Komfort – inmitten luxuriöser zeitgenössischer Möbel – ist er wohl das feinste Modell, das es unter den Wohnmobilen gibt.« (»Vanagon and Vanagon Camper 1982«, gedruckt in den USA)

Westfalia schuf für den T3 eine neue, noch viel besser ausgeklügelte Modellreihe. Überhaupt zeichnet sich die Ära der dritten Transportergeneration durch eine zunehmende Diversifizierung und auch Verfeinerung vonseiten unabhängiger Unternehmen aus. Die meisten unter ihnen waren für ihr Überleben nicht von Volkswagen abhängig.

Typisch für diese Firmen war und ist weiterhin das Unternehmen **Auto-Sleepers**, das wir bereits erwähnt haben. Es hat seinen Sitz nahe dem idyllischen Dorf Broadway in den Cotswolds, Worcestershire. Die Geschichte begann 1961, als die Familie Trevelyan auf der Grundlage eines Morris J2 ihren eigenen Camper baute. Die Eltern fuhren mit ihren beiden Söhnen damit nach Südfrankreich. Ein zweiter Camper, diesmal ein Austin, profitierte von einer Reihe von Verbesserungen, die sich aus den Erfahrungen des ersten Urlaubs ergeben hatten. Dieses zweite Wohnmobil erregte bald die Aufmerksamkeit des Autohändlers Henlys in Bristol. Er bestellte sofort fünf weitere solche Camper. Die Familie ging eine Partnerschaft mit dem örtlichen Fahrzeugbauer

Die zunehmende Verfeinerung des Wohnmobilausbaus in der Ära der dritten Transportergeneration zeigt sich deutlich an den Prospekten für den Auto-Sleeper Hi-Top.

Bob Hallin ein, und aus diesen kleinen Anfängen entstand die Firma Auto-Sleepers. Das war allerdings mehr als 20 Jahre bevor die Firma sich an einen Camper von Volkswagen wagte. Das war nicht etwa ein Bulli der ersten oder zweiten Generation, sondern bereits ein T3 mit wassergekühltem Motor.

Handwerklich gut durchgeführte Umrüstungen mit den besten Werkstoffen waren buchstäblich von Anfang an ein eindeutiges Kennzeichen dieser Firma. Ob es allerdings ihr Slogan »Das Gütesiegel für Qualität« war,

▲ »Der einzige Volkswagen Caravan mit einem steifen, voll isolierten Aufstelldach«, verkündete CI Autohomes kurz nachdem Volkswagen die Firma zur offiziellen Umrüsterin ernannt hatte.

was Volkswagen bewog, der Firma schon von den ersten Umrüstungen an die offizielle Anerkennung auszusprechen, darüber kann man streiten.

Der Ton der Werbebroschüre für den Hi-Top von Auto-Sleepers muss in den Ohren von Volkswagen wie Musik geklungen haben, weil deren eigene Produkte doch stets eine gewisse Raffinesse verströmten.

»Der neue Volkswagen Auto-Sleeper ist extrem attraktiv und beinahe wie ein Pkw zu fahren. Das wunderschön gestaltete Hochraumdach erhielt eine aerodynamisch günstige Form, was sich beim Treibstoffverbrauch zeigt.

Der Volkswagen Auto-Sleeper ist extrem gut ausgestattet, und das bedeutet überall Teppichboden, einen drehbaren Beifahrersitz für die maximale Nutzung des Innenraums und sogar eine Chemietoilette in einem besonders gestalteten Abteil. Von der Außenseite zieht der Volkswagen Auto-Sleeper die Blicke auf sich, nicht nur wegen der attraktiven kontrastierenden Zierstreifen, sondern weil Sonderfelgen, Dachgepäckträger und Leiter zur Standardausstattung gehören. Auto-Sleepers und Volkswagen schufen diese ideale Kombination: einen perfekt durchgeplanten und bestausgestatteten Innenraum, angetrieben von präziser Technik, die für Sparsamkeit und Zuverlässigkeit garantiert.«

Auch die Firma **CI Autohomes**, eine Abteilung von Caravans International, produzierte ihren ersten Volkswagen-Camper in den frühen Tagen der dritten Transportergeneration. Das Unternehmen aus Dorset schlug eine ganz neue Seite in der Evolution des Campers auf:

»Nach der Ernennung zum offiziellen Umrüster von Volkswagen können wir voller Stolz das erste Modell präsentieren. Dieser ›CI Kamper‹ wurde speziell für den Volkswagen Kombi entworfen. Das ganz neue Hochraumdach – doppelwandig ausgelegt und voll isoliert – gestattet auf der gesamten Fläche eine Stehhöhe von 1,75 m. Dazu kommt eine ruhige, warme und geräumige Umgebung für die beiden Insassen, die das obere Bett auf Dachniveau benutzen. Das Dach des Kampers wird mithilfe von Gasdruckfedern angehoben und umfasst auch ein Oberlicht mit Fliegengitter. Für eine noch bessere Belüftung oder für eine bessere Aussicht, zum Beispiel auf sportliche Wettkämpfe, kann man eines der Paneele an der Dachseite wegklappen, ohne dass dadurch die Stabilität des Daches beeinträchtigt wird.«

Caravans International geriet Ende 1982 unter Zwangsverwaltung, doch glücklicherweise wurde die Abteilung Autohomes gerettet. Mit neuer Vitalität erschien sie als Autohomes (UK) wieder am Markt. Kurze Zeit danach entwickelte die Firma neue Modelle, blieb aber einer der offiziellen Umrüster von Volkswagen. Im Wesentlichen produzierte Autohomes – ihr Slogan lautete »Führend im Design« – drei Modelle, die im Lauf der Jahre ihre Namen wechselten. Die überarbeitete Form des Kamper wurde als Kamper II bezeichnet. Die beiden anderen Modelle ähnelten sich stark in der Inneneinrichtung und unterschieden sich fast nur durch den Dachaufbau.

»Der Kamper II entwickelt das ursprüngliche Konzept eines echten Doppelnutzungsfahrzeugs, das für den Betrieb im Sommer wie im Winter vorgesehen ist, noch einen großen Schritt weiter. Es wurden viele Verbesserungen angebracht: prächtige neue Inneneinrichtung, leichtere Möbel, verbesserte Anbringung der Vorhänge, dickere Matratze für das obere Bett, mehr Küchengeräte, mehr Stauraum; Änderungen am Aufstelldach; vereinfachter Umbau des hinteren Sitzes in ein Doppelbett.«

Die Produkte von Autohomes (UK) wiesen Qualität und Individualität auf. Das galt auch für den »ganz neuen

▼ Die Firma Autohomes (UK), die auf CI Autohomes folgte, entwickelte die hier abgebildeten Wohnmobile. Von links nach rechts: Karisma, Kamper und Kameo. Der Karisma war unter den dreien am besten ausgestattet.

Der Autocruiser von Diamond RV sah von außen bescheiden aus, wenn wir einmal vom heute gewöhnlichen Hochdach absehen. Das Innere war aber sehr stilvoll, besonders nach dem Einbau einer Duscheinheit.

Autocruiser«, ein nicht häufiges Wohnmobil der wenig bekannten Firma **Diamond RV**: »Zum ersten Mal seit 15 Jahren wurde das VW-Design radikal neu überdacht. Das wird vom Autocruiser behauptet. Wir glauben, dass Sie ihn schätzen werden.« Ihr Hochraum-Wohnmobil fiel sehr ungewöhnlich aus, weil es eine Dusche mit Toilette enthielt. Der Bereich für die Küche, den Abwasch und die Lagerung von Lebensmitteln war vollständig vom Wohn- und Schlafbereich getrennt:

»Ein faszinierendes Design mit viel Wohnraum. Eine große Essnische, die vollständig vom Küchenbereich mit Kühlschrank, Spüle, Kochfeld mit heißer Platte und Grill, hochwertigen Arbeitsflächen sowie reichlich Stauraum getrennt ist. Sogar ein Duschbad mit Toilette und heißem und kaltem Wasser wird angeboten. Zwei Einzelbetten sind so angeordnet, dass man freien Zugang hat zur Toilette und zur Küche, selbst wenn diese Betten schon aufgestellt sind. Der hochwertige Teppich und die weiche Innenauskleidung, bei der drei verschiedene Materialien zur Auswahl stehen, verströmen eine Aura von Qualität und Luxus. Ein vollständiges Wohnmobil, das auf einen normalen Parkplatz passt.«

Luxus und Individualität galten auch für andere deutsche Firmen, vor allem Dehler und Tischer. Die Dehler Mobilbau existiert nicht mehr, doch Tischer baut weiterhin Freizeitmobile. Die Firma **Dehler** baute ursprünglich Yachten und stieg Anfang der 1980er-Jahre auch ins Campergeschäft ein. Damals boten sie den hochwertigen »Profi« an. Abgesehen vom festen, aber aerodynamisch geformten Hochdach konnte man ihn von außen leicht an den vielen zusätzlichen Elementen aus glasfaserverstärktem Kunststoff erkennen, angefangen von Stoßstangen und Schwellern bis zu Zierleisten an der Gürtellinie. Sie waren alle in einem zur Karosseriefarbe kontrastierenden Ton gehalten. Der Profi wies auch Leichtmetallfelgen, Sonnendächer für die Fahrerkabine und den Mittelteil der Karosserie auf. Im Dachende befand sich ein weitgehend verborgen liegender Stauraum. Zur äußeren Opulenz gesellte sich ein qualitativ hochwertiger Innenausbau mit einem Luxus, der mit Worten allein nicht angemessen beschrieben werden kann. Als Beispiele mögen gelten: ein ins Dach eingebautes Fernsehgerät, eine Duschkabine, peinlich genau verarbeitete Polsterung, sorgfältig gestaltete Armaturen und Beschläge, poliertes Holz im Stil von Luxuswagen. Insgesamt richtete sich der Profi an reiche Kunden, die gern Wochenenden oder Ferien im Grünen verbringen wollten, es aber nicht liebten, den unwürdigen Bedingungen des durchschnittlichen Camperlebens ausgesetzt zu sein.

◀ Leichtmetallfelgen und sorgfältig gestaltete Zierelemente aus Fiberglas ließen darauf schließen, dass der Dehler Profi ein luxuriöses Wohnmobil war …

Auf der Grundlage einer Idee aus den USA begann die Firma **Tischer** in den 1970er-Jahren, und somit in der Ära der zweiten Transportergeneration, mit dem Bau von Absetzkabinen. Zur Zeit des T3 wuchs das Geschäftsvolumen erheblich, und die Firma produziert seither solche Absetzkabinen für alle Pick-ups und Fahrgestelle von Volkswagen Transportern. Eine englische Version von Tischers Werbeprospekt verrät, dass die Firma am meisten Erfolg beim Bau von Doppelkabinenmodellen hatte. Sie sprach vom »Huckepacksystem«. Tischer bemühte sich, den potenziellen Kunden klarzumachen, dass die Absetzkabine eine echte Alternative für das klassische Wohnmobil darstellte:

◀ …. und das traf auch wirklich zu.

»Die Kabine lässt sich leicht vom Fahrzeug trennen, sodass man beide unabhängig voneinander verwenden kann. Man beachte die auf Wunsch eingebaute Verbindungstür zwischen Fahrer- und Wohnkabine. […] Man kann den Pick-up für Ausflüge oder, wenn man zuhause ist, als Alltagsfahrzeug nutzen. Die Seiten des Pick-ups lassen sich leicht wieder einsetzen, und wir liefern sogar ein Hardtop aus Polyester. […] Man braucht nur wenige Minuten, um die Kabine abzusetzen – viel weniger Zeit als man aufwenden müsste, um jedes Mal wieder alles zu packen. […] In der Doppelkabinenversion können vier bis fünf Personen bequem reisen, selbst wenn die Wohnkabine nicht verbunden ist. […] Der Küchenbereich ist voll ausgestattet und lädt Sie ein, Ihr Lieblingsessen zu kochen. […] Das schön eingerichtete Badezimmer mit der Dusche in natürlicher Größe […] Der Innenraum ist mit hochwertigem Sperrholz mit synthetischer Oberfläche ausgekleidet: praktisch, attraktiv und haltbar. […] Volle Isolierung, Doppelverglasung und Zentralheizung sorgen auch bei kaltem Wetter für Komfort.«

▼ Das klug durchdachte Huckepacksystem mit der Absetzkabine kam während der zweiten Transportergeneration auf. Beide abgebildeten Modelle von Tischer beruhen auf dem Pick-up mit einfacher Fahrerkabine. Die Doppelkabine allerdings erlaubte den Transport von mehr Leuten, besonders im täglichen Gebrauch außerhalb der Ferien.

Ein Blick auf den T4 und den T5

Im Rahmen dieses Buches ist es uns leider nicht möglich, ausführlich auf die Umrüstungen der vierten Transportergeneration einzugehen. Wir haben uns hier stellvertretend für die vielen auf zwei Firmen beschränkt, die zwischen 1990 und 2003 Wohnmobile bauten. Der Name Karmann gilt vielen als eine Art Synonym für Volkswagen – aber nicht so sehr wegen der Umrüstungen in Wohnmobile. Die britische Firma Holdsworth profitierte vom offiziellen Status als Umrüster, den ihr Volkswagen Commercial Vehicles VAG Ltd (United Kingdom) verliehen hatte, geriet aber Mitte der 1990er-Jahre in große Schwierigkeiten. Es folgte die Zwangsverwaltung, und obwohl die Firma als Cockburn Holdsworth wiedererstand, verlor sie ihren festen Marktanteil.

Umrüstungen des T2 von **Karmann** sieht man gelegentlich bei den vielen Treffen von Enthusiasten, die jedes Jahr stattfinden. Die Anzahl der T2-Umrüstungen von Karmann ist allerdings unbedeutend im Vergleich zu den Umrüstungen der dritten Generation, und diese überwiegen bei Weitem im Vergleich zum T4. Das gilt allerdings nur aus britischer Perspektive, denn Karmann bot viele Jahre lang keine Rechtslenkerversionen ihrer Modelle an. Dafür musste sich ein potenzieller Käufer an Jurgens in Südafrika wenden. Dessen Auto Villa, erstmals 1973 auf den Markt gebracht, zeigte eine eindeutige Ähnlichkeit mit den ersten Karmann-Modellen – mit der Ausnahme allerdings, dass sich der Ausbau über die Fahrerkabine erstreckte. Diese Ähnlichkeit war kein Zufall: Als ein Angehöriger der Familie Karmann Urlaub in Südafrika machte, begegnete er einem Auto Villa. Er begriff sofort, dass es in ganz Europa, geschweige denn Deutschland, nichts Vergleichbares gab und schloss einen Vertrag mit Jurgens, sodass seine Firma eine eigene Version unter Lizenz bauen durfte.

▼ **Mit der Einführung des wassergekühlten Frontmotors bei der vierten Transportergeneration wurden Pick-ups mit langem Radstand möglich. Damit konnten Umrüster viel größere Camper anbieten. Im Bild der Cheetah von Karmann, ein voll ausgewachsenes Wohnmobil mit Alkoven, viel Stauraum und jeder Menge Zubehör.**

Der Karmann Mobil, der 1974 auf den Markt kam, hatte eine mit Aluminium verkleidete Karosserie auf einem Alurahmen. Von der Fahrerkabine gelangte man direkt in den Wohnbereich. Das Badezimmer besaß eine Toilette und eine Dusche. Der Camper verfügte über einen Kühlschrank, reichlich Stauraum, einen Herd mit zwei Kochstellen und eine Edelstahlspüle. Damals gab es kaum Vergleichbares. Der Wohnbereich lag hinten im Van mit einer U-förmigen Sitzgruppe, vielen Fenstern und einem Tisch, der zusammengeklappt zum Aufbau eines Doppelbetts beitrug.

Die dritte Transportergeneration führte kaum zu Änderungen beim allgemeinen Layout, wenn man von der Jurgens-typischen Schlafkoje oberhalb der Fahrerkabine, dem Alkoven, absieht. Das Modell unter der Bezeichnung Karmann Gipsy verkaufte sich gut. In späteren Jahren kam der Karmann Cheetah hinzu. Obwohl er weit von einem Einsteigermodell entfernt war, fehlten ihm einige Elemente des teureren Gipsy, zum Beispiel die Chemietoilette.

Mit der Markteinführung der vierten Transportergeneration im Jahre 1990 konnte Karmann nun einen größeren Radstand nutzen. Das führte zur ersten umwälzenden Designänderung innerhalb von 20 Jahren. Nun befanden sich die Küche und das Bad im Heck des Gipsy. Der Cheetah allerdings behielt die frühere Anordnung bei.

Mit einer Gesamtlänge von 5970 mm, einer Breite von 2170 mm und einer Höhe von 2780 mm waren die T4-Wohnmobile von Karmann alles andere als kompakt. Die Firma bot nicht nur Umrüstungen für den Transporter, sondern auch für den LT und für Modelle von Mercedes und Ford an. Sie hatte auf dem Wohnmobilsektor klein begonnen – nicht allerdings, was den Preis anbelangte – und stieg zu einem führenden Produzenten auf. Doch gegen Ende der vierten Transportergeneration besann sich Karmann wieder auf sein Kerngeschäft und bot seine Wohnmobilsparte zum Kauf an. Sie wurde vom Unternehmen Eura Mobil übernommen, das für seine technischen Neuerungen und seine Fertigungsqualität schon bekannt war. Die Produktion wurde verlegt, und man baute neue Hallen, um die neuen Fertigungslinien aufzunehmen. Diese Umbauarbeiten wurden gerade fertig, als die fünfte Transportergeneration auf den Markt kam. Das neue Unternehmen brachte die Modellreihe Colorado mit vier Alkovenversionen und einer ähnlichen Zahl von Versionen ohne Alkoven auf den Markt und erhielt auf dem Düsseldorfer Caravan Salon 2004 viel Applaus.

Die Firma **Richard Holdsworth Conversions** war keineswegs der älteste britische Anbieter von Umrüstungen des Volkswagen Transporters. Sie nahm ihre Tätigkeit zur Zeit der Markteinführung der zweiten Generation auf und genoss rasch einen beneidenswerten Ruf. Schon 1972 war das Unternehmen über seine ursprünglichen Räumlichkeiten in Ashford, Middlesex, hinausgewachsen und nach Reading umgezogen, wo es in der neuen Fabrikhalle 50 Camper nebeneinander montieren konnte. Die Produktion stieg damals von 150 auf erstaunliche 300 Stück pro Tag.

Von Anfang an spielten Umrüstungen des Transporters nur eine verhältnismäßig bescheidene Rolle bei den Firmenaktivitäten. Doch die Qualität des Designs und der handwerklichen Ausführung, mit handgefertigten Möbeln und sehr schönen Stoffen, garantierte sozusagen den Erfolg von Holdsworth. Viele Exemplare ihrer Modelle Villa und Variety, die auf dem Transporter der dritten Generation beruhten, haben nicht nur der Zeit getrotzt, sondern zeigen heute noch die robuste, praktische Natur der damals verwendeten Werkstoffe. Nach den Auszeichnungen von Holdsworth bei der Camping and Caravan Show und der National Motor Caravan Fair im Jahre 1984 konnte sich die Firma berechtigt fühlen, ihren potenziellen Kunden ihre Vorstellungen von Qualität in den Werbeprospekten so nahezubringen:

»Qualität. In der Welt der Wohnmobile steht der Name Richard Holdsworth konkurrenzlos für Qualität. Die Handwerker arbeiten nur mit Vollholz. Die Kanten der Möbel und ihre Arbeitsplatten sind abgerundet. Üppige Stoffe auf Wollbasis schmücken tiefe bequeme Sitze und Betten. Bandscharniere aus Messing in voller Länge sind reichlich vorhanden und teppichartige Auslegeware sorgt für eine ausgezeichnete Isolierung selbst außerhalb der eigentlichen Feriensaison.«

Die Tragödie des Untergangs von Holdsworth in den 1990er-Jahren wurde noch dadurch verschärft, dass das Nachfolgeunternehmen innerhalb sehr kurzer Zeit im Unternehmen Autocruise CH aufging. Der Caprice von Cockburn Holdsworth auf der Grundlage des T4 war ein elegantes Gefährt im Stil seines Vorgängers. Die Verkaufsbroschüre für das Modell ist wahrscheinlich am interessantesten wegen der Liste der Extras, die gegen Aufpreis zu bekommen waren. Dieser Ausschnitt zeigt indirekt, inwieweit andere Anbieter aufgeholt hatten:

»Der Caprice bietet die Liebe zum Detail, die man von einem Cockburn Holdsworth erwarten kann. […] Flexibel, aber nie kapriziös, bietet der Caprice als Two-in-one das Beste aus zwei Welten.

Extras gegen Aufpreis: • Armlehnen für die Kabinensitze • Gebläseheizung • zweite Batterie • Wasserstandsanzeige • Electrolux Kühlschrank RM4213 mit Hauptanschluss und 220-V-Stecker • Porta Potti von Thetford • Fliegengitter mit festem Rahmen an allen zu öffnenden Fenstern • Hochwertiges Porzellan • Drehstühle für die Kabine • Niedriges Aufstelldach.«

▲▼ **Holdsworth begann mit der Produktion, als die zweite Transportergeneration auf den Markt kam. Bis in die 1990er-Jahre hinein hatte die Firma großen Erfolg, beispielsweise mit vielen heute noch gesuchten Modellen zum T3 (oben). Der Caprice, ein Umbau des T4, stammt aus der Zeit, als Holdsworth schon im Besitz von Cockburn war. Er fand nicht die Zustimmung von Richard Holdsworth.**

◀ Trotz des ungewöhnlichen Aussehens können Journalisten das Bild dieses Transporters von der Website von Volkswagen herunterladen. Der Transporter in Camperversion war ein anerkanntes Symbol der Hippiebewegung.

▶ Ein extremer Camper, ein Lieferwagen mit Federung auf Rasenhöhe und wahrscheinlich nur noch einer Wolldecke als Inneneinrichtung.

Zum Abschluss der Camperstory

Ein unbeteiligter Beobachter könnte zum Schluss kommen, es sei das höchste Ziel jedes potenziellen Besitzers eines Volkswagen Campers, ein Originalfahrzeug mit möglichst unverfälschter Originale Einrichtung zu kaufen. Das ist aber nicht notwendigerweise der Fall. Wenn das wichtigste Ziel darin besteht, bei Wettbewerben Preise zu gewinnen, dann mag diese Vermutung zutreffen. Doch das ist jedenfalls nicht der Grund, warum der Kult um den Camper im letzten Jahrzehnt oder etwas mehr derart astronomische Ausmaße angenommen hat.

Für viele Fans besteht das Vergnügen am Besitz eines Volkswagen Campers darin, sich ein ganz persönliches zweites Zuhause zu schaffen. Zum Erstaunen ultrakonservativer Traditionalisten sehen viele solcher Transporter der ersten und der zweiten Generation genau richtig aus und fühlen sich auch so an, obwohl sie vollgestopft sind mit den äußeren Zeichen des 21. Jahrhunderts. In ähnlicher Weise kann der Einbau einer guten alten Inneneinrichtung in ein anderes als das originale Fahrzeug bei Schönheitswettbewerben zum Ausschluss führen, weil es sich dabei um ein Fake handelt, aber der Besitzer und viele andere dazu werden ohne Zweifel Spaß an ihrer Retrokreation haben. Einige Fans lassen ihre Inneneinrichtung im Stil der frühen Jahre nachfertigen – ebenfalls zum Beifall anderer Enthusiasten. Eine weitere Möglichkeit: Wer das heutige Karosseriestyling nicht mag, legt sich einen Transporter aus dem brasilianischen Werk zu. Es handelt sich dabei um eine modifizierte Ausgabe der vielgeliebten zweiten Transportergeneration, heute allerdings mit einem wassergekühlten 1,4-Liter-Motor. Man kann ihn entweder bereits voll zum Camper umgerüstet kaufen, am ehesten unter dem wiedererstandenen Markennamen Danbury, oder man baut sich selbst sein eigenes Wohnmobil oder lässt es von einem ortsansässigen Handwerker gestalten.

Einige Fans kaufen sich einen 20 bis 25 Jahre alten Camper, und dabei denken wir realistischerweise an einen der dritten Generation mit Wasserkühlung, denn die früheren luftgekühlten Modelle stellen heute schon eher Sammlerstücke dar. Diesen Fans reicht es aus, wenn ihr Camper durch gelegentliche Reparaturen am Laufen gehalten wird. Bei einem solchen Vehikel kann man die Wertminderung mehr oder minder vernachlässigen. Es besteht nämlich die durchaus realistische Möglichkeit, dass steigende Preise für diese Oldtimer zur Folge haben, dass sich eine wachsende Zahl von Fans neueren Fahrzeugen zuwendet, wobei dann die Nachfrage für diese ebenfalls steigt. Als Marken kommen vor allem Westfalia, Devon und Danbury infrage. Autohomes

▼ Dieses offizielle Bild wurde 2007 aufgenommen und reproduziert das Lebensgefühl der Hippie-Community in den späten 1960er- und den 1970er-Jahren.

produzierte ebenfalls einige Modelle für die dritte Transportergeneration, angefangen vom simplen Kamper über den Kameo bis zum Karisma. Auto-Sleepers bot den Hi-Top an, der später in Trident umbenannt wurde, Diamond RV baute den ungewöhnlichen Autocruiser, und die Modelle von Holdsworth reichten vom High Flyer und Villa bis zum späteren Spitzenmodell Vision. Und auch die Absetzkabinen von Tischer sind noch ziemlich leicht zu bekommen.

Andere wünschen sich die Leistung und Zuverlässigkeit eines modernen Fahrzeugs, können sich aber möglicherweise die hohen Anschaffungskosten für die letzten Modelle von Volkswagen nicht leisten. Sie halten Ausschau nach einem etwas älteren Modell, das in ihrem Budget Platz findet. In den nächsten paar Jahren wird das für Wohnmobile des T4 zutreffen, für den Westfalia California und die entsprechenden limitierten Sondereditionen wie California Event, California Generation, California Exclusive und California Freestyle, aber auch für den Gipsy und den Cheetah von Karmann, und natürlich all die Modelle der anerkannten britischen Umrüster. Wer einen Volkswagen fährt, wird leicht zum Fan, wie die stets wachsende Zahl von Fan-Treffen beweist.

Schließlich gibt es auch Kunden, die sich einen Camper einfach kaufen, um darin Urlaub zu machen. Realistisch gesehen empfindet nur ein geringer Prozentsatz von ihnen eine tief gehende Loyalität zur Marke Volkswagen, und eine noch viel geringere Zahl kommt zum Schluss, dass ein fabrikeigener California für sie die einzige Option darstellt. So kann es nicht überraschen, dass unter den 13 817 Transportern, die 2006 in Großbritannien verkauft wurden, nur 142 California waren. Die Käufer anderer Wohnmobile haben die Qual der Wahl unter einer ganzen Reihe von Umrüstungen: die Modelle Trooper, Trident, Topaz und Sandhurst von Auto-Sleepers; Celex, Elegans, Komba, Lezan und Nexa von Bilbo; der Sundowner von Devon; der J1000 von IH Motor Camper; der Colorado von Karmann; der Mallard von Murvi und der Maverick von Torbay – um nur die bekanntesten zu nennen.

Auf welche Transportergeneration und auf welches Umrüstmodell die Wahl auch fällt, eines steht fest: Nur dank dem Camper, in inoffizieller oder offizieller Form, wurde der VW Transporter zum Kultvehikel, das er heute ist. Camper passen zu einem Lebensstil, der vielen in der heutigen stressgeplagten Welt als erstrebenswert erscheint – als eine Rückkehr zu den Wurzeln, zum Leben draußen, zu einer sorgenfreien Existenz mit einer echten Freundschaft zwischen Gleichgesinnten. Lässt sich das mit einem Pick-up oder einem Kleinbus De Luxe realisieren? Sicher nicht, trotz ihrer Attraktivität als individuelle Volkswagenmodelle, denn es ist letztlich die »Nestwärme«, die den Volkswagen Camper so speziell erscheinen lässt. Trotz der Tatsache, dass Volkswagen bis zum Jahr 2004 keinen einzigen Camper produzierte, kann ein Buch über 60 Jahre und fünf Generationen Volkswagen Transporter nicht ohne ein Kapitel über den Camper auskommen.

▲ Musik, Kamera, Action – eine weitere Hauptrolle für den Volkswagen Camper.

▼ Ein alter Camper und moderne junge Leute – das Fahrzeug war nie populärer. Das möchte Volkswagen mit diesem Bild aus dem Jahre 2006 sagen.

10.000.000
IAA NFZ 2004
Volkswagen Nutzfahrzeuge

Zum Schluss – 60 Jahre und noch viele mehr

Sechzig Jahre lang und über fünf Generationen hinweg war der Volkswagen Transporter – ob als Arbeitspferd oder als Kleinbus – der unumstrittene Marktführer, unverhohlen beneidet von der Konkurrenz.

Ohne Zweifel erwies sich die fünfte Generation als würdige Nachfolgerin für die vorhergehenden vier Generationen und als ideale Vertreterin der gesamten Fahrzeuggattung. So bildete sie die ideale Besetzung für die Feier des zehnmillionsten Transporters und für den 60. Geburtstag der Modellreihe.

Die Legende um den Transporter wird weiter Bestand haben, und ohne Zweifel wird ein Transporter der sechsten Generation in zehn Jahren wiederum im Mittelpunkt einer weiteren Feier stehen. Ob Heinrich Nordhoff eine solche Dynastie schon im Auge hatte, als er 1949 vor die Weltpresse trat, kann schwerlich beantwortet werden. Immerhin war es sein Lebensziel, Volkswagen zum bedeutendsten Autohersteller in Europa zu machen. Er erreichte dieses Ziel auch durch den Erfolg des Transporters. So hätte er wohl als Erster dem Generaldirektor Prof. Dr. Martin Winterkorn zum diamantenen Jubiläum des Transporters seine Glückwünsche übermittelt.

Dieses Buch widmen wir dem Andenken an Heinrich Nordhoff und seine Nachfolger wie Rudolf Leiding und Carl Hahn. Sie entwickelten das Transporterkonzept weiter und bauten dadurch dessen Vormachtstellung noch weiter aus.

Unsere Glückwünsche gehen an Volkswagen für diese unglaubliche Leistung, verbunden mit dem Wunsch nach weiteren glorreichen 60 Jahren!

◀ 55 Jahre nach dem Start – bis auf ein paar Monate genau – feierte Volkswagen den zehnmillionsten Transporter. Das Bild wurde am 22. September 2004 aufgenommen.

Register

Kursiv gesetzte Seitenangaben beziehen sich auf Abbildungen.